有限元方法

郑勇刚　叶宏飞　主编

科学出版社
北京

内 容 简 介

有限元方法是一种被广泛采用的求解数理方程的数值计算方法，是解决众多工程问题的强有力的计算工具。本书共 10 章，首先介绍有限元方法的发展历史与工程应用概况，接着重点介绍有限元方法的理论基础、杆系结构，重点讲解静力学问题、动力学问题、材料非线性问题、几何非线性问题、接触非线性问题、温度场问题的有限元分析方法，以及扩展多尺度有限元方法。

本书可作为高等学校力学、机械、土木、水利、航空航天等相关专业研究生和高年级本科生有限元方法课程的教材，也可供工程数值计算及相关领域的科研人员参考。

图书在版编目(CIP)数据

有限元方法 / 郑勇刚，叶宏飞主编. -- 北京 : 科学出版社，2025. 4.
ISBN 978-7-03-081799-0

Ⅰ. 0241.82

中国国家版本馆 CIP 数据核字第 202595UN11 号

责任编辑：朱晓颖 / 责任校对：胡小洁
责任印制：师艳茹 / 封面设计：马晓敏

科 学 出 版 社 出版
北京东黄城根北街 16 号
邮政编码：100717
http://www.sciencep.com
三河市骏杰印刷有限公司印刷
科学出版社发行　各地新华书店经销
*
2025 年 4 月第　一　版　开本：787×1092　1/16
2025 年 4 月第一次印刷　印张：13 3/4
字数：328 000

定价：79.00 元

(如有印装质量问题，我社负责调换)

前　言

数值计算是与理论和实验并驾齐驱的解决现代科学和工程技术问题的三大手段之一。有限元方法是一种典型的数值计算方法，在众多科学研究和工程问题中得到了广泛的应用，已成为解决众多工程问题的强有力的计算工具。本书主要介绍有限元方法的基本思想、理论和列式，内容丰富，涵盖有限元方法的基本理论、杆系和连续体结构力学分析、静力学和动力学问题分析、线性和非线性问题分析、位移场和温度场问题分析等多个方面。同时，本书还介绍有限元方法研究方面的新进展，特别是新近发展起来的扩展多尺度有限元方法。此外，本书给出大量的典型例题和核心算法流程，可帮助读者加深对许多重要知识点的理解，也有利于读者深入了解有限元方法的程序实现过程。这些特色内容将为在校大学生、社会不同层面的学习者提供指导和帮助，也为工程技术界的读者提供有益的参考。

参加本书编写工作的有陈文炯（第 1 章和第 2 章）、于申（第 3 章）、叶宏飞（第 4 章）、彭海军（第 5 章）、吕永涛（第 6 章）、郑勇刚（第 7 章和第 10 章）、张有为（第 8 章）、王奇（第 9 章）；参加本书统稿和校核工作的有郑勇刚、叶宏飞、张昭和蔡志勤。

本书得到了大连理工大学研究生院教材出版基金的资助，也得到了大连理工大学运载工程与力学学部、工程力学系的大力支持，在此表示诚挚的感谢！

由于作者水平有限，疏漏之处在所难免，恳请专家、读者批评指正。

作　者

2025 年 1 月

目　　录

第 1 章　绪　　论

1.1　有限元方法的发展历史

1.1.1　基本思想及发展

有限元方法是一种典型的数值计算方法，已成为解决工程问题的强有力的计算工具。有限元的基本思想最早可以追溯到古代求解圆的周长问题，即人们通过多边形逼近圆来进行近似求解。18 世纪末，现代有限元开始萌芽，但由于当时并没有计算机，有限元计算量大的特点使得其在当时并无优势。1943 年，R. Courant 尝试使用了定义在三角形区域上的分片连续函数和最小势能原理相结合的方法来求解 St. Venant 扭转问题，这一工作形成了现代有限元的雏形。有限元方法早期的成功尝试是 1956 年 M.J. Turner 等在分析飞机结构时，将矩阵位移方法和原理推广应用于弹性力学平面问题的求解中，将一个弹性连续体划分为一系列三角形的单元，以三角形单元三个顶点的位移作为待求解的基本未知量，在满足一定的条件下对整个求解域构造分片连续的位移场。"有限元方法"这个名称第一次出现于 1960 年 R.W. Clough 的一篇解决平面弹性问题的论文中。我国学者冯康于 20 世纪 50 年代末独立于西方创建了有限元方法，并为此方法的进一步发展作出了重要贡献。

早期的有限元方法是建立在最小势能原理或者虚位移原理基础上的，这虽然可以帮助人们清晰地理解有限元方法的物理概念，但是它只能处理一些比较简单的结构问题。之后，R.J. Melosh、J.F. Besseling、R.E. Jones、L.R. Herrmann、M.A. Biot、董平等基于变分原理建立了更为灵活、计算精度更高的有限元模型，大大促进了变分原理的研究和发展。许多变分原理都有一些数学物理方程与之相对应，然而也有一些问题，虽然可能建立数学物理方程和定解条件，但是却找不到对应的变分泛函。20 世纪 60 年代，人们发现有限元列式不一定都是建立在变分原理基础上的，例如，J.T. Oden 于 1969 年从能量平衡原理出发，成功地列出了热弹性问题有限元分析的方程组；B.A. Szabo 和 G.C. Lee 在 1969 年利用伽辽金法导出标准的有限元方程来求解非结构问题。

随着电子计算机科学和技术的发展，有限元方法在理论和方法研究、计算程序开发以及应用领域开拓等方面取得了重要的进展。①随着有限元方法的发展，出现了很多新的单元类型和形式。例如，等参元中的坐标插值采用和位移插值相同的表示方法，从而可将形状规则的单元变化为边界是曲线或者曲面的单元，因此可以更加准确地表征形状复杂的求解域。②有限元方法的理论基础和离散格式也得到了很大的发展。例如，在有限元分析中通过引入 Hellinger-Reissner、Hu-Washizu 等多场变分原理，发展了混合型、杂交型等新型有限元格式；通过构造与待求解的微分方程等价的积分形式，发展了基于加权余量法的有限元列式技术等。③针对不同问题的有限元解法也得到了很好的发展。对于独立于时间的平衡问题，目前主要是采用直接解法，但是也先后发展了顺序消去法、三角分解法、波前法、迭代解法等；对于特征值问题，先后发展了幂迭代法、同步迭代法、子空间迭代法、Ritz 向量直接叠加法、Lanczos 向量直接叠加法；对于依赖于时间的瞬态问题，根据所导致的代数方程组是否需要联立求解，可以区分为时间步长只受求解精度限制的隐式算法和时间步长受算法稳定限制的显式算法。此外，除了需要进一步研究各种高精度单元外，还可以考虑在有限元方法的基础上引入针对不同类型问题研究中已经获得的解析解，通过有限元离散思想和经典解析结果结合的方式来构造更加高效和准确的计算方法，如有限条法、组合条元法、有限元线法、边界元法等。

有限元方法虽然起源于结构分析，但现在已被广泛推广应用到各种工程和工业领域，包括固体力学、流体力学、传热学、电磁学、声学等，成为一种求解数学物理方程的普遍方法。有限元方法能够求解由杆、梁、板、壳、块体等各类单元构成的弹性(线性和非线性)、黏弹性和弹塑性问题(包括静力学和动力学问题)，各类场分布问题(流体场、温度场等稳态和瞬态问题)以及固体、流体和温度相互作用的问题。

1.1.2　有限元软件的发展历史

早期有限元程序的主要贡献来自美国加利福尼亚大学伯克利分校的 Edward L.Wilson、J.R. Hughes 和 R.Taylor，他们开发的第一代程序没有具体的名字，第二代程序命名为 SAP(Structural Analysis Program)。20 世纪 70 年代初，P. Marcal 创建了 MARC 公司，并推出了第一个商业非线性有限元程序 MARC，后来被 MSC 公司收购。随后 P. Marcal 的博士生 D. Hibbitt 与 B. Karlsson 和 P. Sorenson 联合，于 1978 年建立了 HKS 公司，推出了商业有限元软件 ABAQUS，该软件是能够引导人们增加用户单元和材料模型的早期有限元程序之一。K.J. Bathe 博士也为有限元程序的发展作出了重要的贡献，他主要从事结构动力学求解算法和计算系统的研究。1975 年，他在 NONSAP 的基础上发表了著名的非线性求解器 ADINA(automatic dynamic incremental nonlinear analysis)，该软件的源代码早期都是公开的，后期很多有限元软件都是根据这个源代码编写的。1975 年，大连理工大学工程力学系钟万勰院士带领的团队开发了基于多重多级子结构的有限元程序 JIFEX，之后大连理工大学工程力学系又发展了多个求解模块，包括 DDDU、FEEPCA、DDJ 等。1977 年，Mechanical Dynamics Inc.(MDI)公司成立，推出了机械系统运动学、动力学仿真分析软件 ADAMS，后来被 MSC 公司收购。

20 世纪 80 年代，由美国劳伦斯・利弗莫尔(Lawrence Livermore)国家实验室的 J. Hallquist 编写的一款显式有限元程序 DYNA 被法国公司 ESI 商业化，命名为 PAM-CRASH。1988 年，J. Hallquist 创建了 LSTC(Livermore Software Technology Corporation)公司，发行和拓展 DYNA 程序商业化版本 LS-DYNA。1988 年，MSC 公司基于 DYNA3D 开发了 MSC.Dyna，并于 1990 年发布了第一个版本，随后在 1993 年发布了大型通用非线性瞬态动力分析三维有限元软件 MSC.Dytran。同一时期，美国 ANSYS 公司收购了 Century Dynamics 公司，并将该公司开发的高速瞬态动力分析软件 AUTODYN 纳入 ANSYS 体系中。ANSYS 公司与 LSTC 公司在 1996 年合作推出了 ANSYS/LS-DYNA。1995 年，大连理工大学工程力学系整合相关模块形成了商业化版本 JIFEX95。目前基于相关研究工作，大连理工大学工程力学系成立了计算力学软件研究所，开发了新一代工程与科学计算集成化软件平台 SiPESC。

进入 21 世纪后，ANSYS 公司经过一系列的自身发展和并购，塑造了体系规模庞大、产品线非常丰富的仿真平台，产品包括 ANSYS Mechanical 系列、ANSYS CFD 系列、ANSYS ANSOFT 系列以及 ANSYS Workbench 和 EKM 等。此外，20 世纪末，一款多物理场建模与仿真软件——COMSOL Multiphysics 被开发出来；进入 21 世纪后，COMSOL 得到了很好的发展，已经在声学、生物科学、化学反应、电磁学、流体动力学、燃料电池、地球科学、热传导、微系统、微波工程、光学、光子学、多孔介质、量子力学、射频、半导体、结构力学、传动现象、波传播等众多领域得到了广泛的应用。

常见的有限元软件有 ADINA、ANSYS、NASTRAN、ABAQUS、MSC.MARC、SiPESC、COMSOL Multiphysics 等。

ADINA 是自动动力增量非线性分析有限元程序，即除了具有求解线性问题的能力外，还具备强大的非线性问题分析功能。此外，还可求解结构场及其之外的多场耦合问题。

ANSYS 软件是美国 ANSYS 公司研制的大型通用有限元分析软件，它能与众多计算机辅助设计软件进行联合，实现数据的共享和交换，是集结构、流体、电场、磁场、声场分析于一体的大型通用有限元分析软件。

NASTRAN 是 NASA 结构分析(NASA structural analysis)程序，由美国国家航空航天局(National Aeronautics and Space Administration)研制，功能包括热应力分析、瞬态荷载和随机激振的动态响应分析、实特征值与复特征值计算以及稳定性分析，此外，还有一定的非线性分析功能。

ABAQUS 是 D. Hibbitt 等开发研制的，它几乎具有所有线性和非线性分析的功能，如静力、动力、刚体动力学、热力耦合、力电耦合以及隐式时间差分非线性动态响应分析，能够进行设计灵敏度分析，它还能分析结构的疲劳寿命和疲劳强度因子等。

MSC.MARC 是由美国 MSC 公司设计的一款非线性有限元软件，可以处理多种线性和非线性结构分析，包括线性/非线性静力分析、模态分析、简谐响应分析、频谱分析、随机振动分析、动力响应分析、静/动力接触分析、屈曲/失稳分析、失效和破坏分析等。

SiPESC(工程与科学计算集成化软件平台)是由大连理工大学工程力学系/工业装备结构分析优化与 CAE 软件全国重点实验室研发的面向工程与科学计算的集成软件系统，目的是构建适用于计算力学的科学研究和工程应用的公共服务软件平台。目前 SiPESC 软件平台构建了包括系统集成、结构分析、优化计算、结构拓扑优化、脚本语言等多个子系统，集成了扩展多尺度有限元、多重多级动力子结构等特色算法，发展了开放性与集成性的数值软件设计方法和实现技术，为进一步面向多学科/多领域/多算法/多模型/多技术的科研、工程及大规模计算等集成应用建立了良好的数值仿真平台和技术基础。

COMSOL Multiphysics 以有限元方法为基础，通过求解偏微分方程或者偏微分方程组来实现物理现象的仿真，成为真正的任意多物理场直接耦合软件，具有强大的多物理场耦合计算功能。

有限元软件在总体组成上可分为三个主要部分：前处理部分、有限元分析部分、后处理部分。前处理部分主要根据用户提供的对计算模型的描述，自动或半自动地生成离散模型，并以图形方式输出供用户查看和修改。后处理部分以图形形式显示有限元的计算结果，便于用户对结果进行分析。随着有限元软件的发展，前、后处理已经发展为专门化的技术，并且已经出现不少独立于具体有限元分析程序的前、后处理系统，如 MSC.Patran。该系统不仅可以独立地进行几何建模和网格生成，而且可以采用直接几何访问技术直接地从通用的

CAD/CAM系统数据库中读取、转换、修改和操作正在设计的几何模型，从而省去了在分析软件系统中重新构造几何模型的传统过程。在完成几何建模和网格生成之后，该系统可以选用现行通用的商用有限元分析软件或者用户自编的软件作为求解器进行各种分析计算，最后再由该系统提供的、便于计算结果可视化的多种工具完成计算结果的图形显示和输出。有限元分析部分的核心是主体程序，它根据离散数值模型对应的数据文件进行有限元计算。有限元分析的原理和采用的数值方法也集中于此，其决定了有限元分析结果的准确性和可靠性。

随着现代工程和科学计算的规模越来越大，基于单个 CPU 的串行有限元分析软件越来越难满足大规模精细计算的要求。随后基于并行计算机技术的并行有限元分析计算软件得到快速发展，其突破单个 CPU 串行计算限制，利用多个 CPU 并行处理大型复杂工程的计算问题。并行有限元技术的基本特点是区域分解，即首先将整个物理模型及其对应的有限元模型分解为若干子区域，然后将每个子区域模型分配给一个 CPU 处理，进一步通过相应 CPU 之间的信息交换来确定各子区域在公共边界上的相互作用，接着进行迭代求解，最后装配出整个模型的结果。如果对整个模型进行合理的区域划分，则计算效率的提高将近似地与参与 CPU 的个数成正比。

1.2 有限元方法的总体流程

有限元方法的总体流程一般包括三个步骤，即离散化、单元分析和整体分析。下面以结构有限元分析为例简要介绍这三个步骤。

(1)离散化。通过有限元方法来解决工程问题的第一步就是将结构进行离散化。即将需要分析的结构对象(求解域)划分为有限多个有限大小的单元体，得到一种离散结构，称为有限元网格，这些单元体称为有限单元，简称单元。单元之间通过一些指定点相互连接，这些指定点称为单元的节点。离散化的实质是用单元的集合体来代替原来要分析的结构。离散化的具体步骤包括建立单元和整体坐标系，对单元和节点进行合理的编号，为后续的有限元分析准备必需的数据化信息。

(2)单元分析。结构离散化后，接下来就是对离散化后得到的任一典型单元进行单元分析。单元分析包括两部分：一是确定单元位移函数，二是进行单元特性分析。①确定单元位移函数。在进行单元特性分析之前必须对该单元中任意一点假设场变量分布，在单元内用只具有有限自由度的简单场变量代替真实场变量。对于位移元来说，就是将单元内任意一点的位移近似地表示成该单元节点位移的函数，称为单元的位移函数。位移函数将直接影响有限元分析的计算精度、效率和可靠性，其合理选择是有限元方法最重要的内容之一。②单元特性分析。确定了单元位移函数后，就可以开始对单元进行特性分析，其主要包括三个步骤：首先，通过几何方程(即应变与位移之间的关系)将单元中任意一点的应变向量用待定的单元节点位移向量来表示；其次，通过物理方程(即应力与应变之间的关系)得到用单元节点位移向量表示的单元中任意一点应力向量；最后，利用虚位移原理、最小势能原理或其他相对应的变分原理建立单元刚度矩阵。

(3)整体分析。根据离散情况并利用单元特性分析结果集成所有单元的特性，建立表示整个单元集合体节点平衡的方程组。对该方程组进行求解，即可获得节点上的位移。进一步通过位移函数，可求得域内任意单元内任意位置的位移以及应力等物理量。

1.3　有限元方法的工程应用

1.3.1　应用概况

随着有限元方法及软件的不断发展，其已成为工程师的基本工具，广泛应用于工程科学的众多领域，如航空航天工程、轨道交通工程、船舶与海洋工程、机械工程、土木水利工程、生物医学工程等。

在航空航天工程领域，对火箭、卫星、载人飞船、飞机等重大装备结构的设计和运维都离不开有限元方法。有限元方法可用于这些结构的动力特性分析，预测结构的自振频率、振型等固有特性，从而可以为结构设计和运维提供重要支撑，避免出现共振现象。此外，有限元方法还可以用于这些装备结构在发射和在轨运行过程中的瞬态动力学、疲劳等行为的分析，摸清结构的变形特征、应力集中位置以及失效特征，指导装备结构的设计并保证结构的安全运行。

有限元方法在轨道交通工程领域中的典型应用包括汽车的强度分析、刚度分析、振动噪声和舒适性分析、车身冲压成形分析、车体防撞性能分析、设计优化分析等，高速列车的振动分析、动态响应分析、轮轨接触分析、疲劳寿命分析、声结构耦合分析等。此外，对轨道、路基等的有限元分析也是轨道交通工程领域需要考虑的研究方向。

有限元方法也被广泛应用于船舶与海洋工程结构的分析中，典型应用包括船体结构的强度分析、振动分析、疲劳及噪声分析等，海洋平台在波浪、洋流、冰载荷等作用下的强度分析、疲劳分析及稳定性分析等，潜艇的耐压性能分析、声结构耦合分析及结构优化设计等。

有限元方法应用在机械工程领域中，不仅可以为机械结构的设计提供理论依据，减少机械结构的材料消耗，缩短设计周期，降低制造成本，同时也为保障结构的安全服役起到了重要的指导作用。在机械工程领域中涉及的常见的有限元分析类型包括机械结构及其零部件的静力分析、动力分析、热应力分析、接触分析、屈曲分析等。

有限元方法在土木水利工程领域中的应用涉及结构力学问题、流体力学问题和耦合问题等，如房屋、地基、边坡、桥梁、大坝、隧道等结构的变形行为分析、渗流分析或抗震分析等。利用有限元方法对土木水利工程问题的现实模拟，提高了设计效率，缩短了建设时间，为工程建设提供了有力的保障。

有限元方法在生物医学工程领域也有着广泛的应用，如心血管系统的流体力学问题、骨骼的生物力学问题、生物组织的传热问题、生物器官的三维重建问题等。有限元方法在生物医学工程领域中的应用包括生物组织有限元建模、生物实验仿真、医疗器械力学性能评估及优化设计等。

1.3.2　应用实例

1) 飞机振动特性分析

飞机是人类出行的重要交通工具之一。飞机结构的静力、动力和稳定性特性是关乎飞机安全和人民生命安全的重要因素。利用先进的理论、仿真和实验手段，准确掌握飞行器的力学特性，对于先进飞机设计、制备和安全服役具有重要的指导意义。

目前，有限元方法已经被广泛应用于飞机的结构力学分析中。例如，针对飞机进气道的应力及振动疲劳有限元分析，可以为进气道提供改进方案，延长使用寿命。针对飞机蒙皮加筋结构的静力分析，可以确定结构的最大承载能力乃至破坏模式，有效保证飞机结构的使用安全。针对飞机风挡结构的鸟撞击有限元分析，可以揭示其破坏位置、过程和机理等，对于保障飞机座舱安全具有重要意义。针对飞机机翼的模态分析，可以得到机翼的固有频率和振型，对防止共振而制定相应措施具有重要的意义，从而提高飞机的安全性、舒适性和可靠性。针对飞机发动机的热力耦合行为的有限元分析，可以为发动机性能分析及散热结构设计提供重要的指导，有效提高发动机性能及保证结构安全。

图 1-1(a)给出了采用有限元方法分析时的飞机机翼结构网格模型，其中机翼蒙皮、长桁部件、翼梁、翼肋等可根据实际情况合理采用壳、杆、梁、实体等单元类型进行建模。进一步给定材料属性、约束条件等，则可以采用有限元方法获得其振动频率和振型，图 1-1(b)给出了飞机机翼的二阶振型。

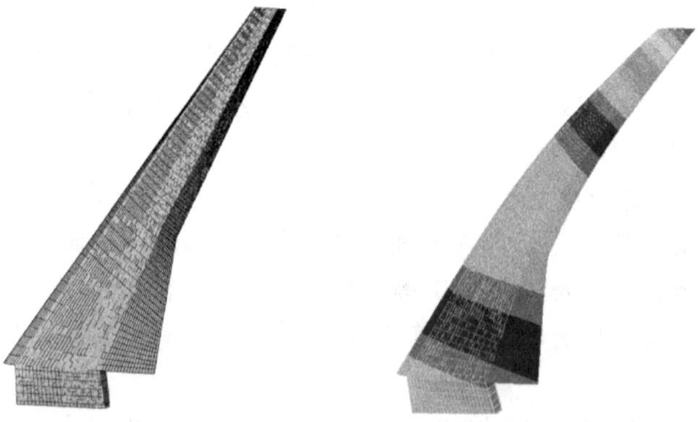

(a) 网格模型　　(b) 二阶振型

图 1-1　飞机机翼有限元模型及振动特性分析结果

2)列车结构响应分析

有限元方法在列车强度分析、振动分析、疲劳分析、噪声分析和安全性评估等方面有着广泛的应用，并发挥着越来越重要的作用。例如，针对高速轮轨列车制动盘传热及热力耦合行为的有限元仿真对于分析结构的寿命及制动性能具有重要意义，可为制动盘的优化设计提供参考；针对车轮与铁轨之间接触行为的有限元分析，可以获得轮轨接触应力和应变、轮轨接触特性与轴重之间的关系等，从而预测车轮磨损系数等；针对高速列车车内噪声的有限元仿真预测和分析，可以获得车厢系统的声振动特性及车内噪声，从而优化改进车体结构设计，有效提高车乘人员的乘车舒适性；转向架也是列车的重要部件，其对支撑车体、传递牵引和制动等载荷起到重要的作用，转向架的有限元分析及优化，对减小转向架质量、降低成本以及提高安全性具有重要意义。

图 1-2(a)给出了采用有限元方法分析时的列车车体结构离散模型，其中车体由蒙皮和加筋结构组成，分析时可根据情况选用壳、梁和实体单元进行建模。图 1-2(b)给出了在外载作用下的车体结构变形情况，根据变形情况，可以预测最大变形位置和最大应力位置，从而指导车体加筋结构设计等。

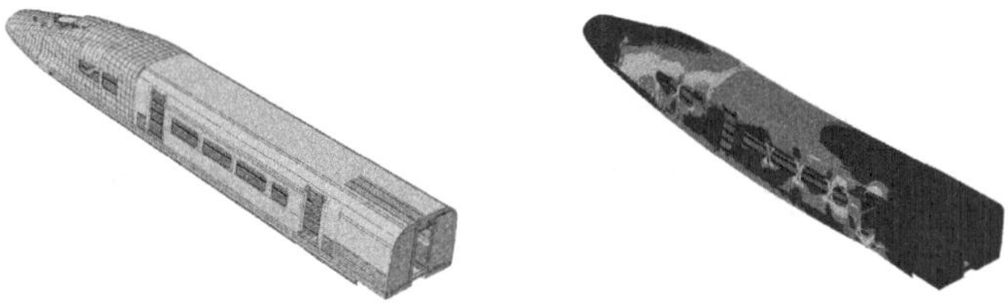

(a) 离散模型　　(b) 变形情况

图 1-2　列车车体有限元模型及变形分析结果

3) 轮船振动特性分析

有限元方法在轮船的结构分析中也发挥着越来越重要的作用。例如，冰载荷作用下的船体结构有限元分析可以为雪龙号等破冰船的强度分析、破坏分析、破冰效果分析等提供重要的参考依据；对于船体外板成形过程中传热和热力耦合行为的有限元模拟，可以帮助设计者更好地认识成形工艺、初始几何参数等对成形质量的影响，更好地控制成形过程中的变形行为。有限元方法还可以应用于船体加筋板结构的焊接变形分析，预测结构在不同焊接工艺下的变形及残余应力，为提高焊接质量提供依据。此外，针对船体结构的动力学特性开展有限元分析，可以揭示结构的振动特性和极限强度等关键性能指标，分析结构的振动噪声等，保证船体结构的安全性。

图 1-3(a) 给出了采用有限元方法开展船体结构振动特性分析时的离散模型，图 1-3(b) 给出了利用有限元方法计算获得的整船结构的典型振动模态。

(a) 离散模型　　(b) 典型振动模态

图 1-3　船体有限元模型及振动特性分析结果

1.4　本书的主要内容

本书重点介绍了有限元方法的基本理论。第 1 章介绍了有限元方法的发展历史、有限元方法的总体流程以及有限元方法在工程中的应用。第 2 章介绍了有限元方法的理论基础，包括弹性力学基本方程、等效积分弱形式和伽辽金有限元列式。第 3 章介绍了杆系结构，包括桁架结构、刚架结构的求解。第 4 章介绍了静力学问题分析，包括一维到三维的等参单元、数值积分方法以及单元的选择和网格收敛性。第 5 章介绍了动力学问题分析，包括动力学问题有限元列式、模态分析、时程分析以及缩聚自由度法。第 6 章从非线性方程求解方法、塑性本构方程、有限元列式以及应力更新算法等角度出发介绍了材料非线性问题的有限元求解技术。第 7 章介绍了几何非线性问题，包括应变和应力度量、大变形本构方程以及有限元列式。第 8 章从接触界面条件、接触问题的求解方案以及有限元列式和离散方程的求解方法出发介绍了接触非线性问题。第 9 章介绍了热力耦合问题，包括热传导和热力耦合的控制方程，稳态和瞬态热传导的有限元列式。第 10 章从总体思想和数值基函数的构造方法以及算例出发介绍了多尺度有限元方法。

第 2 章　有限元方法的理论基础

2.1　引　　言

本章将以结构分析为例介绍有限元方法的理论基础，主要包括弹性力学问题的基本假设，三维弹性问题、平面应变问题、平面应力问题和轴对称问题的基本方程(又称控制方程)，构造有限元列式的等效积分弱形式、虚位移原理和最小势能原理，以及伽辽金有限元列式等内容。

这些理论作为弹性力学和有限元方法的基础，是解答弹性力学问题和用有限元方法解决问题的基本理论知识，其中弹性力学基本假设、控制方程等知识是解决弹性力学问题的基础。为了采用有限元方法求解弹性力学问题，可以从建立微分方程的等效积分形式出发来构造有限元列式；对于某些问题，还可以进一步通过分部积分的方式获得原始控制微分方程的等效积分弱形式，如虚位移原理等，从而降低对有限元列式构造时的一些要求。此外，对于弹性力学问题，还可以构造相应的最小势能原理，这类能量原理也为建立有限元方法的基本公式提供了强有力的工具。

本章的内容具有整体框架的性质，对于深入理解有限元方法的实质至关重要。但这些内容通常具有一定的抽象性，还需在以后的具体化中加深理解。

2.2　弹性力学基本方程

弹性力学又称为弹性理论，是一门基础技术学科，主要研究弹性体在外力作用或温度变化等外界因素下所产生的位移、应变和应力，从而为工程结构或者构件的强度、刚度设计提供理论依据和计算方法。弹性力学在工程领域中，尤其是在航空航天、机械、土建和水利工程等大型结构的设计中发挥着重要作用。

弹性力学和材料力学在研究内容与基本任务方面是基本相同的，即都研究弹性变形体在外力作用下的平衡、运动等问题，以及相应变形和应力。在研究对象方面，材料力学的研究对象仅为杆、梁、柱、轴等杆状变形构件，而弹性力学的研究对象是任意形状的变形体，因此弹性力学的研究对象较材料力学更加普遍。在研究方法上，材料力学要做出一些关于构件变形状态或应力分布的假设，例如，拉压、扭转、弯曲平面假设，其数学推演比弹性力学简单，但解是近似的；在弹性力学中研究杆状构件一般都不必引用那些假设，所以其解比材料力学中得到的解更精确，但其数学推演要更加复杂。本节将介绍弹性力学的基础知识，主要包括弹性力学基本假设和控制方程，如三维、平面应力、应变问题等。

2.2.1　弹性力学基本假设

工程问题的复杂性是由诸多方面的因素决定的，如果不分主次地考虑所有因素，则问题将变得很复杂，数学推演也十分困难，从而导致问题无法解决。因此需要根据问题的特点和性质，暂时忽略部分次要因素，提出一些基本假设来简化问题并使得问题可解。对于弹性力学问题，一般认为其满足如下基本假设。

(1) 连续性假设。该假设认为整个物体内部充满了介质，其间没有任何空隙。一般情况下，若物体的尺寸与构成该物体的粒子的尺寸或相邻粒子之间的距离相比较大，则该假设是适用的。在此假设条件下，物体内的物理量如位移、应变和应力等都是连续分布的，从而可以用空间坐标的连续函数来表示。

(2) 线弹性假设。该假设认为物体的变形与外力之间的关系是线性的，满足胡克定律。去除外力后，物体可以恢复到变形前的状态而没有任何残余变形，且这个关系和时间及变形历史无关。在此假设条件下，应力和应变之间的关系简化可用线性函数表示，且材料弹性常数不随应力或应变的变化而改变。

(3) 均匀性假设。该假设认为整个物体是由同一种材料组成的，物体内各个部分具有相同的物理性质，与各个部分所处的几何位置无关。在此假设条件下，可以取出物体内任意一个微元体(或代表体元)进行分析，所得到的结论可以应用于物体内的其他任何部分。

(4) 各向同性假设。该假设认为物体的力学性质沿各个方向都是相同的，即反映材料物理性质的参数如杨氏模量和泊松比等均不随方向变化。实践表明，在统计平均的意义上各向同性假设对于许多材料都是适用的。

(5) 小变形假设。该假设认为物体受力后的各点位移是微小的，远小于物体原有的几何尺寸，而且所有线元的应变和转角都远小于 1。这样，在建立物体变形后的平衡方程时，可以参考变形前的几何尺寸计算结构的形变和位移，忽略其二次项等高阶小量，从而使平衡方程变为线弹性方程，便于求解。

2.2.2　弹性力学控制方程

弹性力学问题分析就是在给定的边界和载荷条件下，利用弹性力学的控制方程并结合合适的数学方法求解物体内各点的位移、应变和应力分量，其中空间坐标下三个方向的位移分量分别为u、v、w，对应的应变分量为ε_x、ε_y、ε_z、γ_{xy}、γ_{yz}、γ_{zx}、γ_{yx}、γ_{zy}、γ_{xz}以及应力分量为σ_x、σ_y、σ_z、τ_{xy}、τ_{yz}、τ_{zx}、τ_{yx}、τ_{zy}、τ_{xz}。

弹性力学的控制方程包含三类基本方程，分别是几何方程、物理方程和平衡方程。这三类方程是由位移、应变与应力之间的关系写出的。如图 2-1 所示，由应力之间的关系可以写出平衡方程，由位移与应变之间的关系可以写出几何方程，由应变与应力之间的关系可以写出物理方程，下面将分别介绍这三类方程的具体形式。

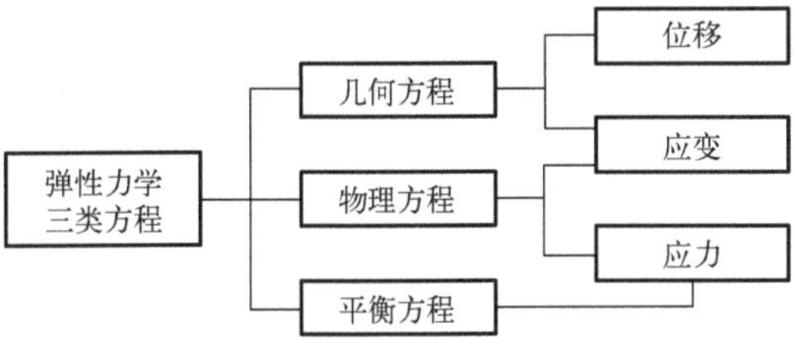

图 2-1　弹性力学三类方程

1. 平衡方程

平衡方程又称平衡微分方程，它描述了物体内应力与体积力之间的关系。考虑如图 2-2 所示的立方体应力单元体，棱长分别为 $\mathrm{d}x$ 、$\mathrm{d}y$ 和 $\mathrm{d}z$ ，在单元体上作用有应力和体积力，其中各个面上的应力如图 2-2 所示，体积力分量分别用 b_x 、b_y 和 b_z 表示。

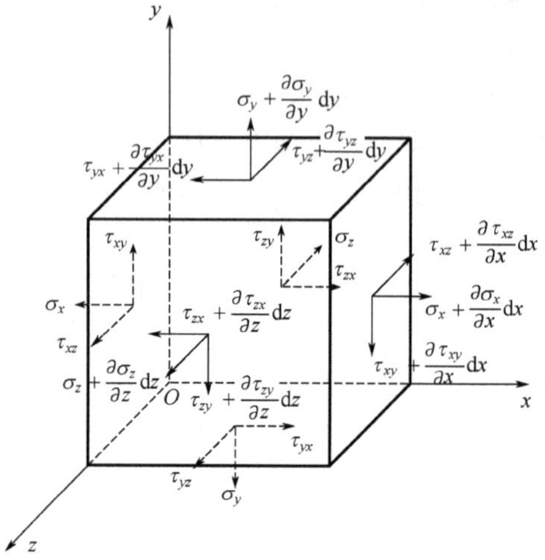

图 2-2　应力单元体

应力单元体在应力和体积力的作用下处于平衡，由连续性假设可知，弹性体内各点的应力分量是空间坐标的连续函数，则其平衡条件可写为

$$
\left\{
\begin{aligned}
\sum F_x = 0,\quad & \left(\sigma_x + \frac{\partial \sigma_x}{\partial x}\mathrm{d}x\right)\mathrm{d}y\mathrm{d}z - \sigma_x \mathrm{d}y\mathrm{d}z + \left(\tau_{zx} + \frac{\partial \tau_{zx}}{\partial z}\mathrm{d}z\right)\mathrm{d}x\mathrm{d}y - \tau_{zx}\mathrm{d}x\mathrm{d}y \\
& + \left(\tau_{yx} + \frac{\partial \tau_{yx}}{\partial y}\mathrm{d}y\right)\mathrm{d}x\mathrm{d}z - \tau_{yx}\mathrm{d}x\mathrm{d}z \\
& + b_x \mathrm{d}x\mathrm{d}y\mathrm{d}z = 0 \\
\sum F_y = 0,\quad & \left(\sigma_y + \frac{\partial \sigma_y}{\partial y}\mathrm{d}y\right)\mathrm{d}x\mathrm{d}z - \sigma_y \mathrm{d}x\mathrm{d}z + \left(\tau_{zy} + \frac{\partial \tau_{zy}}{\partial z}\mathrm{d}z\right)\mathrm{d}x\mathrm{d}y - \tau_{zy}\mathrm{d}x\mathrm{d}y \\
& + \left(\tau_{xy} + \frac{\partial \tau_{xy}}{\partial x}\mathrm{d}x\right)\mathrm{d}y\mathrm{d}z - \tau_{xy}\mathrm{d}y\mathrm{d}z \\
& + b_y \mathrm{d}x\mathrm{d}y\mathrm{d}z = 0 \\
\sum F_z = 0,\quad & \left(\sigma_z + \frac{\partial \sigma_z}{\partial z}\mathrm{d}z\right)\mathrm{d}x\mathrm{d}y - \sigma_z \mathrm{d}x\mathrm{d}y + \left(\tau_{xz} + \frac{\partial \tau_{xz}}{\partial x}\mathrm{d}x\right)\mathrm{d}y\mathrm{d}z - \tau_{xz}\mathrm{d}y\mathrm{d}z \\
& + \left(\tau_{yz} + \frac{\partial \tau_{yz}}{\partial y}\mathrm{d}y\right)\mathrm{d}x\mathrm{d}z - \tau_{yz}\mathrm{d}x\mathrm{d}z \\
& + b_z \mathrm{d}x\mathrm{d}y\mathrm{d}z = 0
\end{aligned}
\right.
\tag{2-1}
$$

将方程(2-1)除以 $\mathrm{d}x\mathrm{d}y\mathrm{d}z$ ，经整理可得

$$\begin{cases}\dfrac{\partial\sigma_x}{\partial x}+\dfrac{\partial\tau_{yx}}{\partial y}+\dfrac{\partial\tau_{zx}}{\partial z}+b_x=0\\ \dfrac{\partial\tau_{xy}}{\partial x}+\dfrac{\partial\sigma_y}{\partial y}+\dfrac{\partial\tau_{zy}}{\partial z}+b_y=0\\ \dfrac{\partial\tau_{xz}}{\partial x}+\dfrac{\partial\tau_{yz}}{\partial y}+\dfrac{\partial\sigma_z}{\partial z}+b_z=0\end{cases} \tag{2-2}$$

此外，由于单元体处于平衡，则对平行于 x 轴且通过单元体中心点的线 x' 取矩应为 0，即

$$\begin{aligned}\sum M_{x'}=0,\ \ &(\tau_{yz}+\mathrm{d}\tau_{yz})\mathrm{d}x\mathrm{d}z\frac{\mathrm{d}y}{2}+\tau_{yz}\mathrm{d}x\mathrm{d}z\frac{\mathrm{d}y}{2}\\ &-(\tau_{zy}+\mathrm{d}\tau_{zy})\mathrm{d}x\mathrm{d}y\frac{\mathrm{d}z}{2}-\tau_{zy}\mathrm{d}x\mathrm{d}y\frac{\mathrm{d}z}{2}=0\end{aligned} \tag{2-3}$$

可得

$$\tau_{yz}=\tau_{zy} \tag{2-4}$$

同理，对平行于 y 轴或 z 轴且通过单元体中心点的线取矩为 0，可得

$$\tau_{zx}=\tau_{xz},\quad \tau_{xy}=\tau_{yx} \tag{2-5}$$

式(2-4)和式(2-5)表明了剪应力互等。

平衡微分方程(2-2)也可写成矩阵形式：

$$[\boldsymbol{L}]^{\mathrm{T}}\{\boldsymbol{\sigma}\}+\{\boldsymbol{b}\}=\boldsymbol{0} \tag{2-6}$$

式中，$[\boldsymbol{L}]$ 为微分算子矩阵；$\{\boldsymbol{\sigma}\}$ 为应力向量；$\{\boldsymbol{b}\}$ 为体积力向量，分别为

$$[\boldsymbol{L}]=\begin{bmatrix}\dfrac{\partial}{\partial x} & 0 & 0\\ 0 & \dfrac{\partial}{\partial y} & 0\\ 0 & 0 & \dfrac{\partial}{\partial z}\\ \dfrac{\partial}{\partial y} & \dfrac{\partial}{\partial x} & 0\\ 0 & \dfrac{\partial}{\partial z} & \dfrac{\partial}{\partial y}\\ \dfrac{\partial}{\partial z} & 0 & \dfrac{\partial}{\partial x}\end{bmatrix} \tag{2-7}$$

$$\{\boldsymbol{\sigma}\}=\{\sigma_x\quad \sigma_y\quad \sigma_z\quad \tau_{xy}\quad \tau_{yz}\quad \tau_{xz}\}^{\mathrm{T}} \tag{2-8}$$

$$\{\boldsymbol{b}\}=\{b_x\quad b_y\quad b_z\}^{\mathrm{T}} \tag{2-9}$$

平衡微分方程(2-2)也可写成张量形式：

$$\nabla\cdot\boldsymbol{\sigma}+\boldsymbol{b}=\boldsymbol{0} \tag{2-10}$$

或其等价的分量形式：

$$\sigma_{ij,j}+b_i=0 \tag{2-11}$$

其中，$\nabla=\dfrac{\partial}{\partial x_j}\boldsymbol{e}_j$ 为梯度算子；“·”表示张量点积；i 和 j 可分别取 x、y 和 z，以及

$$\boldsymbol{\sigma}=\sigma_{ij}\boldsymbol{e}_i\otimes\boldsymbol{e}_j,\quad \boldsymbol{b}=b_i\boldsymbol{e}_i \tag{2-12}$$

式中，$\boldsymbol{e}_i(i=x,y,z)$ 为基矢量；“⊗”表示张量并乘。此外，以上方程中采用了爱因斯坦求和约定，即对具有重复下标的式子进行求和。

2. 几何方程

弹性体在变形过程中，为保证弹性体内各点位移的连续性和协调性，其位移分量与应变分量之间应满足一定的关系。考虑如图 2-3 所示的线元，初始时刻，线元 PA 处于水平位置和线元 PB 处于竖直位置，长度分别为 $\mathrm{d}x$ 和 $\mathrm{d}y$，变形后变为线元 $P'A'$ 和线元 $P'B'$，其中 P 点位移为 u 和 v。

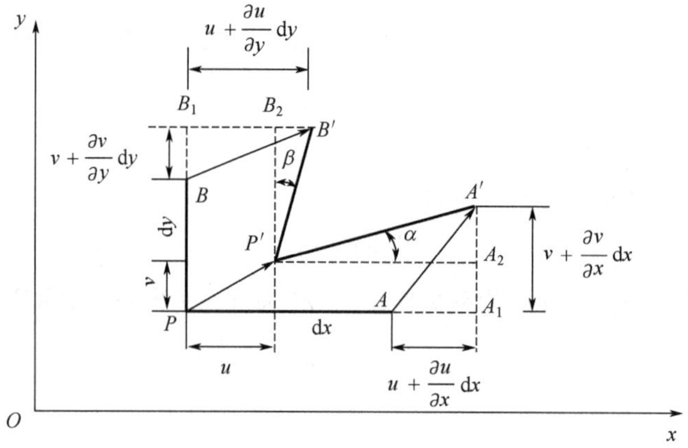

图 2-3　变形前后位移与角度变化

由图 2-3 可知，A 点的位移可表示为

$$u_A=u+\frac{\partial u}{\partial x}\mathrm{d}x,\quad v_A=v+\frac{\partial v}{\partial x}\mathrm{d}x \tag{2-13}$$

B 点的位移可表示为

$$u_B=u+\frac{\partial u}{\partial y}\mathrm{d}y,\quad v_B=v+\frac{\partial v}{\partial y}\mathrm{d}y \tag{2-14}$$

则应变 ε_x 和 ε_y 可表示为

$$\varepsilon_x=\frac{\overline{P'A_2}-\overline{PA}}{\overline{PA}}=\frac{\left(\mathrm{d}x+u+\dfrac{\partial u}{\partial x}\mathrm{d}x-u\right)-\mathrm{d}x}{\mathrm{d}x}=\frac{\partial u}{\partial x} \tag{2-15}$$

$$\varepsilon_y=\frac{\overline{P'B_2}-\overline{PB}}{\overline{PB}}=\frac{\left(\mathrm{d}y+v+\dfrac{\partial v}{\partial y}\mathrm{d}y-v\right)-\mathrm{d}y}{\mathrm{d}y}=\frac{\partial v}{\partial y} \tag{2-16}$$

类似地，可得应变ε_z为

$$\varepsilon_z=\frac{\partial w}{\partial z} \tag{2-17}$$

进一步考虑变形前后的角度变化，可得剪应变γ_{xy}为

$$\gamma_{xy}=\alpha+\beta \tag{2-18}$$

其中

$$\alpha\approx\tan\alpha=\frac{\overline{A'A_2}}{\overline{P'A_2}}=\frac{\dfrac{\partial v}{\partial x}\mathrm{d}x}{\mathrm{d}x+\dfrac{\partial u}{\partial x}\mathrm{d}x}\approx\frac{\partial v}{\partial x} \tag{2-19}$$

$$\beta\approx\tan\beta=\frac{\overline{B'B_2}}{\overline{P'B_2}}=\frac{\dfrac{\partial u}{\partial y}\mathrm{d}y}{\mathrm{d}y+\dfrac{\partial v}{\partial y}\mathrm{d}y}\approx\frac{\partial u}{\partial y} \tag{2-20}$$

由式(2-18)～式(2-20)可得剪应变γ_{xy}为

$$\gamma_{xy}=\frac{\partial v}{\partial x}+\frac{\partial u}{\partial y} \tag{2-21}$$

类似地，可得

$$\gamma_{yz}=\frac{\partial w}{\partial y}+\frac{\partial v}{\partial z} \tag{2-22}$$

$$\gamma_{xz}=\frac{\partial u}{\partial z}+\frac{\partial w}{\partial x} \tag{2-23}$$

基于以上分析，可得弹性力学的几何方程如下：

$$\begin{cases}\varepsilon_x=\dfrac{\partial u}{\partial x}\\ \varepsilon_y=\dfrac{\partial v}{\partial y}\\ \varepsilon_z=\dfrac{\partial w}{\partial z}\\ \gamma_{xy}=\dfrac{\partial v}{\partial x}+\dfrac{\partial u}{\partial y}\\ \gamma_{yz}=\dfrac{\partial w}{\partial y}+\dfrac{\partial v}{\partial z}\\ \gamma_{xz}=\dfrac{\partial u}{\partial z}+\dfrac{\partial w}{\partial x}\end{cases} \tag{2-24}$$

弹性力学的几何方程可写成矩阵形式，即

$$\{\boldsymbol{\varepsilon}\}=[\boldsymbol{L}]\{\boldsymbol{u}\} \tag{2-25}$$

式中，$\{\boldsymbol{\varepsilon}\}$为应变向量；$\{\boldsymbol{u}\}$为位移向量，具体形式分别为

$$\{\boldsymbol{\varepsilon}\}=\{\varepsilon_x \quad \varepsilon_y \quad \varepsilon_z \quad \gamma_{xy} \quad \gamma_{yz} \quad \gamma_{xz}\}^{\mathrm{T}} \tag{2-26}$$

$$\{\boldsymbol{u}\}=\{u \quad v \quad w\}^{\mathrm{T}} \tag{2-27}$$

弹性力学的几何方程还可用张量形式表达，即

$$\boldsymbol{\varepsilon}=\frac{1}{2}[\nabla\boldsymbol{u}+(\nabla\boldsymbol{u})^{\mathrm{T}}] \tag{2-28}$$

其等价的分量形式为

$$\varepsilon_{ij}=\frac{1}{2}(u_{i,j}+u_{j,i}) \tag{2-29}$$

式中

$$\boldsymbol{\varepsilon}=\varepsilon_{ij}\boldsymbol{e}_i\otimes\boldsymbol{e}_j,\quad \boldsymbol{u}=u_i\boldsymbol{e}_i \tag{2-30}$$

3. 物理方程

由弹性体中应力与应变之间的关系可写出物理方程，对于各向同性线弹性体，其表达形式为

$$\begin{cases}\sigma_x=\lambda(\varepsilon_x+\varepsilon_y+\varepsilon_z)+2G\varepsilon_x\\ \sigma_y=\lambda(\varepsilon_x+\varepsilon_y+\varepsilon_z)+2G\varepsilon_y\\ \sigma_z=\lambda(\varepsilon_x+\varepsilon_y+\varepsilon_z)+2G\varepsilon_z\\ \tau_{xy}=G\gamma_{xy}\\ \tau_{yz}=G\gamma_{yz}\\ \tau_{xz}=G\gamma_{xz}\end{cases} \tag{2-31}$$

式中，λ和G为拉梅(Lame)常数，其表达式为

$$\lambda=\frac{E\mu}{(1+\mu)(1-2\mu)},\quad G=\frac{E}{2(1+\mu)} \tag{2-32}$$

其中，E为杨氏模量；μ为泊松比；两者均为材料常数。

若用矩阵形式表达，则物理方程可写为

$$\{\boldsymbol{\sigma}\}=[\boldsymbol{D}]\{\boldsymbol{\varepsilon}\} \tag{2-33}$$

式中，$[\boldsymbol{D}]$为弹性矩阵，有

$$[\boldsymbol{D}]=\begin{bmatrix}\lambda+2G & \lambda & \lambda & 0 & 0 & 0\\ & \lambda+2G & \lambda & 0 & 0 & 0\\ & & \lambda+2G & 0 & 0 & 0\\ & & & G & 0 & 0\\ & \text{对称} & & & G & 0\\ & & & & & G\end{bmatrix} \tag{2-34}$$

将拉梅常数代入式(2-34)，可得弹性矩阵的另外一种表达形式：

$$[\boldsymbol{D}]=\frac{E(1-\mu)}{(1+\mu)(1-2\mu)}\begin{bmatrix}1 & \frac{\mu}{1-\mu} & \frac{\mu}{1-\mu} & 0 & 0 & 0\\ & 1 & \frac{\mu}{1-\mu} & 0 & 0 & 0\\ & & 1 & 0 & 0 & 0\\ & & & \frac{1-2\mu}{2(1-\mu)} & 0 & 0\\ & \text{对称} & & & \frac{1-2\mu}{2(1-\mu)} & 0\\ & & & & & \frac{1-2\mu}{2(1-\mu)}\end{bmatrix} \tag{2-35}$$

弹性方程还可用张量形式表达，即

$$\boldsymbol{\sigma}=\boldsymbol{D}:\boldsymbol{\varepsilon} \tag{2-36}$$

式中，“:”表示张量双点积；$\boldsymbol{D}=D_{ijkl}\boldsymbol{e}_i\otimes\boldsymbol{e}_j\otimes\boldsymbol{e}_k\otimes\boldsymbol{e}_l$ 为四阶弹性张量，且$[\boldsymbol{D}]$为弹性张量 $\boldsymbol{D}$ 的 Voigt 矩阵形式。方程(2-36)等价的分量形式为

$$\sigma_{ij}=D_{ijkl}\varepsilon_{kl} \tag{2-37}$$

由弹性力学的三类基本方程并不能求解出物体内各点的位移、应变和应力，还需要给定相应的边界条件。边界条件是指求解域的边界 Γ 上所受的外加约束或作用，通常分为应力边界条件和位移边界条件，施加的外表面分别用 Γ_σ 和 Γ_u 表示，且 $\Gamma=\Gamma_\sigma\cup\Gamma_u$。

1) 应力边界条件

在边界处取微元体，面力与应力之间的平衡条件就是应力边界条件。如图 2-4 所示，从物体的边界处取出一个四面体形状的微元体，该微元体的各内表面处作用了应力，外表面处作用了面力，微元体处于平衡。

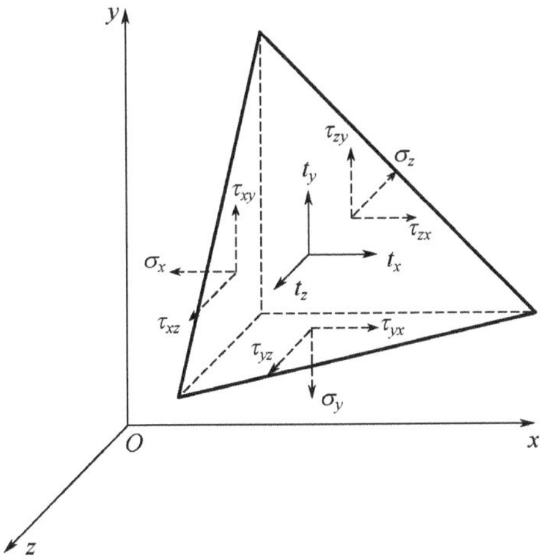

图 2-4　边界处的微元体

若外表面外法线方向为 $\boldsymbol{n}$，且其方向余弦为

$$\cos(\boldsymbol{n},x)=n_x,\quad \cos(\boldsymbol{n},y)=n_y,\quad \cos(\boldsymbol{n},z)=n_z \tag{2-38}$$

则可建立如下平衡方程(假设微元体足够小，体积力可忽略不计)：

$$\begin{cases}\sum F_x=0, & \bar{t}_x\Delta S-\sigma_x n_x\Delta S-\tau_{yx}n_y\Delta S-\tau_{zx}n_z\Delta S=0\\ \sum F_y=0, & \bar{t}_y\Delta S-\sigma_y n_y\Delta S-\tau_{xy}n_x\Delta S-\tau_{zy}n_z\Delta S=0\\ \sum F_z=0, & \bar{t}_z\Delta S-\sigma_z n_z\Delta S-\tau_{xz}n_x\Delta S-\tau_{yz}n_y\Delta S=0\end{cases} \tag{2-39}$$

式中，ΔS 为微元体外表面面积。简化可得应力边界条件为

$$\begin{cases}\sigma_x n_x+\tau_{yx}n_y+\tau_{zx}n_z=\bar{t}_x\\ \tau_{xy}n_x+\sigma_y n_y+\tau_{zy}n_z=\bar{t}_y\\ \tau_{xz}n_x+\tau_{yz}n_y+\sigma_z n_z=\bar{t}_z\end{cases} \tag{2-40}$$

其可用矩阵形式和张量形式分别表示为

$$[\boldsymbol{n}]\{\boldsymbol{\sigma}\}=\{\bar{\boldsymbol{t}}\} \tag{2-41}$$

$$\boldsymbol{\sigma}\cdot\boldsymbol{n}=\bar{\boldsymbol{t}} \tag{2-42}$$

式中

$$[\boldsymbol{n}]=\begin{bmatrix}n_x & 0 & 0 & n_y & 0 & n_z\\ 0 & n_y & 0 & n_x & n_z & 0\\ 0 & 0 & n_z & 0 & n_y & n_x\end{bmatrix} \tag{2-43}$$

$$\boldsymbol{n}=n_i\boldsymbol{e}_i,\quad \bar{\boldsymbol{t}}=\bar{t}_i\boldsymbol{e}_i \tag{2-44}$$

其等价的分量形式为

$$\sigma_{ij}n_j=\bar{t}_i \tag{2-45}$$

2) 位移边界条件

位移边界条件是指结构在边界上所受的位移约束。位移边界条件可以写为

$$u=\bar{u},\quad v=\bar{v},\quad w=\bar{w} \tag{2-46}$$

式中，$\bar{u}$ 、$\bar{v}$ 和 $\bar{w}$ 为位移边界上给定的位移值。其对应的矩阵形式和张量形式分别为

$$\{\boldsymbol{u}\}=\{\bar{\boldsymbol{u}}\} \tag{2-47}$$

$$\boldsymbol{u}=\bar{\boldsymbol{u}} \tag{2-48}$$

式中

$$\{\bar{\boldsymbol{u}}\}=\{\bar{u}\quad \bar{v}\quad \bar{w}\}^{\mathrm{T}} \tag{2-49}$$

$$\bar{\boldsymbol{u}}=\bar{u}_i\boldsymbol{e}_i \tag{2-50}$$

2.2.3 平面应变问题

当所考虑的结构为某一个方向上尺寸很大的柱形弹性物体，在柱面上作用有垂直于该长轴方向的载荷，且载荷大小沿着长轴方向不变时，物体的位移将发生在横截面内，可以简化

为二维问题进行分析，这样的问题称为平面应变问题。工程中，水坝、隧道、圆柱形管道等许多结构的弹性力学问题都可以简化为平面应变问题(图 2-5)。

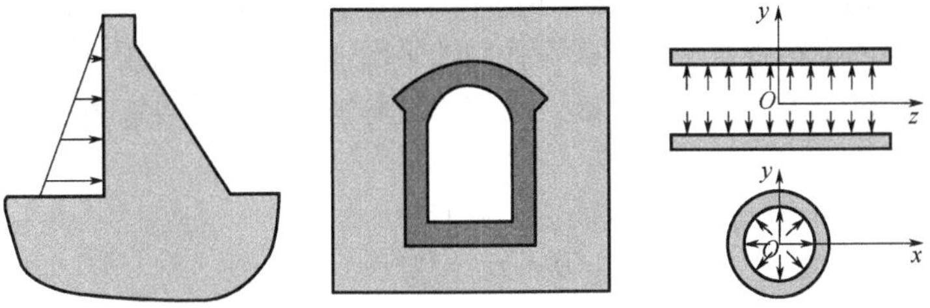

(a) 水坝　(b) 隧道　(c) 圆柱形管道

图 2-5　平面应变问题

根据上述平面应变问题的特点，其部分位移、应变和应力为 0，即

$$\begin{gathered} w=0 \\ \varepsilon_z=0, \quad \gamma_{yz}=0, \quad \gamma_{xz}=0 \\ \tau_{zx}=0, \quad \tau_{zy}=0 \end{gathered} \tag{2-51}$$

则平面应变问题的平衡方程可由方程(2-2)退化得到，即

$$\begin{cases} \dfrac{\partial \sigma_x}{\partial x}+\dfrac{\partial \tau_{yx}}{\partial y}+b_x=0 \\ \dfrac{\partial \tau_{xy}}{\partial x}+\dfrac{\partial \sigma_y}{\partial y}+b_y=0 \end{cases} \tag{2-52}$$

平面应变问题的几何方程为

$$\begin{cases} \varepsilon_x=\dfrac{\partial u}{\partial x} \\ \varepsilon_y=\dfrac{\partial v}{\partial y} \\ \gamma_{xy}=\dfrac{\partial v}{\partial x}+\dfrac{\partial u}{\partial y} \end{cases} \tag{2-53}$$

平面应变问题的物理方程为

$$\begin{cases} \sigma_x=\lambda(\varepsilon_x+\varepsilon_y)+2G\varepsilon_x \\ \sigma_y=\lambda(\varepsilon_x+\varepsilon_y)+2G\varepsilon_y \\ \tau_{xy}=G\gamma_{xy} \end{cases} \tag{2-54}$$

此外，由于平面应变问题中 $\varepsilon_z=0$，则 σ_z 一般不为 0，其可由物理方程求得，即 $\sigma_z=\mu(\sigma_x+\sigma_y)$。

平面应变问题的边界条件为

$$\begin{cases} \sigma_x n_x+\tau_{yx}n_y=\overline{t}_x \\ \tau_{xy}n_x+\sigma_y n_y=\overline{t}_y \end{cases} \tag{2-55}$$

其矩阵形式和张量形式也可相应写出，此处不再赘述。

2.2.4　平面应力问题

当所考虑的结构为某一个方向上尺寸很小的弹性物体，载荷作用在另外两个方向所定义的平面内时，物体的位移将发生在该载荷作用的平面内，同样该问题可以简化为二维问题进行分析，这样的问题称为平面应力问题。工程中，剪力墙、薄板等许多结构的弹性力学问题通常可以简化为平面应力问题(图 2-6)。

由于板很薄且载荷仅作用在薄板面内，则有

$$\sigma_z = 0, \quad \tau_{xz} = 0, \quad \tau_{yz} = 0 \tag{2-56}$$

因此，平面应力问题中只有σ_x、σ_y和τ_{xy}三个应力分量不为 0。需要说明的是，对于平面应力问题，由于板在厚度方向上可以变形，各点在 z 方向上的应变ε_z和相应的位移分量w并不一定为 0。

平面应力问题的平衡方程为

$$\begin{cases} \dfrac{\partial \sigma_x}{\partial x} + \dfrac{\partial \tau_{yx}}{\partial y} + b_x = 0 \\ \dfrac{\partial \tau_{xy}}{\partial x} + \dfrac{\partial \sigma_y}{\partial y} + b_y = 0 \end{cases} \tag{2-57}$$

平面应力问题的几何方程为

$$\begin{cases} \varepsilon_x = \dfrac{\partial u}{\partial x} \\ \varepsilon_y = \dfrac{\partial v}{\partial y} \\ \gamma_{xy} = \dfrac{\partial v}{\partial x} + \dfrac{\partial u}{\partial y} \end{cases} \tag{2-58}$$

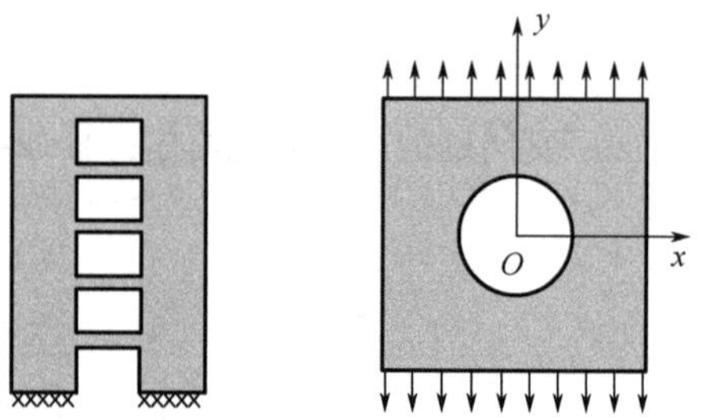

(a)剪力墙　　(b)面内载荷作用下的薄板

图 2-6　平面应力问题

平面应力问题中，由于$\sigma_z = 0$，则由方程(2-31)中第三式可得$\varepsilon_z = -\mu(\varepsilon_x + \varepsilon_y)/(1-\mu)$，则物理方程为

$$\begin{cases} \sigma_x = \dfrac{E}{1-\mu^2}\varepsilon_x + \dfrac{E\mu}{1-\mu^2}\varepsilon_y \\ \sigma_y = \dfrac{E\mu}{1-\mu^2}\varepsilon_x + \dfrac{E}{1-\mu^2}\varepsilon_y \\ \tau_{xy} = G\gamma_{xy} \end{cases} \tag{2-59}$$

平面应力问题的边界条件为

$$\begin{cases} \sigma_x n_x + \tau_{yx} n_y = \overline{t}_x \\ \tau_{xy} n_x + \sigma_y n_y = \overline{t}_y \end{cases} \tag{2-60}$$

2.2.5　轴对称问题

如果三维弹性体的几何形状、约束以及所受外力关于某一轴对称，则该弹性体中的位移、应变和应力分量也必然关于该轴对称，这样的弹性力学问题称为空间轴对称问题。工程中，

压力容器、管道等许多结构的弹性力学问题都可以简化为轴对称问题进行分析。在研究空间轴对称问题时，一般采用柱坐标系，并以 z 轴为对称轴，如图 2-7 所示。

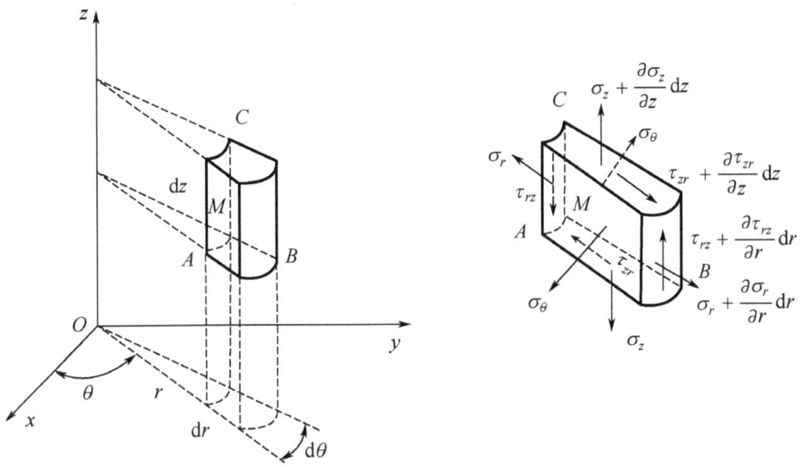

图 2-7　柱坐标系下的单元体

由对称性可知，弹性体内的应力分量仅与 r 和 z 相关，与 θ 无关，即

$$\tau_{r\theta}=\tau_{\theta r}=\tau_{z\theta}=\tau_{\theta z}=0 \tag{2-61}$$

则非零分量包括 σ_r、σ_θ、σ_z、τ_{rz} 和 τ_{zr}。

由图 2-7 可知，平衡条件为

$$\begin{cases}\sum F_r=0, & \left(\sigma_r+\dfrac{\partial\sigma_r}{\partial r}\mathrm{d}r\right)(r+\mathrm{d}r)\mathrm{d}\theta\mathrm{d}z-\sigma_r r\mathrm{d}\theta\mathrm{d}z\\ & +\left(\tau_{zr}+\dfrac{\partial\tau_{zr}}{\partial z}\mathrm{d}z\right)r\mathrm{d}\theta\mathrm{d}r-\tau_{zr}r\mathrm{d}\theta\mathrm{d}r\\ & -\sigma_\theta\mathrm{d}r\mathrm{d}\theta\mathrm{d}z+b_r(r\mathrm{d}\theta)\mathrm{d}r\mathrm{d}z=0\\ \sum F_z=0, & \left(\sigma_z+\dfrac{\partial\sigma_z}{\partial z}\mathrm{d}z\right)r\mathrm{d}\theta\mathrm{d}r-\sigma_z r\mathrm{d}\theta\mathrm{d}r\\ & +\left(\tau_{rz}+\dfrac{\partial\tau_{rz}}{\partial r}\mathrm{d}r\right)(r+\mathrm{d}r)\mathrm{d}\theta\mathrm{d}z\\ & -\tau_{rz}r\mathrm{d}\theta\mathrm{d}z+b_z r\mathrm{d}r\mathrm{d}\theta\mathrm{d}z=0\\ \sum M_{x'}=0, & \left(\tau_{rz}+\dfrac{\partial\tau_{rz}}{\partial r}\mathrm{d}r\right)(r+\mathrm{d}r)\mathrm{d}\theta\mathrm{d}z\dfrac{\mathrm{d}r}{2}+\tau_{rz}r\mathrm{d}\theta\mathrm{d}z\dfrac{\mathrm{d}r}{2}\\ & -\left(\tau_{zr}+\dfrac{\partial\tau_{zr}}{\partial z}\mathrm{d}z\right)r\mathrm{d}\theta\mathrm{d}r\dfrac{\mathrm{d}z}{2}-\tau_{zr}r\mathrm{d}\theta\mathrm{d}r\dfrac{\mathrm{d}z}{2}=0\end{cases} \tag{2-62}$$

式中，x' 为通过单元体中心且平行于 x 轴的轴。方程(2-62)中的三个等式分别除以 $r\mathrm{d}r\mathrm{d}\theta\mathrm{d}z$，由第三式整理后略去一阶和二阶微量可得 $\tau_{rz}=\tau_{zr}$，由此剪应力互等关系并结合前两式整理后略去一阶和二阶微量可得轴对称问题的平衡方程为

$$\begin{cases}\dfrac{\partial\sigma_r}{\partial r}+\dfrac{\partial\tau_{zr}}{\partial z}+\dfrac{\sigma_r-\sigma_\theta}{r}+b_r=0\\[2mm]\dfrac{\partial\sigma_z}{\partial z}+\dfrac{\partial\tau_{rz}}{\partial r}+\dfrac{\tau_{rz}}{r}+b_z=0\end{cases}\tag{2-63}$$

此外，由轴对称特征可知，径向和轴向位移均与θ无关且轴向位移为 0，即

$$u=u(r,z),\quad v=0,\quad w=w(r,z)\tag{2-64}$$

则有

$$\gamma_{r\theta}=\gamma_{z\theta}=0\tag{2-65}$$

所以轴对称问题的几何方程为

$$\begin{cases}\varepsilon_r=\dfrac{\partial u}{\partial r}\\[2mm]\varepsilon_z=\dfrac{\partial w}{\partial z}\\[2mm]\gamma_{rz}=\dfrac{\partial u}{\partial z}+\dfrac{\partial w}{\partial r}\\[2mm]\varepsilon_\theta=\dfrac{u}{r}\end{cases}\tag{2-66}$$

由于柱坐标系中各轴仍然互相垂直，因此轴对称问题的物理方程可以由胡克定律直接给出：

$$\begin{cases}\sigma_r=\lambda(\varepsilon_r+\varepsilon_\theta+\varepsilon_z)+2G\varepsilon_r\\\sigma_\theta=\lambda(\varepsilon_r+\varepsilon_\theta+\varepsilon_z)+2G\varepsilon_\theta\\\sigma_z=\lambda(\varepsilon_r+\varepsilon_\theta+\varepsilon_z)+2G\varepsilon_z\\\tau_{rz}=G\gamma_{rz}\end{cases}\tag{2-67}$$

轴对称问题的边界条件为

$$\begin{cases}\sigma_r n_r+\tau_{zr}n_z=\overline{t_r}\\\tau_{rz}n_r+\sigma_z n_z=\overline{t_z}\end{cases}\tag{2-68}$$

2.3 等效积分形式

在利用有限元方法进行分析的过程中，不直接从问题的控制方程(即强形式方程)和相应的定解条件出发，而从与其等效的积分形式出发去求解原问题的近似解。若原问题具有某些特定的性质，则其等效积分形式可归结为某个泛函的变分，相应的近似解法转换为求泛函的驻值。

变分原理是物理学中的一条基本原理，它可以把一个力学问题或者其他学科的问题用变分法化为求泛函极值或驻值的问题。变分原理在力学中有着广泛的应用，它包括等效积分弱形式、最小势能原理和最小余能原理。其中，等效积分弱形式包含虚位移原理和虚应力原理，而虚位移原理也称结构力学中的虚功原理。

在介绍等效积分弱形式之前，首先介绍微分方程的等效积分形式。对于连续介质问题，其分析方法是先从介质中取微元进行分析，建立控制方程；再结合具体的定解条件求解控制方程。不同的问题具有不同的物理实质，因此相应的控制方程和定解条件也就不同。通常控制方程为在域内需要满足的方程，定解条件为在边界上需要满足的方程，如图 2-8 所示。

控制方程和定解条件可表示为如下一般形式：

$$\{\boldsymbol{A}(\boldsymbol{u})\}=\begin{Bmatrix}A_1(\boldsymbol{u})\\A_2(\boldsymbol{u})\\\vdots\end{Bmatrix}=\mathbf{0}\quad(\text{在}\,\Omega\,\text{内})\tag{2-69}$$

$$\{\boldsymbol{B}(\boldsymbol{u})\}=\begin{Bmatrix}B_1(\boldsymbol{u})\\B_2(\boldsymbol{u})\\\vdots\end{Bmatrix}=\mathbf{0}\quad(\text{在}\,\Gamma\,\text{上})\tag{2-70}$$

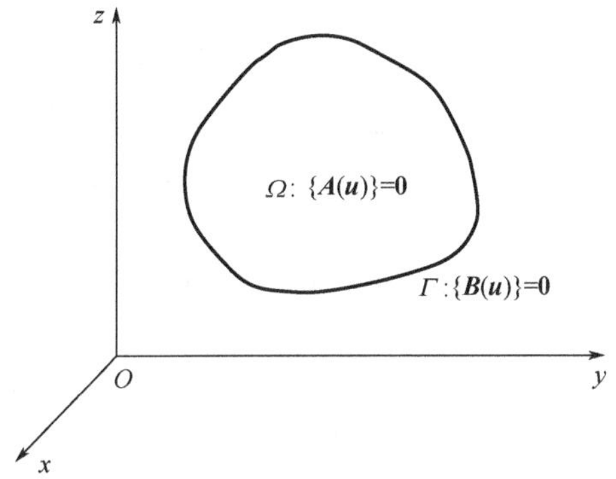

图 2-8　定解问题

式中，$\boldsymbol{A}$ 和 $\boldsymbol{B}$ 为对于独立变量(如空间坐标)的微分算子，待求未知量 $\{\boldsymbol{u}\}$ 可以是标量场，也可以是向量场。微分方程(2-69)和方程(2-70)可以是单个方程，也可以是一组方程。

由于控制方程在域内的每一点都必须为 0，因此有

$$\int_{\Omega}\{\boldsymbol{v}\}^{\mathrm{T}}\{\boldsymbol{A}(\boldsymbol{u})\}\mathrm{d}\Omega=\int_{\Omega}[v_1A_1(\boldsymbol{u})+v_2A_2(\boldsymbol{u})+\cdots]\mathrm{d}\Omega=0\tag{2-71}$$

式中，$\{\boldsymbol{v}\}=[v_1\quad v_2\quad\cdots]^{\mathrm{T}}$ 是权函数向量，它是一组同微分方程个数相等的任意可积函数。方程(2-71)是与微分方程(2-69)完全等效的积分形式。假设 $\{\boldsymbol{A}(\boldsymbol{u})\}$ 在 Ω 内不是处处为 0，由于 $\{\boldsymbol{v}\}$ 可任意选择，于是可选 $\{\boldsymbol{v}\}$ 为处处与 $\{\boldsymbol{A}(\boldsymbol{u})\}$ 同号的函数，因此 $\{\boldsymbol{v}\}^{\mathrm{T}}\{\boldsymbol{A}(\boldsymbol{u})\}$ 在域内恒正，则其积分也将不为 0。可见，要满足方程(2-71)，必须 $\{\boldsymbol{A}(\boldsymbol{u})\}\equiv\mathbf{0}$ 。

同理，假如定解条件(2-70)在边界上的每一点都得到满足，对于一组在 Γ 上任意可积的函数向量 $\{\overline{\boldsymbol{v}}\}$ 应有

$$\int_{\Gamma}\{\overline{\boldsymbol{v}}\}^{\mathrm{T}}\{\boldsymbol{B}(\boldsymbol{u})\}\mathrm{d}\Gamma=\int_{\Gamma}[\overline{v}_1B_1(\boldsymbol{u})+\overline{v}_2B_2(\boldsymbol{u})+\cdots]\mathrm{d}\Gamma=0\tag{2-72}$$

结合控制方程和定解条件的等效积分形式，可得原问题的等效积分形式为

$$\int_{\Omega}\{\boldsymbol{v}\}^{\mathrm{T}}\{\boldsymbol{A}(\boldsymbol{u})\}\mathrm{d}\Omega+\int_{\Gamma}\{\overline{\boldsymbol{v}}\}^{\mathrm{T}}\{\boldsymbol{B}(\boldsymbol{u})\}\mathrm{d}\Gamma=0\tag{2-73}$$

基于上述等效积分形式，下面给出其对应的等效积分弱形式以及针对弹性问题的虚位移原理和最小势能原理。对于弹性力学问题，这些都可以用于构造其有限元离散求解格式。

2.3.1　等效积分弱形式

通常情况下，对等效积分形式进行分部积分，可以得到：

$$\int_{\Omega}\{\boldsymbol{C}(\boldsymbol{v})\}^{\mathrm{T}}\{\boldsymbol{D}(\boldsymbol{u})\}\mathrm{d}\Omega+\int_{\Gamma}\{\boldsymbol{E}(\overline{\boldsymbol{v}})\}^{\mathrm{T}}\{\boldsymbol{F}(\boldsymbol{u})\}\mathrm{d}\Gamma=0\tag{2-74}$$

式中，$\boldsymbol{C}$ 、$\boldsymbol{D}$ 、$\boldsymbol{E}$ 和 $\boldsymbol{F}$ 为微分算子。通常称式(2-74)为微分方程的弱形式。由于采用了分部

积分，弱形式中场函数 $\{\boldsymbol{u}\}$ 的导数的阶次比在等效积分形式中低。因此，使用弱形式时对场函数只要求具有较低阶的连续性。当然，从分部积分式不难发现，降低 $\{\boldsymbol{u}\}$ 的连续性的同时需要提高 $\{\boldsymbol{v}\}$ 及 $\{\overline{\boldsymbol{v}}\}$ 的连续性。不过，由于 $\{\boldsymbol{v}\}$ 及 $\{\overline{\boldsymbol{v}}\}$ 是任意选取的，故在实际中适当提高其连续性并不困难。

2.3.2 虚位移原理

在弹性力学中，平衡方程和应力边界条件的等效积分弱形式为虚功原理。对于变形体，虚功原理可以表述为：变形体中任意满足平衡的力系在任意满足协调条件的变形状态上做的虚功等于零。虚功原理包括虚位移原理和虚应力原理。下面介绍最为常用的虚位移原理的推导过程及最终形式。

对于弹性力学问题，控制方程 $\{\boldsymbol{A}(\boldsymbol{u})\}=0$ 即为平衡方程：

$$\sigma_{ij,j}+b_i=0 \quad (\text{在}\,\Omega\,\text{内}) \tag{2-75}$$

以及定解条件 $\{\boldsymbol{B}(\boldsymbol{u})\}=0$ 即为应力边界条件：

$$\sigma_{ij}n_j=\overline{t}_i \quad (\text{在}\,\Gamma\,\text{上}) \tag{2-76}$$

为了推导方便，此处采用了张量形式表达的控制方程和应力边界条件。

分别取权函数为真实位移的变分 δu_i 及其边界值(取负值)，则弹性力学问题的等效积分形式为

$$\int_{\Omega}\delta u_i(\sigma_{ij,j}+b_i)\mathrm{d}\Omega-\int_{\Gamma_\sigma}\delta u_i(\sigma_{ij}n_j-\overline{t}_i)\mathrm{d}\Gamma=0 \tag{2-77}$$

由于 δu_i 是真实位移的变分，则其是连续可导的，且在给定位移边界 Γ_u 上 $\delta u_i=0$。进一步对式(2-77)体积分中的第一项进行分部积分，可得

$$\begin{aligned}\int_{\Omega}\delta u_i\sigma_{ij,j}\mathrm{d}\Omega&=\int_{\Omega}(\delta u_i\sigma_{ij})_{,j}\mathrm{d}\Omega-\int_{\Omega}\delta u_{i,j}\sigma_{ij}\mathrm{d}\Omega\\&=\int_{\Gamma_\sigma\cup\Gamma_u}\delta u_i\sigma_{ij}n_j\mathrm{d}\Gamma-\int_{\Omega}\frac{1}{2}(\delta u_{i,j}+\delta u_{i,j})\sigma_{ij}\mathrm{d}\Omega\\&=\int_{\Gamma_\sigma}\delta u_i\sigma_{ij}n_j\mathrm{d}\Gamma-\int_{\Omega}\delta\varepsilon_{ij}\sigma_{ij}\mathrm{d}\Omega\end{aligned} \tag{2-78}$$

式中，$\delta\varepsilon_{ij}$ 为虚应变。将式(2-78)代入等效积分形式(2-77)，整理可得经分部积分后的弱形式：

$$\int_{\Omega}\delta\varepsilon_{ij}\sigma_{ij}\mathrm{d}\Omega=\int_{\Omega}\delta u_ib_i\mathrm{d}\Omega+\int_{\Gamma_\sigma}\delta u_i\overline{t}_i\mathrm{d}\Gamma \tag{2-79}$$

式(2-79)中，等号左边为变形体内的应力在与之对应的虚应变上所做的功，为内力虚功；等号右边为体积力和面力在与之对应的虚位移上所做的功之和，为外力虚功。以上即为虚功原理，其表明内力虚功等于外力虚功，同时由于虚功由内力和外力分别在对应的虚应变和虚位移上做功计算获得，因此式(2-79)又称虚位移原理。值得说明的是，在推导虚位移原理的过程中并未涉及物理方程，所以虚位移原理不仅适用于线弹性问题，而且可用于非线性弹性及弹塑性等非线性问题的求解。

为了方便后续章节中推导用于程序实现的有限元列式以及方便推导用于大变形等非线性问题分析的有限元列式，此处也给出用矩阵形式和张量形式表达的虚位移原理，分别为

$$\int_{\Omega}\{\delta\boldsymbol{\varepsilon}\}^{\mathrm{T}}\{\boldsymbol{\sigma}\}\mathrm{d}\Omega=\int_{\Omega}\{\delta\boldsymbol{u}\}^{\mathrm{T}}\{\boldsymbol{b}\}\mathrm{d}\Omega+\int_{\Gamma_{\sigma}}\{\delta\boldsymbol{u}\}^{\mathrm{T}}\{\overline{\boldsymbol{t}}\}\mathrm{d}\Gamma \tag{2-80}$$

$$\int_{\Omega}\delta\boldsymbol{\varepsilon}:\boldsymbol{\sigma}\mathrm{d}\Omega=\int_{\Omega}\delta\boldsymbol{u}\cdot\boldsymbol{b}\mathrm{d}\Omega+\int_{\Gamma_{\sigma}}\delta\boldsymbol{u}\cdot\overline{\boldsymbol{t}}\mathrm{d}\Gamma \tag{2-81}$$

2.3.3　最小势能原理

弹性力学的最小势能原理可表述为：在几何上可能的一切容许位移中，真实位移使总势能(又称总位能)泛函 Π 取最小值，即

$$\delta\Pi=0 \tag{2-82}$$

其中

$$\Pi=U+V,\quad U=\frac{1}{2}\int_{\Omega}\varepsilon_{ij}\sigma_{ij}\mathrm{d}\Omega,\quad V=-\int_{\Omega}u_ib_i\mathrm{d}\Omega-\int_{\Gamma_{\sigma}}u_i\overline{t}_i\mathrm{d}\Gamma \tag{2-83}$$

式中，Π 为弹性体的总势能且其为位移的泛函；U 为弹性体的应变能；V 为外力势能。

最小势能原理实际上等价于平衡方程和应力边界条件，可从 2.3.2 节给出的虚位移原理出发进行推导，下面给出其具体过程。为了方便表述，此处仍然采用张量的分量形式进行推导。由 2.3.2 节知识可知，虚位移原理可表示为

$$\int_{\Omega}\delta\varepsilon_{ij}\sigma_{ij}\mathrm{d}\Omega=\int_{\Omega}\delta u_ib_i\mathrm{d}\Omega+\int_{\Gamma_{\sigma}}\delta u_i\overline{t}_i\mathrm{d}\Gamma \tag{2-84}$$

将弹性力学的物理方程(2-37)，即 $\sigma_{ij}=D_{ijkl}\varepsilon_{kl}$，代入式(2-84)可得

$$\int_{\Omega}\delta\varepsilon_{ij}D_{ijkl}\varepsilon_{kl}\mathrm{d}\Omega=\int_{\Omega}\delta u_ib_i\mathrm{d}\Omega+\int_{\Gamma_{\sigma}}\delta u_i\overline{t}_i\mathrm{d}\Gamma \tag{2-85}$$

同时，物体的应变能可表示为

$$U=\frac{1}{2}\int_{\Omega}\varepsilon_{ij}\sigma_{ij}\mathrm{d}\Omega=\frac{1}{2}\int_{\Omega}\varepsilon_{ij}D_{ijkl}\varepsilon_{kl}\mathrm{d}\Omega \tag{2-86}$$

则

$$\delta U=\frac{1}{2}\int_{\Omega}\delta(\varepsilon_{ij}D_{ijkl}\varepsilon_{kl})\mathrm{d}\Omega=\int_{\Omega}\delta\varepsilon_{ij}D_{ijkl}\varepsilon_{kl}\mathrm{d}\Omega=\int_{\Omega}\delta\varepsilon_{ij}\sigma_{ij}\mathrm{d}\Omega \tag{2-87}$$

式(2-87)推导过程中利用了弹性张量 D_{ijkl} 为四阶对称张量的特性，且式(2-87)表明方程(2-84)中等号左边的项就是系统应变能的变分。

此外，外力势能为外力在实际位移上做功的负值，即

$$V=-\int_{\Omega}u_ib_i\mathrm{d}\Omega-\int_{\Gamma_{\sigma}}u_i\overline{t}_i\mathrm{d}\Gamma \tag{2-88}$$

在弹性力学中，假定体积力 b_i 和面力 $\overline{t}_i$ 都是不变的，则外力势能的变分为

$$\delta V=-\int_{\Omega}\delta u_ib_i\mathrm{d}\Omega-\int_{\Gamma_{\sigma}}\delta u_i\overline{t}_i\mathrm{d}\Gamma \tag{2-89}$$

进一步可得系统总势能为

$$\Pi=U+V \tag{2-90}$$

若其变分为零，则有

$$\delta \Pi = \int_{\Omega} \delta \varepsilon_{ij} \sigma_{ij} \mathrm{d}\Omega - \int_{\Omega} \delta u_i b_i \mathrm{d}\Omega - \int_{\Gamma_\sigma} \delta u_i \bar{t}_i \mathrm{d}\Gamma = 0 \tag{2-91}$$

不难发现式(2-91)与方程(2-84)一致。式(2-91)表明，在所有域内连续可导并在边界上满足给定位移条件的可能位移中，真实位移使系统总势能取驻值。此外，还可以进一步证明，在所有可能的位移中真实位移将使系统总势能取最小值，因此方程(2-91)称为最小势能原理，其对应的矩阵形式和张量形式与方程(2-80)和方程(2-81)一致。

2.4　伽辽金有限元列式

对于微分方程(2-69)和边界条件(2-70)所表述的物理问题，场函数 $\{\boldsymbol{u}\}$ 在求解域 Ω 中的精确解往往难以找到，因此一般考虑寻找一个有一定精度的近似解(近似解也要满足强制边界条件和连续性的要求)，例如，假设可以用近似函数来表示未知场函数 $\{\boldsymbol{u}\}$。近似函数通常是一组包含待定系数的已知函数，一般形式为

$$\{\boldsymbol{u}\} \approx \{\tilde{\boldsymbol{u}}\} = \sum_{i=1}^{n} [\boldsymbol{N}_i]\{\boldsymbol{a}_i\} = [\boldsymbol{N}]\{\boldsymbol{a}\} \tag{2-92}$$

式中，$[\boldsymbol{N}_i]$ 为已知函数；$\{\boldsymbol{a}_i\}$ 为待定系数。$[\boldsymbol{N}_i]$ 又称为试探函数、基函数或形函数，通常可取 $[\boldsymbol{N}_i]=[\boldsymbol{I}]N_i$，$[\boldsymbol{I}]$ 为维度与 $\{\boldsymbol{a}_i\}$ 相同的单位矩阵，N_i 为已知的独立函数。此外，$[\boldsymbol{N}]=[\boldsymbol{N}_1 \quad \boldsymbol{N}_2 \quad \cdots \quad \boldsymbol{N}_n]$ 以及 $\{\boldsymbol{a}\}=\{\boldsymbol{a}_1^{\mathrm{T}} \quad \boldsymbol{a}_2^{\mathrm{T}} \quad \cdots \quad \boldsymbol{a}_n^{\mathrm{T}}\}^{\mathrm{T}}$。

对于三维力学问题，未知函数为位移 $\{\boldsymbol{u}\}$，则近似解可取 $\{\boldsymbol{a}_i\}=\{\boldsymbol{u}_i\}$，可得

$$\{\boldsymbol{u}\} \approx \{\tilde{\boldsymbol{u}}\} = \sum_{i=1}^{n} [\boldsymbol{N}_i]\{\boldsymbol{u}_i\} \tag{2-93}$$

式中，$\{\boldsymbol{u}_i\}=\{u_i \quad v_i \quad w_i\}^{\mathrm{T}}$ 为待定参数。

在实际计算中，不可能选取完全函数序列作为试探函数，因此 n 总是有限的。此时，近似解一般不能使得微分方程和边界条件精确满足，将分别产生余量(或残差) $\{\boldsymbol{R}\}$ 及 $\{\bar{\boldsymbol{R}}\}$，即

$$\{\boldsymbol{A}([\boldsymbol{N}]\{\boldsymbol{a}\})\} = \{\boldsymbol{R}\}, \quad \{\boldsymbol{B}([\boldsymbol{N}]\{\boldsymbol{a}\})\} = \{\bar{\boldsymbol{R}}\} \tag{2-94}$$

在方程(2-73)中，用有限个给定的函数来代替任意函数，即

$$\{\boldsymbol{v}\} = \{\boldsymbol{W}_i\}, \quad \{\bar{\boldsymbol{v}}\} = \{\bar{\boldsymbol{W}}_i\} \quad (i=1,2,\cdots,n) \tag{2-95}$$

进一步可得近似的等效积分形式：

$$\int_{\Omega} \{\boldsymbol{W}_i\}^{\mathrm{T}} \{\boldsymbol{A}([\boldsymbol{N}]\{\boldsymbol{a}\})\} \mathrm{d}\Omega + \int_{\Gamma} \{\bar{\boldsymbol{W}}_i\}^{\mathrm{T}} \{\boldsymbol{B}([\boldsymbol{N}]\{\boldsymbol{a}\})\} \mathrm{d}\Gamma = 0 \quad (i=1,2,\cdots,n) \tag{2-96}$$

也可以写成余量的形式：

$$\int_{\Omega} \{\boldsymbol{W}_i\}^{\mathrm{T}} \{\boldsymbol{R}\} \mathrm{d}\Omega + \int_{\Gamma} \{\bar{\boldsymbol{W}}_i\}^{\mathrm{T}} \{\bar{\boldsymbol{R}}\} \mathrm{d}\Gamma = 0 \quad (i=1,2,\cdots,n) \tag{2-97}$$

式(2-96)和式(2-97)表明，通过选择待定系数 $\{\boldsymbol{a}\}$，强迫余量在某种加权平均的意义上等于零，可获得一组方程，进而求解可得原问题的近似解。若所取试探函数的项数越多，近似解的精度将越高，越趋近于精确解。

将以上近似过程应用于等效积分弱形式，可得

$$\int_{\Omega}\{\boldsymbol{C}(\boldsymbol{W}_i)\}^{\mathrm{T}}\{\boldsymbol{D}([\boldsymbol{N}]\{\boldsymbol{a}\})\}\mathrm{d}\Omega+\int_{\Gamma}\{\boldsymbol{E}(\bar{\boldsymbol{W}}_i)\}^{\mathrm{T}}\{\boldsymbol{F}([\boldsymbol{N}]\{\boldsymbol{a}\})\}\mathrm{d}\Gamma=0\quad(i=1,2,\cdots,n)\tag{2-98}$$

这种使余量的加权积分为零来近似求解微分方程的方法称为加权余量法，它是等效积分的一般形式，适用于许多微分方程的求解。事实上，任何独立的完全函数集都可以作为权函数，而选取不同的权函数可以得到不同的加权余量计算方法，如伽辽金法、配点法、子域法和最小二乘法等。

由于采用伽辽金法可导出对称的系数矩阵，其被广泛应用于有限元离散格式的推导。伽辽金法是由俄罗斯数学家伽辽金发明的，该方法通过待求解的微分方程所对应泛函的变分原理，将原问题简化为一组线性方程的求解问题。而该多变量的高维线性方程组又可以通过线性代数方法进行简化，从而达到求解微分方程的目的。下面重点介绍该方法的基本思想。

伽辽金法利用近似解的试探函数序列作为权函数，即 $\{\boldsymbol{W}_i\}=\{\boldsymbol{N}_i\}$ 和 $\{\bar{\boldsymbol{W}}_i\}=-\{\boldsymbol{N}_i\}$（此处 $\{\boldsymbol{N}_i\}=\{N_1\quad N_2\quad\cdots\quad N_n\}^{\mathrm{T}}$，其维度与 $\{\boldsymbol{a}_j\}$ 一样），则原控制方程和定解条件对应的积分形式为

$$\int_{\Omega}\{\boldsymbol{N}_i\}^{\mathrm{T}}\left\{\boldsymbol{A}\left(\sum_{j=1}^{n}[\boldsymbol{N}_j]\{\boldsymbol{a}_j\}\right)\right\}\mathrm{d}\Omega-\int_{\Gamma}\{\boldsymbol{N}_i\}^{\mathrm{T}}\left\{\boldsymbol{B}\left(\sum_{j=1}^{n}[\boldsymbol{N}_j]\{\boldsymbol{a}_j\}\right)\right\}\mathrm{d}\Gamma=0\quad(i=1,2,\cdots,n)\tag{2-99}$$

由方程(2-93)，可以定义近似解 $\{\tilde{\boldsymbol{u}}\}$ 的变分 $\{\delta\tilde{\boldsymbol{u}}\}$ 为

$$\{\delta\tilde{\boldsymbol{u}}\}=\sum_{j=1}^{n}[\boldsymbol{N}_j]\{\delta\boldsymbol{a}_j\}\tag{2-100}$$

式中，由于 $\{\delta\boldsymbol{a}_j\}$ 是任意的，则方程(2-99)可以进一步表示为

$$\int_{\Omega}\{\delta\tilde{\boldsymbol{u}}\}^{\mathrm{T}}\{\boldsymbol{A}(\{\tilde{\boldsymbol{u}}\})\}\mathrm{d}\Omega-\int_{\Gamma}\{\delta\tilde{\boldsymbol{u}}\}^{\mathrm{T}}\{\boldsymbol{B}(\{\tilde{\boldsymbol{u}}\})\}\mathrm{d}\Gamma=0\tag{2-101}$$

类似地，近似的积分弱形式有

$$\int_{\Omega}\{\boldsymbol{C}(\{\delta\tilde{\boldsymbol{u}}\})\}^{\mathrm{T}}\{\boldsymbol{D}(\{\tilde{\boldsymbol{u}}\})\}\mathrm{d}\Omega+\int_{\Gamma}\{\boldsymbol{E}(\{\delta\tilde{\boldsymbol{u}}\})\}^{\mathrm{T}}\{\boldsymbol{F}(\{\tilde{\boldsymbol{u}}\})\}\mathrm{d}\Gamma=0\tag{2-102}$$

由式(2-102)可知，如果算子 $\boldsymbol{A}$ 是 $2m$ 阶线性自伴随的(如弹性力学中的微分算子为自伴随的)，采用伽辽金法得到的待求方程系数矩阵是对称的，这将给计算带来方便，因此这种方法获得了广泛的应用。此外，当微分方程存在对应的泛函时，采用伽辽金法和采用变分法将给出同样的有限元离散方程。

例 2-1　考虑如图 2-9 所示的杆，杨氏模量为 E，长度为 L，截面积为 A。杆左端固定，另一端受到一个水平向右的拉力 F，系统变形很小且处于平衡。试用伽辽金法求解其右端近似位移。

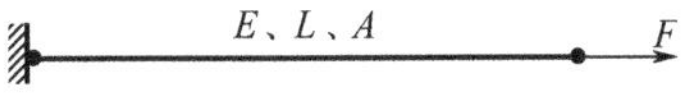

图 2-9　一维杆件在外载荷作用下的平衡问题

解：对于一维杆件，只存在沿杆方向的非零位移 u 和应力 σ_x。由三维弹性力学方程(2-6)、方程(2-25)、方程(2-33)和方程(2-41)可得一维杆件的平衡方程、几何方程、物理方程以及边界条件：

$$\frac{\partial \sigma_x}{\partial x}=0 \tag{2-103}$$

$$\varepsilon_x=\frac{\partial u}{\partial x} \tag{2-104}$$

$$\sigma_x=E\varepsilon_x \tag{2-105}$$

$$\sigma_x A\big|_{x=L}=F \tag{2-106}$$

$$u\big|_{x=0}=0 \tag{2-107}$$

由方程(2-103)～方程(2-106)可得用位移表达的平衡方程和应力边界条件：

$$E\frac{\partial^2 u}{\partial x^2}=0 \tag{2-108}$$

$$EA\frac{\partial u}{\partial x}\bigg|_{x=L}=F \tag{2-109}$$

采用伽辽金法，对应的等效积分形式为

$$\int_0^L vE\frac{\partial^2 u}{\partial x^2}A\mathrm{d}x-v\left(EA\frac{\partial u}{\partial x}-F\right)\bigg|_{x=L}=0 \tag{2-110}$$

对式(2-110)的积分项进行分部积分，可得如下等效积分弱形式：

$$\int_0^L EA\frac{\partial v}{\partial x}\frac{\partial u}{\partial x}\mathrm{d}x-vF\big|_{x=L}=0 \tag{2-111}$$

取满足本质边界条件(2-107)的位移近似解具有如下形式：

$$\tilde{u}=[x\quad x^2]\begin{Bmatrix}a_1\\a_2\end{Bmatrix} \tag{2-112}$$

则在伽辽金法中对应的试函数 v 为

$$v_1=x,\quad v_2=x^2 \tag{2-113}$$

将式(2-112)和式(2-113)代入式(2-111)可得

$$\begin{aligned}&\int_0^L EA\frac{\partial v_1}{\partial x}\frac{\partial \tilde{u}}{\partial x}\mathrm{d}x-v_1F\big|_{x=L}=EAL(a_1+a_2L)-FL=0\\&\int_0^L EA\frac{\partial v_2}{\partial x}\frac{\partial \tilde{u}}{\partial x}\mathrm{d}x-v_2F\big|_{x=L}=\frac{1}{3}EAL^2(3a_1+4a_2L)-FL^2=0\end{aligned} \tag{2-114}$$

求解可得

$$a_1=\frac{F}{EA},\quad a_2=0,\quad \tilde{u}=\frac{F}{EA}x \tag{2-115}$$

事实上，在小变形的情形下，式(2-115)的结果和精确解是一致的，这是由于所假定的位移近似解正好包含了精确解对应的位移函数。

习　　题

2-1　弹性力学与材料力学有什么异同？

2-2　弹性力学中引入了哪些假设？分别阐述它们。

2-3　弹性力学的基本方程有哪些？并详细写出这些方程的表达式。

2-4　写出弹性力学的基本方程与应力、应变、位移之间的关系。

2-5　什么是平面应力问题？什么是平面应变问题？分别给出几个平面应力问题和平面应变问题的例子。

2-6　给出一维杆件的基本变量和基本方程(三类基本方程+边界条件)。

2-7　什么是弱形式？建立弱形式的关键步骤是什么？

2-8　试简述最小势能原理的表达式及其参数含义。

2-9　虚位移原理是否适用于所有的问题？如果不是，一般而言，它适用于哪些问题呢？

2-10　请简单叙述虚位移原理的力学意义。

2-11　什么是伽辽金法？

2-12　试用虚位移原理推导一维杆件的单元刚度矩阵。

2-13　取位移近似解为 $\tilde{u}=a_1x+a_2x^2+a_3x^3$，采用伽辽金法求解例 2-1 中的问题。

第 3 章　杆 系 结 构

3.1　引　　言

工程中许多由金属构件组成的结构，如输电线塔架、起重机臂架和钢结构建筑等都可以看作杆系结构。图 3-1 给出了实际生活中的两种典型的杆系结构。杆系结构按照不同的结构需求主要分为桁架结构和刚架结构，此外按各杆轴线及外力作用线在空间的位置还可分为平面杆系结构和空间杆系结构。

(a) 塔式起重机

(b) 埃菲尔铁塔

图 3-1　实际生活中的两种典型的杆系结构

本章主要讲述杆系结构的有限元求解方法，主要包括杆系结构分析基础、桁架结构和刚架结构。本章所涉及的单元的划分、位移函数的建立、基于虚功原理的单元刚度矩阵的推导以及有限元方程列式的建立的整个过程是具有代表性的，后面的连续系统问题虽然更复杂，但是求解原理与本章基本一致。

3.2　杆系结构分析基础

3.2.1　结构离散化

由于杆系结构本身由真实杆件连接而成，故可以非常容易地对其进行离散化。通常将整根杆件或者杆件的一段作为一个单元，单元之间的交点称为节点。常见的杆系结构单元包括杆单元和梁单元。杆单元主要用于桁架结构的离散，不承担弯矩，受力沿着杆的长度方向，变形是沿着杆件的方向伸长或缩短。而梁单元主要用于刚架结构的离散，这类单元可承担弯矩，变形除了伸长和缩短外，还包括弯曲。

杆系结构离散化的要点包括以下几个方面。

(1) 杆系结构中的节点可根据结构本身的特点来确定，如杆件的转折点、汇交点、集中载荷作用点、支承点、自由端以及截面突变处等一般均可设置成节点。

(2) 结构中两个节点间的每一个等截面直杆可以设置为一个单元。此外，对于变截面杆件，可将其分段处理成多个单元，取各段中点处的截面近似作为该单元的截面，进一步按等截面杆进行计算。

(3) 可用多段折线来代替曲杆组成的结构，每段折线设置为一个单元；此外，还可以在杆件中间增加节点来提高计算精度。

(4) 在实际计算中，载荷是作用在节点上的。如果结构上作用有非节点载荷，应该按照静力等效的原则将其变换为作用在节点上的等效节点载荷。

根据上述原则，图 3-2 给出了一个典型杆系结构的离散化示意图，其中每个单元包含 2 个节点。图 3-2(a) 和 (b) 分别为采用 2 个单元和 1 个单元对最左侧竖向杆件进行离散后的结果，其中图 3-2(a) 中作用在节点 6 上的载荷按照静力等效的原则转换为图 3-2(b) 中作用在节点 4 和节点 6 上的等效节点载荷。

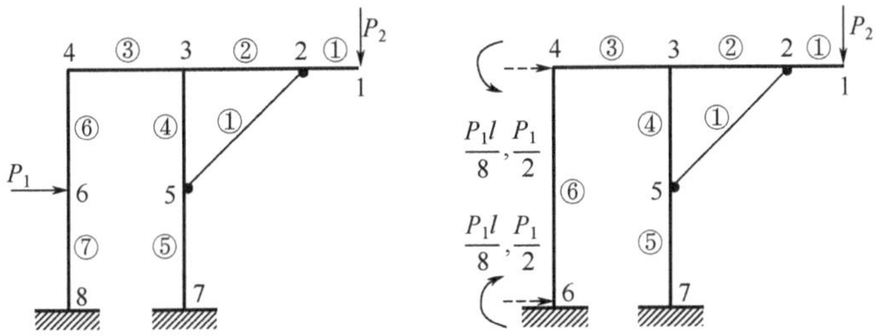

(a) 左侧竖向杆件采用 2个单元进行离散　　(b) 左侧竖向杆件采用 1个单元进行离散

图 3-2　典型杆系结构的离散化示意图

3.2.2　坐标系设置

针对杆系结构的力学分析，为了建立结构的整体平衡方程，需要对每个杆单元进行单元分析，因此需要针对每个杆单元建立相应的局部坐标系。同时，为了对结构进行整体分析，还需要建立一个对每个单元都适用的统一坐标系，即全局坐标系或整体坐标系或总体坐标系。对于如图 3-3 所示的二维杆系结构，其中每根杆件对应的由 (x, y) 组成的坐标系即为局部坐标系，在局部坐标系中，每个杆单元都是水平放置的，以方便进行单元分析。而 $(\bar{x}, \bar{y})$ 则是全局坐标系，在进行整体分析时，所有的局部坐标系参量都要转化到全局坐标系下，进行统一计算。

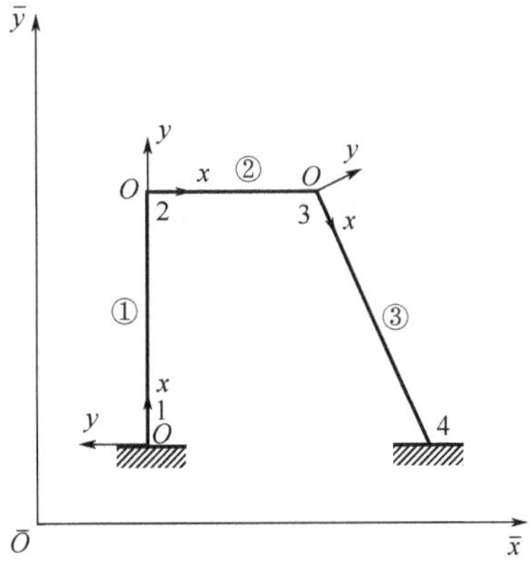

图 3-3　典型杆系结构中的局部坐标系和全局坐标系示意图

3.2.3 向量表示

在有限元方法中力学向量的规定为：对于线位移和力，当其与坐标轴方向一致时规定为正，反之为负；对于转角位移和力矩，若按右手定则定出的矢量方向与坐标轴正向相一致，则为正，反之为负；对于任意方向的力学向量，应分解为沿坐标轴方向的分量。考虑如图 3-4 所示的二维刚架结构，采用梁单元进行离散，每个梁单元含 2 个节点。因此，任意一个节点的位移列向量、力向量以及由节点 i 和 j 组成的单元 e 的节点位移向量和节点载荷向量可分别表示如下。

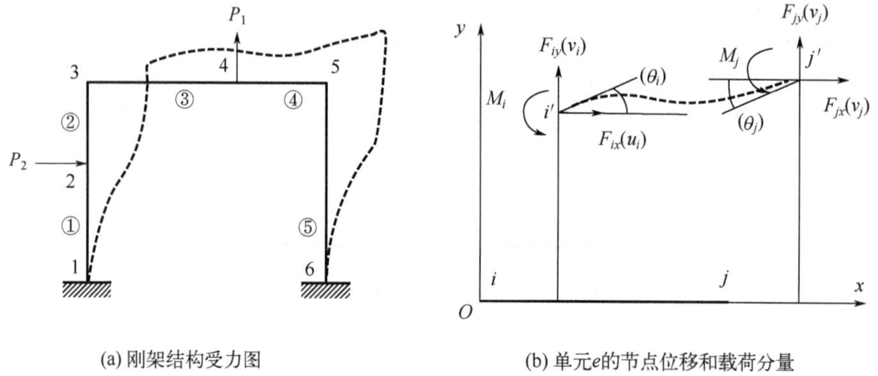

图 3-4　刚架结构受力图及单元 e 的节点位移和载荷分量

任意一个节点的位移向量：

$$\{\boldsymbol{\delta}_i\}=\{u_i \quad v_i \quad \theta_i\}^{\mathrm{T}} \tag{3-1}$$

式中，u_i、v_i 和 θ_i 分别为节点 i 处的 x 方向线位移、y 方向线位移和转角位移。

任意一个节点的载荷向量：

$$\{\boldsymbol{F}_i\}=\{F_{ix} \quad F_{iy} \quad M_i\}^{\mathrm{T}} \tag{3-2}$$

式中，F_{ix}、F_{iy} 和 M_i 分别为节点 i 处的 x 方向作用力、y 方向作用力和弯矩。

单元 e 的节点位移向量：

$$\{\boldsymbol{\delta}\}_e=\begin{Bmatrix}\boldsymbol{\delta}_i\\ \boldsymbol{\delta}_j\end{Bmatrix}=\{u_i \quad v_i \quad \theta_i \quad u_j \quad v_j \quad \theta_j\}^{\mathrm{T}} \tag{3-3}$$

单元 e 的节点载荷向量：

$$\{\boldsymbol{F}\}_e=\begin{Bmatrix}\boldsymbol{F}_i\\ \boldsymbol{F}_j\end{Bmatrix}=\{F_{ix} \quad F_{iy} \quad M_i \quad F_{jx} \quad F_{jy} \quad M_j\}^{\mathrm{T}} \tag{3-4}$$

3.3 桁 架 结 构

对于桁架结构的分析，由于每根杆件都是二力杆，所以每根杆件可以作为一个单元。划分单元后，要对每一个杆单元进行单元分析。单元分析又称为单元特性分析，其目的在于求得单元节点力和单元节点位移之间的关系，即求得联系这两者的单元刚度矩阵。单元分析包括建立杆件单元的位移函数，然后根据节点位移条件可以得到杆单元的形函数，再由位移函数得到单元的应力-应变表达式，最后根据虚功原理，得到单元的刚度矩阵，建立单元的有限元方程列式。其中，应变表达式为几何方程，应力表达式为物理方程，平衡方程则由虚功原理得到。单元分析完成后，再通过坐标变换，将每个单元的节点位移参量、节点力参量和单元刚度矩阵变换到全局坐标系下，得到全局坐标系下的节点位移参量、节点力参量和单元刚度矩阵，并最终集成获得整体有限单元方程列式。图 3-5 给出了有限元方法的求解流程。

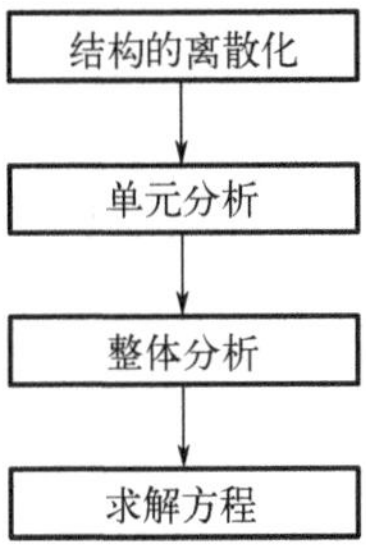

图 3-5　有限元方法的求解流程

3.3.1　位移函数

有限元方法分析中，对不同的单元类型需采用不同的单元位移模式。构造的位移函数的性质以及能否合理反映真实结构的位移分布规律等，对计算结果的真实性、计算精度及解的收敛性具有重要的影响。为了保证解的收敛性，选用的位移函数应当满足如下要求：

(1) 所选择的单元位移函数的项数至少应等于单元的自由度数，其阶数至少应包含常数项和一次项，即单元应能合理表征刚体位移状态和常应变状态。

(2) 所选择的单元位移函数应保证单元内位移的连续性以及相邻单元之间的位移协调性。

对于桁架结构，每根杆件都是二力杆，只能沿着杆件轴线方向发生轴向拉伸或压缩变形，杆件受力也是沿着杆件轴线方向。在局部坐标系下，如图 3-6 所示，一个单元包含两个节点 i 和 j，每个节点有一个自由度，即水平位移，而竖向位移为 0。因此，在局部坐标系下，杆单元为 2 自由度单元，设其单元位移函数为一次多项式，即

$$u(x)=\alpha_1+\alpha_2 x \tag{3-5}$$

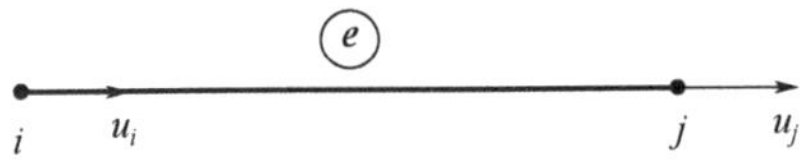

图 3-6　局部坐标系中轴向拉压杆单元

由单元节点位移可确定待定系数项，即当 $x=0$ 时，$u=u_i$；当 $x=l$ 时，$u=u_j$。将此节点位移条件代入式(3-5)可得

$$\begin{bmatrix}1 & 0\\ 1 & l\end{bmatrix}\begin{Bmatrix}\alpha_1\\ \alpha_2\end{Bmatrix}=\begin{Bmatrix}u_i\\ u_j\end{Bmatrix} \tag{3-6}$$

式中，l 为杆单元的长度。求解上述方程，可得待定系数为

$$\begin{Bmatrix}\alpha_1\\ \alpha_2\end{Bmatrix}=\begin{bmatrix}1 & 0\\ -\dfrac{1}{l} & \dfrac{1}{l}\end{bmatrix}\begin{Bmatrix}u_i\\ u_j\end{Bmatrix} \tag{3-7}$$

即

$$\alpha_1=u_i,\quad \alpha_2=\frac{u_j-u_i}{l} \tag{3-8}$$

则可用节点位移表示单元内任意截面处的位移 u，即

$$u(x)=\left(1-\frac{x}{l}\right)u_i+\frac{x}{l}u_j \tag{3-9}$$

式(3-9)可以表示为

$$u(x)=N_{iu}u_i+N_{ju}u_j \tag{3-10}$$

其中

$$N_{iu}=1-\frac{x}{l}, \quad N_{ju}=\frac{x}{l} \tag{3-11}$$

式中，N_{iu} 和 N_{ju} 分别表示当 $(u_i=1, u_j=0)$ 和 $(u_i=0, u_j=1)$ 时单元内的轴向位移状态，故称为轴向位移形函数。

可将式(3-10)写成：

$$u=[N_{iu} \quad N_{ju}]\begin{Bmatrix} u_i \\ u_j \end{Bmatrix}=[\boldsymbol{N}]\{\boldsymbol{\delta}\}_e \tag{3-12}$$

式中，$[\boldsymbol{N}]$ 为轴向 2 节点桁架单元的形函数矩阵：

$$[\boldsymbol{N}]=[N_{iu} \quad N_{ju}] \tag{3-13}$$

采用形函数表示的位移模式是有限元分析中十分重要的关系式，在此关系式的基础上可以根据几何方程求出应变，进一步由物理方程得到应力，随后根据虚功原理求得单元刚度矩阵，从而获得单元节点力和节点位移之间的关系。

3.3.2 应变与应力

杆单元中任意一点的应变(几何方程)可写为

$$\varepsilon=\frac{\mathrm{d}u}{\mathrm{d}x}=\frac{\mathrm{d}}{\mathrm{d}x}[\boldsymbol{N}]\{\boldsymbol{\delta}\}_e=\begin{bmatrix} -\frac{1}{l} & \frac{1}{l} \end{bmatrix}\{\boldsymbol{\delta}\}_e \tag{3-14}$$

即

$$\varepsilon=[\boldsymbol{B}]\{\boldsymbol{\delta}\}_e \tag{3-15}$$

其中

$$[\boldsymbol{B}]=\frac{\mathrm{d}}{\mathrm{d}x}[\boldsymbol{N}]=\begin{bmatrix} -\frac{1}{l} & \frac{1}{l} \end{bmatrix} \tag{3-16}$$

进一步可得杆单元中任意一点的应力(物理方程)为

$$\sigma=[\boldsymbol{D}]\varepsilon=[\boldsymbol{D}][\boldsymbol{B}]\{\boldsymbol{\delta}\}_e \tag{3-17}$$

式中，$[\boldsymbol{D}]=[E]$ 为杆单元对应的弹性矩阵。

例 3-1　考虑一维 2 节点杆单元，杆长为 L、杨氏模量为 E，若其两个端点位移分别为 u_1 和 u_2，计算杆中应力。

解： 由式(3-17)可得

$$\sigma=[\boldsymbol{D}][\boldsymbol{B}]\{\boldsymbol{\delta}\}_e=[E]\begin{bmatrix} -\frac{1}{L} & \frac{1}{L} \end{bmatrix}\begin{Bmatrix} u_1 \\ u_2 \end{Bmatrix}=E\frac{u_2-u_1}{L}$$

由上式可知，杆中应力为一常数，且数值上等于杨氏模量与工程应变的乘积。

3.3.3　杆单元刚度矩阵

假设杆单元中两个节点发生了虚位移 $\{u_i^* \quad u_j^*\}$，且单元节点力为 $\{F_i \quad F_j\}$，则力在杆单元虚位移上做的虚功 δW 以及单元的虚应变能 δU 为

$$\delta W = F_i u_i^* + F_j u_j^* = [u_i^* \quad u_j^*]\begin{Bmatrix} F_i \\ F_j \end{Bmatrix} = \{\boldsymbol{\delta}^*\}_e^{\mathrm{T}}\{\boldsymbol{F}\}_e \tag{3-18}$$

$$\delta U = \iiint_V \varepsilon^* \sigma \mathrm{d}V \tag{3-19}$$

则由虚功原理可得

$$\begin{aligned}\{\boldsymbol{\delta}^*\}_e^{\mathrm{T}}\{\boldsymbol{F}\}_e &= \iiint_V \varepsilon^* \sigma \mathrm{d}V = \iiint_V ([\boldsymbol{B}]\{\boldsymbol{\delta}^*\}_e)^{\mathrm{T}}([\boldsymbol{D}][\boldsymbol{B}]\{\boldsymbol{\delta}\}_e)\mathrm{d}V \\ &= \{\boldsymbol{\delta}^*\}_e^{\mathrm{T}} \iiint_V [\boldsymbol{B}]^{\mathrm{T}}[\boldsymbol{D}][\boldsymbol{B}]\mathrm{d}V\{\boldsymbol{\delta}\}_e\end{aligned} \tag{3-20}$$

由虚位移的任意性，可得

$$\{\boldsymbol{F}\}_e = \iiint_V [\boldsymbol{B}]^{\mathrm{T}}[\boldsymbol{D}][\boldsymbol{B}]\mathrm{d}V\{\boldsymbol{\delta}\}_e = [\boldsymbol{k}]_e\{\boldsymbol{\delta}\}_e \tag{3-21}$$

式中，$[\boldsymbol{k}]_e = \iiint_V [\boldsymbol{B}]^{\mathrm{T}}[\boldsymbol{D}][\boldsymbol{B}]\mathrm{d}V$，为杆单元的刚度矩阵。

对于一维 2 节点杆单元，其单元刚度矩阵可以显式写为

$$[\boldsymbol{k}]_e = \int_0^l \begin{bmatrix} -\dfrac{1}{l} \\ \dfrac{1}{l} \end{bmatrix} E \begin{bmatrix} -\dfrac{1}{l} & \dfrac{1}{l} \end{bmatrix} A\mathrm{d}x = \begin{bmatrix} \dfrac{EA}{l} & -\dfrac{EA}{l} \\ -\dfrac{EA}{l} & \dfrac{EA}{l} \end{bmatrix} \tag{3-22}$$

3.3.4　坐标系变换

考虑如图 3-7 所示的二维杆单元，记全局坐标系 $\bar{O}\bar{x}\bar{y}$ 下的单元节点位移列向量为 $\{\bar{\boldsymbol{\delta}}\}_e = \{\bar{u}_i \quad \bar{v}_i \quad \bar{u}_j \quad \bar{v}_j\}^{\mathrm{T}}$ 以及局部坐标系 Oxy 下的单元节点位移列向量为 $\{\boldsymbol{\delta}\}_e = \{u_i \quad u_j\}^{\mathrm{T}}$，则有

$$\begin{aligned} u_i &= \bar{u}_i \cos\alpha + \bar{v}_i \sin\alpha \\ u_j &= \bar{u}_j \cos\alpha + \bar{v}_j \sin\alpha \end{aligned} \tag{3-23}$$

写作矩阵形式为

$$\begin{Bmatrix} u_i \\ u_j \end{Bmatrix} = \begin{bmatrix} \cos\alpha & \sin\alpha & 0 & 0 \\ 0 & 0 & \cos\alpha & \sin\alpha \end{bmatrix} \begin{Bmatrix} \bar{u}_i \\ \bar{v}_i \\ \bar{u}_j \\ \bar{v}_j \end{Bmatrix} \tag{3-24}$$

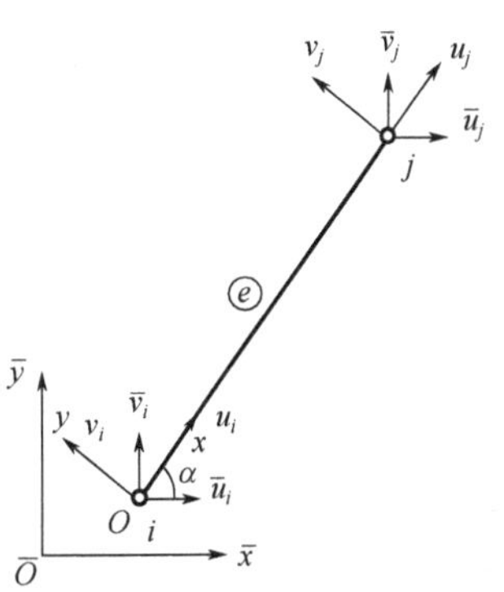

图 3-7　二维杆单元的坐标变换

即

$$\{\boldsymbol{\delta}\}_e=[\boldsymbol{T}]\{\bar{\boldsymbol{\delta}}\}_e,\quad \{\bar{\boldsymbol{\delta}}\}_e=[\boldsymbol{T}]^{\mathrm{T}}\{\boldsymbol{\delta}\}_e \tag{3-25}$$

式中，$[\boldsymbol{T}]$为坐标转换矩阵。

同理，记全局坐标系$\bar{O}\bar{x}\bar{y}$下的节点载荷向量为$\{\bar{\boldsymbol{F}}\}_e=\{\bar{F}_{ix}\quad \bar{F}_{iy}\quad \bar{F}_{jx}\quad \bar{F}_{jy}\}^{\mathrm{T}}$以及局部坐标系$Oxy$下的节点载荷向量为$\{\boldsymbol{F}\}_e=\{F_i\quad F_j\}^{\mathrm{T}}$，则有

$$\{\bar{\boldsymbol{F}}\}_e=[\boldsymbol{T}]^{\mathrm{T}}\{\boldsymbol{F}\}_e \tag{3-26}$$

进一步由$\{\boldsymbol{F}\}_e=[\boldsymbol{k}]_e\{\boldsymbol{\delta}\}_e$可得

$$\{\bar{\boldsymbol{F}}\}_e=[\boldsymbol{T}]^{\mathrm{T}}[\boldsymbol{k}]_e\{\boldsymbol{\delta}\}_e=[\boldsymbol{T}]^{\mathrm{T}}[\boldsymbol{k}]_e[\boldsymbol{T}]\{\bar{\boldsymbol{\delta}}\}_e=[\bar{\boldsymbol{k}}]_e\{\bar{\boldsymbol{\delta}}\}_e \tag{3-27}$$

因此，全局坐标系下的单元刚度矩阵$[\bar{\boldsymbol{k}}]_e$可写为

$$\begin{aligned}[\bar{\boldsymbol{k}}]_e&=[\boldsymbol{T}]^{\mathrm{T}}[\boldsymbol{k}]_e[\boldsymbol{T}]\\
&=\frac{EA}{l}\begin{bmatrix}\cos\alpha & 0\\ \sin\alpha & 0\\ 0 & \cos\alpha\\ 0 & \sin\alpha\end{bmatrix}\begin{bmatrix}1 & -1\\ -1 & 1\end{bmatrix}\begin{bmatrix}\cos\alpha & \sin\alpha & 0 & 0\\ 0 & 0 & \cos\alpha & \sin\alpha\end{bmatrix}\\
&=\frac{EA}{l}\begin{bmatrix}\cos^2\alpha & \sin\alpha\cos\alpha & -\cos^2\alpha & -\sin\alpha\cos\alpha\\ \sin\alpha\cos\alpha & \sin^2\alpha & -\sin\alpha\cos\alpha & -\sin^2\alpha\\ -\cos^2\alpha & -\sin\alpha\cos\alpha & \cos^2\alpha & \sin\alpha\cos\alpha\\ -\sin\alpha\cos\alpha & -\sin^2\alpha & \sin\alpha\cos\alpha & \sin^2\alpha\end{bmatrix}\end{aligned} \tag{3-28}$$

对于三维杆单元，只需要计算出其对应的坐标转换矩阵后，即可按相似的方式获得其全局坐标系下的单元刚度矩阵。单元刚度矩阵确定之后，单元节点力和单元节点位移之间的关系实际上已经确定，式(3-28)称为单元的基本方程式或有限元格式。

桁架单元刚度矩阵$[\bar{\boldsymbol{k}}]_e$的主要性质包括以下几个方面。

(1) 单元刚度矩阵与单元的几何特征和材料性质有关。桁架单元的刚度矩阵与单元的横截面积A、长度l、杨氏模量E以及单元的方向角有关。

(2) 单元刚度矩阵是一个对称矩阵。在单元刚度矩阵对角线两侧对称位置上的两个元素数值相等。

(3) 单元刚度矩阵是一个奇异矩阵。

(4) 单元刚度矩阵中的元素$\bar{k}_{rs}$表示第s个位移为1、其余位移为0时，第r个力的大小。

(5) 单元刚度矩阵可以用分块矩阵的形式表示，其具有确定的物理意义。

3.3.5 整体刚度矩阵的集成

由前述可知单元刚度矩阵中每一个元素都有相应的物理含义，如$\bar{k}_{rs}$表示第r个力对第s个位移的影响。单元刚度矩阵的阶数和单元自由度数相同，且同一个节点上的自由度通常情况下都是紧邻排列的，因此可以把矩阵按照节点自由度分成子块表达。如式(3-29)所示，一个平面杆单元有2个节点，每个节点包含2个自由度，杆单元刚度矩阵为4×4的矩阵，因此可以把单元刚度矩阵分为2×2个子块，水平或竖向的子块数等于单元节点数，每个子块都是2×2的矩阵。子块矩阵的阶数等于单元中每个节点包含的自由度数，而每个子块也有相应的物理含义，如$[\bar{\boldsymbol{k}}]_{ij}$表示第$j$个节点的载荷对第$i$个节点自由度的影响。

$$[\bar{k}]_e=\frac{EA}{l}\begin{bmatrix}\cos^2\alpha & \sin\alpha\cos\alpha & -\cos^2\alpha & -\sin\alpha\cos\alpha\\ \sin\alpha\cos\alpha & \sin^2\alpha & -\sin\alpha\cos\alpha & -\sin^2\alpha\\ -\cos^2\alpha & -\sin\alpha\cos\alpha & \cos^2\alpha & \sin\alpha\cos\alpha\\ -\sin\alpha\cos\alpha & -\sin^2\alpha & \sin\alpha\cos\alpha & \sin^2\alpha\end{bmatrix}=\begin{bmatrix}\boldsymbol{k}_{ii} & \boldsymbol{k}_{ij}\\ \boldsymbol{k}_{ji} & \boldsymbol{k}_{jj}\end{bmatrix} \tag{3-29}$$

式(3-29)中，为方便书写，省略了各分块矩阵对应的矩阵括号。

在将单元刚度矩阵往整体刚度矩阵中集成时，不需要针对每个元素进行操作，只需要把单元刚度矩阵中的整个子块直接按照“对号入座”原则，放入整体刚度矩阵中即可。对号入座，就是对照节点的整体编号，将局部坐标系下单元刚度矩阵子块放入整体刚度矩阵中的相应位置。

例3-2　考虑如图3-8所示由三根杆件构成的平面桁架结构，离散为3个单元和4个节点，单元和节点定义如图所示。已知每根杆件的长度均为l，杨氏模量均为E以及截面积均为A。试给出由分块矩阵形式表达的整体刚度矩阵。

解：按照前述杆单元的单元刚度矩阵，三个单元在局部坐标系中的单元刚度矩阵均为式(3-22)所示。另外，由图3-8可知，三个单元局部坐标与整体坐标的夹角分别为

$$\alpha_{①}=\alpha_{②}=0°,\quad \alpha_{③}=90° \tag{3-30}$$

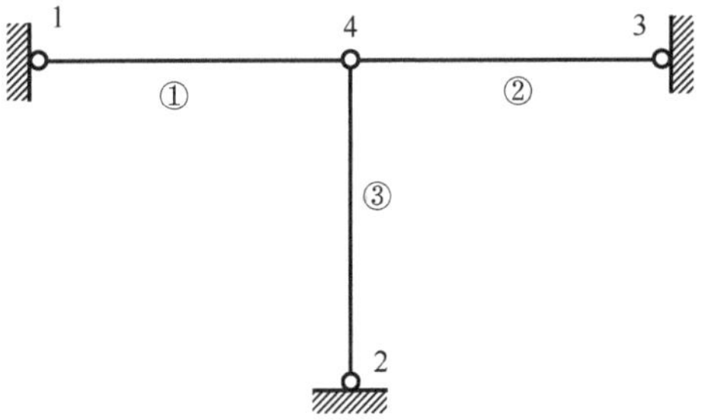

图3-8　平面桁架结构

则坐标转换矩阵分别为

$$[\boldsymbol{T}]_{①}=[\boldsymbol{T}]_{②}=\begin{bmatrix}1&0&0&0\\0&0&1&0\end{bmatrix} \tag{3-31}$$

$$[\boldsymbol{T}]_{③}=\begin{bmatrix}0&1&0&0\\0&0&0&1\end{bmatrix} \tag{3-32}$$

则整体坐标系下的单元刚度矩阵分别为

$$[\bar{k}]_{①}=[\boldsymbol{T}]_{①}^{\mathrm{T}}[\boldsymbol{k}]_{①}[\boldsymbol{T}]_{①}=\frac{EA}{l}\begin{bmatrix}1&0&-1&0\\0&0&0&0\\-1&0&1&0\\0&0&0&0\end{bmatrix}=\begin{bmatrix}\bar{\boldsymbol{k}}_{11}^{①} & \bar{\boldsymbol{k}}_{14}^{①}\\ \bar{\boldsymbol{k}}_{41}^{①} & \bar{\boldsymbol{k}}_{44}^{①}\end{bmatrix} \tag{3-33}$$

$$[\bar{k}]_{②}=[\bar{k}]_{①}=\frac{EA}{l}\begin{bmatrix}1&0&-1&0\\0&0&0&0\\-1&0&1&0\\0&0&0&0\end{bmatrix}=\begin{bmatrix}\bar{\boldsymbol{k}}_{44}^{②} & \bar{\boldsymbol{k}}_{43}^{②}\\ \bar{\boldsymbol{k}}_{34}^{②} & \bar{\boldsymbol{k}}_{33}^{②}\end{bmatrix} \tag{3-34}$$

$$[\bar{k}]_{③}=[\boldsymbol{T}]_{③}^{\mathrm{T}}[\boldsymbol{k}]_{③}[\boldsymbol{T}]_{③}=\frac{EA}{l}\begin{bmatrix}0&0&0&0\\0&1&0&-1\\0&0&0&0\\0&-1&0&1\end{bmatrix}=\begin{bmatrix}\bar{\boldsymbol{k}}_{22}^{③} & \bar{\boldsymbol{k}}_{24}^{③}\\ \bar{\boldsymbol{k}}_{42}^{③} & \bar{\boldsymbol{k}}_{44}^{③}\end{bmatrix} \tag{3-35}$$

将三个矩阵集成整体刚度矩阵为

$$[\boldsymbol{K}]=\begin{bmatrix} \bar{\boldsymbol{k}}_{11}^{①} & 0 & 0 & \bar{\boldsymbol{k}}_{14}^{①} \\ 0 & \bar{\boldsymbol{k}}_{22}^{③} & 0 & \bar{\boldsymbol{k}}_{24}^{③} \\ 0 & 0 & \bar{\boldsymbol{k}}_{33}^{②} & \bar{\boldsymbol{k}}_{34}^{②} \\ \bar{\boldsymbol{k}}_{41}^{①} & \bar{\boldsymbol{k}}_{42}^{③} & \bar{\boldsymbol{k}}_{43}^{②} & \bar{\boldsymbol{k}}_{44}^{①}+\bar{\boldsymbol{k}}_{44}^{②}+\bar{\boldsymbol{k}}_{44}^{③} \end{bmatrix} \tag{3-36}$$

由例 3-2 可以看出整体刚度矩阵中各分块矩阵$[\boldsymbol{K}_{rs}]$的以下几种特性。

(1) 当$r=s$时，主对角线上整体刚度矩阵元素是由共用该节点的单元刚度矩阵元素相加而成的；当$r\neq s$时，若r、s属于同一单元的节点号，则该处的整体刚度矩阵元素为单元刚度矩阵元素；当$r\neq s$时，若r、s不属于同一单元的节点号，则该处的整体刚度矩阵元素等于零。

(2) 整体刚度矩阵是稀疏矩阵。由于在有限元网格划分中，单元和节点的数量很多，不在同一单元的r、s节点占大多数，导致整体刚度矩阵中的零元素很多，因此整体刚度矩阵为稀疏矩阵。如果按照一定的规则对节点编号，可使非零元素集中在主对角线附近，使稀疏的整体刚度矩阵变为带状矩阵，节约存储空间。

(3) 整体刚度矩阵是对称矩阵，且具有奇异性，整体刚度矩阵经过约束处理后是正定矩阵。

(4) 整体刚度矩阵每一列元素的意义是：要迫使单元某一个节点发生坐标轴方向的单位位移，而其他节点位移保持为零，在所有节点上需要施加节点力。

3.4 刚 架 结 构

对于平面刚架结构的有限元分析，其整个过程与桁架结构的有限元分析类似。平面刚架结构可由平面一般梁单元进行离散，且平面一般梁单元可由平面杆单元和弯曲梁单元组合而成，其中平面杆单元的单元特性在 3.3 节中已经给出，本节将主要介绍平面弯曲梁单元和一般梁单元。

3.4.1 位移函数

在局部坐标系下的 2 节点弯曲梁单元如图 3-9 所示，包含i和j两个节点，每个节点都有两个自由度，即竖向位移v和转角θ，在这里水平位移为 0。因此，弯曲梁单元的位移列向量为$\{\boldsymbol{\delta}\}_e=\{v_i \quad \theta_i \quad v_j \quad \theta_j\}^{\mathrm{T}}$，单元载荷向量为$\{\boldsymbol{F}\}_e=\{F_i \quad M_i \quad F_j \quad M_j\}^{\mathrm{T}}$。同时位移$v$和转角$\theta$并不独立，存在关系式$\theta=\partial v/\partial x$。因此在局部坐标系下，弯曲梁单元为 4 自由度单元，设其单元位移函数为三次多项式，包含四个待定系数，即

$$v(x)=\beta_1+\beta_2 x+\beta_3 x^2+\beta_4 x^3 \tag{3-37}$$

则有

$$\theta=\frac{\partial v}{\partial x}=\beta_2+2\beta_3 x+3\beta_4 x^2 \tag{3-38}$$

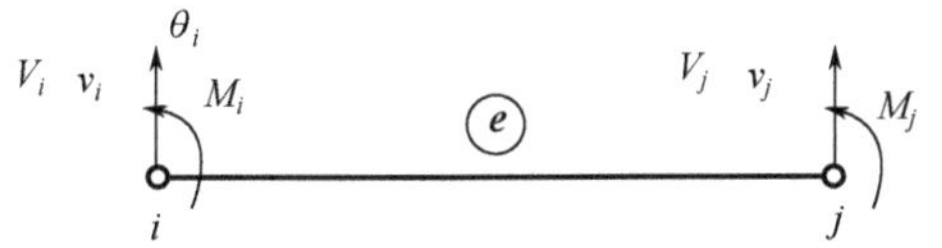

图 3-9 弯曲梁单元示意图

待定系数项可由单元节点位移确定，即当 $x=0$ 时，有 $v=v_i$ 和 $\theta=\dfrac{\partial v}{\partial x}=\theta_i$；当 $x=l$ 时，有 $v=v_j$ 和 $\theta=\dfrac{\partial v}{\partial x}=\theta_j$。将节点位移条件代入式(3-37)和式(3-38)，可得

$$\begin{bmatrix}1&0&0&0\\0&1&0&0\\1&l&l^2&l^3\\0&1&2l&3l^2\end{bmatrix}\begin{Bmatrix}\beta_1\\\beta_2\\\beta_3\\\beta_4\end{Bmatrix}=\begin{Bmatrix}v_i\\\theta_i\\v_j\\\theta_j\end{Bmatrix} \tag{3-39}$$

由此可解得待定系数为

$$\begin{Bmatrix}\beta_1\\\beta_2\\\beta_3\\\beta_4\end{Bmatrix}=\frac{1}{l^3}\begin{bmatrix}l^3&0&0&0\\0&l^3&0&0\\-3l&-2l^2&3l&-l^2\\2&l&-2&l\end{bmatrix}\begin{Bmatrix}v_i\\\theta_i\\v_j\\\theta_j\end{Bmatrix} \tag{3-40}$$

将式(3-40)代入式(3-37)，可得用节点位移表示的单元内任意截面的位移 v 为

$$v(x)=N_{iv}v_i+N_{i\theta}\theta_i+N_{jv}v_j+N_{j\theta}\theta_j \tag{3-41}$$

式中，N_{iv}、$N_{i\theta}$、N_{jv} 和 $N_{j\theta}$ 为位移形函数，其具体表达式为

$$\begin{aligned}&N_{iv}=1-\frac{3}{l^2}x^2+\frac{2}{l^3}x^3,\quad N_{i\theta}=x-\frac{2}{l}x^2+\frac{1}{l^2}x^3\\&N_{jv}=\frac{3}{l^2}x^2-\frac{2}{l^3}x^3,\quad N_{j\theta}=-\frac{1}{l}x^2+\frac{1}{l^2}x^3\end{aligned} \tag{3-42}$$

可以将式(3-41)及对应的转角、自由度写成如下矩阵形式：

$$v=[\boldsymbol{N}]\{\boldsymbol{\delta}\}_e \tag{3-43}$$

$$\theta=[\boldsymbol{N}']\{\boldsymbol{\delta}\}_e \tag{3-44}$$

式中，$[\boldsymbol{N}]$ 为平面 2 节点弯曲梁单元的形函数矩阵：

$$[\boldsymbol{N}]=[N_{iv}\quad N_{i\theta}\quad N_{jv}\quad N_{j\theta}] \tag{3-45}$$

3.4.2 应变与应力

在材料力学中，纯弯曲梁应变与变形之间的关系有

$$\varepsilon=\frac{y}{\rho} \tag{3-46}$$

式中，y 为偏离中性轴的距离；ρ 为曲率半径，如图 3-10 所示。

因此，弯曲梁单元的应变(几何方程)为

$$\varepsilon = \frac{y}{\rho} = y\frac{\mathrm{d}^2 v}{\mathrm{d}x^2} = y[\boldsymbol{N}'']\{\boldsymbol{\delta}\}_e \tag{3-47}$$

$$\varepsilon = [\boldsymbol{B}]\{\boldsymbol{\delta}\}_e \tag{3-48}$$

式中

$$[\boldsymbol{B}] = y[\boldsymbol{N}''] \tag{3-49}$$

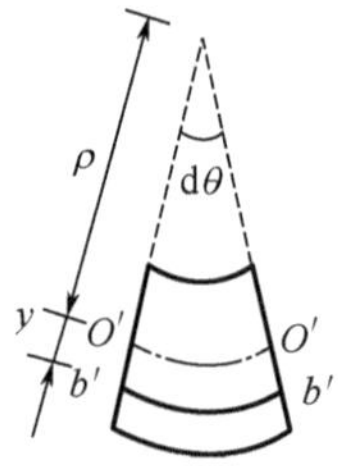

图 3-10　梁弯曲变形

弯曲梁单元的应力(物理方程)为

$$\sigma = [\boldsymbol{D}]\varepsilon = [\boldsymbol{D}][\boldsymbol{B}]\{\boldsymbol{\delta}\}_e = [\boldsymbol{S}]\{\boldsymbol{\delta}\}_e \tag{3-50}$$

式中，$[\boldsymbol{S}]$为应力矩阵。

3.4.3　弯曲梁单元刚度矩阵

根据虚功原理有

$$\{\boldsymbol{F}\}_e = [\boldsymbol{k}]_e\{\boldsymbol{\delta}\}_e \tag{3-51}$$

式中，$[\boldsymbol{k}]_e$为弯曲梁单元刚度矩阵，即

$$\begin{aligned}[\boldsymbol{k}]_e &= \iiint_V [\boldsymbol{B}]^{\mathrm{T}}[\boldsymbol{D}][\boldsymbol{B}]\mathrm{d}V = \iiint_V (y[\boldsymbol{N}''])^{\mathrm{T}}[\boldsymbol{D}](y[\boldsymbol{N}''])\mathrm{d}V \\ &= \iint_A y^2\mathrm{d}y\mathrm{d}z\int_l [\boldsymbol{N}'']^{\mathrm{T}}[\boldsymbol{D}][\boldsymbol{N}'']\mathrm{d}x = I\int_l [\boldsymbol{N}'']^{\mathrm{T}}[\boldsymbol{D}][\boldsymbol{N}'']\mathrm{d}x\end{aligned} \tag{3-52}$$

式中，$I = \iint_A y^2\mathrm{d}y\mathrm{d}z$，为梁的截面惯性矩。

若梁的杨氏模量为E，即$[\boldsymbol{D}]=[E]$，则对于平面 4 自由度弯曲梁单元有

$$[\boldsymbol{k}]_e = \begin{bmatrix} \dfrac{12EI}{l^3} & \dfrac{6EI}{l^2} & -\dfrac{12EI}{l^3} & \dfrac{6EI}{l^2} \\ & \dfrac{4EI}{l} & -\dfrac{6EI}{l^2} & \dfrac{2EI}{l} \\ & \text{对称} & \dfrac{12EI}{l^3} & -\dfrac{6EI}{l^2} \\ & & & \dfrac{4EI}{l} \end{bmatrix} \tag{3-53}$$

式(3-53)为局部坐标系下的平面弯曲梁单元的刚度矩阵，其具有和平面杆单元刚度矩阵相似的性质，也是对称矩阵和奇异矩阵。由材料力学的内容可知，梁是主要描述弯曲变形的杆件，因此在矩阵中的每个元素都包含梁的几何因素即长度l和截面惯性矩I，以及体现物理性质的杨氏模量E。式(3-53)中EI称为梁的抗弯刚度。

3.4.4　一般梁单元刚度矩阵

平面一般梁单元可以认为是由平面桁架单元和平面弯曲梁单元组成的，如图 3-11 所示。

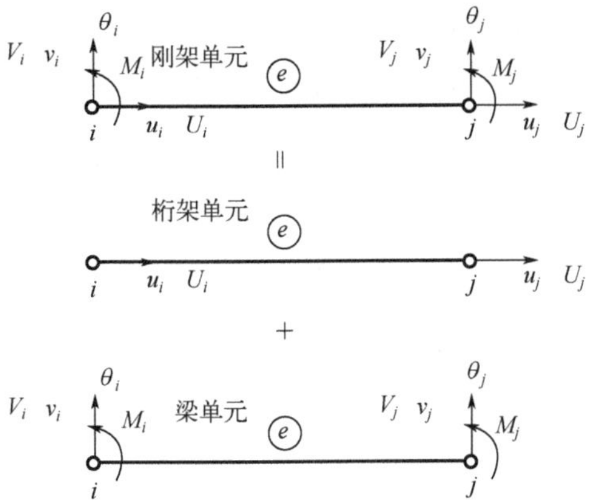

图 3-11　平面一般梁单元分解

因此，平面一般梁单元的刚度矩阵可以由平面桁架单元刚度矩阵和平面弯曲梁单元刚度矩阵按照位移分量的排序集成，如图 3-12 所示。

$$[\boldsymbol{k}]_e=\begin{bmatrix}\frac{EA}{l} & -\frac{EA}{l}\\ -\frac{EA}{l} & \frac{EA}{l}\end{bmatrix}$$

$$[\boldsymbol{\delta}]_e=[u_i\quad v_i\quad \theta_i\quad u_j\quad v_j\quad \theta_j]^{\mathrm{T}}$$

$$[\boldsymbol{k}]_e=\begin{bmatrix}\frac{12EI}{l^3} & \frac{6EI}{l^2} & -\frac{12EI}{l^3} & \frac{6EI}{l^2}\\ & \frac{4EI}{l} & -\frac{6EI}{l^2} & \frac{2EI}{l}\\ & \text{对称} & \frac{12EI}{l^3} & -\frac{6EI}{l^2}\\ & & & \frac{4EI}{l}\end{bmatrix}$$

$$\rightarrow [\boldsymbol{k}]_e=\begin{bmatrix}\frac{EA}{l} & 0 & 0 & -\frac{EA}{l} & 0 & 0\\ & \frac{12EI}{l^3} & \frac{6EI}{l^2} & 0 & -\frac{12EI}{l^3} & -\frac{6EI}{l^2}\\ & & \frac{4EI}{l} & 0 & -\frac{6EI}{l^2} & \frac{2EI}{l}\\ & & & \frac{EA}{l} & 0 & 0\\ & & \text{对称} & & \frac{12EI}{l^3} & -\frac{6EI}{l^2}\\ & & & & & \frac{4EI}{l}\end{bmatrix}$$

图 3-12　平面一般梁单元刚度矩阵的集成

3.4.5　坐标系变换

3.4.4 节中的位移向量和载荷向量都是在局部坐标系下定义的，在进行整体分析之前，需要把位移向量和载荷向量从局部坐标系转换到全局坐标系。对于图 3-13 所示的平面一般梁单元，记全局坐标系 $\bar{O}\bar{x}\bar{y}$ 下的单元节点位移向量和节点载荷向量分别为

$$\begin{aligned}\{\bar{\boldsymbol{\delta}}\}_e&=\{\bar{u}_i\quad \bar{v}_i\quad \bar{\theta}_i\quad \bar{u}_j\quad \bar{v}_j\quad \bar{\theta}_j\}^{\mathrm{T}}\\ \{\bar{\boldsymbol{F}}\}_e&=\{\bar{F}_{ix}\quad \bar{F}_{iy}\quad \bar{M}_i\quad \bar{F}_{jx}\quad \bar{F}_{jy}\quad \bar{M}_j\}^{\mathrm{T}}\end{aligned}\tag{3-54}$$

以及在局部坐标系 Oxy 下的单元节点位移向量和节点载荷向量分别为

$$\begin{aligned}\{\boldsymbol{\delta}\}_e&=\begin{Bmatrix}\delta_i\\ \delta_j\end{Bmatrix}=\{u_i\quad v_i\quad \theta_i\quad u_j\quad v_j\quad \theta_j\}^{\mathrm{T}}\\ \{\boldsymbol{F}\}_e&=\{F_{ix}\quad F_{iy}\quad M_i\quad F_{jx}\quad F_{jy}\quad M_j\}^{\mathrm{T}}\end{aligned}\tag{3-55}$$

由图 3-13 可得载荷向量的变换为

$$
\begin{aligned}
&F_{ix}=\bar{F}_{ix}\cos\theta+\bar{F}_{iy}\sin\theta\\
&F_{iy}=-\bar{F}_{ix}\sin\theta+\bar{F}_{iy}\cos\theta\\
&M_i=\bar{M}_i\\
&F_{jx}=\bar{F}_{jx}\cos\theta+\bar{F}_{jy}\sin\theta\\
&F_{jy}=-\bar{F}_{jx}\sin\theta+\bar{F}_{jy}\cos\theta\\
&M_j=\bar{M}_j
\end{aligned}
\tag{3-56}
$$

式(3-56)可写为

$$\{\boldsymbol{F}\}_e=[\boldsymbol{T}]\{\bar{\boldsymbol{F}}\}_e,\quad \{\bar{\boldsymbol{F}}\}_e=[\boldsymbol{T}]^{\mathrm{T}}\{\boldsymbol{F}\}_e \tag{3-57}$$

式中

$$[\boldsymbol{T}]=\begin{bmatrix}\cos\theta & \sin\theta & 0 & 0 & 0 & 0\\ -\sin\theta & \cos\theta & 0 & 0 & 0 & 0\\ 0 & 0 & 1 & 0 & 0 & 0\\ 0 & 0 & 0 & \cos\theta & \sin\theta & 0\\ 0 & 0 & 0 & -\sin\theta & \cos\theta & 0\\ 0 & 0 & 0 & 0 & 0 & 1\end{bmatrix} \tag{3-58}$$

为坐标变换矩阵。

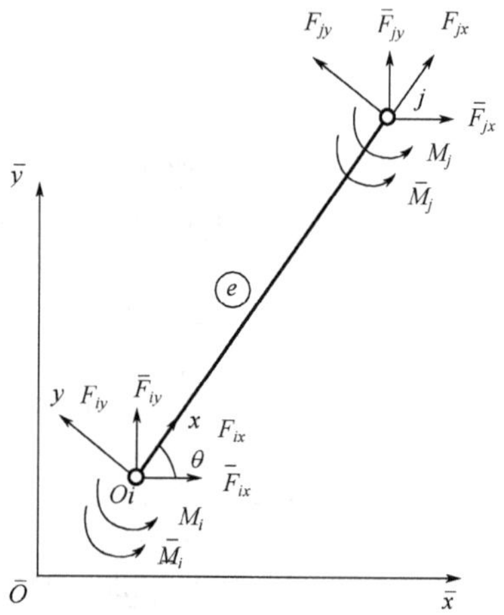

图 3-13　局部坐标系与全局坐标系

同理，对于全局坐标系和局部坐标系下的单元位移向量，存在如下关系式：

$$\{\boldsymbol{\delta}\}_e=[\boldsymbol{T}]\{\bar{\boldsymbol{\delta}}\}_e,\quad \{\bar{\boldsymbol{\delta}}\}_e=[\boldsymbol{T}]^{\mathrm{T}}\{\boldsymbol{\delta}\}_e \tag{3-59}$$

则有

$$\{\bar{\boldsymbol{F}}\}_e=[\boldsymbol{T}]^{\mathrm{T}}\{\boldsymbol{F}\}_e=[\boldsymbol{T}]^{\mathrm{T}}[\boldsymbol{k}]_e\{\boldsymbol{\delta}\}_e=[\boldsymbol{T}]^{\mathrm{T}}[\boldsymbol{k}]_e[\boldsymbol{T}]\{\bar{\boldsymbol{\delta}}\}_e \tag{3-60}$$

因此，可得局部坐标系下的单元刚度矩阵$[\boldsymbol{k}]_e$和全局坐标系下的单元刚度矩阵$[\bar{\boldsymbol{k}}]_e$的变换关系为

$$[\bar{\boldsymbol{k}}]_e=[\boldsymbol{T}]^{\mathrm{T}}[\boldsymbol{k}]_e[\boldsymbol{T}] \tag{3-61}$$

且有

$$\{\bar{\boldsymbol{F}}\}_e=[\bar{\boldsymbol{k}}]_e\{\bar{\boldsymbol{\delta}}\}_e \tag{3-62}$$

3.4.6　整体刚度矩阵及载荷向量的集成

刚架结构整体刚度矩阵的集成与桁架结构整体刚度矩阵的集成类似，将单元刚度矩阵中的整个子块直接按照“对号入座”原则放入整体刚度矩阵中即可。对于载荷向量的集成，首先需要对非节点载荷进行处理，获得局部坐标系下的等效载荷向量；然后利用式(3-57)转换到全局坐标系下；最后进行集成。

1．非节点载荷的处理

有限元方法要求载荷只能作用在节点上，若一般梁单元内部有非节点载荷作用，则应根据静力等效的原则移置到单元节点上，变成非节点载荷的等效节点载荷。静力等效原则是指等效节点载荷在任意节点虚位移上的虚功，应等于真实载荷(非节点载荷)在相应的虚位移上做的虚功。

1)非节点集中力的处理

如图 3-14 所示的平面一般梁单元，假设其上作用有集中力，且集中力的作用点有非节点 i 和 j 。记非节点集中力为 $\{\boldsymbol{P}\}=\{P_x \quad P_y \quad m\}^{\mathrm{T}}$，同时记等效节点载荷向量为 $\{\boldsymbol{F}\}_e=\{F_{ix} \quad F_{iy} \quad M_i \quad F_{jx} \quad F_{jy} \quad M_j\}^{\mathrm{T}}$ 。假设在真实载荷作用点处产生的虚位移为 $\{\boldsymbol{\delta}^*\}=\{u^* \quad v^* \quad \theta^*\}^{\mathrm{T}}$ 以及两个节点对应的虚位移为 $\{\boldsymbol{\delta}^*\}_e=\{u_i^* \quad v_i^* \quad \theta_i^* \quad u_j^* \quad v_j^* \quad \theta_j^*\}^{\mathrm{T}}$，则有以下公式。

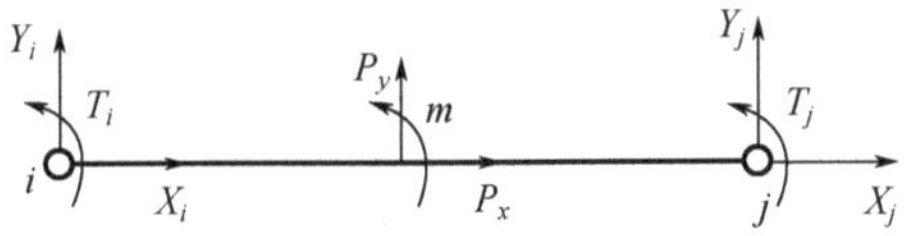

图 3-14　受集中载荷的杆件单元

等效节点载荷虚功为

$$\delta W_1=\{\boldsymbol{\delta}^*\}_e^{\mathrm{T}}\{\boldsymbol{F}\}_e \tag{3-63}$$

非节点载荷在虚位移上的虚功为

$$\delta W_2=\{\boldsymbol{\delta}^*\}^{\mathrm{T}}\{\boldsymbol{P}\}=([\boldsymbol{N}]\{\boldsymbol{\delta}^*\}_e)^{\mathrm{T}}\{\boldsymbol{P}\} \tag{3-64}$$

式中，$[\boldsymbol{N}]$ 为平面 2 节点一般梁单元的形函数矩阵在集中载荷作用处的值，可由式(3-13)给出的轴向 2 节点桁架单元的形函数矩阵和式(3-45)给出的平面 2 节点弯曲梁单元的形函数矩阵组合而成，具体形式如下：

$$[\boldsymbol{N}]=\begin{bmatrix} N_{iu} & 0 & 0 & N_{ju} & 0 & 0 \\ 0 & N_{iv} & N_{i\theta} & 0 & N_{jv} & N_{j\theta} \\ 0 & N'_{iv} & N'_{i\theta} & 0 & N'_{jv} & N'_{j\theta} \end{bmatrix} \tag{3-65}$$

由静力等效原则 $\delta W_1=\delta W_2$，可得

$$\{\boldsymbol{\delta}^*\}_e^{\mathrm{T}}\{\boldsymbol{F}\}_e=([\boldsymbol{N}]\{\boldsymbol{\delta}^*\}_e)^{\mathrm{T}}\{\boldsymbol{P}\} \tag{3-66}$$

进一步考虑节点虚位移的任意性，可得

$$\{\boldsymbol{F}\}_e=[\boldsymbol{N}]^{\mathrm{T}}\{\boldsymbol{P}\} \tag{3-67}$$

2)分布力的处理

考虑如图 3-15 所示的平面一般梁单元，其上作用有分布力。假设任意截面处的分布载荷密度向量为 $\{\boldsymbol{q}\}=\{q_x \quad q_y \quad m\}^{\mathrm{T}}$，同样由静力等效原则可得单元等效节点载荷向量为

$$\{\boldsymbol{F}\}_e = \int_l [\boldsymbol{N}]^{\mathrm{T}} \{\boldsymbol{q}\} \mathrm{d}x \tag{3-68}$$

由于作用载荷为分布载荷，所以式(3-68)中积分区域为分布载荷的作用区域，式(3-68)中形函数取值也是作用区域的形函数值。

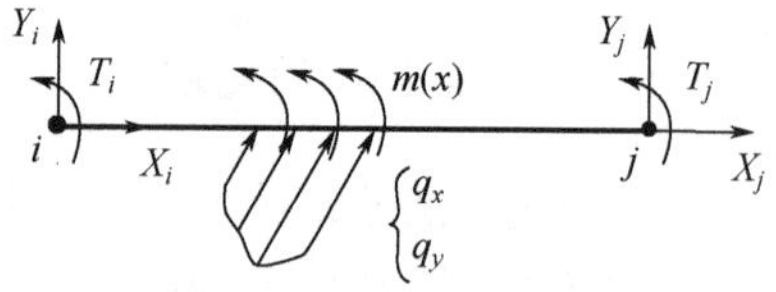

图 3-15　受分布载荷的杆件单元

2．整体节点载荷向量的集成

刚架结构整体节点载荷可以通过以下四个步骤获得：

(1)在各单元的局部坐标系下求得各单元的等效节点载荷；

(2)将局部坐标系的各单元的节点载荷转换到全局坐标系；

(3)求整体结构节点的等效节点载荷向量；

(4)将整体结构节点的等效节点载荷向量加上节点载荷向量可得到结构整体节点载荷向量。

3.4.7　边界条件的处理

由前述分析可知，无论是单元刚度矩阵还是整体刚度矩阵都是奇异矩阵，其行列式为 0，即 $\det[\boldsymbol{K}]=0$，无法求逆，不能求出节点位移的唯一确定解。为了消除刚度矩阵的奇异性，需要引入边界条件，如在某些节点处位移已知。而引入边界条件通常有三种方法：①直接代入法；②改 1 置零法；③乘大数法。

1)直接代入法

将已知的位移边界条件直接代入方程组中，可以将方程重新整理，得到式子如下：

$$\begin{bmatrix} \boldsymbol{K}_{aa} & \boldsymbol{K}_{ab} \\ \boldsymbol{K}_{ba} & \boldsymbol{K}_{bb} \end{bmatrix} \begin{Bmatrix} \boldsymbol{\delta}_a \\ \boldsymbol{\delta}_b \end{Bmatrix} = \begin{Bmatrix} \boldsymbol{F}_a \\ \boldsymbol{F}_b \end{Bmatrix} \tag{3-69}$$

式中，$\{\boldsymbol{\delta}_a\}$ 为待定节点位移向量；$\{\boldsymbol{\delta}_b\}$ 为已知节点位移向量；$[\boldsymbol{K}_{rs}](r=a,b;s=a,b)$ 为矩阵子块。由式(3-69)可得

$$[\boldsymbol{K}_{aa}]\{\boldsymbol{\delta}_a\}+[\boldsymbol{K}_{ab}]\{\boldsymbol{\delta}_b\}=\{\boldsymbol{F}_a\} \tag{3-70}$$

由于$[\boldsymbol{K}_{ab}]$和$\{\boldsymbol{\delta}_b\}$是已知的，所以原方程式变为

$$[\boldsymbol{K}_{aa}]\{\boldsymbol{\delta}_a\}=\{\boldsymbol{F}_a\}-[\boldsymbol{K}_{ab}]\{\boldsymbol{\delta}_b\} \tag{3-71}$$

$[\boldsymbol{K}_{aa}]$为代入边界条件修正后的矩阵，没有了奇异性，可以对$\{\boldsymbol{\delta}_a\}$进行求解。在式(3-71)求解的基础上，可进一步计算获得已知节点位移处的约束反力，即

$$\{\boldsymbol{F}_b\}=[\boldsymbol{K}_{ba}]\{\boldsymbol{\delta}_a\}+[\boldsymbol{K}_{bb}]\{\boldsymbol{\delta}_b\} \tag{3-72}$$

需要指出的是，直接代入法的意义比较直观，但是其破坏了原方程的结构，给编制程序带来了麻烦。

2)改 1 置零法

对于已知位移为零的情形，可在整体刚度矩阵中将与已知位移对应的主对角元素改为 1，该主对角元素所在行和列的其他元素改为零，同时将在载荷列阵中与已知位移处于同行的元素改为零。式(3-73)给出了 $\delta_i=0$ 时，改 1 置零法后的待求方程组，为

$$\begin{bmatrix} K_{11} & K_{12} & \cdots & 0 & \cdots & K_{1n} \\ K_{21} & K_{22} & \cdots & 0 & \cdots & K_{2n} \\ \vdots & & & \vdots & & \vdots \\ 0 & \cdots & 0 & 1 & \cdots & 0 \\ \vdots & & & \vdots & & \vdots \\ K_{n1} & K_{n2} & \cdots & 0 & \cdots & K_{nn} \end{bmatrix} \begin{Bmatrix} \delta_1 \\ \delta_2 \\ \vdots \\ \delta_i \\ \vdots \\ \delta_n \end{Bmatrix} = \begin{Bmatrix} F_1 \\ F_2 \\ \vdots \\ 0 \\ \vdots \\ F_n \end{Bmatrix} \tag{3-73}$$

3) 乘大数法

若已知位移条件 $\delta_i = \tilde{\delta}_i$，可将该位移对应的刚度矩阵的主对角元素乘一个大数 α，并将载荷向量中的对应元素改为 $\alpha K_{ii}\tilde{\delta}_i$：

$$\begin{bmatrix} K_{11} & K_{12} & \cdots & 0 & \cdots & K_{1n} \\ K_{21} & K_{22} & \cdots & 0 & \cdots & K_{2n} \\ \vdots & & & \vdots & & \vdots \\ K_{i1} & K_{i2} & \cdots & \alpha K_{ii} & \cdots & K_{in} \\ \vdots & & & \vdots & & \vdots \\ K_{n1} & K_{n2} & \cdots & 0 & \cdots & K_{nn} \end{bmatrix} \begin{Bmatrix} \delta_1 \\ \delta_2 \\ \vdots \\ \delta_i \\ \vdots \\ \delta_n \end{Bmatrix} = \begin{Bmatrix} F_1 \\ F_2 \\ \vdots \\ \alpha K_{ii}\tilde{\delta}_i \\ \vdots \\ F_n \end{Bmatrix} \tag{3-74}$$

取出第 i 行可得

$$\begin{aligned} & K_{i1}\delta_1 + K_{i2}\delta_2 + \cdots + \alpha K_{ii}\delta_i + \cdots + K_{in}\delta_n = \alpha K_{ii}\tilde{\delta}_i \\ \Rightarrow & \alpha K_{ii}\delta_i \approx \alpha K_{ii}\tilde{\delta}_i \\ \Rightarrow & \delta_i \approx \tilde{\delta}_i \end{aligned} \tag{3-75}$$

3.5　平面刚架结构算例

有限元方法求解杆系结构问题的主要步骤：①结构离散，即对节点和单元进行编号，选择全局坐标系；②单元分析，即计算各单元在局部坐标系下的单元刚度矩阵、坐标变换矩阵以及在全局坐标系下的单元刚度矩阵；③整体分析，组集整体刚度矩阵；④载荷处理，求出节点载荷列矩阵；⑤约束处理，引入支承条件；⑥解方程组，求出结构各节点的节点位移分量列矩阵。本节基于一个典型的刚架结构算例介绍采用有限元方法求解平面杆系结构的完整过程。

例 3-3　如图 3-16 所示的刚架结构，已知长度 $l = 10\text{m}$，横截面积 $A = 0.01\text{m}^2$，刚架横截面惯性矩 $I_z = 1\times 10^{-4}\text{m}^4$，刚架材料杨氏模量 $E = 2\times 10^{11}\text{Pa}$，求刚架结构的节点位移。

解：1) 结构离散

将刚架结构离散为如图 3-17 所示的 2 个单元和 3 个节点，即单元①的节点为 1 和 2，单元②的节点为 2 和 3。全局坐标系取水平方向为 x 轴，竖直方向为 y 轴。

2) 单元分析

(1) 计算各单元在局部坐标系下的单元刚度矩阵。

由局部坐标系下的单元刚度矩阵一般表达式

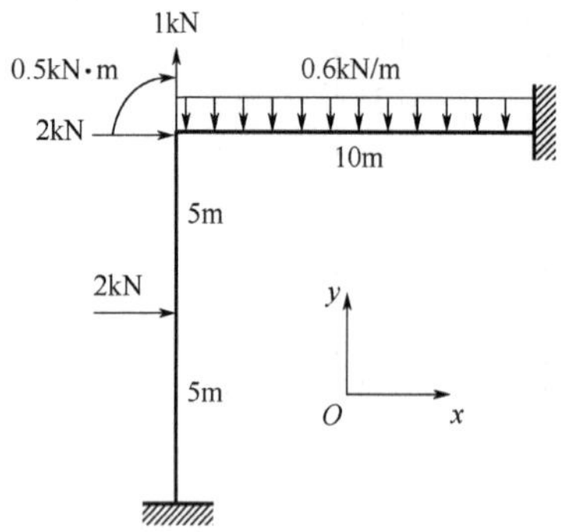

图 3-16　刚架结构

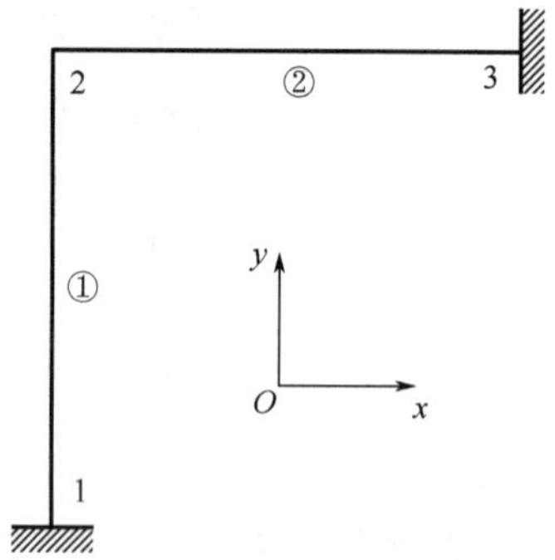

图 3-17　刚架结构的离散

$$[\boldsymbol{k}]_e=\begin{bmatrix}\dfrac{EA}{l} & 0 & 0 & -\dfrac{EA}{l} & 0 & 0\\ 0 & \dfrac{12EI_z}{l^3} & \dfrac{6EI_z}{l^2} & 0 & -\dfrac{12EI_z}{l^3} & \dfrac{6EI_z}{l^2}\\ 0 & \dfrac{6EI_z}{l^2} & \dfrac{4EI_z}{l} & 0 & -\dfrac{6EI_z}{l^2} & \dfrac{2EI_z}{l}\\ -\dfrac{EA}{l} & 0 & 0 & \dfrac{EA}{l} & 0 & 0\\ 0 & -\dfrac{12EI_z}{l^3} & -\dfrac{6EI_z}{l^2} & 0 & \dfrac{12EI_z}{l^3} & -\dfrac{6EI_z}{l^2}\\ 0 & \dfrac{6EI_z}{l^2} & \dfrac{2EI_z}{l} & 0 & -\dfrac{6EI_z}{l^2} & \dfrac{4EI_z}{l}\end{bmatrix} \tag{3-76}$$

可得

$$[\boldsymbol{k}]_{①}=\begin{bmatrix}200 & 0 & 0 & -200 & 0 & 0\\ 0 & 0.24 & 1.2 & 0 & -0.24 & 1.2\\ 0 & 1.2 & 8 & 0 & -1.2 & 4\\ -200 & 0 & 0 & 200 & 0 & 0\\ 0 & -0.24 & -1.2 & 0 & 0.24 & -1.2\\ 0 & 1.2 & 4 & 0 & -1.2 & 8\end{bmatrix}\times 10^6 \tag{3-77}$$

$$[\boldsymbol{k}]_{②}=[\boldsymbol{k}]_{①} \tag{3-78}$$

(2) 计算各单元的坐标变换矩阵。

对于单元①，局部坐标系的方向与全局坐标系的方向相差90°，即$\alpha=90°$，因此坐标变换矩阵为

$$[\boldsymbol{T}]_{①}=\begin{bmatrix}\cos\alpha & \sin\alpha & 0 & 0 & 0 & 0\\ -\sin\alpha & \cos\alpha & 0 & 0 & 0 & 0\\ 0 & 0 & 1 & 0 & 0 & 0\\ 0 & 0 & 0 & \cos\alpha & \sin\alpha & 0\\ 0 & 0 & 0 & -\sin\alpha & \cos\alpha & 0\\ 0 & 0 & 0 & 0 & 0 & 1\end{bmatrix}=\begin{bmatrix}0 & 1 & 0 & 0 & 0 & 0\\ -1 & 0 & 0 & 0 & 0 & 0\\ 0 & 0 & 1 & 0 & 0 & 0\\ 0 & 0 & 0 & 0 & 1 & 0\\ 0 & 0 & 0 & -1 & 0 & 0\\ 0 & 0 & 0 & 0 & 0 & 1\end{bmatrix} \tag{3-79}$$

全局坐标系下的单元刚度矩阵为

$$[\bar{\boldsymbol{k}}]_{①}=[\boldsymbol{T}]_{①}^{\mathrm{T}}[\boldsymbol{k}]_{①}[\boldsymbol{T}]_{①}$$

$$=\begin{bmatrix} 0.24 & 0 & -1.2 & -0.24 & 0 & -1.2 \\ 0 & 200 & 0 & 0 & -200 & 0 \\ -1.2 & 0 & 8 & 1.2 & 0 & 4 \\ -0.24 & 0 & 1.2 & 0.24 & 0 & 1.2 \\ 0 & -200 & 0 & 0 & 200 & 0 \\ -1.2 & 0 & 4 & 1.2 & 0 & 8 \end{bmatrix}\times 10^{6}=\begin{bmatrix} \bar{\boldsymbol{k}}_{11}^{①} & \bar{\boldsymbol{k}}_{12}^{①} \\ \bar{\boldsymbol{k}}_{21}^{①} & \bar{\boldsymbol{k}}_{22}^{①} \end{bmatrix} \tag{3-80}$$

式中，$[\bar{\boldsymbol{k}}_{ij}^{①}]$ 均为 3×3 的分块矩阵。

对于单元②，局部坐标系的方向与全局坐标系的方向相同，因此有

$$[\boldsymbol{T}]_{②}=[\boldsymbol{I}],\quad [\bar{\boldsymbol{k}}]_{②}=[\boldsymbol{k}]_{②}=\begin{bmatrix} \bar{\boldsymbol{k}}_{22}^{②} & \bar{\boldsymbol{k}}_{23}^{②} \\ \bar{\boldsymbol{k}}_{32}^{②} & \bar{\boldsymbol{k}}_{33}^{②} \end{bmatrix} \tag{3-81}$$

3) 整体分析

按“对号入座”原则可得全局坐标系下的整体刚度矩阵为

$$[\boldsymbol{K}]=\begin{bmatrix} \bar{\boldsymbol{k}}_{11}^{①} & \bar{\boldsymbol{k}}_{12}^{①} & 0 \\ \bar{\boldsymbol{k}}_{21}^{①} & \bar{\boldsymbol{k}}_{22}^{①}+\bar{\boldsymbol{k}}_{22}^{②} & \bar{\boldsymbol{k}}_{23}^{②} \\ 0 & \bar{\boldsymbol{k}}_{32}^{②} & \bar{\boldsymbol{k}}_{33}^{②} \end{bmatrix}$$

$$=\begin{bmatrix} 0.24 & 0 & -1.2 & -0.24 & 0 & -1.2 & 0 & 0 & 0 \\ 0 & 200 & 0 & 0 & -200 & 0 & 0 & 0 & 0 \\ -1.2 & 0 & 8 & 1.2 & 0 & 4 & 0 & 0 & 0 \\ -0.24 & 0 & 1.2 & 200.24 & 0 & 1.2 & -200 & 0 & 0 \\ 0 & -200 & 0 & 0 & 200.24 & 1.2 & 0 & -0.24 & 1.2 \\ -1.2 & 0 & 4 & 1.2 & 1.2 & 16 & 0 & -1.2 & 4 \\ 0 & 0 & 0 & -200 & 0 & 0 & 200 & 0 & 0 \\ 0 & 0 & 0 & 0 & -0.24 & -1.2 & 0 & 0.24 & -1.2 \\ 0 & 0 & 0 & 0 & 1.2 & 4 & 0 & -1.2 & 8 \end{bmatrix}\times 10^{6} \tag{3-82}$$

4) 载荷处理

(1) 局部坐标系下各单元的等效节点载荷向量。

单元①中的节点受到一个集中载荷，在局部坐标系下的等效节点载荷向量可由式(3-67)计算获得，即

$$\{\boldsymbol{F}\}_{①}=\{0\quad -1\quad -2.5\quad 0\quad -1\quad 2.5\}^{\mathrm{T}} \tag{3-83}$$

单元②中的节点受到一个均布载荷，在局部坐标系下的等效节点载荷向量可由式(3-68)计算获得，即

$$\{\boldsymbol{F}\}_{②}=\{0\quad -3\quad -5\quad 0\quad -3\quad 5\}^{\mathrm{T}} \tag{3-84}$$

(2) 全局坐标系下各单元的等效节点载荷向量。

由局部坐标系下和全局坐标系下各单元的等效节点载荷向量之间的转换关系，可得全局坐标系下单元①和单元②的等效节点载荷向量为

$$\{\bar{\boldsymbol{F}}\}_{①}=\{1 \quad 0 \quad -2.5 \quad 1 \quad 0 \quad 2.5\}^{\mathrm{T}} \tag{3-85}$$

$$\{\bar{\boldsymbol{F}}\}_{②}=\{0 \quad -3 \quad -5 \quad 0 \quad -3 \quad 5\}^{\mathrm{T}} \tag{3-86}$$

(3) 整体结构的等效节点载荷向量。

通过“对号入座”原则，将变换到全局坐标系下的等效节点载荷向量按照节点顺序集成整体结构的等效节点载荷向量，即

$$\{\bar{\boldsymbol{F}}\}_{①}=\{1 \quad 0 \quad -2.5 \quad 1 \quad 0 \quad 2.5 \quad 0 \quad 0 \quad 0\}^{\mathrm{T}} \tag{3-87}$$

$$\{\bar{\boldsymbol{F}}\}_{②}=\{0 \quad 0 \quad 0 \quad 0 \quad -3 \quad -5 \quad 0 \quad -3 \quad 5\}^{\mathrm{T}} \tag{3-88}$$

$$\{\bar{\boldsymbol{F}}_d\}=\{\bar{\boldsymbol{F}}\}_{①}+\{\bar{\boldsymbol{F}}\}_{②}=\{1 \quad 0 \quad -2.5 \quad 1 \quad -3 \quad -2.5 \quad 0 \quad -3 \quad 5\}^{\mathrm{T}} \tag{3-89}$$

上式中前两步式(3-87)和式(3-88)的转换不是必需的，可以按照“对号入座”原则直接进行累加获得整体结构的等效节点载荷向量。

(4) 整体结构的节点载荷向量。

除了非节点力转换后获得的整体的等效节点载荷向量外，还有一些载荷是直接作用在节点上的，因此需要将两者相加获得整体结构的节点载荷向量$\{\bar{\boldsymbol{F}}\}$。在本算例中，3 个节点处原本就有载荷作用$\{\bar{\boldsymbol{F}}_c\}$，其中节点 1 和节点 3 处为未知的约束反力，而在节点 2 处为已知的三个力。由图 3-16 所示，可得

$$\{\bar{\boldsymbol{F}}_c\}=\{F_{1cx} \quad F_{1cy} \quad M_{1c} \quad 2 \quad 1 \quad -0.5 \quad F_{3cx} \quad F_{3cy} \quad M_{3c}\}^{\mathrm{T}} \tag{3-90}$$

$$\{\bar{\boldsymbol{F}}\}=\{\bar{\boldsymbol{F}}_d\}+\{\bar{\boldsymbol{F}}_c\}=\{F_{1cx}+1 \quad F_{1cy} \quad M_{1c}-2.5 \quad 3 \quad -2 \quad -3 \quad F_{3cx} \quad F_{3cy}-3 \quad M_{3c}+5\}^{\mathrm{T}} \tag{3-91}$$

(5) 约束处理。

原结构中，节点 1 和节点 3 均为固定端约束，也就是 3 个位移分量都为 0，所以有

$$u_1=v_1=\theta_1=u_3=v_3=\theta_3=0 \tag{3-92}$$

采用直接代入法可得

$$\begin{bmatrix} 0.24 & 0 & -1.2 & -0.24 & 0 & -1.2 & 0 & 0 & 0 \\ 0 & 200 & 0 & 0 & -200 & 0 & 0 & 0 & 0 \\ -1.2 & 0 & 8 & 1.2 & 0 & 4 & 0 & 0 & 0 \\ -0.24 & 0 & 1.2 & 200.24 & 0 & -1.2 & -200 & 0 & 0 \\ 0 & -200 & 0 & 0 & 200.24 & 1.2 & 0 & -0.24 & 1.2 \\ -1.2 & 0 & 4 & -1.2 & 1.2 & 16 & 0 & -1.2 & 4 \\ 0 & 0 & 0 & -200 & 0 & 0 & 200 & 0 & 0 \\ 0 & 0 & 0 & 0 & -0.24 & -1.2 & 0 & 0.24 & -1.2 \\ 0 & 0 & 0 & 0 & 1.2 & 4 & 0 & -1.2 & 8 \end{bmatrix} \times 10^3 \begin{Bmatrix} 0 \\ 0 \\ 0 \\ u_2 \\ v_2 \\ \theta_2 \\ 0 \\ 0 \\ 0 \end{Bmatrix} = \begin{Bmatrix} F_{1cx}+1 \\ F_{1cy} \\ M_{1c}-2.5 \\ 3 \\ -2 \\ -3 \\ F_{3cx} \\ F_{3cy}-3 \\ M_{3c}+5 \end{Bmatrix} \tag{3-93}$$

(6) 方程组求解。

在式(3-93)中将可解部分方程提取出来，即

$$10^3 \times \begin{bmatrix} 200.24 & 0 & -1.2 \\ 0 & 200.24 & 1.2 \\ -1.2 & 1.2 & 16 \end{bmatrix} \begin{Bmatrix} u_2 \\ v_2 \\ \theta_2 \end{Bmatrix} = \begin{Bmatrix} 3 \\ -2 \\ 3 \end{Bmatrix} \tag{3-94}$$

可得

$$\begin{Bmatrix} u_2 \\ v_2 \\ \theta_2 \end{Bmatrix} = \begin{Bmatrix} 0.016\times 10^{-3}\,\text{m} \\ -0.011\times 10^{-3}\,\text{m} \\ 0.190\times 10^{-3}\,\text{rad} \end{Bmatrix}$$

将节点 2 的位移向量代入原方程可以解得节点 1 和节点 3 处的约束反力值。

习 题

3-1 如图 3-18 所示的桁架结构，已知 $l_1 = 1\text{m}$ 、$l_2 = 2\text{m}$ 、$EA = 2\times 10^7\,\text{N}$ 和 $P = 1000\text{N}$，求节点 2 的位移。

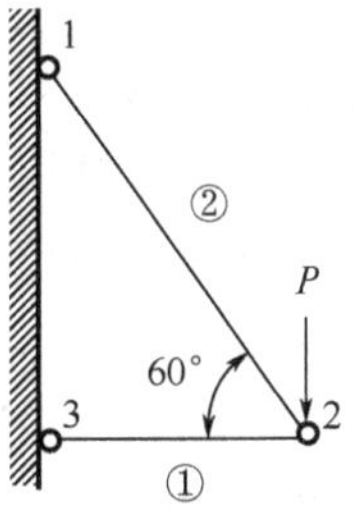

图 3-18 桁架结构

第 4 章 静力学问题分析

4.1 引 言

静力学问题是土木建筑、工业装备等实际工程结构安全性和可靠性校核中最基本的力学问题之一，静力学问题分析是动力、非线性、多场耦合等诸多复杂问题分析的重要基础。相较于第 3 章所述的杆梁结构，连续体结构在实际工程中更为常见，也具有更为广泛的应用价值。在具体的有限元分析过程中，不同类型的问题展现出了很强的共性求解流程，包括二维、三维问题等，这也是有限元方法便于程序实现、成为获得广泛应用的数值计算方法的重要原因之一。

本章所涉及的静力学问题分析内容主要面向连续体在弹性范围内的小变形分析，将主要介绍二维平面、三维空间以及相应等参单元的单元刚度矩阵的建立过程和具体形式，由此按照有限元方法的一般框架流程可以进一步实施计算和分析工作。此外，与杆梁结构单元不同，很多连续体单元的单元刚度矩阵计算会涉及多元多重积分的运算，为此本章还将介绍有限元方法中常用的数值积分方法。同时，对采用有限元方法进行静力学问题分析中的若干关键问题，如单元选择、网格收敛性等进行讨论。最后，给出应用四边形等参单元求解静力学问题的计算示例，本章所介绍的其他单元类型的求解过程可参考此示例实现。

4.2 二维平面单元

虽然几乎所有的实际工程问题都是三维的，但正如在第 2 章所述，当结构、载荷、约束满足一定条件时，三维空间问题可以简化为二维平面问题来处理，如平面应力、平面应变、轴对称等问题，这在很大程度上简化了建模和计算的过程并显著提高了计算效率。更为重要的是，实际工程问题确实存在很多可简化为二维平面问题的实例。在有限元方法的发展历程中，平面三节点三角形单元是最早提出的单元类型，具有形式简单、无须借助数值积分、容易离散复杂几何边界等优点，如图 4-1(a)所示。然而，在单元尺寸相当的情况下，三节点三角形单元的计算精度相对较低，特别是在单元内无法体现出应变、应力场的变化趋势。为了提高计算精度，增加单元的节点数目是最为直接的可行方案之一。一方面，节点可以增加在单元的边上或内部而不改变单元的基本形状；另一方面，新增加的节点也可以作为角点形成四边形单元，同时四边形单元的边上也可进一步增加节点形成复杂但精准的高阶单元。值得注意的是，节点的增加虽然可以提高计算精度，但同时也会增加计算量和数据存储量，因此在实际问题分析中应选择合适的单元类型。

4.2.1 三角形单元的形函数

图 4-1(b)为三节点三角形单元，三个节点分别记为 i、j 和 k，每个节点有 x 和 y 两个方向

的自由度，相应方向的位移分别以 u 和 v 标记，每个单元共计 6 个自由度。根据连续性假设，单元内的位移分布可由连续函数表达，则单元的一次近似位移模式为

$$\begin{aligned} u(x,y) &= \alpha_1+\alpha_2 x+\alpha_3 y \\ v(x,y) &= \alpha_4+\alpha_5 x+\alpha_6 y \end{aligned} \tag{4-1}$$

式中，$u(x,y)$ 和 $v(x,y)$ 分别是单元内 (x,y) 位置处的质点沿 x 和 y 方向的位移；$\alpha_1 \sim \alpha_6$ 为待定系数，可由节点的位移确定。

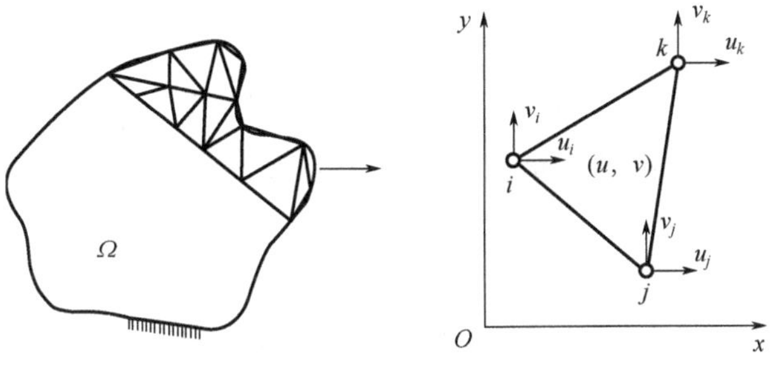

(a) 三角形单元对于复杂几何边界的离散　(b) 三节点三角形单元、节点及位移

图 4-1　三角形单元离散几何模型及单元示意图

为了保证有限元方法计算结果的收敛性，单元在选择位移模式时需要满足完备性要求和协调性要求。若原泛函问题中场函数的最高阶导数为 m 阶，完备性要求是指所选取位移模式的完全多项式阶次至少要等于 m 阶，它可以保证单元能够有效描述刚体位移或常应变状态；协调性要求是指所选取位移模式在单元之间界面处的函数是 m–1 阶导数连续的，它可以保证单元与单元之间的界面连续性。

基于式(4-1)，已知三个节点的位移分别为 u_i、v_i、u_j、v_j、u_k 和 v_k，可得

$$\begin{Bmatrix} u_i \\ u_j \\ u_k \end{Bmatrix} = \begin{bmatrix} 1 & x_i & y_i \\ 1 & x_j & y_j \\ 1 & x_k & y_k \end{bmatrix} \begin{Bmatrix} \alpha_1 \\ \alpha_2 \\ \alpha_3 \end{Bmatrix} \begin{Bmatrix} v_i \\ v_j \\ v_k \end{Bmatrix} = \begin{bmatrix} 1 & x_i & y_i \\ 1 & x_j & y_j \\ 1 & x_k & y_k \end{bmatrix} \begin{Bmatrix} \alpha_4 \\ \alpha_5 \\ \alpha_6 \end{Bmatrix} \tag{4-2}$$

根据式(4-2)，可将待定系数由节点位移表示为

$$\begin{Bmatrix} \alpha_1 \\ \alpha_2 \\ \alpha_3 \end{Bmatrix} = \begin{bmatrix} 1 & x_i & y_i \\ 1 & x_j & y_j \\ 1 & x_k & y_k \end{bmatrix}^{-1} \begin{Bmatrix} u_i \\ u_j \\ u_k \end{Bmatrix}, \quad \begin{Bmatrix} \alpha_4 \\ \alpha_5 \\ \alpha_6 \end{Bmatrix} = \begin{bmatrix} 1 & x_i & y_i \\ 1 & x_j & y_j \\ 1 & x_k & y_k \end{bmatrix}^{-1} \begin{Bmatrix} v_i \\ v_j \\ v_k \end{Bmatrix} \tag{4-3}$$

式(4-3)中等号右边的两个系数矩阵为形式相同的两个逆矩阵，根据矩阵运算可得

$$\begin{bmatrix} 1 & x_i & y_i \\ 1 & x_j & y_j \\ 1 & x_k & y_k \end{bmatrix}^{-1} = \frac{1}{2A} \begin{bmatrix} a_i & a_j & a_k \\ b_i & b_j & b_k \\ c_i & c_j & c_k \end{bmatrix} \tag{4-4}$$

式中，A 是三角形单元的面积；等号右边项矩阵中的各元素 a_n、b_n 和 $c_n (n=i,j,k)$ 分别为左边待求逆矩阵对应元素的代数余子式，即

$$A=\frac{1}{2}\begin{bmatrix}1 & x_i & y_i\\ 1 & x_j & y_j\\ 1 & x_k & y_k\end{bmatrix}$$

$$\begin{aligned}a_i&=\begin{vmatrix}x_j & y_j\\ x_k & y_k\end{vmatrix},\quad b_i=-\begin{vmatrix}1 & y_j\\ 1 & y_k\end{vmatrix},\quad c_i=\begin{vmatrix}1 & x_j\\ 1 & x_k\end{vmatrix}\\ a_j&=-\begin{vmatrix}x_i & y_i\\ x_k & y_k\end{vmatrix},\quad b_j=\begin{vmatrix}1 & y_i\\ 1 & y_k\end{vmatrix},\quad c_j=-\begin{vmatrix}1 & x_i\\ 1 & x_k\end{vmatrix}\\ a_k&=\begin{vmatrix}x_i & y_i\\ x_j & y_j\end{vmatrix},\quad b_k=-\begin{vmatrix}1 & y_i\\ 1 & y_j\end{vmatrix},\quad c_k=\begin{vmatrix}1 & x_i\\ 1 & x_j\end{vmatrix}\end{aligned}\tag{4-5}$$

根据式(4-3)～式(4-5)，将待定系数$\alpha_1\sim\alpha_6$代入位移模式(4-1)，进一步整理可得由节点位移表示为

$$\begin{aligned}u(x,y)&=N_iu_i+N_ju_j+N_ku_k\\ v(x,y)&=N_iv_i+N_jv_j+N_kv_k\end{aligned}\tag{4-6}$$

式中

$$N_n=\frac{1}{2A}(a_n+b_nx+c_ny)\quad(n=i,j,k)\tag{4-7}$$

称为位移(插值)函数或形函数，其通过节点位移近似表征了单元内部的位移分布，表征的精度取决于所选取的位移模式。此外，式(4-6)还可以用矩阵的形式表示为

$$\{\boldsymbol{U}\}=[\boldsymbol{N}]\{\boldsymbol{\delta}\}_e\tag{4-8}$$

式中，$\{\boldsymbol{U}\}=\{u,v\}^{\mathrm{T}}$表示单元位移场；$\{\boldsymbol{\delta}\}_e=\{u_i,v_i,u_j,v_j,u_k,v_k\}^{\mathrm{T}}$表示单元的节点位移；$[\boldsymbol{N}]$称为形函数矩阵，其具体形式为

$$[\boldsymbol{N}]=\begin{bmatrix}N_i & 0 & N_j & 0 & N_k & 0\\ 0 & N_i & 0 & N_j & 0 & N_k\end{bmatrix}\tag{4-9}$$

4.2.2　面积坐标与形函数的性质

三节点三角形单元的形函数也可以通过面积坐标进行表达。如图4-2所示，对于三节点三角形单元内部的任意一点m，其在直角坐标系Oxy中的坐标为(x,y)，则该点的面积坐标为

$$L_i=\frac{A_i}{A},\quad L_j=\frac{A_j}{A},\quad L_k=\frac{A_k}{A}\tag{4-10}$$

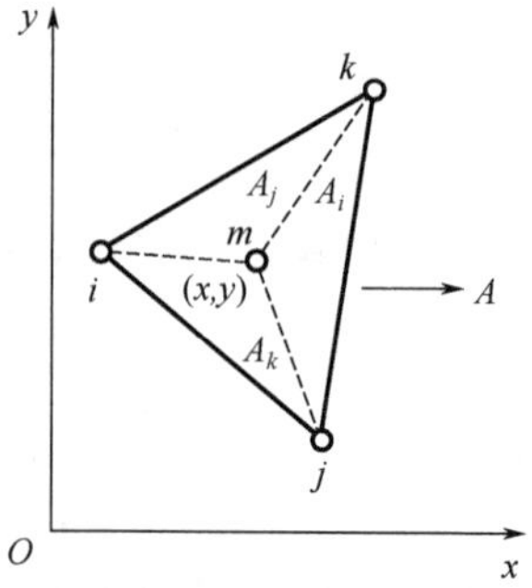

图4-2　面积坐标示意图

式中，A为单元的面积；A_i、A_j和A_k分别为与三个节点i、j和k相对的三个小三角形的面积。根据单元中三个节点的直角坐标，可得

$$A_i=\frac{1}{2}\begin{vmatrix}1 & x & y\\ 1 & x_j & y_j\\ 1 & x_k & y_k\end{vmatrix},\quad A_j=\frac{1}{2}\begin{vmatrix}1 & x & y\\ 1 & x_k & y_k\\ 1 & x_i & y_i\end{vmatrix},\quad A_k=\frac{1}{2}\begin{vmatrix}1 & x & y\\ 1 & x_i & y_i\\ 1 & x_j & y_j\end{vmatrix}\tag{4-11}$$

对比式(4-7)，可知

$$N_n=L_n\quad(n=i,j,k)\tag{4-12}$$

即三节点三角形单元中任意一点(x,y)的形函数与其面积坐标的形式相同。实际上，面积坐标还可以基于拉格朗日插值用以建立高阶单元的形函数，具体可参见 4.2.5 节。根据面积坐标L_i、L_j和L_k的定义，不难得出形函数的三个基本性质。

(1) 单元中任一点的形函数不是独立的，它们的和为 1，即满足归一性条件：

$$L_i + L_j + L_k = 1 \tag{4-13}$$

性质(1)体现了单元的部分完备性要求，即单元处于刚体平动时，单元中每一点的位移都相同。

(2) 形函数$N_n(n=i,j,k)$在节点n的数值为 1，该节点的另外两个形函数数值为 0，即

$$L_i(x_i,y_i)=1,\quad L_j(x_i,y_i)=0,\quad L_k(x_i,y_i)=0 \tag{4-14}$$

此外，节点j和k具有类似的性质。性质(2)可以保证单元位移式(4-6)在节点处的计算结果与节点的位移是一致的。

(3) 单元边界上任意一点的形函数数值只与该点与该边界的相对位置相关，与该边界相对的节点位置无关。例如，在ij边界上，有

$$L_k = 0 \quad (\text{在}ij\text{边界上}) \tag{4-15}$$

该边界上任意一点的L_i和L_j的和为 1，它们的比值等于该点到i节点和j节点的距离之比，ik边界和jk边界上具有类似的性质。性质(3)体现了单元的协调性要求，即边界连接的两个单元在该边界上任意一点的形函数数值是一致的，与两个单元各自的第三个节点的位置无关。

4.2.3　三角形单元的应变与应力

针对平面问题，由几何方程和式(4-8)可得

$$\{\boldsymbol{\varepsilon}\}=[\boldsymbol{L}]\{\boldsymbol{U}\}=[\boldsymbol{L}][\boldsymbol{N}]\{\boldsymbol{\delta}\}_e \xrightarrow{\text{记：}[\boldsymbol{B}]=[\boldsymbol{L}][\boldsymbol{N}]} \{\boldsymbol{\varepsilon}\}=[\boldsymbol{B}]\{\boldsymbol{\delta}\}_e \tag{4-16}$$

式中，$\{\boldsymbol{\varepsilon}\}=\{\varepsilon_x,\varepsilon_y,\gamma_{xy}\}^{\mathrm{T}}$表示单元应变场；$[\boldsymbol{L}]$为描述几何关系的微分算子矩阵，在平面问题中，可表示为

$$[\boldsymbol{L}]=\begin{bmatrix} \dfrac{\partial}{\partial x} & 0 \\ 0 & \dfrac{\partial}{\partial y} \\ \dfrac{\partial}{\partial y} & \dfrac{\partial}{\partial x} \end{bmatrix} \tag{4-17}$$

由此根据三节点三角形单元的形函数矩阵可得应变矩阵$[\boldsymbol{B}]$的表达式为

$$\begin{aligned}[\boldsymbol{B}]=[\boldsymbol{L}][\boldsymbol{N}]&=\begin{bmatrix} \dfrac{\partial N_i}{\partial x} & 0 & \dfrac{\partial N_j}{\partial x} & 0 & \dfrac{\partial N_k}{\partial x} & 0 \\ 0 & \dfrac{\partial N_i}{\partial y} & 0 & \dfrac{\partial N_j}{\partial y} & 0 & \dfrac{\partial N_k}{\partial y} \\ \dfrac{\partial N_i}{\partial y} & \dfrac{\partial N_i}{\partial x} & \dfrac{\partial N_j}{\partial y} & \dfrac{\partial N_j}{\partial x} & \dfrac{\partial N_k}{\partial y} & \dfrac{\partial N_k}{\partial x} \end{bmatrix} \\ &=\frac{1}{2A}\begin{bmatrix} b_i & 0 & b_j & 0 & b_k & 0 \\ 0 & c_i & 0 & c_j & 0 & c_k \\ c_i & b_i & c_j & b_j & c_k & b_k \end{bmatrix}\end{aligned} \tag{4-18}$$

为了推导简化方便，应变矩阵可采用分块矩阵形式表示，即$[\boldsymbol{B}]=[\boldsymbol{B}_i \quad \boldsymbol{B}_j \quad \boldsymbol{B}_k]$，其中

$$[\boldsymbol{B}_n]=\frac{1}{2A}\begin{bmatrix} b_n & 0 \\ 0 & c_n \\ c_n & b_n \end{bmatrix} \quad (n=i,j,k) \tag{4-19}$$

分块矩阵$[\boldsymbol{B}_n]$建立了相应节点位移与其对应变贡献的关系。应变矩阵中的元素不包含坐标变量x和y，仅包含单元三个节点的坐标。这意味着对于一个确定的三节点三角形单元而言，由于其坐标是确定的，所以应变矩阵是一个常数矩阵。当单元的节点位移$\{\boldsymbol{\delta}\}_e$被求解获得后，由式(4-5)、式(4-16)和式(4-19)可知，单元的应变是一个常数，故三节点三角形单元也称为常应变单元。

基于平面问题的物理方程和式(4-16)表示的单元应变，单元的应力场可表示为

$$\{\boldsymbol{\sigma}\}=[\boldsymbol{D}]\{\boldsymbol{\varepsilon}\}=[\boldsymbol{D}][\boldsymbol{B}]\{\boldsymbol{\delta}\}_e \xrightarrow{\text{记：}[\boldsymbol{S}]=[\boldsymbol{D}][\boldsymbol{B}]} \{\boldsymbol{\sigma}\}=[\boldsymbol{S}]\{\boldsymbol{\delta}\}_e \tag{4-20}$$

式中，$\{\boldsymbol{\sigma}\}=\{\sigma_x,\sigma_y,\tau_{xy}\}^{\mathrm{T}}$表示单元应力场；$[\boldsymbol{D}]$是弹性矩阵。对于平面应力问题，弹性矩阵形式为

$$[\boldsymbol{D}]=\frac{E}{1-\mu^2}\begin{bmatrix} 1 & \mu & 0 \\ \mu & 1 & 0 \\ 0 & 0 & \dfrac{1-\mu}{2} \end{bmatrix} \tag{4-21}$$

式中，E和μ分别为杨氏模量和泊松比，由此可得应力矩阵$[\boldsymbol{S}]$的表达式为

$$[\boldsymbol{S}]=[\boldsymbol{D}][\boldsymbol{B}]=\frac{E}{2A(1-\mu^2)}\begin{bmatrix} b_i & \mu c_i & b_j & \mu c_j & b_k & \mu c_k \\ \mu b_i & c_i & \mu b_j & c_j & \mu b_k & c_k \\ v c_i & v b_i & v c_j & v b_j & v c_k & v b_k \end{bmatrix} \tag{4-22}$$

其中，$v=(1-\mu)/2$。应力矩阵以分块矩阵形式表示为$[\boldsymbol{S}]=[\boldsymbol{S}_i \quad \boldsymbol{S}_j \quad \boldsymbol{S}_k]$，其中

$$[\boldsymbol{S}_n]=\frac{E}{2A(1-\mu^2)}\begin{bmatrix} b_n & \mu c_n \\ \mu b_n & c_n \\ v c_n & v b_n \end{bmatrix} \quad (n=i,j,k) \tag{4-23}$$

分块矩阵$[\boldsymbol{S}_n]$建立了相应节点位移与其对应力贡献的关系。与应变矩阵类似，应力矩阵中的元素同样与坐标变量x和y无关，仅包含单元三个节点的坐标和材料常数，也是一个常数矩阵。当单元的节点位移$\{\boldsymbol{\delta}\}_e$被求解获得后，由式(4-20)可知，单元的应力是一个常数，因此三节点三角形单元还是常应力单元。

4.2.4　三角形单元的单元刚度矩阵

基于应变矩阵和弹性矩阵的表达式，根据有限元方法的基本理论，假设单元的厚度为t，同时注意到应变矩阵和应力矩阵均为常数矩阵，可得平面应力问题三节点三角形单元的单元刚度矩阵$[\boldsymbol{K}]_e$为

$$[\boldsymbol{K}]_e = \iiint_{\Omega_e} [\boldsymbol{B}]^{\mathrm{T}}[\boldsymbol{D}][\boldsymbol{B}]\mathrm{d}V = [\boldsymbol{B}]^{\mathrm{T}}[\boldsymbol{D}][\boldsymbol{B}]tA \tag{4-24}$$

式(4-24)中单元刚度矩阵的分块矩阵表达式为

$$[\boldsymbol{K}]_e = \begin{bmatrix} \boldsymbol{K}_{ii} & \boldsymbol{K}_{ij} & \boldsymbol{K}_{ik} \\ \boldsymbol{K}_{ji} & \boldsymbol{K}_{jj} & \boldsymbol{K}_{jk} \\ \boldsymbol{K}_{ki} & \boldsymbol{K}_{kj} & \boldsymbol{K}_{kk} \end{bmatrix} \tag{4-25}$$

式中

$$[\boldsymbol{K}_{mn}] = \frac{Et}{4A(1-\mu^2)} \begin{bmatrix} b_m b_n + v c_m c_n & \mu b_m c_n + v b_n c_m \\ \mu b_n c_m + v b_m c_n & c_m c_n + v b_m b_n \end{bmatrix} \quad \left(m,n = i,j,k;\ \ v = \frac{1-\mu}{2} \right) \tag{4-26}$$

因为单元的自由度数是 6，所以三节点三角形单元的单元刚度矩阵是 6×6 矩阵。此外，不难发现，$[\boldsymbol{K}_{mn}]^{\mathrm{T}} = [\boldsymbol{K}_{nm}]$，故单元刚度矩阵 $[\boldsymbol{K}]_e$ 是对称矩阵。

对于平面应变问题，杨氏模量 E 和泊松比 μ 需做出如下代换：

$$E \Rightarrow \frac{E}{1-\mu^2}, \quad \mu \Rightarrow \frac{\mu}{1-\mu} \tag{4-27}$$

将式(4-27)代入式(4-26)可得到平面应变问题三节点三角形单元的单元刚度矩阵。可以看出，单元刚度矩阵仅与单元的几何信息和材料性质有关，与载荷、约束等无关。基于单元刚度矩阵，可以进一步进行总体刚度矩阵的组集，相关后续的求解方法和流程参见 4.7 节的算例。

4.2.5　高阶三角形单元的形函数

4.2.4 节中含有三个节点的三角形单元是求解平面问题的形式最简单的单元，但是由于其应变矩阵和应力矩阵均为常数矩阵，导致一个单元内部的应力和应变均为常数，无法给出随位置变化的场分布形式，这意味着在应力和应变变化较为明显的求解区域的计算精度难以保证。为了提高三角形单元的计算精度，可以在单元的边界上或内部增加新的节点以形成高阶单元，如六节点三角形单元、十节点三角形单元等，如图 4-3 所示。

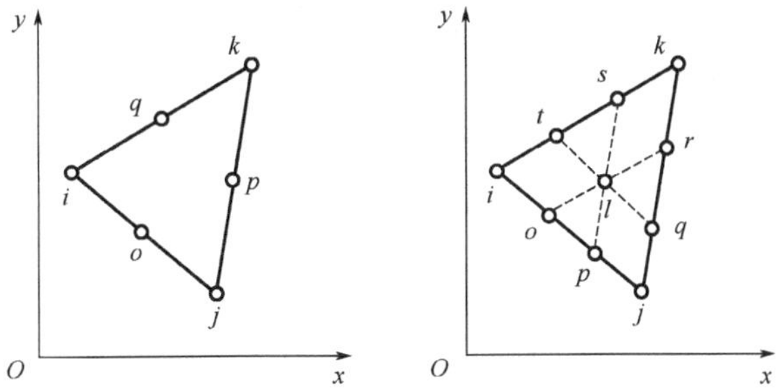

(a) 六节点三角形单元　　(b) 十节点三角形单元

图 4-3　高阶三角形单元

图 4-3(a)所示的六节点三角形单元，除了将三角形的三个顶点 i、j 和 k 作为节点外，还将三角形三条边的中点 o、p 和 q 作为节点，每个单元共计 6 个节点 12 个自由度，其位移模式为完全二次项，即1、x、y、x^2、xy 和 y^2。基于这种位移模式，采用与 4.2.2 节相同的计算

流程可以建立六节点三角形单元的形函数。此外，基于面积坐标的定义，通过拉格朗日插值函数也可以建立六节点三角形单元的形函数，即

$$
\begin{aligned}
&N_n = (2L_n - 1)L_n \quad (n = i, j, k) \\
&N_o = 4L_i L_j \\
&N_p = 4L_j L_k \\
&N_q = 4L_k L_i
\end{aligned} \tag{4-28}
$$

图 4-3(b)所示的十节点三角形单元，除了将三角形的三个顶点i、j和k作为节点外，还将三角形三条边的三分点o、p、q、r、s和t以及中心点l作为节点，每个单元共计 10 个节点 20 个自由度，其位移模式为完全三次项，即1、x、y、x^2、xy、y^2、x^3、x^2y、xy^2和y^3。同样，基于面积坐标的定义，通过拉格朗日插值函数可得十节点三角形单元的形函数如下：

$$
\begin{aligned}
&N_n = \frac{1}{2}(3L_n - 1)(3L_n - 2)L_n \quad (n = i, j, k) \\
&N_o = \frac{9}{2}L_i L_j (3L_i - 1) \\
&N_p = \frac{9}{2}L_i L_j (3L_j - 1) \\
&N_q = \frac{9}{2}L_j L_k (3L_j - 1) \\
&N_r = \frac{9}{2}L_j L_k (3L_k - 1) \\
&N_s = \frac{9}{2}L_i L_k (3L_k - 1) \\
&N_t = \frac{9}{2}L_i L_k (3L_i - 1) \\
&N_l = 27L_i L_j L_k
\end{aligned} \tag{4-29}
$$

4.2.6　四边形单元的形函数

图 4-4 为四节点四边形单元(矩形单元)，单元尺寸为 $2a\times2b$，四个节点按照逆时针方向依次给出节点编号i、j、m和k，每个节点有x、y两个方向的自由度，相应方向的位移分别以u、v标记，每个单元共计 8 个自由度。为了方便计算，将直角坐标系建立在单元的中心，并将节点的坐标进行无量纲化为

$$
\xi = \frac{x}{a}，\ \eta = \frac{y}{b} \tag{4-30}
$$

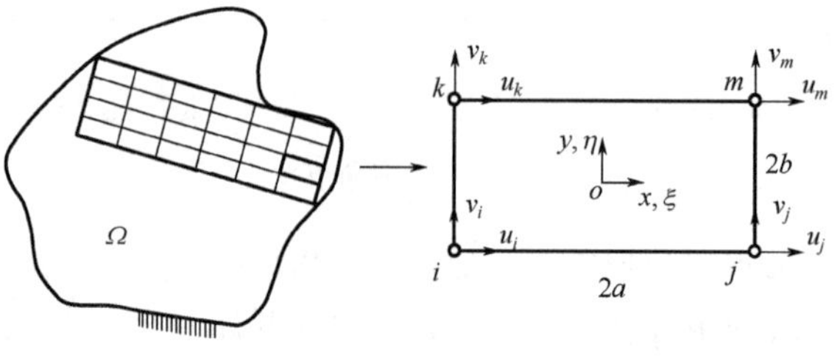

图 4-4　四节点四边形单元、节点及位移

基于式(4-30)，节点 i 的无量纲坐标 $(\xi_i,\eta_i)=(-1,-1)$，节点 j、m 和 k 的直角坐标也可以通过无量纲坐标描述，整体单元的无量纲坐标的取值范围为 $[-1,1]$。根据连续性假设，单元内的位移分布可由连续函数表达，设单元的近似位移模式为

$$\begin{aligned} u(x,y)&=\alpha_1+\alpha_2 x+\alpha_3 y+\alpha_4 xy \\ v(x,y)&=\alpha_5+\alpha_6 x+\alpha_7 y+\alpha_8 xy \end{aligned} \tag{4-31}$$

式中，$u(x,y)$ 和 $v(x,y)$ 分别表示单元中任意一点 (x,y) 沿 x 和 y 方向的位移；$\alpha_1\sim\alpha_8$ 为待定系数，可由节点的位移确定。已知四个节点的位移分别为 u_i、v_i、u_j、v_j、u_m、v_m、u_k 和 v_k，代入式(4-31)可得

$$\begin{Bmatrix} u_i \\ u_j \\ u_m \\ u_k \end{Bmatrix}=\begin{bmatrix} 1 & x_i & y_i & x_i y_i \\ 1 & x_j & y_j & x_j y_j \\ 1 & x_m & y_m & x_m y_m \\ 1 & x_k & y_k & x_k y_k \end{bmatrix}\begin{Bmatrix} \alpha_1 \\ \alpha_2 \\ \alpha_3 \\ \alpha_4 \end{Bmatrix},\quad \begin{Bmatrix} v_i \\ v_j \\ v_m \\ v_k \end{Bmatrix}=\begin{bmatrix} 1 & x_i & y_i & x_i y_i \\ 1 & x_j & y_j & x_j y_j \\ 1 & x_m & y_m & x_m y_m \\ 1 & x_k & y_k & x_k y_k \end{bmatrix}\begin{Bmatrix} \alpha_5 \\ \alpha_6 \\ \alpha_7 \\ \alpha_8 \end{Bmatrix} \tag{4-32}$$

根据式(4-32)，可将待定系数由节点位移表示为

$$\begin{Bmatrix} \alpha_1 \\ \alpha_2 \\ \alpha_3 \\ \alpha_4 \end{Bmatrix}=\begin{bmatrix} 1 & x_i & y_i & x_i y_i \\ 1 & x_j & y_j & x_j y_j \\ 1 & x_m & y_m & x_m y_m \\ 1 & x_k & y_k & x_k y_k \end{bmatrix}^{-1}\begin{Bmatrix} u_i \\ u_j \\ u_m \\ u_k \end{Bmatrix},\quad \begin{Bmatrix} \alpha_5 \\ \alpha_6 \\ \alpha_7 \\ \alpha_8 \end{Bmatrix}=\begin{bmatrix} 1 & x_i & y_i & x_i y_i \\ 1 & x_j & y_j & x_j y_j \\ 1 & x_m & y_m & x_m y_m \\ 1 & x_k & y_k & x_k y_k \end{bmatrix}^{-1}\begin{Bmatrix} v_i \\ v_j \\ v_m \\ v_k \end{Bmatrix} \tag{4-33}$$

根据式(4-33)，将待定系数 $\alpha_1\sim\alpha_8$ 代入位移模式(4-31)，则单元位移可进一步整理为由四个节点位移表示的形式：

$$\begin{aligned} u(x,y)&=N_i u_i+N_j u_j+N_m u_m+N_k u_k \\ v(x,y)&=N_i v_i+N_j v_j+N_m v_m+N_k v_k \end{aligned} \tag{4-34}$$

依据式(4-30)，形函数以无量纲坐标 ξ 和 η 表示为

$$\begin{aligned} N_i&=\frac{1}{4}(1-\xi)(1-\eta) \\ N_j&=\frac{1}{4}(1+\xi)(1-\eta) \\ N_m&=\frac{1}{4}(1+\xi)(1+\eta) \\ N_k&=\frac{1}{4}(1-\xi)(1+\eta) \end{aligned} \tag{4-35}$$

结合节点的无量纲坐标，式(4-35)中形函数表达式可简化表示为

$$N_n=\frac{1}{4}(1+\xi_n\xi)(1+\eta_n\eta)\quad (n=i,j,m,k) \tag{4-36}$$

式中，$\xi_n=x_n/a$ 和 $\eta_n=y_n/b(n=i,j,m,k)$。式(4-36)称为形函数或位移插值函数。同样，式(4-34)还可以用矩阵的形式表示为

$$\{\boldsymbol{U}\}=[\boldsymbol{N}]\{\boldsymbol{\delta}\}_e \tag{4-37}$$

式中，$\{\boldsymbol{U}\}=\{u,v\}^{\mathrm{T}}$ 表示单元位移场；$\{\boldsymbol{\delta}\}_e=\{u_i,v_i,u_j,v_j,u_m,v_m,u_k,v_k\}^{\mathrm{T}}$ 表示单元的节点位移；$[\boldsymbol{N}]$ 为形函数矩阵，具体形式为

$$[\boldsymbol{N}]=\begin{bmatrix} N_i & 0 & N_j & 0 & N_m & 0 & N_k & 0 \\ 0 & N_i & 0 & N_j & 0 & N_m & 0 & N_k \end{bmatrix} \tag{4-38}$$

4.2.7　四边形单元的应变与应力

与三角形单元一样，平面问题的单元应变场 $\{\boldsymbol{\varepsilon}\}=\{\varepsilon_x,\varepsilon_y,\gamma_{xy}\}^{\mathrm{T}}$ 可由式(4-16)计算获得。结合式(4-17)给出的描述几何关系的微分算子矩阵 $[\boldsymbol{L}]$ 和式(4-38)给出的四边形单元的形函数矩阵，可得应变矩阵 $[\boldsymbol{B}]$ 的表达式为

$$[\boldsymbol{B}]=[\boldsymbol{L}][\boldsymbol{N}]=\begin{bmatrix} \dfrac{\partial N_i}{\partial x} & 0 & \dfrac{\partial N_j}{\partial x} & 0 & \dfrac{\partial N_m}{\partial x} & 0 & \dfrac{\partial N_k}{\partial x} & 0 \\ 0 & \dfrac{\partial N_i}{\partial y} & 0 & \dfrac{\partial N_j}{\partial y} & 0 & \dfrac{\partial N_m}{\partial y} & 0 & \dfrac{\partial N_k}{\partial y} \\ \dfrac{\partial N_i}{\partial y} & \dfrac{\partial N_i}{\partial x} & \dfrac{\partial N_j}{\partial y} & \dfrac{\partial N_j}{\partial x} & \dfrac{\partial N_m}{\partial y} & \dfrac{\partial N_m}{\partial x} & \dfrac{\partial N_k}{\partial y} & \dfrac{\partial N_k}{\partial x} \end{bmatrix} \tag{4-39}$$

为了方便推导，应变矩阵常以分块矩阵形式表示，即 $[\boldsymbol{B}]=[\boldsymbol{B}_i \quad \boldsymbol{B}_j \quad \boldsymbol{B}_m \quad \boldsymbol{B}_k]$，考虑无量纲坐标可得

$$[\boldsymbol{B}_n]=\frac{1}{ab}\begin{bmatrix} b\dfrac{\partial N_n}{\partial \xi} & 0 \\ 0 & a\dfrac{\partial N_n}{\partial \eta} \\ a\dfrac{\partial N_n}{\partial \eta} & b\dfrac{\partial N_n}{\partial \xi} \end{bmatrix}=\frac{1}{4ab}\begin{bmatrix} b\xi_n(1+\eta_n\eta) & 0 \\ 0 & a\eta_n(1+\xi_n\xi) \\ a\eta_n(1+\xi_n\xi) & b\xi_n(1+\eta_n\eta) \end{bmatrix} \tag{4-40}$$

四边形单元的应力场可由式(4-20)和式(4-21)给出。类似地，可将应力矩阵以分块矩阵形式表示为 $[\boldsymbol{S}]=[\boldsymbol{S}_i \quad \boldsymbol{S}_j \quad \boldsymbol{S}_m \quad \boldsymbol{S}_k]$，其中

$$[\boldsymbol{S}_n]=\frac{E}{4ab(1-\mu^2)}\begin{bmatrix} b\xi_n(1+\eta_n\eta) & \mu a\eta_n(1+\xi_n\xi) \\ \mu b\xi_n(1+\eta_n\eta) & a\eta_n(1+\xi_n\xi) \\ va\eta_n(1+\xi_n\xi) & vb\xi_n(1+\eta_n\eta) \end{bmatrix} \quad (n=i,j,m,k) \tag{4-41}$$

式中，$v=(1-\mu)/2$。

从式(4-40)和式(4-41)中不难看出，四边形单元的应变矩阵和应力矩阵是与坐标相关的，虽然仅仅是坐标的线性函数，但仍然可以在一定程度上反映应变和应力在单元内的分布情况。因此，相对于三角形单元，在应变和应力变化较为剧烈的区域，四边形单元具有更高的计算精度。

4.2.8　四边形单元的单元刚度矩阵

基于应变矩阵和弹性矩阵的表达式，根据有限元方法的基本理论，假设单元的厚度为 t，可得平面应力问题四节点四边形单元的单元刚度矩阵 $[\boldsymbol{K}]_e$ 为

$$[\boldsymbol{K}]_e = \iiint_{\Omega_e} [\boldsymbol{B}]^{\mathrm{T}}[\boldsymbol{D}][\boldsymbol{B}]\mathrm{d}V = ab\int_{-1}^{1}\int_{-1}^{1}[\boldsymbol{B}]^{\mathrm{T}}[\boldsymbol{D}][\boldsymbol{B}]t\mathrm{d}\xi\mathrm{d}\eta \tag{4-42}$$

式(4-42)中单元刚度矩阵的分块矩阵表达式为

$$[\boldsymbol{K}]_e = \begin{bmatrix} \boldsymbol{K}_{ii} & \boldsymbol{K}_{ij} & \boldsymbol{K}_{im} & \boldsymbol{K}_{ik} \\ \boldsymbol{K}_{ji} & \boldsymbol{K}_{jj} & \boldsymbol{K}_{jm} & \boldsymbol{K}_{jk} \\ \boldsymbol{K}_{mi} & \boldsymbol{K}_{mj} & \boldsymbol{K}_{mm} & \boldsymbol{K}_{mk} \\ \boldsymbol{K}_{ki} & \boldsymbol{K}_{kj} & \boldsymbol{K}_{km} & \boldsymbol{K}_{kk} \end{bmatrix} \tag{4-43}$$

式中

$$[\boldsymbol{K}_{rs}] = \frac{Et}{4(1-\mu^2)}\begin{bmatrix} \dfrac{b}{a}\xi_r\xi_s\left(1+\dfrac{1}{3}\eta_r\eta_s\right) + v\dfrac{a}{b}\eta_r\eta_s\left(1+\dfrac{1}{3}\xi_r\xi_s\right) & \mu\xi_r\eta_s + v\eta_r\xi_s \\ \mu\eta_r\xi_s + v\xi_r\eta_s & \dfrac{a}{b}\eta_r\eta_s\left(1+\dfrac{1}{3}\xi_r\xi_s\right) + v\dfrac{b}{a}\xi_r\xi_s\left(1+\dfrac{1}{3}\eta_r\eta_s\right) \end{bmatrix} \tag{4-44}$$

$$\left(r,s = i,j,m,k;\ \ v = \frac{1-\mu}{2}\right)$$

因为单元的自由度数是 8，所以四节点四边形单元的单元刚度矩阵是8×8矩阵。此外，不难发现，$[\boldsymbol{K}_{rs}]^{\mathrm{T}} = [\boldsymbol{K}_{sr}]$，故单元刚度矩阵$[\boldsymbol{K}]_e$是对称矩阵。

对于平面应变问题，将杨氏模量E和泊松比μ按照式(4-27)进行替换，并将其代入式(4-44)可得到平面应变问题四节点四边形单元的单元刚度矩阵。

4.2.9　高阶四边形单元的形函数

与三角形单元类似，四边形单元也可以通过在单元边界或内部增加节点以提高计算精度，这里介绍一下八节点四边形单元和九节点四边形单元，如图 4-5 所示。

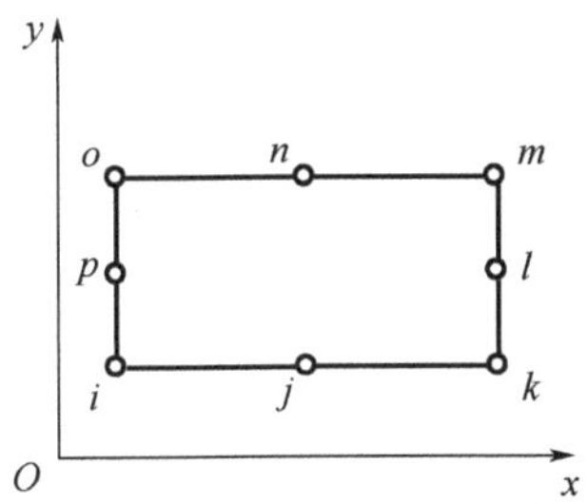

(a) 八节点四边形单元

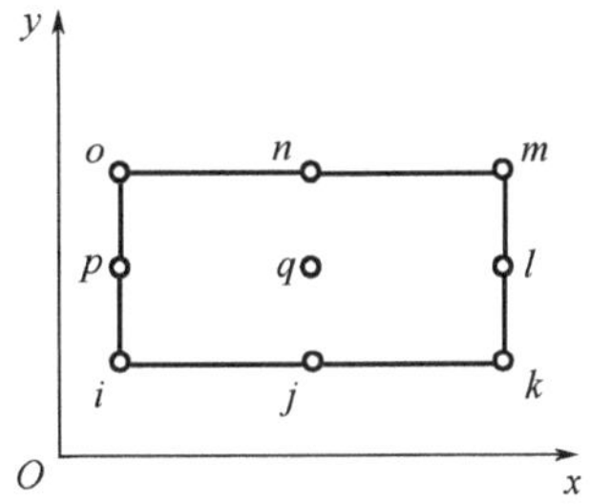

(b) 九节点四边形单元

图 4-5　高阶四边形单元

图 4-5(a)为八节点四边形单元，除了将矩形的四个顶点i、k、m和o作为节点，还将矩

形四条边的中点 j、l、n 和 p 作为节点，每个单元共计 8 个节点 16 个自由度，其位移模式为完全二次项，即1、x、y、x^2、xy、y^2、x^2y 和 xy^2 。基于这种位移模式，采用与 4.2.6 节相同的计算流程可以建立八节点四边形单元的形函数，其具有如下形式：

$$\begin{aligned}
N_i &= \frac{1}{4}(1-\xi)(1-\eta)(-\xi-\eta-1) \\
N_k &= \frac{1}{4}(1+\xi)(1-\eta)(\xi-\eta-1) \\
N_m &= \frac{1}{4}(1+\xi)(1+\eta)(\xi+\eta-1) \\
N_o &= \frac{1}{4}(1-\xi)(1+\eta)(-\xi+\eta-1) \\
N_j &= \frac{1}{2}(1-\xi^2)(1-\eta) \\
N_l &= \frac{1}{2}(1-\eta^2)(1+\xi) \\
N_n &= \frac{1}{2}(1-\xi^2)(1+\eta) \\
N_p &= \frac{1}{2}(1-\eta^2)(1-\xi)
\end{aligned} \tag{4-45}$$

图 4-5(b)为九节点四边形单元，除了将矩形的四个顶点 i、k、m 和 o 作为节点，还将矩形四条边的中点 j、l、n 和 p 以及中心点 q 作为节点，每个单元共计 9 个节点 18 个自由度，其位移模式为非完全三次项，即1、x、y、x^2、xy、y^2、x^3、x^2y 和 xy^2 。同样，可得九节点四边形单元的形函数如下：

$$\begin{aligned}
N_i &= \frac{1}{4}(\xi^2-\xi)(\eta^2-\eta) \\
N_j &= \frac{1}{2}(1-\xi^2)(\eta^2-\eta) \\
N_k &= \frac{1}{4}(\xi^2+\xi)(\eta^2-\eta) \\
N_l &= \frac{1}{2}(\xi^2+\xi)(1-\eta^2) \\
N_m &= \frac{1}{4}(\xi^2+\xi)(\eta^2+\eta) \\
N_n &= \frac{1}{2}(1-\xi^2)(\eta^2+\eta) \\
N_o &= \frac{1}{4}(\xi^2-\xi)(\eta^2+\eta) \\
N_p &= \frac{1}{2}(\xi^2-\xi)(1-\eta^2) \\
N_q &= (1-\xi^2)(1-\eta^2)
\end{aligned} \tag{4-46}$$

4.3　三维空间单元

实际科学和工程问题中的结构、工况都比较复杂，一般都属于三维问题。相对于二维平面单元，同阶次的三维空间单元拥有更多的节点数目，每个节点也会增加一个自由度，计算量会增加。从求解的角度来说，包括形函数、应变矩阵、应力矩阵和单元刚度矩阵的推导过程实际上与二维平面单元基本相同，很多特点和性质都与二维单元有对应的关系。例如，作为三维问题的最简形式单元，四节点四面体单元也是常应变、常应力单元等。这些内容可以结合二维平面单元进行对应学习，一方面可以加深对有限元基本流程的理解，另一方面也便于针对其他复杂单元和问题进行延续和拓展。此外，空间轴对称问题虽然也属于三维问题，但是它可以结合轴对称的特点而选择任意一个环向剖面研究，从而退化为平面问题，极大地减少了计算量。轴对称单元在发动机、运载火箭等具有旋转对称结构的工程装备分析中具有很好的应用。

4.3.1　四面体单元的形函数

图 4-6 为四节点四面体单元，四个节点分别记为 i、j、l和m，每个节点有 x、y 和 z 三个方向的自由度，相应方向的位移分别以u、v 和 w 标记，每个单元共计 12 个自由度。根据连续性假设，单元内的位移分布可由连续函数表达，则单元的一次近似位移模式为

$$\begin{aligned} u(x,y,z) &= \alpha_1 + \alpha_2 x + \alpha_3 y + \alpha_4 z \\ v(x,y,z) &= \alpha_5 + \alpha_6 x + \alpha_7 y + \alpha_8 z \\ w(x,y,z) &= \alpha_9 + \alpha_{10} x + \alpha_{11} y + \alpha_{12} z \end{aligned} \tag{4-47}$$

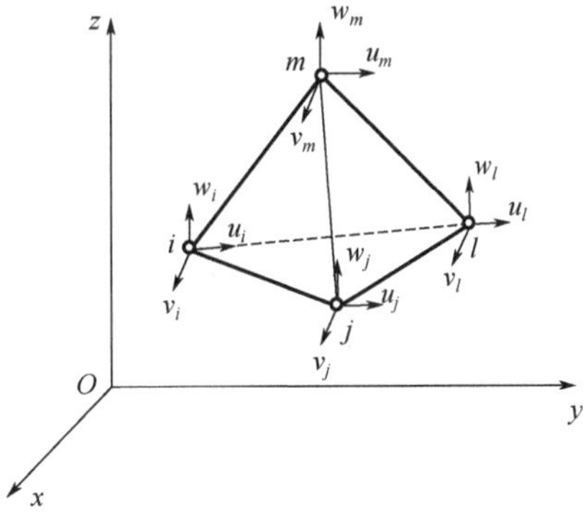

图 4-6　四节点四面体单元、节点及位移

式中，$u(x,y,z)$、$v(x,y,z)$ 和 $w(x,y,z)$ 分别是单元 (x,y,z) 位置沿 x、y 和 z 方向的位移；$\alpha_1 \sim \alpha_{12}$ 为待定系数，可由节点的位移确定。以式(4-47)中 x 方向的位移为例，已知四个节点的 x 方向位移分别为 u_i、u_j、u_l 和 u_m，可得

$$\begin{Bmatrix} u_i \\ u_j \\ u_l \\ u_m \end{Bmatrix} = \begin{bmatrix} 1 & x_i & y_i & z_i \\ 1 & x_j & y_j & z_j \\ 1 & x_l & y_l & z_l \\ 1 & x_m & y_m & z_m \end{bmatrix} \begin{Bmatrix} \alpha_1 \\ \alpha_2 \\ \alpha_3 \\ \alpha_4 \end{Bmatrix} \tag{4-48}$$

由式(4-48)可解出待定系数 $\alpha_1 \sim \alpha_4$，代入位移模式(4-47)并整理为由四个节点位移表示的形式：

$$u(x,y,z) = N_i u_i + N_j u_j + N_l u_l + N_m u_m \tag{4-49}$$

其中

$$N_n = \frac{1}{6V}(a_n + b_n x + c_n y + d_n z) \quad (n = i,j,l,m) \tag{4-50}$$

式中，V 是四面体的体积，为使计算值不为负，单元的节点 i、j、l、m 编号次序应遵循右手定则，可由四个节点的坐标计算获得

$$V=\frac{1}{6}\begin{vmatrix}1 & x_i & y_i & z_i\\ 1 & x_j & y_j & z_j\\ 1 & x_l & y_l & z_l\\ 1 & x_m & y_m & z_m\end{vmatrix} \tag{4-51}$$

此外，式(4-50)右端项中的各元素 a_n、b_n、c_n 和 d_n $(n=i,j,l,m)$ 分别为式(4-48)右端系数矩阵第一行元素的代数余子式，即

$$a_i=\begin{vmatrix}x_j & y_j & z_j\\ x_l & y_l & z_l\\ x_m & y_m & z_m\end{vmatrix},\quad b_i=-\begin{vmatrix}1 & y_j & z_j\\ 1 & y_l & z_l\\ 1 & y_m & z_m\end{vmatrix},\quad c_i=\begin{vmatrix}1 & x_j & z_j\\ 1 & x_l & z_l\\ 1 & x_m & z_m\end{vmatrix},\quad d_i=-\begin{vmatrix}1 & x_j & y_j\\ 1 & x_l & y_j\\ 1 & x_m & y_m\end{vmatrix} \tag{4-52}$$

采用与求解 x 方向插值型函数同样的方法，可得

$$\begin{cases}v=N_iv_i+N_jv_j+N_lv_l+N_mv_m\\ w=N_iw_i+N_jw_j+N_lw_l+N_mw_m\end{cases} \tag{4-53}$$

式(4-53)统一用矩阵形式表示为

$$\{\boldsymbol{U}\}=\begin{Bmatrix}u\\ v\\ w\end{Bmatrix}=[\boldsymbol{N}]\{\boldsymbol{\delta}\}_e \tag{4-54}$$

式中，$\{\boldsymbol{U}\}=\{u,v,w\}^{\mathrm{T}}$ 表示单元位移场；$\{\boldsymbol{\delta}\}_e=\{u_i,v_i,w_i,u_j,v_j,w_j,u_l,v_l,w_l,u_m,v_m,w_m\}^{\mathrm{T}}$ 表示单元的节点位移；$[\boldsymbol{N}]$ 称为形函数矩阵，其维数为 3×12，具体形式为

$$[\boldsymbol{N}]=[\boldsymbol{N}_i\ \ \boldsymbol{N}_j\ \ \boldsymbol{N}_l\ \ \boldsymbol{N}_m] \tag{4-55}$$

式中，子矩阵为

$$[\boldsymbol{N}_n]=\begin{bmatrix}N_n & 0 & 0\\ 0 & N_n & 0\\ 0 & 0 & N_n\end{bmatrix}=N_n[\boldsymbol{I}]\quad (n=i,j,l,m) \tag{4-56}$$

式中，$[\boldsymbol{I}]$ 为三阶单位矩阵。

4.3.2 四面体单元的应变和应力

相比于二维平面问题，三维空间问题的应变场包括 6 个分量，即

$$\begin{aligned}\{\boldsymbol{\varepsilon}\}&=[\varepsilon_x\quad \varepsilon_y\quad \varepsilon_z\quad \gamma_{xy}\quad \gamma_{yz}\quad \gamma_{zx}]^{\mathrm{T}}\\ &=\left[\frac{\partial u}{\partial x}\quad \frac{\partial v}{\partial y}\quad \frac{\partial w}{\partial z}\quad \frac{\partial u}{\partial y}+\frac{\partial v}{\partial x}\quad \frac{\partial v}{\partial z}+\frac{\partial w}{\partial y}\quad \frac{\partial w}{\partial x}+\frac{\partial u}{\partial z}\right]^{\mathrm{T}}\end{aligned} \tag{4-57}$$

由上述几何方程和式(4-54)可得

$$\{\boldsymbol{\varepsilon}\}=[\boldsymbol{L}]\{\boldsymbol{U}\}=[\boldsymbol{L}][\boldsymbol{N}]\{\boldsymbol{\delta}\}_e \xrightarrow{\text{记：}[\boldsymbol{B}]=[\boldsymbol{L}][\boldsymbol{N}]} \{\boldsymbol{\varepsilon}\}=[\boldsymbol{B}]\{\boldsymbol{\delta}\}_e \tag{4-58}$$

式中，描述几何关系的微分算子矩阵$[\boldsymbol{L}]$在空间问题中可表示为

$$[\boldsymbol{L}]=\begin{bmatrix} \frac{\partial}{\partial x} & 0 & 0 \\ 0 & \frac{\partial}{\partial y} & 0 \\ 0 & 0 & \frac{\partial}{\partial z} \\ \frac{\partial}{\partial y} & \frac{\partial}{\partial x} & 0 \\ 0 & \frac{\partial}{\partial z} & \frac{\partial}{\partial y} \\ \frac{\partial}{\partial z} & 0 & \frac{\partial}{\partial x} \end{bmatrix} \tag{4-59}$$

由此根据四面体单元的形函数矩阵可得应变矩阵$[\boldsymbol{B}]$的表达式为

$$[\boldsymbol{B}]=[\boldsymbol{L}][\boldsymbol{N}] \tag{4-60}$$

为了推导简化方便，应变矩阵以分块矩阵形式表示，即$[\boldsymbol{B}]=[\boldsymbol{B}_i \quad \boldsymbol{B}_j \quad \boldsymbol{B}_l \quad \boldsymbol{B}_m]$，其中

$$[\boldsymbol{B}_n]=\frac{1}{6V}\begin{bmatrix} b_n & 0 & 0 \\ 0 & c_n & 0 \\ 0 & 0 & d_n \\ c_n & b_n & 0 \\ 0 & d_n & c_n \\ d_n & 0 & b_n \end{bmatrix} \quad (n=i,j,l,m) \tag{4-61}$$

式中

$$b_n=\frac{\partial N_n}{\partial x},\quad c_n=\frac{\partial N_n}{\partial y},\quad d_n=\frac{\partial N_n}{\partial z} \tag{4-62}$$

作为三维问题最简单的单元，与平面问题三节点三角形单元类似，四节点四面体单元的应变矩阵$[\boldsymbol{B}]$的元素都是常量，因此它也是常应变单元。

三维空间问题的应力场$\{\boldsymbol{\sigma}\}$包含 6 个分量，即

$$\{\boldsymbol{\sigma}\}=[\sigma_x \ \ \sigma_y \ \ \sigma_z \ \ \tau_{xy} \ \ \tau_{yz} \ \ \tau_{zx}]^{\mathrm{T}} \tag{4-63}$$

基于空间问题的物理方程和式(4-58)表示的单元应变，单元的应力场可表示为

$$\{\boldsymbol{\sigma}\}=[\boldsymbol{D}]\{\boldsymbol{\varepsilon}\}=[\boldsymbol{D}][\boldsymbol{B}]\{\boldsymbol{\delta}\}_e \xrightarrow{\text{记：}[\boldsymbol{S}]=[\boldsymbol{D}][\boldsymbol{B}]} \{\boldsymbol{\sigma}\}=[\boldsymbol{S}]\{\boldsymbol{\delta}\}_e \tag{4-64}$$

式中，$[\boldsymbol{D}]$是三维空间问题的弹性矩阵，为 6×6 的矩阵：

$$[\boldsymbol{D}]=\frac{E(1-\mu)}{(1+\mu)(1-2\mu)}\begin{bmatrix} 1 & \frac{\mu}{1-\mu} & \frac{\mu}{1-\mu} & 0 & 0 & 0 \\ \frac{\mu}{1-\mu} & 1 & \frac{\mu}{1-\mu} & 0 & 0 & 0 \\ \frac{\mu}{1-\mu} & \frac{\mu}{1-\mu} & 1 & 0 & 0 & 0 \\ 0 & 0 & 0 & \frac{1-2\mu}{2(1-\mu)} & 0 & 0 \\ 0 & 0 & 0 & 0 & \frac{1-2\mu}{2(1-\mu)} & 0 \\ 0 & 0 & 0 & 0 & 0 & \frac{1-2\mu}{2(1-\mu)} \end{bmatrix} \tag{4-65}$$

式中，E 和 μ 分别为杨氏模量和泊松比，应力矩阵以分块矩阵形式表示为 $[\boldsymbol{S}]=[\boldsymbol{S}_i \quad \boldsymbol{S}_j \quad \boldsymbol{S}_l \quad \boldsymbol{S}_m]$，其中

$$[\boldsymbol{S}_n]=[\boldsymbol{D}][\boldsymbol{B}_n]=\frac{A_3}{6V}\begin{bmatrix} b_n & A_1c_n & A_1d_n \\ A_1b_n & c_n & A_1d_n \\ A_1b_n & A_1c_n & d_n \\ A_2c_n & A_2b_n & 0 \\ 0 & A_2d_n & A_2c_n \\ A_2d_n & 0 & A_2d_n \end{bmatrix} \quad (n=i,j,m,n) \tag{4-66}$$

式中

$$A_1=\frac{\mu}{1-\mu},\quad A_2=\frac{1-2\mu}{2(1-\mu)},\quad A_3=\frac{E(1-\mu)}{(1+\mu)(1-2\mu)} \tag{4-67}$$

4.3.3　四面体单元的单元刚度矩阵

根据有限元方法的基本理论，可得四节点四面体单元的单元刚度矩阵为

$$[\boldsymbol{K}]_e=\iiint_{\Omega_e}[\boldsymbol{B}]^{\mathrm{T}}[\boldsymbol{D}][\boldsymbol{B}]\mathrm{d}V \tag{4-68}$$

式中，$[\boldsymbol{K}]_e$ 是一个 12×12 的矩阵。由于 $[\boldsymbol{B}]$ 和 $[\boldsymbol{D}]$ 都是常数矩阵，故 $[\boldsymbol{K}]_e$ 可以表示为

$$[\boldsymbol{K}]_e=[\boldsymbol{B}]^{\mathrm{T}}[\boldsymbol{D}][\boldsymbol{B}]V \tag{4-69}$$

式中，V 是单元的体积。上述单元刚度矩阵的分块矩阵表达式为

$$[\boldsymbol{K}]_e=\begin{bmatrix} \boldsymbol{K}_{ii} & \boldsymbol{K}_{ij} & \boldsymbol{K}_{il} & \boldsymbol{K}_{im} \\ \boldsymbol{K}_{ji} & \boldsymbol{K}_{jj} & \boldsymbol{K}_{jl} & \boldsymbol{K}_{jm} \\ \boldsymbol{K}_{li} & \boldsymbol{K}_{lj} & \boldsymbol{K}_{ll} & \boldsymbol{K}_{lm} \\ \boldsymbol{K}_{mi} & \boldsymbol{K}_{mj} & \boldsymbol{K}_{ml} & \boldsymbol{K}_{mm} \end{bmatrix}$$

式中，子矩阵 $[\boldsymbol{K}_{nk}]$ 为 3×3 的矩阵，其具体表达式如下：

$$
\begin{aligned}
[\boldsymbol{K}_{nk}] &= [\boldsymbol{B}_n]^{\mathrm{T}}[\boldsymbol{D}][\boldsymbol{B}_k]V \\
&= \frac{A_3}{36V}\begin{bmatrix} b_n b_k + A_2(c_n c_k + d_n d_k) & A_1 b_n c_k + A_2 c_n b_k & A_1 b_n d_k + A_2 d_n d_k \\ A_1 c_n b_k + A_2 b_n c_k & c_n c_k + A_2(d_n d_k + b_n b_k) & A_1 c_n d_k + A_2 d_n c_k \\ A_1 d_n b_k + A_2 b_n d_k & A_1 d_n c_k + A_2 c_n d_k & d_n d_k + A_2(b_n b_k + c_n c_k) \end{bmatrix} \\
&\qquad (n,k = i,j,l,m)
\end{aligned} \tag{4-70}
$$

4.3.4 六面体单元的形函数

图 4-7 为八节点六面体单元，其为尺寸为 $a \times b \times c$ 的正六面体，八个节点分别记为 i、j、k、l、m、n、o和p，每个节点有x、y和z三个方向的自由度，相应方向的位移分别以u、v和w标记，每个单元共计 24 个自由度。为了方便计算，建立原点位于六面体形心的自然坐标系$O'(\xi,\eta,\zeta)$，其方向同直角坐标$O(x,y,z)$一致，基于此可得无量纲化坐标为

$$
\xi = \frac{2}{a}(x - x_{O'}), \quad \eta = \frac{2}{b}(y - y_{O'}), \quad \zeta = \frac{2}{c}(z - z_{O'}) \tag{4-71}
$$

式中，$x_{O'}$、$y_{O'}$和$z_{O'}$是无量纲坐标系的原点坐标，其可由节点坐标计算获得，即

$$
x_{O'} = \frac{1}{2}(x_i + x_j), \quad y_{O'} = \frac{1}{2}(y_i + y_l), \quad z_{O'} = \frac{1}{2}(z_i + z_m) \tag{4-72}
$$

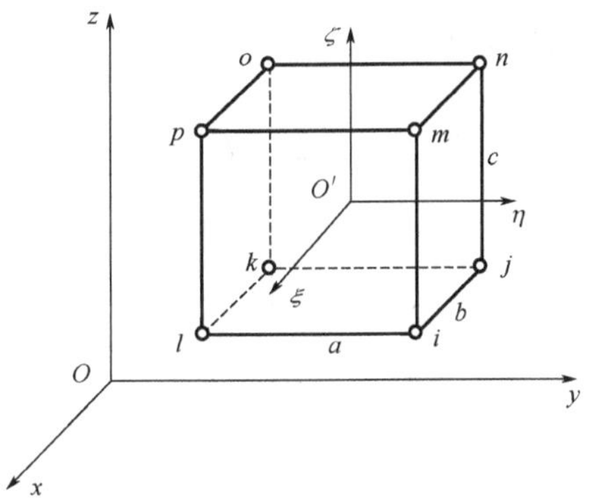

图 4-7　八节点六面体单元及节点

根据式(4-71)，六面体八个节点的无量纲坐标分别为

$$
\begin{aligned}
&(\xi_i,\eta_i,\zeta_i) = (1,1,-1), &&(\xi_m,\eta_m,\zeta_m) = (1,1,1) \\
&(\xi_j,\eta_j,\zeta_j) = (-1,1,-1), &&(\xi_n,\eta_n,\zeta_n) = (-1,1,1) \\
&(\xi_k,\eta_k,\zeta_k) = (-1,-1,-1), &&(\xi_o,\eta_o,\zeta_o) = (-1,-1,1) \\
&(\xi_l,\eta_l,\zeta_l) = (1,-1,-1), &&(\xi_p,\eta_p,\zeta_p) = (1,-1,1)
\end{aligned} \tag{4-73}
$$

由式(4-73)可知，整体单元的无量纲坐标的取值范围为$[-1,1]$。根据连续性假设，单元内的位移分布可由连续函数表达，设单元的近似位移模式为

$$
\begin{aligned}
u(x,y,z) &= \alpha_1 + \alpha_2 x + \alpha_3 y + \alpha_4 z + \alpha_5 xy + \alpha_6 yz + \alpha_7 xz + \alpha_8 xyz \\
v(x,y,z) &= \alpha_9 + \alpha_{10} x + \alpha_{11} y + \alpha_{12} z + \alpha_{13} xy + \alpha_{14} yz + \alpha_{15} xz + \alpha_{16} xyz \\
w(x,y,z) &= \alpha_{17} + \alpha_{18} x + \alpha_{19} y + \alpha_{20} z + \alpha_{21} xy + \alpha_{22} yz + \alpha_{23} xz + \alpha_{24} xyz
\end{aligned} \tag{4-74}
$$

式中，$u(x,y,z)$、$v(x,y,z)$ 和 $w(x,y,z)$ 分别表示单元中任意一点 (x,y,z) 沿 x、y 和 z 方向的位移；$\alpha_1 \sim \alpha_{24}$ 为待定系数，可由节点的位移确定。已知八个节点的位移分别为 $\{\boldsymbol{\delta}\}_e=\{u_q,v_q,w_q,\cdots\}^{\mathrm{T}}$（$q=i$、$j$、$k$、$l$、$m$、$n$、$o$、$p$），采用与前述单元类似的求解方法，可得形函数为

$$N_q=\frac{1}{8}(1+\xi_q\xi)(1+\eta_q\eta)(1+\zeta_q\zeta) \quad (q=i,j,k,l,m,n,o,p) \tag{4-75}$$

则单元的位移场 $\{\boldsymbol{U}\}=\{u,v,w\}^{\mathrm{T}}$ 与节点坐标的关系为

$$\{\boldsymbol{U}\}=[\boldsymbol{N}]\{\boldsymbol{\delta}\}_e \tag{4-76}$$

式中，$[\boldsymbol{N}]$ 称为形函数矩阵，其维数为 3×24，具体形式为

$$[\boldsymbol{N}]=[\boldsymbol{N}_i \quad \boldsymbol{N}_j \quad \boldsymbol{N}_k \quad \boldsymbol{N}_l \quad \boldsymbol{N}_m \quad \boldsymbol{N}_n \quad \boldsymbol{N}_d \quad \boldsymbol{N}_p] \tag{4-77}$$

其中，子矩阵 $\boldsymbol{N}_q$ 的具体形式如下：

$$[\boldsymbol{N}_q]=\begin{bmatrix} N_q & 0 & 0 \\ 0 & N_q & 0 \\ 0 & 0 & N_q \end{bmatrix}=N_q[\boldsymbol{I}] \quad (q=i,j,k,l,m,n,o,p) \tag{4-78}$$

式中，$[\boldsymbol{I}]$ 为三阶单位矩阵。

4.3.5　六面体单元的应变和应力

与四面体单元类似，六面体单元的应变场和应力场有 6 个分量，根据式(4-58)，可得应变矩阵以分块矩阵形式表示为

$$[\boldsymbol{B}]=[\boldsymbol{B}_i \quad \boldsymbol{B}_j \quad \boldsymbol{B}_k \quad \boldsymbol{B}_l \quad \boldsymbol{B}_m \quad \boldsymbol{B}_n \quad \boldsymbol{B}_o \quad \boldsymbol{B}_p] \tag{4-79}$$

式中

$$[\boldsymbol{B}_q]=\begin{bmatrix} \dfrac{\partial N_q}{\partial x} & 0 & 0 \\ 0 & \dfrac{\partial N_q}{\partial y} & 0 \\ 0 & 0 & \dfrac{\partial N_q}{\partial z} \\ \dfrac{\partial N_q}{\partial y} & \dfrac{\partial N_q}{\partial x} & 0 \\ 0 & \dfrac{\partial N_q}{\partial z} & \dfrac{\partial N_q}{\partial y} \\ \dfrac{\partial N_q}{\partial z} & 0 & \dfrac{\partial N_q}{\partial x} \end{bmatrix} \quad (q=i,j,k,l,m,n,o,p) \tag{4-80}$$

根据式(4-64)，可得以分块矩阵形式表示的应力矩阵为

$$[\boldsymbol{S}]=[\boldsymbol{S}_i \quad \boldsymbol{S}_j \quad \boldsymbol{S}_k \quad \boldsymbol{S}_l \quad \boldsymbol{S}_m \quad \boldsymbol{S}_n \quad \boldsymbol{S}_o \quad \boldsymbol{S}_p] \tag{4-81}$$

式中

$$[\boldsymbol{S}_q]=[\boldsymbol{D}][\boldsymbol{B}_q] \quad (q=i,j,k,l,m,n,o,p) \tag{4-82}$$

4.3.6　六面体单元的单元刚度矩阵

由式(4-68)可知，八节点六面体单元的单元刚度矩阵$[\boldsymbol{K}]_e$的维度是 24×24，以分块矩阵形式可表示为

$$[\boldsymbol{K}]_e=\begin{bmatrix}\boldsymbol{K}_{ii} & \boldsymbol{K}_{ij} & \cdots & \boldsymbol{K}_{ip}\\ \boldsymbol{K}_{ji} & \boldsymbol{K}_{jj} & \cdots & \boldsymbol{K}_{jp}\\ \vdots & \vdots & & \vdots\\ \boldsymbol{K}_{pi} & \boldsymbol{K}_{pj} & \cdots & \boldsymbol{K}_{pp}\end{bmatrix} \tag{4-83}$$

其中，子矩阵$[\boldsymbol{K}_{rs}]$为 3×3 的矩阵，具体形式如下：

$$[\boldsymbol{K}_{rs}]=\frac{EV}{16(1+\mu)(1-2\mu)}\begin{bmatrix}k_{11} & k_{12} & k_{13}\\ k_{21} & k_{22} & k_{23}\\ k_{31} & k_{32} & k_{33}\end{bmatrix} \tag{4-84}$$

$$(r,s=i,j,k,l,m,n,o,p)$$

式中，V为单元体积。式(4-84)中各元素的表达式如下：

$$\begin{aligned}
k_{11}&=(1-\mu)\frac{\xi_r\xi_s}{a^2}\left(1+\frac{\eta_r\eta_s}{3}\right)\left(1+\frac{\zeta_r\zeta_s}{3}\right)\\
&\quad+\frac{1-2\mu}{2}\cdot\left[\frac{\eta_r\eta_s}{b^2}\left(1+\frac{\zeta_r\zeta_s}{3}\right)\left(1+\frac{\xi_r\xi_s}{3}\right)+\frac{\zeta_r\zeta_s}{c^2}\left(1+\frac{\xi_r\xi_s}{3}\right)\left(1+\frac{\eta_r\eta_s}{3}\right)\right]\\
k_{22}&=(1-\mu)\frac{\eta_r\eta_s}{b^2}\left(1+\frac{\zeta_r\zeta_s}{3}\right)\left(1+\frac{\xi_r\xi_s}{3}\right)\\
&\quad+\frac{1-2\mu}{2}\cdot\left[\frac{\xi_r\xi_s}{a^2}\left(1+\frac{\eta_r\eta_s}{3}\right)\left(1+\frac{\zeta_r\zeta_s}{3}\right)+\frac{\zeta_r\zeta_s}{c^2}\left(1+\frac{\xi_r\xi_s}{3}\right)\left(1+\frac{\eta_r\eta_s}{3}\right)\right]\\
k_{33}&=(1-\mu)\frac{\zeta_r\zeta_s}{c^2}\left(1+\frac{\xi_r\xi_s}{3}\right)\left(1+\frac{\eta_r\eta_s}{3}\right)\\
&\quad+\frac{1-2\mu}{2}\cdot\left[\frac{\xi_r\xi_s}{a^2}\left(1+\frac{\eta_r\eta_s}{3}\right)\left(1+\frac{\zeta_r\zeta_s}{3}\right)+\frac{\eta_r\eta_s}{b^2}\left(1+\frac{\xi_r\xi_s}{3}\right)\left(1+\frac{\zeta_r\zeta_s}{3}\right)\right]\\
k_{12}&=\frac{1}{ab}\left(1+\frac{\zeta_r\zeta_s}{3}\right)\left(\mu\xi_r\eta_s+\frac{1-2\mu}{2}\eta_r\xi_s\right)\\
k_{13}&=\frac{1}{ac}\left(1+\frac{\eta_r\eta_s}{3}\right)\left(\mu\xi_r\zeta_s+\frac{1-2\mu}{2}\zeta_r\xi_s\right)\\
k_{21}&=\frac{1}{ab}\left(1+\frac{\zeta_r\zeta_s}{3}\right)\left(\mu\eta_r\xi_s+\frac{1-2\mu}{2}\xi_r\eta_s\right)\\
k_{23}&=\frac{1}{bc}\left(1+\frac{\xi_r\xi_s}{3}\right)\left(\mu\eta_r\zeta_s+\frac{1-2\mu}{2}\zeta_r\eta_s\right)\\
k_{31}&=\frac{1}{ac}\left(1+\frac{\eta_r\eta_s}{3}\right)\left(\mu\zeta_r\xi_s+\frac{1-2\mu}{2}\xi_r\zeta_s\right)\\
k_{32}&=\frac{1}{bc}\left(1+\frac{\xi_r\xi_s}{3}\right)\left(\mu\zeta_r\eta_s+\frac{1-2\mu}{2}\eta_r\zeta_s\right)
\end{aligned} \tag{4-85}$$

4.3.7　空间轴对称问题

很多实际工程结构的几何形状可以通过合理的简化近似为轴对称结构，若所承受的工况条件包括约束、载荷也满足轴对称性质，则这类问题属于空间轴对称问题。由于结构、约束、载荷等均呈现出轴对称的特点，空间轴对称结构体内的位移、应变和应力也满足轴对称的分布特征。一般常采用柱坐标系来研究空间轴对称问题，如图 4-8 所示，其中 r 为径向坐标、z 为轴向坐标、θ 为环向坐标。实际上，空间轴对称问题可以看作由结构在任意过转轴平面内的二维半剖面绕转轴旋转一周形成。因此，空间轴对称问题的求解可以简化为针对任一沿轴向半对称面的二维平面问题的研究。

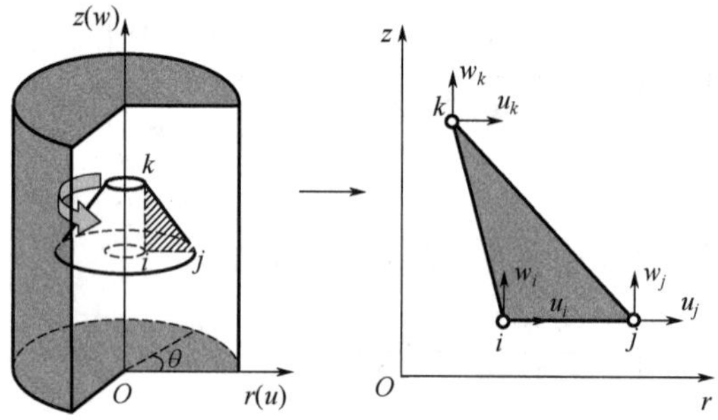

图 4-8　空间轴对称单元、节点及位移

在有限元分析中，空间轴对称问题一般选择结构在 rz 平面的半剖面进行研究(图 4-8 中阴影所示)，由此将空间的三维问题简化为二维平面问题。对于这个平面的离散，可以选择三角形、四边形等前面讲述的二维平面单元进行剖分，每个单元沿着转轴 z 旋转一周即可得到环形单元，所有环形单元的组集就重构了原来的空间轴对称问题。上述过程表明，应用于空间轴对称问题的二维平面单元在原基础上还需要针对轴对称的特点进行修正，以保证其能够通过旋转实现对原问题的重构。本节以三角形单元为例来说明空间轴对称问题的形函数和单元刚度矩阵的推导，其他二维单元应用于空间轴对称问题求解的推导可参考本节方法进行。

如图 4-8 所示，对空间轴对称问题在 rz 平面的半剖面选择三角形单元进行离散，单元的节点分别为 i、j 和 k。由空间轴对称特点可知，结构内各点的环向位移为零，径向(r)位移和轴向(z)位移均位于 rz 平面内，分别记为 u 和 w，则近似位移模式为

$$\begin{aligned} u(r,z) &= \alpha_1 + \alpha_2 r + \alpha_3 z \\ w(r,z) &= \alpha_4 + \alpha_5 r + \alpha_6 z \end{aligned} \tag{4-86}$$

式中，$\alpha_1 \sim \alpha_6$ 为待定系数，与三节点三角形单元类似，可通过节点位移求解，代回上式整理得

$$\begin{aligned} u(r,z) &= N_i u_i + N_j u_j + N_k u_k \\ w(r,z) &= N_i w_i + N_j w_j + N_k w_k \end{aligned} \tag{4-87}$$

其中，N_i、N_j 和 N_k 是形函数，则

$$N_n = \frac{1}{2A}(a_n + b_n r + c_n z) \quad (n = i, j, k) \tag{4-88}$$

式中，A、a_n、b_n 和 c_n 的表达式与二维平面的三节点三角形单元的相应公式(4-5)一致，区别是将直角坐标系下的 x 和 y 分别替换为本节柱坐标系下的 r 和 z。单元位移场 $\{\boldsymbol{U}\}=\{u,w\}^{\mathrm{T}}$ 和单元节点位移 $\{\boldsymbol{\delta}\}_e=\{u_i,w_i,u_j,w_j,u_k,w_k\}^{\mathrm{T}}$ 的关系为

$$\{\boldsymbol{U}\}=[\boldsymbol{N}]\{\boldsymbol{\delta}\}_e \tag{4-89}$$

根据弹性力学理论，空间轴对称问题的几何方程为

$$\{\boldsymbol{\varepsilon}\}=\begin{Bmatrix}\varepsilon_r\\ \varepsilon_\theta\\ \varepsilon_z\\ \gamma_{rz}\end{Bmatrix}=\begin{Bmatrix}\dfrac{\partial u}{\partial r}\\ \dfrac{u}{r}\\ \dfrac{\partial w}{\partial z}\\ \dfrac{\partial u}{\partial z}+\dfrac{\partial w}{\partial r}\end{Bmatrix}=\begin{bmatrix}\dfrac{\partial}{\partial r} & 0\\ \dfrac{1}{r} & 0\\ 0 & \dfrac{\partial}{\partial z}\\ \dfrac{\partial}{\partial z} & \dfrac{\partial}{\partial r}\end{bmatrix}\begin{Bmatrix}u\\ w\end{Bmatrix} \tag{4-90}$$

与平面问题应变场不同，空间轴对称问题的应变场包括 4 个应变分量，将位移场表达式代入式(4-90)，整理得

$$\{\boldsymbol{\varepsilon}\}=[\boldsymbol{B}]\{\boldsymbol{\delta}\}_e=[\boldsymbol{B}_i\quad \boldsymbol{B}_j\quad \boldsymbol{B}_k]\{\boldsymbol{\delta}\}_e \tag{4-91}$$

其中

$$[\boldsymbol{B}_n]=\frac{1}{2A}\begin{bmatrix}b_n & 0\\ f_n & 0\\ 0 & c_n\\ c_n & b_n\end{bmatrix}\quad (n=i,j,k) \tag{4-92}$$

$$f_n=\frac{a_n}{r}+b_n+\frac{c_n z}{r}\quad (n=i,j,k) \tag{4-93}$$

由式(4-93)可知，由于 f_n 中包含坐标变量 r 和 z，因此应变矩阵不再是常数矩阵，这意味着空间轴对称问题的三节点三角形单元不是常应变单元。

空间轴对称问题的应力场同样包括 4 个应力分量，其与应变的关系为

$$\{\boldsymbol{\sigma}\}=\begin{Bmatrix}\sigma_r\\ \sigma_\theta\\ \sigma_z\\ \tau_{rz}\end{Bmatrix}=[\boldsymbol{D}]\{\boldsymbol{\varepsilon}\} \tag{4-94}$$

式中，$[\boldsymbol{D}]$ 是空间轴对称问题的弹性矩阵，即

$$[\boldsymbol{D}]=\frac{E(1-\mu)}{(1+\mu)(1-2\mu)}\begin{bmatrix}1 & \dfrac{\mu}{1-\mu} & \dfrac{\mu}{1-\mu} & 0\\ \dfrac{\mu}{1-\mu} & 1 & \dfrac{\mu}{1-\mu} & 0\\ \dfrac{\mu}{1-\mu} & \dfrac{\mu}{1-\mu} & 1 & 0\\ 0 & 0 & 0 & \dfrac{1-2\mu}{2(1-\mu)}\end{bmatrix} \tag{4-95}$$

由式(4-94)和式(4-91)，可得

$$\{\boldsymbol{\sigma}\}=[\boldsymbol{D}][\boldsymbol{B}]\{\boldsymbol{\delta}\}_e=[\boldsymbol{S}]\{\boldsymbol{\delta}\}_e \tag{4-96}$$

式中，$[\boldsymbol{S}]$为应力矩阵，其维度为4×6，可由弹性矩阵和应变矩阵求得，此处不再详细列出。值得注意的是，结合弹性矩阵和应变矩阵的特点可以看出应力分量中除τ_{rz}外均不是常数，因此空间轴对称问题的三节点三角形单元也不是常应力单元。

空间轴对称问题的单元刚度矩阵为

$$[\boldsymbol{K}]_e=\iiint_{\Omega_e}[\boldsymbol{B}]^{\mathrm{T}}[\boldsymbol{D}][\boldsymbol{B}]\mathrm{d}V=\iiint_{\Omega_e}[\boldsymbol{B}]^{\mathrm{T}}[\boldsymbol{D}][\boldsymbol{B}]r\mathrm{d}r\mathrm{d}\theta\mathrm{d}z \tag{4-97}$$

由于应变矩阵$[\boldsymbol{B}]$和弹性矩阵$[\boldsymbol{D}]$均与θ无关，故式(4-97)中的体积分可以转化为结构体在轴向半剖面内的面积积分，即

$$[\boldsymbol{K}]_e=2\pi\iint_{A_e}[\boldsymbol{B}]^{\mathrm{T}}[\boldsymbol{D}][\boldsymbol{B}]r\mathrm{d}r\mathrm{d}z \tag{4-98}$$

由于应变矩阵$[\boldsymbol{B}]$中的f_n是坐标r和z的函数，因此式(4-98)积分的结果无法直接获得，在有限元分析中常采用数值积分算法。此外，式(4-98)的积分也可以采用如下的近似算法，即当通过精细网格分析时，此时单元尺寸相对于结构尺寸足够小，各单元中的r、z近似等于各单元形心的坐标，即

$$r\approx\overline{r}=\frac{1}{3}(r_i+r_j+r_k),\quad z\approx\overline{z}=\frac{1}{3}(z_i+z_j+z_k) \tag{4-99}$$

此时式(4-93)中的f_n可以近似看作常数：

$$f_n\approx\overline{f}_n=\frac{a_n}{\overline{r}}+b_n+\frac{c_n\overline{z}}{\overline{r}} \tag{4-100}$$

根据式(4-100)，各单元可以近似地作为常应变单元处理，因此式(4-98)所表示的单元刚度矩阵为

$$[\boldsymbol{K}]_e=2\pi\overline{r}A[\overline{\boldsymbol{B}}]^{\mathrm{T}}[\boldsymbol{D}][\overline{\boldsymbol{B}}] \tag{4-101}$$

式中，$[\overline{\boldsymbol{B}}]$为应变矩阵$[\boldsymbol{B}]$中的$r$和$z$坐标由单元形心坐标$\overline{r}$和$\overline{z}$替换后得到的近似应变矩阵。进一步，可将单元刚度矩阵$[\boldsymbol{K}]_e$写为分块矩阵形式：

$$[\boldsymbol{K}]_e=\begin{bmatrix}\boldsymbol{K}_{ii} & \boldsymbol{K}_{ij} & \boldsymbol{K}_{ik}\\ \boldsymbol{K}_{ji} & \boldsymbol{K}_{jj} & \boldsymbol{K}_{jk}\\ \boldsymbol{K}_{ki} & \boldsymbol{K}_{kj} & \boldsymbol{K}_{kk}\end{bmatrix} \tag{4-102}$$

其中，子矩阵近似为

$$[\boldsymbol{K}_{mn}]=2\pi[\overline{\boldsymbol{B}}_m][\boldsymbol{D}][\overline{\boldsymbol{B}}_n]\overline{r}A\quad(m,n=i,j,k) \tag{4-103}$$

代入整理得

$$[\boldsymbol{K}_{mn}]=\frac{\pi\overline{r}A_3}{2A}\begin{bmatrix}k_{11} & k_{12}\\ k_{21} & k_{22}\end{bmatrix}\quad(m,n=i,j,k) \tag{4-104}$$

式中

$$k_{11}=b_m b_n+\bar{f}_m\bar{f}_n+A_1(b_m\bar{f}_n+\bar{f}_m b_n)+A_2 c_m c_n,\quad k_{12}=A_1 c_n(b_m+\bar{f}_m)+A_2 c_m b_n$$
$$k_{21}=A_1 c_m(b_n+\bar{f}_n)+A_2 b_m c_n,\quad k_{22}=c_m c_n+A_2 b_m b_n \tag{4-105}$$
$$A_1=\frac{\mu}{1-\mu},\quad A_2=\frac{1-2\mu}{2(1-\mu)},\quad A_3=\frac{E(1-\mu)}{(1+\mu)(1-2\mu)}$$

4.3.8 等效节点载荷

在单元分析中，单元刚度矩阵涵盖了材料信息、几何信息，各单元的单元刚度矩阵元素可通过节点号和相应的自由度在总体刚度矩阵的对应位置中直接组装，不同单元共用节点的刚度信息要进行累积叠加。在总体刚度矩阵形成后，可结合约束信息通过 3.4.7 节中介绍的直接代入法、改 1 置零法或乘大数法消除总体刚度矩阵的奇异性。至于载荷信息，作用于节点的载荷信息可直接用于载荷列向量的组集，然而，作用于单元内部的载荷需要先基于静力等效原则将其等效至单元的各个节点。

静力等效原则以及一维问题的集中力和线分布力的等效节点载荷已经在第 3 章中有所介绍，这里进一步拓展至二维和三维问题的集中力、表面分布力及体积分布力的等效节点载荷计算。

对于集中力 $\{\boldsymbol{P}_c\}=\{P_x\quad P_y\quad P_z\}^{\mathrm{T}}$，其作用点 c 的位置为 (x_c,y_c,z_c)，则等效节点载荷为

$$\{\boldsymbol{F}\}_e=[\bar{\boldsymbol{N}}]^{\mathrm{T}}\{\boldsymbol{P}_c\} \tag{4-106}$$

式中，$[\bar{\boldsymbol{N}}]$ 为代入载荷作用点坐标的单元形函数矩阵计算结果，即 $[\bar{\boldsymbol{N}}]=[\boldsymbol{N}(x_c,y_c,z_c)]$。

对于表面分布力 $\{\boldsymbol{P}_s\}=\{P_x\quad P_y\quad P_z\}^{\mathrm{T}}$，其作用面为 $\varGamma_e$。表面分布力是单位面积上的载荷，可为常数，也可与位置相关，则等效节点载荷为

$$\{\boldsymbol{F}\}_e=\iint_{\varGamma_e}[\boldsymbol{N}]^{\mathrm{T}}\{\boldsymbol{P}_s\}\mathrm{d}A \tag{4-107}$$

对于体积分布力 $\{\boldsymbol{P}_b\}=\{P_x\quad P_y\quad P_z\}^{\mathrm{T}}$，其作用体积为 $\varOmega_e$。体积分布力是单位体积上的载荷，则等效节点载荷为

$$\{\boldsymbol{F}\}_e=\iiint_{\varOmega_e}[\boldsymbol{N}]^{\mathrm{T}}\{\boldsymbol{P}_b\}\mathrm{d}V \tag{4-108}$$

4.4 等 参 单 元

实际工程中的很多结构具有复杂的几何形状，特别是一些高度非线性的几何边界为有限元的精准离散带来了困难，低质量的网格剖分会降低数值分析结果的合理性和准确性。虽然精细的小尺寸网格可以尽量精确地逼近几何边界，但这同时会明显增加网格节点总数及降低计算分析的效率。在前面讲述的一维、二维、三维单元的基础上，如果可以基于标准化的规则单元，通过考虑单元几何特征的变化来构建相应的有限元列式，那么单元形状的多样化将会在几乎不增加计算量的前提下极大地加强有限元的离散能力和计算结果的可靠性。

在前面讲述的有限元方法中，通过形函数建立了单元的位移场与单元的节点坐标、位移之间的关系。实际上相同的思路也可以应用于基于标准化规则单元向任意形状单元的坐标映射关系的构建，即单元几何形状的变换采用相同的单元位移插值函数（形函数）进行，这种变换方法称为等参变换。等参变换的实质是构建从一个标准化坐标系 $\boldsymbol{X}=(\xi,\eta,\zeta)^{\mathrm{T}}$ 变换到另一

个真实坐标系 $\boldsymbol{x}=(x,y,z)^{\mathrm{T}}$ 的数学映射，其中标准化坐标系称为自然坐标系、真实坐标系称为物理坐标系，相应的坐标映射关系可以表示为

$$\boldsymbol{x}=f(\boldsymbol{X}) \tag{4-109}$$

本节将分别围绕一维、二维和三维单元的等参变换列式进行介绍。

4.4.1 一维等参单元

考虑等参变换的一维线性单元如图 4-9 所示，单元有两个节点 i 和 j，在自然坐标系中的坐标为 $\xi_i=-1$ 和 $\xi_j=1$（图 4-9(a)），在物理坐标系中的坐标分别为 x_i 和 x_j（图 4-9(b)），仅在单元轴向有位移，相应的节点位移分别为 u_i 和 u_j。

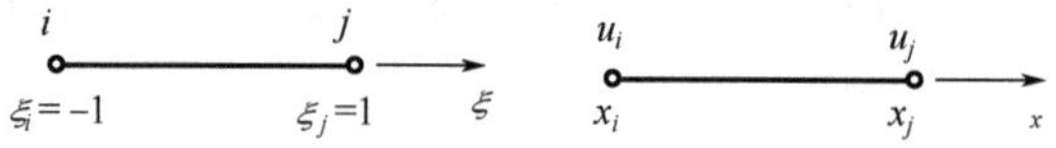

(a) 自然坐标系　　(b) 物理坐标系

图 4-9　一维线性单元的等参变换

在自然坐标系下，单元的形函数表达式为

$$\begin{aligned} N_i(\xi)&=\frac{1}{2}(1-\xi) \\ N_j(\xi)&=\frac{1}{2}(1+\xi) \end{aligned} \tag{4-110}$$

根据式(4-110)，单元内任意一点的自然坐标为

$$\xi=N_i(\xi)\xi_i+N_j(\xi)\xi_j \tag{4-111}$$

坐标由自然坐标系向物理坐标系的映射（$\xi\to x$）应依据节点坐标的映射进行，即 $\xi_i\to x_i$ 和 $\xi_j\to x_j$。由此，自然坐标系下单元内任意一点 $(-1\leqslant\xi\leqslant 1)$ 在物理坐标系下 $(x_i\leqslant x\leqslant x_j)$ 的坐标为

$$x=N_i(\xi)x_i+N_j(\xi)x_j \tag{4-112}$$

相应地，描述单元位移场与节点位移关系的形函数采用式(4-112)中基于自然坐标系的同一形函数形式，可得

$$u=N_i(\xi)u_i+N_j(\xi)u_j \tag{4-113}$$

式(4-112)和式(4-113)采用了相同的形函数和节点数目分别进行了坐标映射和位移插值，这种变换称为等参变换，相应的单元称为等参单元。当然，对坐标映射和位移插值也可以采用不同的形函数以及节点数目进行，若坐标映射采用的节点数目大于位移插值采用的节点数目，则称为超参变换；若坐标映射采用的节点数目小于位移插值采用的节点数目，则称为次参变换。

在确定形函数后，需要在位移场表达式的基础上结合几何方程建立应变场表达式。从 3.3 节讲述的有限元基本流程可以看出，应变场的建立一般是基于形函数对物理坐标的导数。然而，等参单元的形函数是自然坐标的函数，因此其对物理坐标的导数需要通过链式法则计算，即

$$\frac{\mathrm{d}N_n(\xi)}{\mathrm{d}\xi}=\frac{\mathrm{d}N_n(\xi)}{\mathrm{d}x}\frac{\mathrm{d}x}{\mathrm{d}\xi}\quad (n=i,j) \tag{4-114}$$

由式(4-112)和式(4-110)可得

$$\frac{\mathrm{d}x}{\mathrm{d}\xi}=\frac{\mathrm{d}N_i(\xi)}{\mathrm{d}\xi}x_i+\frac{\mathrm{d}N_j(\xi)}{\mathrm{d}\xi}x_j=\frac{1}{2}(x_j-x_i)$$

该式称为雅可比(Jacobi)值，一维情况下可以表示为 $J=\mathrm{d}x/\mathrm{d}\xi$ 。结合式(4-114)和式(4-110)可得

$$\begin{aligned}\frac{\mathrm{d}N_i(\xi)}{\mathrm{d}x}&=\frac{1}{J}\frac{\mathrm{d}N_i(\xi)}{\mathrm{d}\xi}=\frac{1}{x_i-x_j}\\ \frac{\mathrm{d}N_j(\xi)}{\mathrm{d}x}&=\frac{1}{J}\frac{\mathrm{d}N_j(\xi)}{\mathrm{d}\xi}=\frac{1}{x_j-x_i}\end{aligned} \tag{4-115}$$

由此可得一维等参单元的应变为

$$\frac{\mathrm{d}u}{\mathrm{d}x}=\frac{\mathrm{d}N_i(\xi)}{\mathrm{d}x}u_i+\frac{\mathrm{d}N_j(\xi)}{\mathrm{d}x}u_j=\frac{u_i-u_j}{x_i-x_j} \tag{4-116}$$

式(4-116)表明一维等参单元在形式上与 3.3 节中的杆单元列式一致，后续的求解过程不再赘述。

4.4.2　二维等参单元

考虑等参变换的二维四边形单元如图 4-10 所示，单元有四个节点 i、j、l 和 m ，单元在自然坐标系中是规则的矩形，坐标满足 $-1\leqslant\xi\leqslant1$ 和 $-1\leqslant\eta\leqslant1$ (图 4-10(a))。物理坐标系中的单元节点坐标如图 4-10(b)所示，每个节点沿 x 和 y 两个方向的位移记为 u 和 v 。

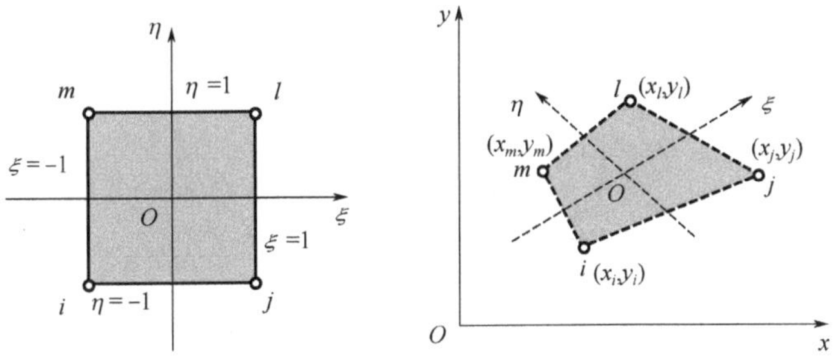

(a) 自然坐标系　(b) 物理坐标系

图 4-10　二维四边形单元的等参变换

依据自然坐标系和物理坐标系节点的对应关系，自然坐标系向物理坐标系的坐标映射为

$$\begin{aligned}x(\xi,\eta)&=N_ix_i+N_jx_j+N_lx_l+N_mx_m\\ y(\xi,\eta)&=N_iy_i+N_jy_j+N_ly_l+N_my_m\end{aligned} \tag{4-117}$$

式中，N_i、N_j、N_l 和 N_m 是坐标映射的插值函数，是自然坐标的函数，具体形式为

$$N_n=\frac{1}{4}(1+\xi_n\xi)(1+\eta_n\eta)\quad (n=i,j,l,m) \tag{4-118}$$

式中，ξ_n 和 η_n 是自然坐标系四个节点的自然坐标，如 $(\xi_i,\eta_i)=(-1,-1)$ 。单元的位移场插值是

基于自然坐标系的位置和物理坐标系的节点位移进行的(图 4-10(b))，采用与坐标映射插值函数式(4-118)相同形式的形函数，则有

$$\begin{aligned} u(\xi,\eta) &= N_i u_i + N_j u_j + N_l u_l + N_m u_m \\ v(\xi,\eta) &= N_i v_i + N_j v_j + N_l v_l + N_m v_m \end{aligned} \tag{4-119}$$

为了建立应变场表达式，需要结合几何方程求解位移对物理坐标的导数。根据式(4-119)，上述过程实际上是确定形函数对物理坐标的导数，由于形函数是自然坐标的函数，故有

$$\begin{aligned} \frac{\partial N_n(\xi,\eta)}{\partial \xi} &= \frac{\partial N_n(\xi,\eta)}{\partial x}\frac{\partial x}{\partial \xi} + \frac{\partial N_n(\xi,\eta)}{\partial y}\frac{\partial y}{\partial \xi} \\ \frac{\partial N_n(\xi,\eta)}{\partial \eta} &= \frac{\partial N_n(\xi,\eta)}{\partial x}\frac{\partial x}{\partial \eta} + \frac{\partial N_n(\xi,\eta)}{\partial y}\frac{\partial y}{\partial \eta} \end{aligned} \tag{4-120}$$

整理为矩阵形式：

$$\begin{Bmatrix} \dfrac{\partial N_n}{\partial \xi} \\ \dfrac{\partial N_n}{\partial \eta} \end{Bmatrix} = \begin{bmatrix} \dfrac{\partial x}{\partial \xi} & \dfrac{\partial y}{\partial \xi} \\ \dfrac{\partial x}{\partial \eta} & \dfrac{\partial y}{\partial \eta} \end{bmatrix} \begin{Bmatrix} \dfrac{\partial N_n}{\partial x} \\ \dfrac{\partial N_n}{\partial y} \end{Bmatrix} = [\boldsymbol{J}] \begin{Bmatrix} \dfrac{\partial N_n}{\partial x} \\ \dfrac{\partial N_n}{\partial y} \end{Bmatrix} \tag{4-121}$$

式中，$[\boldsymbol{J}]$ 为二维问题的 Jacobi 矩阵，其建立了形函数对自然坐标和物理坐标偏导数之间的关系。根据式(4-121)，形函数对物理坐标的导数为

$$\begin{Bmatrix} \dfrac{\partial N_n}{\partial x} \\ \dfrac{\partial N_n}{\partial y} \end{Bmatrix} = [\boldsymbol{J}]^{-1} \begin{Bmatrix} \dfrac{\partial N_n}{\partial \xi} \\ \dfrac{\partial N_n}{\partial \eta} \end{Bmatrix} = \frac{1}{|\boldsymbol{J}|} \begin{bmatrix} \dfrac{\partial y}{\partial \eta} & -\dfrac{\partial y}{\partial \xi} \\ -\dfrac{\partial x}{\partial \eta} & \dfrac{\partial x}{\partial \xi} \end{bmatrix} \begin{Bmatrix} \dfrac{\partial N_n}{\partial \xi} \\ \dfrac{\partial N_n}{\partial \eta} \end{Bmatrix} \tag{4-122}$$

式中，$|\boldsymbol{J}| = \dfrac{\partial x}{\partial \xi}\dfrac{\partial y}{\partial \eta} - \dfrac{\partial y}{\partial \xi}\dfrac{\partial x}{\partial \eta}$。根据式(4-39)、式(4-40)和式(4-122)，可以建立四边形等参单元的应变矩阵$[\boldsymbol{B}]$。

在单元刚度矩阵的计算中，还涉及了对单元面积的积分，该项也需要由自然坐标表示。在物理坐标系 $O'xy$ 中，微元的面积 $\mathrm{d}A = |\mathrm{d}\boldsymbol{\xi} \times \mathrm{d}\boldsymbol{\eta}|$，其中

$$\begin{aligned} \mathrm{d}\boldsymbol{\xi} &= \frac{\partial x}{\partial \xi}\mathrm{d}\xi \cdot \boldsymbol{i} + \frac{\partial y}{\partial \xi}\mathrm{d}\xi \cdot \boldsymbol{j} \\ \mathrm{d}\boldsymbol{\eta} &= \frac{\partial x}{\partial \eta}\mathrm{d}\eta \cdot \boldsymbol{i} + \frac{\partial y}{\partial \eta}\mathrm{d}\eta \cdot \boldsymbol{j} \end{aligned} \tag{4-123}$$

则 $\mathrm{d}A$ 为

$$\mathrm{d}A = \begin{vmatrix} \dfrac{\partial x}{\partial \xi}\mathrm{d}\xi & \dfrac{\partial y}{\partial \xi}\mathrm{d}\xi \\ \dfrac{\partial x}{\partial \eta}\mathrm{d}\eta & \dfrac{\partial y}{\partial \eta}\mathrm{d}\eta \end{vmatrix} = |\boldsymbol{J}|\mathrm{d}\xi\mathrm{d}\eta \tag{4-124}$$

四边形等参单元的单元刚度矩阵为

$$[\boldsymbol{K}]_e = \int_{-1}^{1}\int_{-1}^{1} [\boldsymbol{B}]^{\mathrm{T}}[\boldsymbol{D}][\boldsymbol{B}]|\boldsymbol{J}|t\mathrm{d}\xi\mathrm{d}\eta \tag{4-125}$$

式中，t 为单元的厚度。

4.4.3 三维等参单元

考虑等参变换的三维六面体单元如图 4-11 所示，单元有八个节点 i、j、l、k、m、n、o 和 p，单元在自然坐标系中是规则的正六面体，坐标满足 $-1\leqslant\xi\leqslant 1$、$-1\leqslant\eta\leqslant 1$ 及 $-1\leqslant\zeta\leqslant 1$（图 4-11(a)）。物理坐标系中的单元节点如图 4-11(b)所示，每个节点在 x、y 和 z 三个方向的位移分别记为 u、v 和 w。

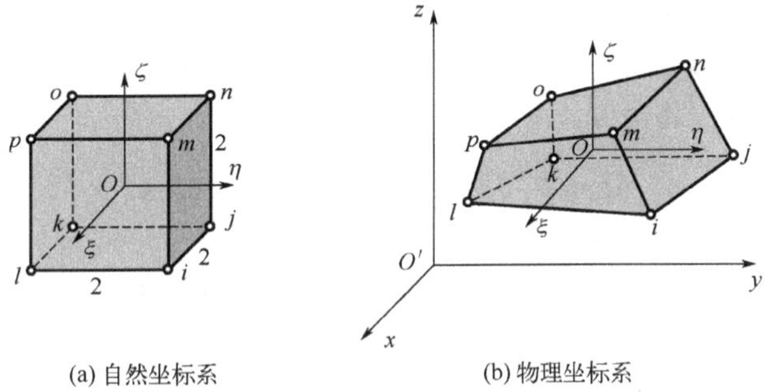

图 4-11　三维六面体单元的等参变换

根据式(4-75)，选择相同的插值函数作为两个坐标系之间的坐标映射函数和单元位移场的形函数，即

$$N_q=\frac{1}{8}(1+\xi_q\xi)(1+\eta_q\eta)(1+\zeta_q\zeta)\quad (q=i,j,k,l,m,n,o,p) \tag{4-126}$$

式中，ξ_q、η_q 和 ζ_q 是八个节点在自然坐标系下的自然坐标，如 $(\xi_i,\eta_i,\zeta_i)=(-1,-1,-1)$。

坐标从自然坐标系到物理坐标系的映射为

$$\begin{aligned} x&=\sum_{q=i}^{p}N_q(\xi,\eta,\zeta)x_q \\ y&=\sum_{q=i}^{p}N_q(\xi,\eta,\zeta)y_q\quad (q=i,j,k,l,m,n,o,p) \\ z&=\sum_{q=i}^{p}N_q(\xi,\eta,\zeta)z_q \end{aligned} \tag{4-127}$$

式中，x_q、y_q 和 z_q 是八个节点在物理坐标系下的坐标。

单元位移场的插值为

$$\begin{aligned} u&=\sum_{q=i}^{p}N_q(\xi,\eta,\zeta)u_q \\ v&=\sum_{q=i}^{p}N_q(\xi,\eta,\zeta)v_q \\ w&=\sum_{q=i}^{p}N_q(\xi,\eta,\zeta)w_q \end{aligned} \tag{4-128}$$

式中，u_q、v_q 和 w_q 是八个节点 $q=i$、j、k、l、m、n、o 和 p 分别沿 x、y 和 z 方向的位移。

形函数对自然坐标和物理坐标导数的关系为

$$\begin{Bmatrix} \dfrac{\partial N_q}{\partial \xi} \\ \dfrac{\partial N_q}{\partial \eta} \\ \dfrac{\partial N_q}{\partial \zeta} \end{Bmatrix} = \begin{bmatrix} \dfrac{\partial x}{\partial \xi} & \dfrac{\partial y}{\partial \xi} & \dfrac{\partial z}{\partial \xi} \\ \dfrac{\partial x}{\partial \eta} & \dfrac{\partial y}{\partial \eta} & \dfrac{\partial z}{\partial \eta} \\ \dfrac{\partial x}{\partial \zeta} & \dfrac{\partial y}{\partial \zeta} & \dfrac{\partial z}{\partial \zeta} \end{bmatrix} \begin{Bmatrix} \dfrac{\partial N_q}{\partial x} \\ \dfrac{\partial N_q}{\partial y} \\ \dfrac{\partial N_q}{\partial z} \end{Bmatrix} = [\boldsymbol{J}] \begin{Bmatrix} \dfrac{\partial N_q}{\partial x} \\ \dfrac{\partial N_q}{\partial y} \\ \dfrac{\partial N_q}{\partial z} \end{Bmatrix} \tag{4-129}$$

式中，$[\boldsymbol{J}]$ 为三维问题的 Jacobi 矩阵。

三维问题的单元刚度矩阵计算需要对单元体积进行积分。在物理坐标系 $O'xyz$ 中，体积微元 $\mathrm{d}V = \mathrm{d}\boldsymbol{\xi} \cdot (\mathrm{d}\boldsymbol{\eta} \times \mathrm{d}\boldsymbol{\zeta})$，其中

$$\begin{aligned} \mathrm{d}\boldsymbol{\xi} &= \frac{\partial x}{\partial \xi}\mathrm{d}\xi \cdot \boldsymbol{i} + \frac{\partial y}{\partial \xi}\mathrm{d}\xi \cdot \boldsymbol{j} + \frac{\partial z}{\partial \xi}\mathrm{d}\xi \cdot \boldsymbol{k} \\ \mathrm{d}\boldsymbol{\eta} &= \frac{\partial x}{\partial \eta}\mathrm{d}\eta \cdot \boldsymbol{i} + \frac{\partial y}{\partial \eta}\mathrm{d}\eta \cdot \boldsymbol{j} + \frac{\partial z}{\partial \eta}\mathrm{d}\eta \cdot \boldsymbol{k} \\ \mathrm{d}\boldsymbol{\zeta} &= \frac{\partial x}{\partial \zeta}\mathrm{d}\zeta \cdot \boldsymbol{i} + \frac{\partial y}{\partial \zeta}\mathrm{d}\zeta \cdot \boldsymbol{j} + \frac{\partial z}{\partial \zeta}\mathrm{d}\zeta \cdot \boldsymbol{k} \end{aligned} \tag{4-130}$$

由此可得

$$\mathrm{d}V = \begin{vmatrix} \dfrac{\partial x}{\partial \xi} & \dfrac{\partial y}{\partial \xi} & \dfrac{\partial z}{\partial \xi} \\ \dfrac{\partial x}{\partial \eta} & \dfrac{\partial y}{\partial \eta} & \dfrac{\partial z}{\partial \eta} \\ \dfrac{\partial x}{\partial \zeta} & \dfrac{\partial y}{\partial \zeta} & \dfrac{\partial z}{\partial \zeta} \end{vmatrix} \mathrm{d}\xi\mathrm{d}\eta\mathrm{d}\zeta = |\boldsymbol{J}|\mathrm{d}\xi\mathrm{d}\eta\mathrm{d}\zeta \tag{4-131}$$

六面体等参单元的单元刚度矩阵为

$$[\boldsymbol{K}]_e = \int_{-1}^{1}\int_{-1}^{1}\int_{-1}^{1}[\boldsymbol{B}]^{\mathrm{T}}[\boldsymbol{D}][\boldsymbol{B}]|\boldsymbol{J}|\mathrm{d}\xi\mathrm{d}\eta\mathrm{d}\zeta \tag{4-132}$$

4.5 数值积分方法

从前面介绍的二维、三维问题求解过程中可以看出，单元刚度矩阵的计算需要进行对面积或体积的积分。对于三节点三角形、四节点四面体等低阶单元，常应变矩阵$[\boldsymbol{B}]$使得单元刚度矩阵可以通过直接积分获得具体的表达式。然而，高阶单元、等参单元等复杂单元的单元刚度矩阵元素难以直接积分，一般需要通过数值积分方法进行计算。本节将主要介绍两种一维情况常用的数值积分方法，二维和三维问题的多重数值积分可以基于一维问题的方法依次将外层变量视为常数而逐重实施。

针对函数$F(\xi)$在积分域$[a,b]$内的积分$\int_a^b F(\xi)\mathrm{d}\xi$，数值积分的基本思想是构造一个多项式$\psi(\xi)$替代难以积分的函数$F(\xi)$。近似函数$\psi(\xi)$的确定依据是在积分域$[a,b]$内存在若干$\xi_i (i=1,2,\cdots,n)$使得$\psi(\xi_i)=F(\xi_i)$，其中$\xi_i$称为积分点。根据这种替代原则，近似函数$\psi(\xi)$与原函数$F(\xi)$在积分点处有相同的数值，这意味着增加积分点的数量可以在一定程度上促使

近似函数逼近原函数，但是计算量会有相应的增加。因此，合理地选择积分点的数量和位置对于数值积分的精度和效率非常重要，不同的数值积分方法聚焦于不同的选择策略，本节介绍的是等间距积分点的 Newton-Cotes 积分方法和变间距积分点的高斯积分方法。

4.5.1 Newton-Cotes 积分

在 Newton-Cotes 积分中，积分点是等间距分布的，近似多项式可以采用 Lagrange 插值多项式。选取 n 个积分点，则 Lagrange 插值函数为

$$L_i(\xi)=\frac{(\xi-\xi_1)(\xi-\xi_2)\cdots(\xi-\xi_{i-1})(\xi-\xi_{i+1})\cdots(\xi-\xi_n)}{(\xi_i-\xi_1)(\xi_i-\xi_2)\cdots(\xi_i-\xi_{i-1})(\xi_i-\xi_{i+1})\cdots(\xi_i-\xi_n)} \tag{4-133}$$

对于任意积分点 ξ_j，有

$$L_i(\xi_j)=\delta_{ij}=\begin{cases}1 & (i=j)\\ 0 & (i\neq j)\end{cases} \tag{4-134}$$

式中，δ_{ij} 为克罗内克(Kronecker)函数。为了保证近似函数在积分点处的数值 $\psi(\xi_i)=F(\xi_i)$，其可表示为

$$\psi(\xi)=\sum_{i=1}^{n}L_i(\xi)F(\xi_i) \tag{4-135}$$

因此，原函数的积分 $\int_a^b F(\xi)\mathrm{d}\xi$ 近似为

$$\begin{aligned}\int_a^b F(\xi)\mathrm{d}\xi &\approx \int_a^b \psi(\xi)\mathrm{d}\xi=\int_a^b \sum_{i=1}^{n}L_i(\xi)F(\xi_i)\,\mathrm{d}\xi\\ &=\sum_{i=1}^{n}F(\xi_i)\int_a^b L_i(\xi)\mathrm{d}\xi=\sum_{i=1}^{n}F(\xi_i)(b-a)C_i\end{aligned} \tag{4-136}$$

式中，$C_i=\int_0^1 L_i(\xi)\mathrm{d}\xi$ 称为 Newton-Cotes 积分常数，其仅与积分点的数目有关。表 4-1 列出了 1～6 个积分点的 Newton-Cotes 积分常数。

表 4-1　Newton-Cotes 积分常数

积分点的数目 n	C_1	C_2	C_3	C_4	C_5	C_6	C_7
1	$\frac{1}{2}$	$\frac{1}{2}$					
2	$\frac{1}{6}$	$\frac{4}{6}$	$\frac{1}{6}$				
3	$\frac{1}{8}$	$\frac{3}{8}$	$\frac{3}{8}$	$\frac{1}{8}$			
4	$\frac{7}{90}$	$\frac{32}{90}$	$\frac{12}{90}$	$\frac{32}{90}$	$\frac{7}{90}$		
5	$\frac{19}{288}$	$\frac{75}{288}$	$\frac{50}{288}$	$\frac{50}{288}$	$\frac{75}{288}$	$\frac{19}{288}$	
6	$\frac{41}{840}$	$\frac{216}{840}$	$\frac{27}{840}$	$\frac{272}{840}$	$\frac{27}{840}$	$\frac{216}{840}$	$\frac{41}{840}$

4.5.2　高斯积分

在 Newton-Cotes 积分中，积分点是等间距分布的，积分常数也就是权系数，随着积分点数目的变化而变化。如果进一步将积分点的位置作为调整变量，即积分点是非等间距分布的，则数值积分的精度是可以得到提升的。在有限元程序中，非等间距积分点的设置很容易实现，因此有限元方法的实现中常采用积分点非等间距分布的数值积分方法，如高斯积分。在高斯积分中，定义多项式为

$$P(\xi)=\prod_{i=1}^{n}(\xi-\xi_i) \tag{4-137}$$

显然，积分点上有 $P(\xi_i)=0$。由此，可设近似函数的形式为

$$\psi(\xi)=\sum_{i=1}^{n}L_i(\xi)F(\xi_i)+\sum_{i=0}^{n-1}\alpha_i\xi^i P(\xi) \tag{4-138}$$

式中，α_i 为多项式的系数。不难看出，式(4-138)满足 $\psi(\xi_i)=F(\xi_i)$，故原函数的积分 $\int_a^b F(\xi)\mathrm{d}\xi$ 近似为

$$\int_a^b F(\xi)\mathrm{d}\xi\approx\int_a^b\psi(\xi)\mathrm{d}\xi=\int_a^b\sum_{i=1}^{n}L_i(\xi)F(\xi_i)\mathrm{d}\xi+\sum_{i=0}^{n-1}\alpha_i\int_a^b\xi^i P(\xi)\mathrm{d}\xi \tag{4-139}$$

基于式(4-139)右端第二项中每一求和分项的多项式积分可确定积分点的位置，即

$$\int_a^b\xi^i P(\xi)\mathrm{d}\xi=0\quad(i=0,1,\cdots,n-1) \tag{4-140}$$

结合式(4-139)和式(4-140)，可得

$$\int_a^b F(\xi)\mathrm{d}\xi\approx\sum_{i=1}^{n}F(\xi_i)\int_a^b L_i(\xi)\mathrm{d}\xi \tag{4-141}$$

式中，积分点 ξ_i 的位置由式(4-140)计算获得。为了计算方便，可将式(4-140)和式(4-141)的积分上、下限 $\xi\in[a,b]$ 做规则化处理，转换为 $\xi'\in[-1,1]$，则

$$\begin{gathered}\xi_i=\frac{a+b}{2}-\frac{a-b}{2}\xi_i'\\ \int_a^b F(\xi)\mathrm{d}\xi\approx\sum_{i=1}^{n}F(\xi_i)\int_{-1}^{1}L_i(\xi')\mathrm{d}\xi'\frac{(b-a)}{2}=\sum_{i=1}^{n}F(\xi_i)C_i\frac{(b-a)}{2}\end{gathered} \tag{4-142}$$

式中，$C_i=\int_{-1}^{1}L_i(\xi')\mathrm{d}\xi'$ 称为高斯积分的权系数。表 4-2 列出了 1～6 个积分点的高斯积分点坐标和权系数。需要注意的是，高斯积分点是关于 0 左右对称的，对称积分点对应的权系数是相同的。

表 4-2　高斯积分点的坐标和权系数

积分点的数目 n	坐标 ξ_i'	权系数 C_i
1	0.000000000000000	2.000000000000000
2	±0.577350269189626	1.000000000000000
3	±0.774596669241483 0.000000000000000	0.555555555555556 0.888888888888889
4	±0.861136311594053 ±0.339981043584856	0.347854845137454 0.652145154862546
5	±0.906179845938664 ±0.538469310105683 0.000000000000000	0.236926885056189 0.478628670499366 0.568888888888889
6	±0.932469514203152 ±0.661209386466265 ±0.238619186083197	0.171324492379170 0.360761573048139 0.467913934572691

4.5.3　二维和三维数值积分

若对于一维问题，函数 $F(\xi)$ 在积分域 $[-1,1]$ 内的数值积分表达式为

$$\int_{-1}^{1} F(\xi)\mathrm{d}\xi = \sum_{i=1}^{n} C_i F(\xi_i) \tag{4-143}$$

式中，n 是积分点的数目；C_i 是第 i 个积分点函数值的权系数；ξ_i 是第 i 个积分点的坐标。在多重数值积分中，依次将外层变量看作常数而逐重积分即可。

对于二维问题，有

$$\int_{-1}^{1}\int_{-1}^{1} F(\xi,\eta)\mathrm{d}\xi\mathrm{d}\eta = \sum_{j=1}^{n}\sum_{i=1}^{m} C_j C_i F(\xi_i,\eta_j) \tag{4-144}$$

式中，m 和 n 分别是沿 ξ 和 η 方向的积分点数目；C_i 和 C_j 分别是考虑了 m 和 n 个积分点的权系数。

对于三维问题，有

$$\int_{-1}^{1}\int_{-1}^{1}\int_{-1}^{1} F(\xi,\eta,\zeta)\mathrm{d}\xi\mathrm{d}\eta\mathrm{d}\zeta = \sum_{k=1}^{n}\sum_{j=1}^{m}\sum_{i=1}^{l} C_k C_j C_i F(\xi_i,\eta_j,\zeta_k) \tag{4-145}$$

式中，l、m 和 n 分别是沿 ξ、η 和 ζ 方向的积分点数目；C_i、C_j 和 C_k 分别是考虑了 l、m 和 n 个积分点的权系数。

4.6　单元选择及网格收敛性

有限元分析需要利用单元对原问题进行离散，离散的合理性是保证计算结果精度的重要基础。在选择单元类型时，要结合二维、三维或者轴对称等具体问题的结构特点。在单元的形状方面，三角形、四面体单元可以分别在二维和三维问题中更容易实现对复杂非线性几何边界的逼近，但在应用时需要仔细地考量精度和效率的制衡。在单元的阶次方面，低阶单元的计算效率显然更高，但是往往在计算精度上有所损失，特别是三角形、四面体单元，不适

宜应力呈现高梯度变化的区域。一般来说，对于应力、应变变化显著的区域，通常采用四边形、六面体或者其他高阶单元进行剖分，如果采用了低阶单元则要减小单元的尺寸，同时要考察结果的收敛性。

单元剖分时需要注意一些问题。在节点设置方面，由于连续体是由离散的单元通过节点拼接的，一般有限元方法求解的是节点位移，也是通过基于节点信息集成的刚度矩阵、载荷列向量等求解的，因此注意将不连续物理量的作用位置尽量设置为节点，包括集中力作用点、面力作用边界、载荷突变处、几何突变处、材料性质突变处等。此外，一些计算结果被重点关注的位置(如实验中应变片的位置等)也应该被设置为节点。在单元的几何性质方面，二维、三维的单元应该尽可能地剖分为凸正多边形或凸正多面体，避免出现凹的畸形网格。例如，三角形单元的三个边长不能相差太大，尤其不要出现极小的甚至接近于 0° 的内角，四边形等参单元不能出现接近或大于 180° 的内角等。在模型简化方面，如果结构、载荷、约束都呈现出了对称性，包括对某一轴或两轴的正对称或反对称，可以结合具体对称性的特点仅考虑部分结构的分析，单元剖分也仅在考虑的部分结构上进行，此时应该注意简化部分边界条件的设置。

单元尺寸的选择对于有限元计算而言也有着非常重要的影响。4.2.1 节中介绍了单元的完备性和协调性的含义，它们也可以通过单元的分片实验得以验证：由少量单元组成的含内节点问题，通过在边界节点施加可以实现常应变状态的位移或者载荷，若内节点的载荷平衡且位移与精确解一致则认为通过了分片测试。如果单元的完备性和协调性能够严格满足，那么该单元计算结果的精度是会随着剖分网格的不断细化而提高并收敛的。这意味着有限元问题的分析可以通过选择尽量小的单元而获得相对精确的结果，但这会致使离散整体问题的单元数量较多，从而具有较低的计算效率。因此，单元尺寸的选择需要同时兼顾计算精度和效率，一般应该通过依托不同单元尺寸的计算来选择合理的尺寸并验证结果的收敛性。实际上，在具体问题中，单元的尺寸也不能是均匀的，它应该根据结构、约束、载荷的特点而变化，在应力变化剧烈的区域单元尺寸小一点，在应力变化平缓的区域可以将单元尺寸设置得大一点，这样可以更为合理地兼顾到计算精度和效率。

4.7　四边形等参单元算例

例 4-1　已知结构尺寸如图 4-12(a)所示，材料杨氏模量 $E=2\times10^{11}\text{Pa}$，泊松比 $\mu=0.25$，厚度 $t=0.1\text{m}$。试给出采用有限元四边形等参单元的位移、应变和应力的求解过程。

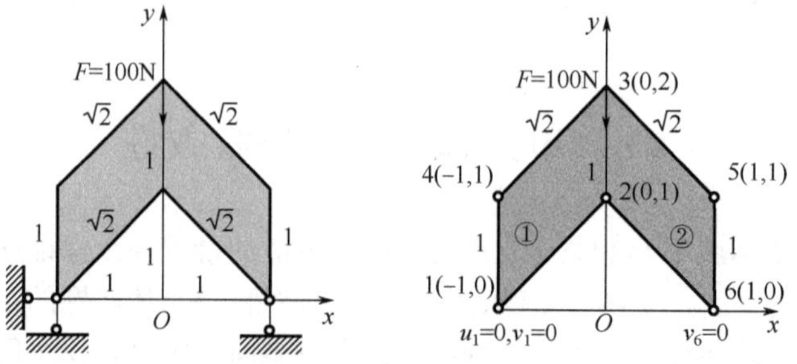

(a) 结构、约束与载荷　　(b) 离散后的单元与节点

图 4-12　例题图示

解：将原问题离散成 2 个单元，如图 4-12(b)所示，单元及节点信息如表 4-3 所示。

表 4-3　单元及节点信息

	单元①				单元②			
节点号	1	2	3	4	2	6	5	3
节点坐标	(−1,0)	(0,1)	(0,2)	(−1,1)	(0,1)	(1,0)	(1,1)	(0,2)
位移约束	$u_1=0$ $v_1=0$	—	—	—	—	$v_6=0$	—	—

自然坐标与物理坐标的映射见式(4-117)，位移场见式(4-119)，采用相同的插值函数和形函数：

$$N_n=\frac{1}{4}(1+\xi_n\xi)(1+\eta_n\eta)\quad(n=1,2,3,4)\tag{4-146}$$

单元①的 Jacobi 矩阵为

$$[\boldsymbol{J}]=\begin{bmatrix}\dfrac{\partial x}{\partial\xi} & \dfrac{\partial y}{\partial\xi}\\ \dfrac{\partial x}{\partial\eta} & \dfrac{\partial y}{\partial\eta}\end{bmatrix}=\frac{1}{4}\begin{bmatrix}\eta-1 & 1-\eta & 1+\eta & -\eta-1\\ \xi-1 & -1-\xi & 1+\xi & 1-\xi\end{bmatrix}\begin{bmatrix}x_1 & y_1\\ x_2 & y_2\\ x_3 & y_3\\ x_4 & y_4\end{bmatrix}\tag{4-147}$$

将相应节点坐标代入可得

$$[\boldsymbol{J}]=\begin{bmatrix}0.5 & 0.5\\ 0 & 0.5\end{bmatrix},\quad |\boldsymbol{J}|=0.25,\quad [\boldsymbol{J}]^{-1}=\begin{bmatrix}2 & -2\\ 0 & 2\end{bmatrix}\tag{4-148}$$

根据式(4-122)，可得

$$\begin{Bmatrix}\dfrac{\partial N_n}{\partial x}\\ \dfrac{\partial N_n}{\partial y}\end{Bmatrix}=\begin{bmatrix}2 & -2\\ 0 & 2\end{bmatrix}\begin{Bmatrix}\dfrac{\partial N_n}{\partial\xi}\\ \dfrac{\partial N_n}{\partial\eta}\end{Bmatrix}=\begin{Bmatrix}2\left(\dfrac{\partial N_n}{\partial\xi}-\dfrac{\partial N_n}{\partial\eta}\right)\\ 2\dfrac{\partial N_n}{\partial\eta}\end{Bmatrix}\quad(n=1,2,3,4)\tag{4-149}$$

记 $b_i=2(\partial N_n/\partial\xi-\partial N_n/\partial\eta)$ 和 $c_i=2\partial N_n/\partial\eta$，则

$$[\boldsymbol{B}_n]=\begin{bmatrix}\dfrac{\partial N_n}{\partial x} & 0\\ 0 & \dfrac{\partial N_n}{\partial y}\\ \dfrac{\partial N_n}{\partial y} & \dfrac{\partial N_n}{\partial x}\end{bmatrix}=\begin{bmatrix}b_n & 0\\ 0 & c_n\\ c_n & b_n\end{bmatrix}\quad(n=1,2,3,4)\tag{4-150}$$

具体的表达式为

$$[\boldsymbol{B}_1]=\begin{bmatrix}\dfrac{\eta-\xi}{2} & 0\\ 0 & \dfrac{\xi-1}{2}\\ \dfrac{\xi-1}{2} & \dfrac{\eta-\xi}{2}\end{bmatrix},\quad [\boldsymbol{B}_2]=\begin{bmatrix}\dfrac{\xi-\eta}{2}+1 & 0\\ 0 & -\dfrac{\xi+1}{2}\\ -\dfrac{\xi+1}{2} & \dfrac{\xi-\eta}{2}+1\end{bmatrix}$$

$$[\boldsymbol{B}_3]=\begin{bmatrix}\dfrac{\eta-\xi}{2} & 0\\ 0 & \dfrac{\xi+1}{2}\\ \dfrac{\xi+1}{2} & \dfrac{\eta-\xi}{2}\end{bmatrix},\quad [\boldsymbol{B}_4]=\begin{bmatrix}\dfrac{\xi-\eta}{2}-1 & 0\\ 0 & \dfrac{1-\xi}{2}\\ \dfrac{1-\xi}{2} & \dfrac{\xi-\eta}{2}-1\end{bmatrix} \tag{4-151}$$

平面应力问题的弹性矩阵为

$$[\boldsymbol{D}]=\frac{E}{1-\mu^2}\begin{bmatrix}1 & \mu & 0\\ \mu & 1 & 0\\ 0 & 0 & \dfrac{1-\mu}{2}\end{bmatrix} \tag{4-152}$$

则单元①的单元刚度矩阵$[\boldsymbol{K}]_{①}=\int_{-1}^{1}\int_{-1}^{1}[\boldsymbol{B}]^{\mathrm{T}}[\boldsymbol{D}][\boldsymbol{B}]t|\boldsymbol{J}|\mathrm{d}\xi\mathrm{d}\eta$表示成分块形式为

$$[\boldsymbol{K}]_{①}=\begin{bmatrix}\boldsymbol{K}_{11} & \boldsymbol{K}_{12} & \boldsymbol{K}_{13} & \boldsymbol{K}_{14}\\ \boldsymbol{K}_{21} & \boldsymbol{K}_{22} & \boldsymbol{K}_{23} & \boldsymbol{K}_{24}\\ \boldsymbol{K}_{31} & \boldsymbol{K}_{32} & \boldsymbol{K}_{33} & \boldsymbol{K}_{34}\\ \boldsymbol{K}_{41} & \boldsymbol{K}_{42} & \boldsymbol{K}_{43} & \boldsymbol{K}_{44}\end{bmatrix} \tag{4-153}$$

式中

$$[\boldsymbol{K}_{ij}]=\int_{-1}^{1}\int_{-1}^{1}[\boldsymbol{B}_i]^{\mathrm{T}}[\boldsymbol{D}][\boldsymbol{B}_j]t|\boldsymbol{J}|\mathrm{d}\xi\mathrm{d}\eta \quad (i,j=1,2,3,4)$$

将式(4-148)、式(4-151)和式(4-152)代入，可得单元①的单元刚度矩阵为

$$[\boldsymbol{K}]_{①}=10^{10}\times\begin{bmatrix}
0.6222 & -0.1111 & -0.2222 & -0.2889 & 0.2222 & -0.1111 & -0.6222 & 0.5111\\
-0.1111 & 0.8444 & -0.1556 & 0.2222 & -0.1111 & -0.2222 & 0.3778 & -0.8444\\
-0.2222 & -0.1556 & 2.7556 & -0.7778 & -0.6222 & 0.3778 & -1.9111 & 0.5556\\
-0.2889 & 0.2222 & -0.7778 & 1.6444 & 0.5111 & -0.8444 & 0.5556 & -1.0222\\
0.2222 & -0.1111 & -0.6222 & 0.5111 & 0.6222 & -0.1111 & -0.2222 & -0.2889\\
-0.1111 & -0.2222 & 0.3778 & -0.8444 & -0.1111 & 0.8444 & -0.1556 & 0.2222\\
-0.6222 & 0.3778 & -1.9111 & 0.5556 & -0.2222 & -0.1556 & 2.7556 & -0.7778\\
0.5111 & -0.8444 & 0.5556 & -1.0222 & -0.2889 & 0.2222 & -0.7778 & 1.6444
\end{bmatrix} \tag{4-154}$$

单元②的 Jacobi 矩阵、模及逆矩阵分别为

$$[\boldsymbol{J}]=\begin{bmatrix}0.5 & -0.5\\ 0 & 0.5\end{bmatrix},\quad |\boldsymbol{J}|=0.25,\quad [\boldsymbol{J}]^{-1}=\begin{bmatrix}2 & 2\\ 0 & 2\end{bmatrix} \tag{4-155}$$

应变矩阵为

$$[\boldsymbol{B}_2]=\begin{bmatrix}\dfrac{\xi+\eta}{2}-1 & 0\\ 0 & \dfrac{\xi-1}{2}\\ \dfrac{\xi-1}{2} & \dfrac{\xi+\eta}{2}-1\end{bmatrix},\quad [\boldsymbol{B}_6]=\begin{bmatrix}-\dfrac{\xi+\eta}{2} & 0\\ 0 & -\dfrac{\xi+1}{2}\\ -\dfrac{\xi+1}{2} & -\dfrac{\xi+\eta}{2}\end{bmatrix}$$

$$[\boldsymbol{B}_5]=\begin{bmatrix} \frac{\xi+\eta}{2}+1 & 0 \\ 0 & \frac{\xi+1}{2} \\ \frac{\xi+1}{2} & \frac{\xi+\eta}{2}+1 \end{bmatrix},\quad [\boldsymbol{B}_3]=\begin{bmatrix} -\frac{\xi+\eta}{2} & 0 \\ 0 & \frac{1-\xi}{2} \\ \frac{1-\xi}{2} & -\frac{\xi+\eta}{2} \end{bmatrix} \tag{4-156}$$

单元②的单元刚度矩阵$[\boldsymbol{K}]_{②}=\int_{-1}^{1}\int_{-1}^{1}[\boldsymbol{B}]^{\mathrm{T}}[\boldsymbol{D}][\boldsymbol{B}]t|\boldsymbol{J}|\mathrm{d}\xi\mathrm{d}\eta$可表示成分块形式为

$$[\boldsymbol{K}]_{②}=\begin{bmatrix} \boldsymbol{K}_{22} & \boldsymbol{K}_{25} & \boldsymbol{K}_{26} & \boldsymbol{K}_{23} \\ \boldsymbol{K}_{52} & \boldsymbol{K}_{55} & \boldsymbol{K}_{56} & \boldsymbol{K}_{53} \\ \boldsymbol{K}_{62} & \boldsymbol{K}_{65} & \boldsymbol{K}_{66} & \boldsymbol{K}_{63} \\ \boldsymbol{K}_{32} & \boldsymbol{K}_{35} & \boldsymbol{K}_{36} & \boldsymbol{K}_{33} \end{bmatrix} \tag{4-157}$$

其中

$$[\boldsymbol{K}_{ij}]=\int_{-1}^{1}\int_{-1}^{1}[\boldsymbol{B}_i]^{\mathrm{T}}[\boldsymbol{D}][\boldsymbol{B}_j]t|\boldsymbol{J}|\mathrm{d}\xi\mathrm{d}\eta \quad (i,j=2,6,5,3)$$

具体结果为

$$[\boldsymbol{K}]_{②}=10^{10}\times\begin{bmatrix} 2.7556 & 0.7778 & -0.2222 & 0.1556 & -1.9111 & -0.5556 & -0.6222 & -0.3778 \\ 0.7778 & 1.6444 & 0.2889 & 0.2222 & -0.5556 & -1.0222 & -0.5111 & -0.8444 \\ -0.2222 & 0.2889 & 0.6222 & 0.1111 & -0.6222 & -0.5111 & 0.2222 & 0.1111 \\ 0.1556 & 0.2222 & 0.1111 & 0.8444 & -0.3778 & -0.8444 & 0.1111 & -0.2222 \\ -1.9111 & -0.5556 & -0.6222 & -0.3778 & 2.7556 & 0.7778 & -0.2222 & 0.1556 \\ -0.5556 & -1.0222 & -0.5111 & -0.8444 & 0.7778 & 1.6444 & 0.2889 & 0.2222 \\ -0.6222 & -0.5111 & 0.2222 & 0.1111 & -0.2222 & 0.2889 & 0.6222 & 0.1111 \\ -0.3778 & -0.8444 & 0.1111 & -0.2222 & 0.1556 & 0.2222 & 0.1111 & 0.8444 \end{bmatrix} \tag{4-158}$$

该问题有 2 个单元 6 个节点，每个节点有 2 个自由度，故总体刚度矩阵为12×12的矩阵，2 个单元共用节点 2 和节点 3，因此总体刚度矩阵的组装应为

$$[\boldsymbol{K}]=[\boldsymbol{K}]_{①}+[\boldsymbol{K}]_{②}=\begin{bmatrix} \boldsymbol{K}_{11} & \boldsymbol{K}_{12} & \boldsymbol{K}_{13} & \boldsymbol{K}_{14} & 0 & 0 \\ \boldsymbol{K}_{21} & \boldsymbol{K}_{22} & \boldsymbol{K}_{23} & \boldsymbol{K}_{24} & 0 & 0 \\ \boldsymbol{K}_{31} & \boldsymbol{K}_{32} & \boldsymbol{K}_{33} & \boldsymbol{K}_{34} & 0 & 0 \\ \boldsymbol{K}_{41} & \boldsymbol{K}_{42} & \boldsymbol{K}_{43} & \boldsymbol{K}_{44} & 0 & 0 \\ 0 & 0 & 0 & 0 & 0 & 0 \\ 0 & 0 & 0 & 0 & 0 & 0 \end{bmatrix}+\begin{bmatrix} 0 & 0 & 0 & 0 & 0 & 0 \\ 0 & \boldsymbol{K}_{22} & \boldsymbol{K}_{23} & 0 & \boldsymbol{K}_{25} & \boldsymbol{K}_{26} \\ 0 & \boldsymbol{K}_{32} & \boldsymbol{K}_{33} & 0 & \boldsymbol{K}_{35} & \boldsymbol{K}_{36} \\ 0 & 0 & 0 & 0 & 0 & 0 \\ 0 & \boldsymbol{K}_{52} & \boldsymbol{K}_{53} & 0 & \boldsymbol{K}_{55} & \boldsymbol{K}_{56} \\ 0 & \boldsymbol{K}_{62} & \boldsymbol{K}_{63} & 0 & \boldsymbol{K}_{65} & \boldsymbol{K}_{66} \end{bmatrix} \tag{4-159}$$

式(4-159)整理得

$$
[\boldsymbol{K}]=\begin{bmatrix}
\boldsymbol{K}_{11} & \boldsymbol{K}_{12} & \boldsymbol{K}_{13} & \boldsymbol{K}_{14} & 0 & 0 \\
\boldsymbol{K}_{21} & \boldsymbol{K}_{22}^{①}+\boldsymbol{K}_{22}^{②} & \boldsymbol{K}_{23}^{①}+\boldsymbol{K}_{23}^{②} & \boldsymbol{K}_{24} & \boldsymbol{K}_{25} & \boldsymbol{K}_{26} \\
\boldsymbol{K}_{31} & \boldsymbol{K}_{32}^{①}+\boldsymbol{K}_{32}^{②} & \boldsymbol{K}_{33}^{①}+\boldsymbol{K}_{33}^{②} & \boldsymbol{K}_{34} & \boldsymbol{K}_{35} & \boldsymbol{K}_{36} \\
\boldsymbol{K}_{41} & \boldsymbol{K}_{42} & \boldsymbol{K}_{43} & \boldsymbol{K}_{44} & 0 & 0 \\
0 & \boldsymbol{K}_{52} & \boldsymbol{K}_{53} & 0 & \boldsymbol{K}_{55} & \boldsymbol{K}_{56} \\
0 & \boldsymbol{K}_{62} & \boldsymbol{K}_{63} & 0 & \boldsymbol{K}_{65} & \boldsymbol{K}_{66}
\end{bmatrix} \tag{4-160}
$$

将式(4-154)和式(4-158)代入，可得总体刚度矩阵的具体表达式。结合节点 1 和节点 6 的约束情况，采用直接代入法消除总体刚度矩阵的奇异性。对于载荷列向量，由于仅在节点 3 的 y 方向存在集中力作用，故原问题的有限元求解方程为

$$
10^{10}\times\begin{bmatrix}
5.5111 & 0 & -1.2444 & 0 & -1.9111 & 0.5556 & -1.9111 & -0.5556 & -0.2222 \\
0 & 3.2889 & 0 & -1.6889 & 0.5556 & -1.0222 & -0.5556 & -1.0222 & 0.2889 \\
-1.2444 & 0 & 1.2444 & 0 & -0.2222 & -0.2889 & -0.2222 & 0.2889 & 0.2222 \\
0 & -1.6889 & 0 & 1.6889 & -0.1556 & 0.2222 & 0.1556 & 0.2222 & 0.1111 \\
-1.9111 & 0.5556 & -0.2222 & -0.1556 & 2.7556 & -0.7778 & 0 & 0 & 0 \\
0.5556 & -1.0222 & -0.2889 & 0.2222 & -0.7778 & 1.6444 & 0 & 0 & 0 \\
-1.9111 & -0.5556 & -0.2222 & 0.1556 & 0 & 0 & 2.7556 & 0.7778 & -0.6222 \\
-0.5556 & -1.0222 & 0.2889 & 0.2222 & 0 & 0 & 0.7778 & 1.6444 & -0.5111 \\
-0.2222 & 0.2889 & 0.2222 & 0.1111 & 0 & 0 & -0.6222 & -0.5111 & 0.6222
\end{bmatrix}\begin{Bmatrix} u_2 \\ v_2 \\ u_3 \\ v_3 \\ u_4 \\ v_4 \\ u_5 \\ v_5 \\ u_6 \end{Bmatrix}=\begin{Bmatrix} 0 \\ 0 \\ 0 \\ -100 \\ 0 \\ 0 \\ 0 \\ 0 \\ 0 \end{Bmatrix} \tag{4-161}
$$

实际上，在有限元程序的实现过程中，总体刚度矩阵、载荷列向量的集成是直接基于节点信息完成的，节点号对应了单元信息在总体刚度矩阵和载荷列向量中的位置，多个单元共用节点的信息需要将每个单元的相应信息在对应位置进行累计。

求解得到的位移结果为

$$
\begin{Bmatrix} u_1 \\ v_1 \\ u_2 \\ v_2 \\ u_3 \\ v_3 \\ u_4 \\ v_4 \\ u_5 \\ v_5 \\ u_6 \\ v_6 \end{Bmatrix}=10^{-7}\times\begin{Bmatrix} 0 \\ 0 \\ 0.0779 \\ -0.1335 \\ 0.0779 \\ -0.1952 \\ 0.0654 \\ -0.0383 \\ 0.0904 \\ -0.0383 \\ 0.1557 \\ 0 \end{Bmatrix} \tag{4-162}
$$

单元①的应变场为

$$\{\boldsymbol{\varepsilon}\}_{①}=\begin{Bmatrix}\varepsilon_x\\ \varepsilon_y\\ \gamma_{xy}\end{Bmatrix}=\begin{bmatrix}\boldsymbol{B}_1 & \boldsymbol{B}_2 & \boldsymbol{B}_3 & \boldsymbol{B}_4\end{bmatrix}\begin{Bmatrix}u_1\\ v_1\\ u_2\\ v_2\\ u_3\\ v_3\\ u_4\\ v_4\end{Bmatrix}=10^{-9}\times\begin{Bmatrix}-3.2676\xi-3.2676\eta+1.2500\\ -1.1670\xi-5\\ -2.1006\xi-1.670\eta-6.2500\end{Bmatrix} \tag{4-163}$$

单元②的应变场为

$$\{\boldsymbol{\varepsilon}\}_{②}=\begin{Bmatrix}\varepsilon_x\\ \varepsilon_y\\ \gamma_{xy}\end{Bmatrix}=\begin{bmatrix}\boldsymbol{B}_2 & \boldsymbol{B}_6 & \boldsymbol{B}_5 & \boldsymbol{B}_3\end{bmatrix}\begin{Bmatrix}u_2\\ v_2\\ u_6\\ v_6\\ u_5\\ v_5\\ u_3\\ v_3\end{Bmatrix}=10^{-9}\times\begin{Bmatrix}-3.2676\xi-3.2676\eta+1.2500\\ 1.1670\xi-5\\ -2.1006\xi+1.670\eta+6.2500\end{Bmatrix} \tag{4-164}$$

单元①的应力场为

$$\{\boldsymbol{\sigma}\}_{①}=\begin{Bmatrix}\sigma_x\\ \sigma_y\\ \tau_{xy}\end{Bmatrix}=10^{-3}\times\begin{Bmatrix}63.485\xi-69.710\eta\\ -7.469\xi-17.427\eta-10.000\\ -16.805\xi-9.336\eta-50.000\end{Bmatrix} \tag{4-165}$$

单元②的应力场为

$$\{\boldsymbol{\sigma}\}_{②}=\begin{Bmatrix}\sigma_x\\ \sigma_y\\ \tau_{xy}\end{Bmatrix}=10^{-3}\times\begin{Bmatrix}63.485\xi-69.710\eta\\ 7.469\xi-17.427\eta-10.000\\ -16.805\xi+9.336\eta+50.000\end{Bmatrix} \tag{4-166}$$

习　题

4-1　请证明三节点三角形单元的完备性和协调性。

4-2　请参考 4.2.2 节中关于三节点三角形单元的形函数建立流程推导六节点三角形的形函数建立过程。

4-3　请参考 4.3.7 节中关于空间轴对称问题的三节点三角形单元的单元刚度矩阵的构建过程建立空间轴对称问题的四边形单元的单元刚度矩阵。

4-4　请编写 Newton-Cotes 积分和高斯积分的计算程序，并结合积分 $\int_{-1}^{1}\mathrm{e}^x x^2\mathrm{d}x$ 考察两种数值积分算法以及采用不同数目积分点的计算精度。

4-5　已知结构如图 4-13 所示，$E=70\text{GPa}$，$\mu=1/3$，$t=0.2\text{m}$，$F=2000\text{N}$，求如图 4-13 所示平面结构的应力分布。

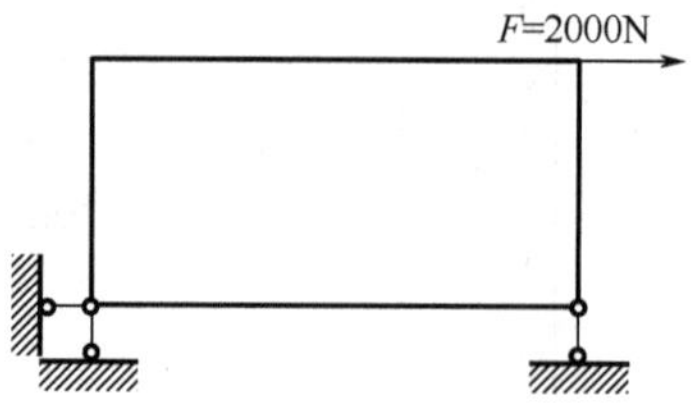

图 4-13　习题 4-5 图例

第 5 章　动力学问题分析

5.1　引　　言

动力学问题在自然界和工程中广泛存在，如桥梁在风载荷作用下的变形、高层建筑在地震载荷作用下的运动、火箭的振动等。动力学问题与静力学问题的主要区别在于：动力学问题具有随时间变化的特点。例如，对于节点位移来说，其不仅是坐标的函数，也是时间的函数；此外，节点还具有速度和加速度，惯性力将对结构的力学响应产生较大的影响；静力分析不需要考虑阻尼的影响，在动力学分析过程中一般都需要考虑阻尼的耗散作用。

本章主要介绍动力学问题的有限元分析方法，首先将介绍动力分析有限元列式，然后介绍模态分析中的行列式展开法、逆迭代法(又称反幂法)、子空间迭代法和 Lanczos 法，随后介绍时程分析中常用的中心差分法和 Newmark 方法，最后介绍缩聚自由度方法中的静凝聚方法和动凝聚方法。

5.2　动力分析有限元列式

工程结构中的动力学问题可分为两大类，一类是求结构的自振频率以及相应的振型(即结构自身固有的振动形式，也称为模态)，另一类是求任意动载荷作用下结构的位置、变形或者内力随时间的变化规律，即响应分析(如位移响应、速度响应、动应变、动应力等)。对于线性结构而言，其固有频率和振型只与结构的自身属性相关(如刚度、约束条件、质量分布等)，是结构自身的固有属性，不随引起结构振动原因的变化而变化。

在借助有限元方法求解相应的动力学问题时，其基本步骤如下：①选择单元类型及对结构进行离散，选择位移函数。②定义应变-位移和应力-应变的关系。③推导单元刚度矩阵与方程，一般采用的方法有直接平衡法、功和能量法以及加权参量法。④组装单元方程得出总体方程。对于整体刚度矩阵，可直接按照单元编号以及节点信息采用“对号入座”原则叠加得到；对于质量矩阵，可以采用协调质量矩阵或集中质量矩阵。协调质量矩阵又称一致质量矩阵，可采用 Galerkin 法以及形函数导出；集中质量矩阵则假设单元的质量集中在节点上，为一对角矩阵。在实际分析中，协调质量矩阵与集中质量矩阵都获得了广泛应用，且通常情况下两者的误差较小。不过，采用集中质量矩阵时通常可以让计算得到简化。对于动力学问题求解，当采用直接积分的显式方法求解运动方程时，如果阻尼矩阵也采用对角矩阵，则可以在求解中省去等效刚度矩阵的分解步骤，这对非线性分析十分有利。对于阻尼矩阵，一般比刚度矩阵和质量矩阵都更为复杂，通常情况下整体阻尼矩阵可按照瑞利阻尼的方式将质量矩阵和刚度矩阵按比例组合而成，在满足精度要求的同时简化计算，提升计算效率，阻尼矩阵的选择可以根据实际需求确定。⑤求解动力学方程。⑥计算结构的应力、应变以及完成后续分析。

对于结构动力学问题，其矢量形式表达的控制方程如下。

运动方程：
$$\rho\ddot{\boldsymbol{u}}+\mu\dot{\boldsymbol{u}}-\nabla\cdot\boldsymbol{\sigma}-\boldsymbol{b}=\boldsymbol{0}\quad(在\varOmega内)\tag{5-1}$$

几何方程：
$$\boldsymbol{\varepsilon}=\frac{1}{2}[\nabla\boldsymbol{u}+(\nabla\boldsymbol{u})^{\mathrm{T}}]\tag{5-2}$$

物理方程：
$$\boldsymbol{\sigma}=\boldsymbol{D}:\boldsymbol{\varepsilon}\tag{5-3}$$

边界条件：
$$\boldsymbol{u}=\overline{\boldsymbol{u}}\quad(在\varGamma_u上)$$
$$\boldsymbol{\sigma}\cdot\boldsymbol{n}=\overline{\boldsymbol{t}}\quad(在\varGamma_t上)\tag{5-4}$$

初始条件：
$$\boldsymbol{u}(t=0)=\boldsymbol{u}_0,\quad\dot{\boldsymbol{u}}(t=0)=\dot{\boldsymbol{u}}_0\tag{5-5}$$

式中，$\boldsymbol{u}$ 、$\dot{\boldsymbol{u}}$ 和 $\ddot{\boldsymbol{u}}$ 为任意一点的位移及其对应的速度和加速度矢量；ρ 为质量密度；μ 为阻尼系数；$\boldsymbol{b}$ 为体积力矢量；$\boldsymbol{\sigma}$ 为应力张量；$\boldsymbol{\varepsilon}$ 为应变张量；$\boldsymbol{D}$ 为弹性张量；$\overline{\boldsymbol{u}}$ 为边界 $\varGamma_u$ 上的指定位移矢量；$\overline{\boldsymbol{t}}$ 为边界 $\varGamma_t$ 上的已知面力矢量；$\boldsymbol{u}_0$ 和 $\dot{\boldsymbol{u}}_0$ 分别为初始位移和速度矢量。

为方便建立动力学问题的有限元格式，将上述控制方程用矩阵形式表示如下。

运动方程：
$$\rho\{\ddot{\boldsymbol{u}}\}+\mu\{\dot{\boldsymbol{u}}\}-[\boldsymbol{L}]^{\mathrm{T}}\{\boldsymbol{\sigma}\}-\{\boldsymbol{b}\}=\boldsymbol{0}\quad(在\varOmega内)\tag{5-6}$$

几何方程：
$$\{\boldsymbol{\varepsilon}\}=[\boldsymbol{L}]\{\boldsymbol{u}\}\tag{5-7}$$

物理方程：
$$\{\boldsymbol{\sigma}\}=[\boldsymbol{D}]\{\boldsymbol{\varepsilon}\}\tag{5-8}$$

边界条件：
$$\{\boldsymbol{u}\}=\{\overline{\boldsymbol{u}}\}\quad(在\varGamma_u上)$$
$$[\boldsymbol{n}]\{\boldsymbol{\sigma}\}=\{\overline{\boldsymbol{t}}\}\quad(在\varGamma_t上)\tag{5-9}$$

初始条件：
$$\{\boldsymbol{u}(t=0)\}=\{\boldsymbol{u}_0\},\quad\{\dot{\boldsymbol{u}}(t=0)\}=\{\dot{\boldsymbol{u}}_0\}\tag{5-10}$$

式中，$\{\boldsymbol{u}\}=\{u_x\quad u_y\quad u_z\}^{\mathrm{T}}$；$\{\dot{\boldsymbol{u}}\}=\{\dot{u}_x\quad \dot{u}_y\quad \dot{u}_z\}^{\mathrm{T}}$；$\{\ddot{\boldsymbol{u}}\}=\{\ddot{u}_x\quad \ddot{u}_y\quad \ddot{u}_z\}^{\mathrm{T}}$；$\{\boldsymbol{b}\}=\{b_x\quad b_y\quad b_z\}^{\mathrm{T}}$；$\overline{\boldsymbol{u}}=\{\overline{u}_x\quad \overline{u}_y\quad \overline{u}_z\}^{\mathrm{T}}$；$\overline{\boldsymbol{t}}=\{\overline{t}_x\quad \overline{t}_y\quad \overline{t}_z\}^{\mathrm{T}}$；$\boldsymbol{u}_0=\{u_{x0}\quad u_{y0}\quad u_{z0}\}^{\mathrm{T}}$；$\dot{\boldsymbol{u}}_0=\{\dot{u}_{x0}\quad \dot{u}_{y0}\quad \dot{u}_{z0}\}^{\mathrm{T}}$；$[\boldsymbol{D}]$ 为弹性张量 $\boldsymbol{D}$ 的 Voigt 形式。此外，$\{\boldsymbol{\sigma}\}$ 、$\{\boldsymbol{\varepsilon}\}$ 、微分算子矩阵 $[\boldsymbol{L}]$ 和外法线单位方向矢量矩阵 $[\boldsymbol{n}]$ 分别为

$$\{\boldsymbol{\sigma}\}=\{\sigma_x\quad\sigma_y\quad\sigma_z\quad\tau_{xy}\quad\tau_{yz}\quad\tau_{xz}\}^{\mathrm{T}}\tag{5-11}$$

$$\{\boldsymbol{\varepsilon}\}=\{\varepsilon_x\quad\varepsilon_y\quad\varepsilon_z\quad\gamma_{xy}\quad\gamma_{yz}\quad\gamma_{xz}\}^{\mathrm{T}}\tag{5-12}$$

$$[\boldsymbol{L}]=\begin{bmatrix}\frac{\partial}{\partial x}&0&0\\0&\frac{\partial}{\partial y}&0\\0&0&\frac{\partial}{\partial z}\\\frac{\partial}{\partial y}&\frac{\partial}{\partial x}&0\\0&\frac{\partial}{\partial z}&\frac{\partial}{\partial y}\\\frac{\partial}{\partial z}&0&\frac{\partial}{\partial x}\end{bmatrix}\tag{5-13}$$

$$[\boldsymbol{n}]=\begin{bmatrix} n_x & 0 & 0 & n_y & 0 & n_z \\ 0 & n_y & 0 & n_x & n_z & 0 \\ 0 & 0 & n_z & 0 & n_y & n_x \end{bmatrix} \tag{5-14}$$

式中，$\gamma_{xy}=2\varepsilon_{xy}$、$\gamma_{yz}=2\varepsilon_{yz}$ 和 $\gamma_{xz}=2\varepsilon_{xz}$ 为工程剪应变；$n_i(i=x,y,z)$ 为 Γ_t 上外法线单位方向矢量的分量。

设任意时刻物体内任意一点的虚位移和虚应变能分别为 $\{\delta\boldsymbol{u}\}$ 和 $\{\delta\boldsymbol{\varepsilon}\}$，则总的虚应变能为

$$\delta U=\iiint_{\Omega}\{\delta\boldsymbol{\varepsilon}\}^{\mathrm{T}}\{\boldsymbol{\sigma}\}\mathrm{d}\Omega \tag{5-15}$$

此外，所有力的虚功为

$$\begin{aligned}\delta W=&\iiint_{\Omega}\{\delta\boldsymbol{u}\}^{\mathrm{T}}\{\boldsymbol{b}\}\mathrm{d}\Omega+\iint_{\Gamma_t}\{\delta\boldsymbol{u}\}^{\mathrm{T}}\{\bar{\boldsymbol{t}}\}\mathrm{d}\Gamma+\{\delta\boldsymbol{u}\}^{\mathrm{T}}\{\boldsymbol{P}\}\\&-\iiint_{\Omega}\{\delta\boldsymbol{u}\}^{\mathrm{T}}\rho\{\ddot{\boldsymbol{u}}\}\mathrm{d}\Omega-\iiint_{\Omega}\{\delta\boldsymbol{u}\}^{\mathrm{T}}\mu\{\dot{\boldsymbol{u}}\}\mathrm{d}\Omega\end{aligned} \tag{5-16}$$

式中，$\{\boldsymbol{P}\}$ 为作用在物体上的集中力。

将所考虑的物体选用合适的单元离散为 N_e 个单元，并采用如下插值格式建立单元内任意一点的位移 $\{\boldsymbol{u}\}$、速度 $\{\dot{\boldsymbol{u}}\}$、加速度 $\{\ddot{\boldsymbol{u}}\}$ 和虚位移 $\{\delta\boldsymbol{u}\}$ 与节点位移向量 $\{\boldsymbol{u}_e\}$、速度向量 $\{\dot{\boldsymbol{u}}_e\}$、加速度向量 $\{\ddot{\boldsymbol{u}}_e\}$ 和虚位移向量 $\{\delta\boldsymbol{u}_e\}$ 之间的联系：

$$\begin{aligned}\{\ddot{\boldsymbol{u}}\}&=[\boldsymbol{N}]\{\ddot{\boldsymbol{u}}_e\}\\\{\dot{\boldsymbol{u}}\}&=[\boldsymbol{N}]\{\dot{\boldsymbol{u}}_e\}\\\{\boldsymbol{u}\}&=[\boldsymbol{N}]\{\boldsymbol{u}_e\}\\\{\delta\boldsymbol{u}\}&=[\boldsymbol{N}]\{\delta\boldsymbol{u}_e\}\end{aligned} \tag{5-17}$$

式中，形函数矩阵 $[\boldsymbol{N}]$、节点位移向量 $\{\boldsymbol{u}_e\}$、速度向量 $\{\dot{\boldsymbol{u}}_e\}$、加速度向量 $\{\ddot{\boldsymbol{u}}_e\}$ 和虚位移向量 $\{\delta\boldsymbol{u}_e\}$ 分别为

$$\begin{aligned}[\boldsymbol{N}]&=\begin{bmatrix} N_1 & 0 & 0 & \cdots & N_N & 0 & 0 \\ 0 & N_1 & 0 & \cdots & 0 & N_N & 0 \\ 0 & 0 & N_1 & \cdots & 0 & 0 & N_N \end{bmatrix}\\\{\boldsymbol{u}_e\}&=\{u_{1x}\quad u_{1y}\quad u_{1z}\quad\cdots\quad u_{Nx}\quad u_{Ny}\quad u_{Nz}\}^{\mathrm{T}}\\\{\dot{\boldsymbol{u}}_e\}&=\{\dot{u}_{1x}\quad \dot{u}_{1y}\quad \dot{u}_{1z}\quad\cdots\quad \dot{u}_{Nx}\quad \dot{u}_{Ny}\quad \dot{u}_{Nz}\}^{\mathrm{T}}\\\{\ddot{\boldsymbol{u}}_e\}&=\{\ddot{u}_{1x}\quad \ddot{u}_{1y}\quad \ddot{u}_{1z}\quad\cdots\quad \ddot{u}_{Nx}\quad \ddot{u}_{Ny}\quad \ddot{u}_{Nz}\}^{\mathrm{T}}\\\{\delta\boldsymbol{u}_e\}&=\{\delta u_{1x}\quad \delta u_{1y}\quad \delta u_{1z}\quad\cdots\quad \delta u_{Nx}\quad \delta u_{Ny}\quad \delta u_{Nz}\}^{\mathrm{T}}\end{aligned} \tag{5-18}$$

其中，N 为单元的节点个数；u_{ix} 为第 i 个节点的 x 方向位移分量。

将式(5-17)代入式(5-15)和式(5-16)，并根据虚功原理 $\delta U=\delta W$，经整理可得结构动力学问题对应的方程为二阶动力学方程如下：

$$[\boldsymbol{M}]\{\ddot{\boldsymbol{U}}\}+[\boldsymbol{C}]\{\dot{\boldsymbol{U}}\}+[\boldsymbol{K}]\{\boldsymbol{U}\}=\{\boldsymbol{F}\} \tag{5-19}$$

式中，$[\boldsymbol{M}]$、$[\boldsymbol{C}]$ 和 $[\boldsymbol{K}]$ 分别为结构的质量矩阵、阻尼矩阵以及刚度矩阵；$\{\ddot{\boldsymbol{U}}\}$、$\{\dot{\boldsymbol{U}}\}$ 和 $\{\boldsymbol{U}\}$

分别为结构的加速度、速度和位移向量；$\{\boldsymbol{F}\}$ 为外载荷向量，可分别由式(5-20)计算如下：

$$[\boldsymbol{M}]=\sum_{e=1}^{N_e}[\boldsymbol{M}_e],\quad [\boldsymbol{C}]=\sum_{e=1}^{N_e}[\boldsymbol{C}_e],\quad [\boldsymbol{K}]=\sum_{e=1}^{N_e}[\boldsymbol{K}_e]$$
$$\{\ddot{\boldsymbol{U}}\}=\sum_{e=1}^{N_e}\{\ddot{\boldsymbol{u}}_e\},\quad \{\dot{\boldsymbol{U}}\}=\sum_{e=1}^{N_e}\{\dot{\boldsymbol{u}}_e\},\quad \{\boldsymbol{U}\}=\sum_{e=1}^{N_e}\{\boldsymbol{u}_e\} \tag{5-20}$$
$$\{\boldsymbol{F}\}=\sum_{e=1}^{N_e}\{\boldsymbol{F}_e\}$$

式中，$\sum\limits_{e=1}^{N_e}$ 为组集符号；单元质量矩阵$[\boldsymbol{M}_e]$、阻尼矩阵$[\boldsymbol{C}_e]$、刚度矩阵$[\boldsymbol{K}_e]$及外载荷向量$\{\boldsymbol{F}_e\}$分别为

$$[\boldsymbol{M}_e]=\iiint_{\Omega_e}[\boldsymbol{N}]^{\mathrm{T}}\rho[\boldsymbol{N}]\mathrm{d}\Omega$$
$$[\boldsymbol{C}_e]=\iiint_{\Omega_e}[\boldsymbol{N}]^{\mathrm{T}}\mu[\boldsymbol{N}]\mathrm{d}\Omega$$
$$[\boldsymbol{K}_e]=\iiint_{\Omega_e}[\boldsymbol{B}]^{\mathrm{T}}[\boldsymbol{D}][\boldsymbol{B}]\mathrm{d}\Omega \tag{5-21}$$
$$\{\boldsymbol{F}_e\}=\iiint_{\Omega_e}[\boldsymbol{N}]^{\mathrm{T}}\{\boldsymbol{b}\}\mathrm{d}\Omega+\iint_{\Gamma_t^e}[\boldsymbol{N}]^{\mathrm{T}}\{\bar{\boldsymbol{t}}\}\mathrm{d}\Gamma+[\boldsymbol{N}]^{\mathrm{T}}\{\boldsymbol{P}\}$$

且$[\boldsymbol{B}]=[\boldsymbol{L}][\boldsymbol{N}]$为应变矩阵。

动力学问题中的结构位移、速度和加速度向量总是与时间 t 相关；对于线性定常结构动力系统，质量矩阵、阻尼矩阵以及刚度矩阵不随时间改变，而对于时变结构动力系统，质量矩阵、阻尼矩阵以及刚度矩阵是时间的函数。求解式(5-19)所给出的动力学方程，即可获得结构的动力学响应。通常情况下，结构动力学问题的求解包括两类分析，即模态分析和时程分析。

5.3 模 态 分 析

模态分析是求解结构在无阻尼和外力作用下的自由振动固有频率和振型，其对应的自由振动方程可由式(5-19)并令$[\boldsymbol{C}]=\boldsymbol{0}$和$\{\boldsymbol{F}\}=\boldsymbol{0}$给出，具体形式如下：

$$[\boldsymbol{M}]\{\ddot{\boldsymbol{U}}\}+[\boldsymbol{K}]\{\boldsymbol{U}\}=\boldsymbol{0} \tag{5-22}$$

对节点位移向量$\{\boldsymbol{U}(t)\}$进行分离变量可得

$$\{\boldsymbol{U}(t)\}=\{\boldsymbol{A}\}\sin(\omega t+\phi) \tag{5-23}$$

对其进行求导，可得节点加速度向量为

$$\{\boldsymbol{U}(t)\}=-\omega^2\{\boldsymbol{A}\}\sin(\omega t+\phi) \tag{5-24}$$

代入结构自由振动方程，并消去$\sin(\omega t+\phi)$可得

$$([\boldsymbol{K}]-\omega^2[\boldsymbol{M}])\{\boldsymbol{A}\}=\boldsymbol{0} \tag{5-25}$$

其为一典型的广义特征值方程。式(5-25)中，ω 为结构的固有频率，每个固有频率都有一个对应非零向量 $\{\boldsymbol{A}\}=\{\boldsymbol{\Phi}\}$，称为结构的一个振型。在一般的初始条件下，结构的振动是由各阶模态的简谐振动叠加而成的复合振动。模态阶数越高，所对应的固有频率越高，阻尼造成的衰减也就越快，所以高频模态只有在振动初始较为明显，以后则逐渐衰减。对于一般的工程问题，自由度数目可能达到几十甚至上百万，因此求出其所有的固有频率和振型是不现实的。通常我们只关心较低的几阶到几十阶固有频率及其振型。模态分析能够避免结构出现共振和有害振型，还可以为响应分析提供必要的依据。

结构模态分析最终归结为求解式(5-25)所给出的结构自由振动方程，可采用的方法包括行列式展开法、反幂法、子空间迭代法以及 Lanczos 法等，其中后三种方法为有限元分析中常用的求解方法。下面将分别介绍这几种方法的基本原理及其求解过程。

5.3.1　行列式展开法

行列式展开法是结构自由振动方程对应的广义特征值方程的一种直接解法。当结构产生振动时，振型 $\{\boldsymbol{A}\}$ 中的元素不能全部为 0。由线性代数知识可知，要使式(5-25)具有非零解，则其系数矩阵的行列式等于 0，即

$$\left|[\boldsymbol{K}]-\omega^2[\boldsymbol{M}]\right|=0 \tag{5-26}$$

对其进行求解即可获得结构的自振频率。将各阶频率代入式(5-25)可获得对应的振型。行列式展开法遵循严格的数学定义，所给出的结果是准确的。但需指出的是，对于规模较大的结构，其对应式(5-26)展开后的方程是关于 ω 的高次方程，不易求解。行列式展开法通常适用于低维系统的特征值分析。

例 5-1　已知如图 5-1 所示的质量弹簧系统对应的质量矩阵和刚度矩阵如下：

$$[\boldsymbol{M}]=\begin{bmatrix}1&0&0\\0&1&0\\0&0&1\end{bmatrix},\quad [\boldsymbol{K}]=\begin{bmatrix}2&-1&0\\-1&2&-1\\0&-1&1\end{bmatrix}$$

试采用行列式展开法对结构进行模态分析。

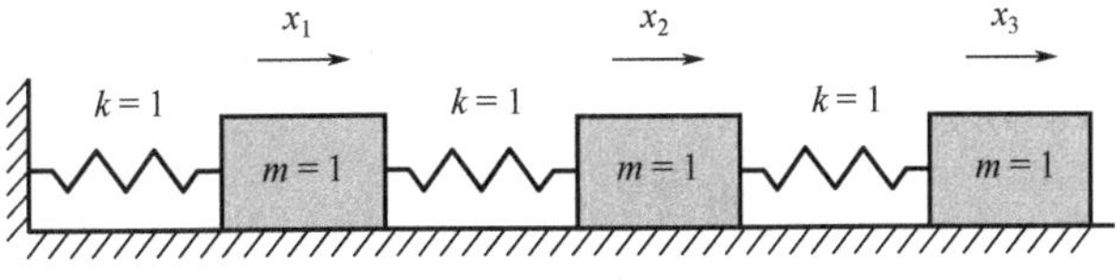

图 5-1　三自由度质量弹簧系统(从左至右自由度编号分别为 1 号、2 号和 3 号，下同)

解：将质量矩阵和刚度矩阵代入式(5-26)，可得

$$\begin{vmatrix}2-\omega^2&-1&0\\-1&2-\omega^2&-1\\0&-1&1-\omega^2\end{vmatrix}=0 \tag{5-27}$$

式(5-27)展开后可得

$$-\omega^6+5\omega^4-6\omega^2+1=0 \tag{5-28}$$

求解可得

$$\begin{aligned}\omega_1^2&=0.198 \quad\Rightarrow\quad \omega_1=0.445\\ \omega_2^2&=1.555 \quad\Rightarrow\quad \omega_2=1.247\\ \omega_3^2&=3.247 \quad\Rightarrow\quad \omega_3=1.802\end{aligned} \tag{5-29}$$

此为系统的自振频率。

将 $\omega_1^2=0.198$ 代入式(5-25)，得

$$\begin{bmatrix}1.802 & -1 & 0\\ -1 & 1.802 & -1\\ 0 & -1 & 1.802\end{bmatrix}\begin{Bmatrix}A_1\\ A_2\\ A_3\end{Bmatrix}=0 \tag{5-30}$$

取 $A_1=1$，可得

$$\{\boldsymbol{\Phi}\}_1=\begin{Bmatrix}A_1\\ A_2\\ A_3\end{Bmatrix}=\begin{Bmatrix}1.000\\ 1.802\\ 2.247\end{Bmatrix} \tag{5-31}$$

此为最低阶频率 $\omega_1=0.445$ 对应的振型，且关于第一个元素进行了归一化。其对应的关于质量矩阵归一化的振型为

$$\{\boldsymbol{\Phi}\}_1=\frac{\{\boldsymbol{\Phi}\}_1}{\sqrt{\{\boldsymbol{\Phi}\}_1^{\mathrm{T}}[\boldsymbol{M}]\{\boldsymbol{\Phi}\}_1}}=\begin{Bmatrix}0.328\\ 0.591\\ 0.737\end{Bmatrix} \tag{5-32}$$

其他阶关于质量矩阵归一化的振型可类似求得，其结果分别为

$$\{\boldsymbol{\Phi}\}_2=\begin{Bmatrix}0.737\\ 0.328\\ -0.591\end{Bmatrix},\quad \{\boldsymbol{\Phi}\}_3=\begin{Bmatrix}0.591\\ -0.737\\ 0.328\end{Bmatrix} \tag{5-33}$$

5.3.2　反幂法

反幂法是一种求解系统最低阶频率和振型的有效方法。在反幂法中，首先构造辅助变量 $\lambda=1/\omega^2$，将其代入式(5-25)可得

$$[\boldsymbol{M}]\{\boldsymbol{A}\}=\lambda[\boldsymbol{K}]\{\boldsymbol{A}\} \tag{5-34}$$

在式(5-34)的左右两端同乘 $[\boldsymbol{K}]^{-1}$，可改写为

$$[\boldsymbol{K}]^{-1}[\boldsymbol{M}]\{\boldsymbol{A}\}=\lambda\{\boldsymbol{A}\} \tag{5-35}$$

令 $[\boldsymbol{T}]=[\boldsymbol{K}]^{-1}[\boldsymbol{M}]$，可进一步得到如下表达式：

$$[\boldsymbol{T}]\{\boldsymbol{A}\}=\lambda\{\boldsymbol{A}\} \tag{5-36}$$

根据式(5-36)，构造如下迭代格式进行求解：

$$[\boldsymbol{T}]\{\boldsymbol{A}\}_{(k)}=\lambda\{\boldsymbol{A}\}_{(k+1)} \tag{5-37}$$

其中，下标 (k) 表示迭代步。如果式(5-37)所给出的迭代过程收敛，向量 $\{\boldsymbol{A}\}$ 将收敛于最低阶固有频率对应的振型 $\{\boldsymbol{\Phi}\}_1$，同时还可以得到最低阶固有频率 ω_1。在上述迭代过程中，需要对迭代前后的向量采用同样的归一化方式，如将模态向量关于向量中具有非零值的某一位置的元素进行归一化或关于质量矩阵进行归一化等。基于以上分析，反幂法的具体实施步骤如下。

首先，假设一个初始向量 $\{\boldsymbol{A}\}_{(1)}$，在每个迭代步中计算：

$$\{\tilde{\boldsymbol{A}}\}_{(k+1)} = [\boldsymbol{T}]\{\boldsymbol{A}\}_{(k)} \tag{5-38}$$

然后，进行归一化(此处采用关于质量矩阵进行归一化)：

$$\{\boldsymbol{A}\}_{(k+1)} = \frac{\{\tilde{\boldsymbol{A}}\}_{(k+1)}}{\sqrt{\{\tilde{\boldsymbol{A}}\}_{(k+1)}^{\mathrm{T}}[\boldsymbol{M}]\{\tilde{\boldsymbol{A}}\}_{(k+1)}}} \tag{5-39}$$

重复以上步骤直至迭代收敛。

若要求解系统的其他阶模态，则可通过 Gram-Schmidt 正交化手段实现。例如，第一阶模态求解完成后，可以进一步通过 Gram-Schmidt 正交化手段去除迭代向量 $\{\boldsymbol{A}\}$ 中第一阶模态的影响从而求解第二阶模态。即在迭代过程中，构造一个不包含第一阶模态 $\{\boldsymbol{\Phi}\}_1$ 的迭代向量 $\{\hat{\boldsymbol{A}}\}$，表达式为

$$\{\hat{\boldsymbol{A}}\} = \{\boldsymbol{A}\}_{(k)} - \alpha_1\{\boldsymbol{\Phi}\}_1 \tag{5-40}$$

为了求得待定系数 α_1，式(5-40)左右两边同时左乘 $\{\boldsymbol{\Phi}\}_1^{\mathrm{T}}[\boldsymbol{M}]$，可得等式如下：

$$\{\boldsymbol{\Phi}\}_1^{\mathrm{T}}[\boldsymbol{M}]\{\hat{\boldsymbol{A}}\} = \{\boldsymbol{\Phi}\}_1^{\mathrm{T}}[\boldsymbol{M}]\{\boldsymbol{A}\}_{(k)} - \alpha_1\{\boldsymbol{\Phi}\}_1^{\mathrm{T}}[\boldsymbol{M}]\{\boldsymbol{\Phi}_1\} \tag{5-41}$$

由于 $\{\hat{\boldsymbol{A}}\}$ 不包含 $\{\boldsymbol{\Phi}\}_1$ 的分量且与 $\{\boldsymbol{\Phi}\}_1$ 关于质量矩阵 $[\boldsymbol{M}]$ 正交，因此式(5-41)左端项等于 0，则可求出：

$$\alpha_1 = \frac{\{\boldsymbol{\Phi}\}_1^{\mathrm{T}}[\boldsymbol{M}]\{\boldsymbol{A}\}_{(k)}}{\{\boldsymbol{\Phi}\}_1^{\mathrm{T}}[\boldsymbol{M}]\{\boldsymbol{\Phi}_1\}} \tag{5-42}$$

这样就完成了 Gram-Schmidt 正交化过程。令 $\{\boldsymbol{A}\}_{(k)} \Leftarrow \{\hat{\boldsymbol{A}}\}$，并代入式(5-38)中进行迭代求解，即可获得第二阶模态。

类似地，如果需要进一步消去前 m 阶模态的影响，可构造如下不包含前 m 阶模态的迭代向量：

$$\{\hat{\boldsymbol{A}}\} = \{\boldsymbol{A}\}_{(k)} - \alpha_1\{\boldsymbol{\Phi}\}_1 - \alpha_2\{\boldsymbol{\Phi}\}_2 - \cdots - \alpha_m\{\boldsymbol{\Phi}\}_m \tag{5-43}$$

考虑各阶模态之间关于质量矩阵 $[\boldsymbol{M}]$ 的正交性，式(5-43)中各系数为

$$\alpha_m = \frac{\{\boldsymbol{\Phi}\}_m^{\mathrm{T}}[\boldsymbol{M}]\{\boldsymbol{A}\}_{(k)}}{\{\boldsymbol{\Phi}\}_m^{\mathrm{T}}[\boldsymbol{M}]\{\boldsymbol{\Phi}\}_m} \tag{5-44}$$

针对带频移的特征值问题为

$$([\boldsymbol{K}] - \varpi^2[\boldsymbol{M}])\{\boldsymbol{A}\} = \kappa^2[\boldsymbol{M}]\{\boldsymbol{A}\} \tag{5-45}$$

式中，ϖ 为频移值；$(\kappa^2,\{\boldsymbol{A}\})$ 为频移后的特征对，则原问题特征对可表示为 $(\kappa^2+\varpi^2,\{\boldsymbol{A}\})$。

例 5-2　采用反幂法求解例 5-1 所示系统的最低阶固有频率及振型。

解：将质量矩阵和刚度矩阵代入式(5-38)，可得反幂法迭代求解公式为

$$\{\boldsymbol{A}\}_{(k+1)}=\begin{bmatrix}1&1&1\\1&2&2\\1&2&3\end{bmatrix}\{\boldsymbol{A}\}_{(k)} \tag{5-46}$$

取初始值$\{\boldsymbol{A}\}_{(1)}=\{1\quad 1\quad 1\}^{\mathrm{T}}$，定义：

$$\gamma_{(k+1)}=\sqrt{\{\tilde{\boldsymbol{A}}\}_{(k+1)}^{\mathrm{T}}[\boldsymbol{M}]\{\tilde{\boldsymbol{A}}\}_{(k+1)}} \tag{5-47}$$

且取迭代收敛判据为$\left|\gamma_{(k+1)}-\gamma_{(k)}\right|\leqslant 10^{-6}$，则迭代过程如下：

$k=1$,

$$\{\tilde{\boldsymbol{A}}\}_{(2)}=\{3.000\quad 5.000\quad 6.000\}^{\mathrm{T}},\quad \gamma_{(2)}=8.367$$
$$\{\boldsymbol{A}\}_{(2)}=\{0.359\quad 0.598\quad 0.717\}^{\mathrm{T}}$$

$k=2$,

$$\begin{gathered}\{\tilde{\boldsymbol{A}}\}_{(3)}=\{1.673\quad 2.988\quad 3.705\}^{\mathrm{T}},\quad \gamma_{(3)}=5.046\\ \{\boldsymbol{A}\}_{(3)}=\{0.332\quad 0.592\quad 0.734\}^{\mathrm{T}}\end{gathered} \tag{5-48}$$

…

$k=5$,

$$\{\tilde{\boldsymbol{A}}\}_{(6)}=\{1.656\quad 2.984\quad 3.721\}^{\mathrm{T}},\quad \gamma_{(6)}=5.049$$
$$\{\boldsymbol{A}\}_{(6)}=\{0.328\quad 0.591\quad 0.737\}^{\mathrm{T}}$$

则频率可由$1/\omega^2=\lambda=\gamma_{(6)}$计算获得，且对应的关于质量矩阵归一化的振型为$\{\boldsymbol{\Phi}\}=\{\boldsymbol{A}\}_{(6)}$，即

$$\omega=0.445,\quad \{\boldsymbol{\Phi}\}=\begin{Bmatrix}0.328\\0.591\\0.737\end{Bmatrix} \tag{5-49}$$

其与由特征值方法计算得到的第一阶频率及振型相同。

5.3.3　子空间迭代法

采用反幂法求解广义特征值问题的前q阶特征值和特征向量时，必须先从最低阶开始求解，并且在后续的求解中采用一定的正交化手段去除前$q-1$阶的影响。子空间迭代法是在反幂法和瑞利-里茨法的基础上发展起来的，是求解大型结构模态问题的有效方法。

子空间迭代法顾名思义，需要先构造一个由p个初始实验模态构成的子空间。子空间的维度p通常需要大于我们想要得到的特征对阶数q，即

$$[\boldsymbol{X}]_{(1)}=[\boldsymbol{x}_1\quad \boldsymbol{x}_2\quad \cdots\quad \boldsymbol{x}_p]^{\mathrm{T}}\quad (p>q) \tag{5-50}$$

这里要求初始实验模态$\{\boldsymbol{x}_i\}$相互之间是线性无关的且包含全部前p阶模态的成分。子空间迭代法的迭代过程如下。

逆迭代：

$$[\tilde{\boldsymbol{X}}]_{(k)}=[\boldsymbol{K}]^{-1}[\boldsymbol{M}][\boldsymbol{X}]_{(k-1)} \tag{5-51}$$

对 $[\tilde{\boldsymbol{X}}]_{(k)}$ 执行归一化操作。

模态缩减：

$$[\boldsymbol{K}^*]=[\tilde{\boldsymbol{X}}]_{(k)}^{\mathrm{T}}[\boldsymbol{K}][\tilde{\boldsymbol{X}}]_{(k)} \tag{5-52}$$

$$[\boldsymbol{M}^*]=[\tilde{\boldsymbol{X}}]_{(k)}^{\mathrm{T}}[\boldsymbol{M}][\tilde{\boldsymbol{X}}]_{(k)} \tag{5-53}$$

求解缩减后的广义特征值问题：

$$[\boldsymbol{K}^*][\boldsymbol{A}]_{(k)}=[\boldsymbol{\Omega}^2]_{(k)}[\boldsymbol{M}^*][\boldsymbol{A}]_{(k)} \tag{5-54}$$

转换到物理坐标：

$$[\boldsymbol{X}]_{(k)}=[\tilde{\boldsymbol{X}}]_{(k)}[\boldsymbol{A}]_{(k)} \tag{5-55}$$

上述循环过程需要持续进行直到满足一定的收敛准则，通常是使矩阵 $[\boldsymbol{\Omega}^2]_{(k)}$ 的对角线上的元素趋于收敛时，停止迭代。此时矩阵 $[\boldsymbol{\Omega}^2]_{(k)}$ 中对角线上的元素为结构的固有频率，而矩阵 $[\boldsymbol{X}]_{(k)}$ 为模态矩阵。

子空间迭代法的主要计算量为式(5-54)的计算，由于缩减后的问题规模只有 p 阶，因此可以采用基于豪斯霍尔德(Householder)变换的 QR 分解法进行计算。

5.3.4　Lanczos 法

Lanczos 法以 20 世纪匈牙利数学家 C. Lanczos 命名，该方法利用三项递推关系产生一组正交规范的特征向量，从而可将原矩阵化成三对角矩阵，在此基础上可进一步将原问题转化为三对角矩阵的特征值问题。目前，Lanczos 法被认为是求解大型矩阵特征值问题最有效的方法之一。Lanczos 法用于标准特征值问题时称为标准 Lanczos 法，用于广义特征值问题时称为广义 Lanczos 法。

对于 n 阶实对称矩阵 $[\boldsymbol{K}]$，由线性代数知识可知 $[\boldsymbol{K}]$ 可以变换为如下的三对角矩阵：

$$[\boldsymbol{T}]=[\boldsymbol{Q}]^{\mathrm{T}}[\boldsymbol{K}][\boldsymbol{Q}] \tag{5-56}$$

式中，$[\boldsymbol{Q}]$ 为正交矩阵；$[\boldsymbol{T}]$ 为三对角矩阵，可分别写作如下形式：

$$[\boldsymbol{Q}]=[\boldsymbol{q}_1\quad \boldsymbol{q}_2\quad \cdots\quad \boldsymbol{q}_n] \tag{5-57}$$

$$[\boldsymbol{T}]=\begin{bmatrix} \alpha_1 & \beta_1 & & & & & \\ \beta_1 & \alpha_2 & \beta_2 & & & & \\ & \beta_2 & \alpha_3 & \beta_3 & & & \\ & & \cdots & \ddots & \cdots & & \\ & & & \cdots & \ddots & & \\ & & & & \cdots & \ddots & \\ & & & & \beta_{n-2} & \alpha_{n-1} & \beta_{n-1} \\ & & & & & \beta_{n-1} & \alpha_n \end{bmatrix} \tag{5-58}$$

式中，$\{\boldsymbol{q}_i\}$ 为 $[\boldsymbol{Q}]$ 的列向量。由式(5-56)可知：

$$[\boldsymbol{K}][\boldsymbol{Q}]=[\boldsymbol{Q}][\boldsymbol{T}] \tag{5-59}$$

将式(5-57)和式(5-58)代入式(5-59)，可得

$$[\boldsymbol{K}]\{\boldsymbol{q}_i\}=\beta_{i-1}\{\boldsymbol{q}_{i-1}\}+\alpha_i\{\boldsymbol{q}_i\}+\beta_i\{\boldsymbol{q}_{i+1}\} \tag{5-60}$$

式中，$\beta_0=\beta_n=0$ 且 $\{\boldsymbol{q}_0\}=\{\boldsymbol{q}_{n+1}\}=\boldsymbol{0}$，$\alpha_i$ 和 β_i 分别为

$$\begin{aligned}\alpha_i&=\{\boldsymbol{q}_i\}^{\mathrm{T}}[\boldsymbol{K}]\{\boldsymbol{q}_i\}\\ \beta_i&=\|[\boldsymbol{K}]\{\boldsymbol{q}_i\}-\beta_{i-1}\{\boldsymbol{q}_{i-1}\}-\alpha_i\{\boldsymbol{q}_i\}\|_2\end{aligned} \tag{5-61}$$

此处，$\|\boldsymbol{x}\|_2=\sqrt{\{\boldsymbol{x}\}^{\mathrm{T}}\{\boldsymbol{x}\}}$ 为向量 $\{\boldsymbol{x}\}$ 的二范数。

对于 n 阶实对称矩阵 $[\boldsymbol{K}]$ 对应的标准特征值问题，其对应的方程可写为

$$[\boldsymbol{K}]\{\boldsymbol{X}\}=\lambda\{\boldsymbol{X}\} \tag{5-62}$$

取 $\{\boldsymbol{X}\}$ 满足如下关系：

$$\{\boldsymbol{X}\}=[\boldsymbol{Q}]\{\tilde{\boldsymbol{X}}\} \tag{5-63}$$

在式(5-62)左右两端同时左乘 $[\boldsymbol{Q}]^{\mathrm{T}}$，并将式(5-63)代入，整理可得

$$[\boldsymbol{T}]\{\tilde{\boldsymbol{X}}\}=\lambda\{\tilde{\boldsymbol{X}}\} \tag{5-64}$$

由式(5-64)可知 $[\boldsymbol{T}]$ 的特征值和 $[\boldsymbol{K}]$ 的特征值完全一致，特征向量满足式(5-63)。

基于以上分析，求解 n 阶实对称矩阵 $[\boldsymbol{K}]$ 的特征值问题的 Lanczos 算法的基本思想为：取任意一个单位向量 $\{\boldsymbol{q}_1\}$（即 $\|\boldsymbol{q}_1\|_2=1$），通过上述过程构造一组正交的单位向量序列 $\{\boldsymbol{q}_1\}$，$\{\boldsymbol{q}_2\}$，…，$\{\boldsymbol{q}_m\}$。令 $[\boldsymbol{Q}]=[\boldsymbol{q}_1\ \ \boldsymbol{q}_2\ \ \cdots\ \ \boldsymbol{q}_m]$，则 $[\boldsymbol{Q}^{\mathrm{T}}][\boldsymbol{K}][\boldsymbol{Q}]=[\boldsymbol{T}]$ 成为一个对称三对角矩阵。随着 m 的增加，对称三对角矩阵 $[\boldsymbol{T}]$ 的低阶特征值越来越接近原矩阵 $[\boldsymbol{K}]$ 的低阶特征值，这样大规模矩阵 $[\boldsymbol{K}]$ 的特征值问题就转化为中小规模对称三对角矩阵 $[\boldsymbol{T}]$ 的特征值问题。Lanczos 算法求解一般特征值问题的迭代流程如表 5-1 所示。

表 5-1　求解一般特征值问题的 Lanczos 算法的迭代流程

算法：求解一般特征值问题的 Lanczos 算法的迭代流程

已知：$[\boldsymbol{K}]$ 和 m

求：$[\boldsymbol{\Omega}]$ 和 $\{\boldsymbol{X}\}$

1　给定任意向量 $\{\boldsymbol{q}_1\}$ 且 $\|\boldsymbol{q}_1\|_2=1$；

2　for　$i\leqslant m$　do

3　　计算 α_i：

　　$\alpha_i=\{\boldsymbol{q}_i\}^{\mathrm{T}}[\boldsymbol{K}]\{\boldsymbol{q}_i\}$；

4　　计算 β_i：

　　$\beta_i=\|[\boldsymbol{K}]\{\boldsymbol{q}_i\}-\beta_{i-1}\{\boldsymbol{q}_{i-1}\}-\alpha_i\{\boldsymbol{q}_i\}\|_2$

　　其中，$\beta_0=\beta_n=0$；

5　　计算 $\{\boldsymbol{q}_{i+1}\}$：

　　$\{\boldsymbol{q}_{i+1}\}=\dfrac{1}{\beta_i}([\boldsymbol{K}]\{\boldsymbol{q}_i\}-\beta_{i-1}\{\boldsymbol{q}_{i-1}\}-\alpha_i\{\boldsymbol{q}_i\})$

　　其中，$\{\boldsymbol{q}_0\}=\{\boldsymbol{q}_{n+1}\}=\boldsymbol{0}$；

6　　组装 $[\boldsymbol{T}]$：

　　$T_{i,i}=\alpha_i$

　　if　$i<m$，则 $T_{i+1,i}=\beta_i$

　　if　$i>1$，则 $T_{i-1,i}=\beta_{i-1}$；

7　end

8　构造 $[\boldsymbol{Q}]=[\boldsymbol{q}_1\ \ \boldsymbol{q}_2\ \ \cdots\ \ \boldsymbol{q}_m]$；

9　求解特征值问题 $[\boldsymbol{T}]\{\tilde{\boldsymbol{X}}\}=\lambda\{\tilde{\boldsymbol{X}}\}$，获得原问题的近似特征值 $[\boldsymbol{\Omega}]$；

10　计算原问题的近似特征向量 $\{\boldsymbol{X}\}=[\boldsymbol{Q}]\{\tilde{\boldsymbol{X}}\}$

对于广义特征值问题：

$$[\boldsymbol{K}]\{\boldsymbol{X}\}=\lambda[\boldsymbol{M}]\{\boldsymbol{X}\} \tag{5-65}$$

采用 Lanczos 算法求解其低阶特征值问题时，与标准特征值问题的主要区别在于对向量的归一化处理。定义$\|\boldsymbol{x}\|_{[\boldsymbol{M}]}=\sqrt{\{\boldsymbol{x}\}^{\mathrm{T}}[\boldsymbol{M}]\{\boldsymbol{x}\}}$，采用 Lanczos 算法求解广义特征值问题的计算流程如表 5-2 所示，其中所求出的特征值为广义特征值问题对应的前 m 阶特征值的倒数。

表 5-2　求解广义特征值问题的 Lanczos 算法的迭代流程

算法：求解广义特征值问题的 Lanczos 算法的迭代流程

已知：$[\boldsymbol{K}]$、$[\boldsymbol{M}]$和 m

求：$[\boldsymbol{\Omega}]$和$\{\boldsymbol{X}\}$

1 给定任意向量$\{\boldsymbol{q}_1\}$，且$\|\boldsymbol{q}_1\|_{[\boldsymbol{M}]}=1$；

2 for $i\leqslant m$ do

3 　计算 α_i：

　$[\boldsymbol{K}]\{\overline{\boldsymbol{q}}_i\}=[\boldsymbol{M}]\{\boldsymbol{q}_i\}$

　$\alpha_i=\{\overline{\boldsymbol{q}}_i\}^{\mathrm{T}}[\boldsymbol{M}]\{\boldsymbol{q}_i\}$

4 　计算 β_i：

　$\beta_i=\|\{\overline{\boldsymbol{q}}_i\}-\beta_{i-1}\{\boldsymbol{q}_{i-1}\}-\alpha_i\{\boldsymbol{q}_i\}\|_{[\boldsymbol{M}]}$

　其中，$\beta_0=\beta_n=0$；

5 　计算$\{\boldsymbol{q}_{i+1}\}$：

　$\{\boldsymbol{q}_{i+1}\}=\dfrac{1}{\beta_i}(\{\overline{\boldsymbol{q}}_i\}-\beta_{i-1}\{\boldsymbol{q}_{i-1}\}-\alpha_i\{\boldsymbol{q}_i\})$

　其中，$\{\boldsymbol{q}_0\}=\{\boldsymbol{q}_{n+1}\}=\boldsymbol{0}$；

6 　组装$[\boldsymbol{T}]$：

　$T_{i,i}=\alpha_i$

　if $i<m$，则 $T_{i+1,i}=\beta_i$

　if $i>1$，则 $T_{i-1,i}=\beta_{i-1}$；

7 end

8 构造$[\boldsymbol{Q}]=[\boldsymbol{q}_1\quad \boldsymbol{q}_2\quad \cdots\quad \boldsymbol{q}_m]$；

9 求解特征值问题$[\boldsymbol{T}]\{\tilde{\boldsymbol{X}}\}=\lambda\{\tilde{\boldsymbol{X}}\}$，获得原问题的近似特征值$[\boldsymbol{\Omega}]^{-1}$；

10 计算原问题的近似特征向量$\{\boldsymbol{X}\}=[\boldsymbol{Q}]\{\tilde{\boldsymbol{X}}\}$

需要注意的是，在上述迭代过程中，舍入误差可能会导致向量$\{\boldsymbol{q}_i\}$之间不满足正交性。此时可以采用其他正交化手段进行处理，如 Gram-Schmidt 正交化方法，但会增加额外的计算量。此外，在上述迭代过程结束后，需要检验是否已经求出所要求的特征值和特征向量。若未求出，则应设置新的初始向量$\{\boldsymbol{q}_1\}$，进行重新计算。

例 5-3　采用 Lanczos 法求解例 5-1 所示系统的固有频率及振型，取 $m=2$。

解：取$\{\boldsymbol{x}\}=\{1\quad 1\quad 1\}^{\mathrm{T}}$，计算$\{\boldsymbol{q}_1\}$及$[\boldsymbol{Q}]$如下：

$$\{\boldsymbol{q}_1\}=\frac{\{\boldsymbol{x}\}}{\|\boldsymbol{x}\|_2}=\{0.577\quad 0.577\quad 0.577\}^{\mathrm{T}},\quad [\boldsymbol{Q}]=\begin{bmatrix}0.577 & 0\\ 0.577 & 0\\ 0.577 & 0\end{bmatrix} \tag{5-66}$$

对 $i=1$，有

$$\{\bar{\boldsymbol{q}}_1\}=\{1.732\quad 2.867\quad 3.464\}^{\mathrm{T}},\quad \alpha_1=4.667,\quad \beta_1=1.247$$

$$\{\boldsymbol{q}_2\}=\{-0.772\quad 0.154\quad 0.617\}^{\mathrm{T}} \tag{5-67}$$

$$[\boldsymbol{T}]=\begin{bmatrix}4.667 & 0\\ 1.247 & 0\end{bmatrix},\quad [\boldsymbol{Q}]=\begin{bmatrix}0.577 & -0.772\\ 0.577 & 0.154\\ 0.577 & 0.617\end{bmatrix}$$

对 $i=2$，有

$$\{\bar{\boldsymbol{q}}_2\}=\{0\quad 0.772\quad 1.389\}^{\mathrm{T}},\quad \alpha_2=0.976,\quad \beta_2=0.124$$

$$\{\boldsymbol{q}_3\}=\{0.267\quad -0.802\quad 0.535\}^{\mathrm{T}},\quad [\boldsymbol{T}]=\begin{bmatrix}4.667 & 1.247\\ 1.247 & 0.976\end{bmatrix} \tag{5-68}$$

求解特征值问题 $[\boldsymbol{T}]\{\tilde{\boldsymbol{X}}\}=\lambda\{\tilde{\boldsymbol{X}}\}$，可得

$$[\boldsymbol{\Omega}]=\begin{bmatrix}0.594 & 0\\ 0 & 5.049\end{bmatrix},\quad \{\tilde{\boldsymbol{X}}\}=\begin{bmatrix}0.907 & 0.326\\ 0.022 & 0.597\\ -0.421 & 0.733\end{bmatrix} \tag{5-69}$$

则原问题对应的特征值和特征向量分别为

$$[\boldsymbol{\Omega}]^{-1}=\begin{bmatrix}1.683 & 0\\ 0 & 0.198\end{bmatrix},\quad \{\boldsymbol{X}\}=[\boldsymbol{Q}]\{\tilde{\boldsymbol{X}}\}=\begin{bmatrix}0.907 & 0.326\\ 0.022 & 0.597\\ -0.421 & 0.733\end{bmatrix} \tag{5-70}$$

与由特征值方法计算得到的第一阶频率及振型相同，但第二阶频率 1.683 与准确值 1.555 相比，存在一定的误差。注意，计算结果与初始向量 $\{\boldsymbol{q}_1\}$ 的选取密切相关。此外，若取 $m=n$，能正常计算出结果，将与准确值相同。

5.4 时程分析

当系统上作用有随时间变化的外载且系统初始条件已知时，系统响应可通过求解式(5-19)给出的动力学方程获得，此过程称为时程分析。常用的时程分析方法包括中心差分法、Newmark 方法等。

5.4.1 中心差分法

中心差分法是一种显式积分算法，用位移的有限差分代替位移的导数，即速度和加速度。把位移函数进行泰勒展开，可得向前差分公式：

$$\{\boldsymbol{U}\}_{t+\Delta t}=\{\boldsymbol{U}\}_t+\{\dot{\boldsymbol{U}}\}_t\Delta t+\frac{1}{2}\{\ddot{\boldsymbol{U}}\}_t\Delta t^2+\frac{1}{6}\{\dddot{\boldsymbol{U}}\}_t\Delta t^3+O(\Delta t^4) \tag{5-71}$$

式中，Δt 表示时间步长，通常为一个小量。

类似地，可得向后差分公式：

$$\{\boldsymbol{U}\}_{t-\Delta t}=\{\boldsymbol{U}\}_t-\{\dot{\boldsymbol{U}}\}_t\Delta t+\frac{1}{2}\{\ddot{\boldsymbol{U}}\}_t\Delta t^2-\frac{1}{6}\{\dddot{\boldsymbol{U}}\}_t\Delta t^3+O(\Delta t^4) \tag{5-72}$$

把式(5-71)和式(5-72)相减和相加，整理后可分别得到如下表达式：

$$\{\dot{\boldsymbol{U}}\}_t=\frac{\{\boldsymbol{U}\}_{t+\Delta t}-\{\boldsymbol{U}\}_{t-\Delta t}}{2\Delta t}+O(\Delta t^2) \tag{5-73}$$

$$\{\ddot{\boldsymbol{U}}\}_t=\frac{\{\boldsymbol{U}\}_{t+\Delta t}-2\{\boldsymbol{U}\}_t+\{\boldsymbol{U}\}_{t-\Delta t}}{\Delta t^2}+O(\Delta t^2) \tag{5-74}$$

忽略式(5-73)和式(5-74)中的高阶小量 $O(\Delta t^2)$，可得到用 $t-\Delta t$ 、 t 和 $t+\Delta t$ 时刻的位移 $\{\boldsymbol{U}\}_{t-\Delta t}$、 $\{\boldsymbol{U}\}_t$ 和 $\{\boldsymbol{U}\}_{t+\Delta t}$ 近似表示的 t 时刻的速度和加速度为

$$\{\dot{\boldsymbol{U}}\}_t=\frac{\{\boldsymbol{U}\}_{t+\Delta t}-\{\boldsymbol{U}\}_{t-\Delta t}}{2\Delta t} \tag{5-75}$$

$$\{\ddot{\boldsymbol{U}}\}_t=\frac{\{\boldsymbol{U}\}_{t+\Delta t}-2\{\boldsymbol{U}\}_t+\{\boldsymbol{U}\}_{t-\Delta t}}{\Delta t^2} \tag{5-76}$$

为了求解 $t+\Delta t$ 时刻的位移，将 t 时刻速度和加速度的近似式代入运动方程，可得

$$[\hat{\boldsymbol{K}}]\{\boldsymbol{U}\}_{t+\Delta t}=\{\hat{\boldsymbol{F}}\}_t \tag{5-77}$$

其中

$$\begin{gathered}[\hat{\boldsymbol{K}}]=\frac{1}{\Delta t^2}[\boldsymbol{M}]+\frac{1}{2\Delta t}[\boldsymbol{C}]\\ \{\hat{\boldsymbol{F}}\}_t=\{\boldsymbol{F}\}_t-\left([\boldsymbol{K}]-\frac{2}{\Delta t^2}[\boldsymbol{M}]\right)\{\boldsymbol{U}\}_t-\left(\frac{1}{\Delta t^2}[\boldsymbol{M}]-\frac{1}{2\Delta t}[\boldsymbol{C}]\right)\{\boldsymbol{U}\}_{t-\Delta t}\end{gathered} \tag{5-78}$$

由式(5-77)和式(5-78)求出 $t+\Delta t$ 时刻的位移 $\{\boldsymbol{U}\}_{t+\Delta t}$ 后，回代可以求出 $t+\Delta t$ 时刻的加速度，求得加速度后便可求出 $t+\Delta t$ 时刻的速度。中心差分法的流程如表 5-3 所示。

表 5-3　中心差分法的流程

算法：中心差分法

已知：$[\boldsymbol{K}]$、$[\boldsymbol{M}]$、$[\boldsymbol{C}]$、$\{\boldsymbol{F}\}$、$\{\boldsymbol{U}\}_0$、$\{\dot{\boldsymbol{U}}\}_0$ 和 Δt

求：$\{\boldsymbol{U}\}$、$\{\dot{\boldsymbol{U}}\}$ 和 $\{\ddot{\boldsymbol{U}}\}$

计算初始加速度 $\{\ddot{\boldsymbol{U}}\}_0=[\boldsymbol{M}]^{-1}[\{\boldsymbol{F}\}_0-[\boldsymbol{C}]\{\dot{\boldsymbol{U}}\}_0-[\boldsymbol{K}]\{\boldsymbol{U}\}_0]$；

计算下列积分常数：

$c_0=\dfrac{1}{\Delta t^2}$、$c_1=\dfrac{1}{2\Delta t}$、$c_2=2c_0$、$c_3=\dfrac{1}{c_2}$；

计算 $\{\boldsymbol{U}\}_{-1}=\{\boldsymbol{U}\}_0-\Delta t\{\dot{\boldsymbol{U}}\}_0+c_3\{\ddot{\boldsymbol{U}}\}_0$；

形成有效刚度矩阵：$[\hat{\boldsymbol{K}}]=c_0[\boldsymbol{M}]+c_1[\boldsymbol{C}]$；

对 $[\hat{\boldsymbol{K}}]$ 进行三角分解：$[\hat{\boldsymbol{K}}]=[\boldsymbol{L}][\boldsymbol{D}][\boldsymbol{L}]^{\mathrm{T}}$；

for $n<n_{\text{total}}$ do

　计算 t 时刻的有效载荷 $\{\hat{\boldsymbol{F}}\}_t$：

　$\{\hat{\boldsymbol{F}}\}_t=\{\boldsymbol{F}\}_t-([\boldsymbol{K}]-c_2[\boldsymbol{M}])\{\boldsymbol{U}\}_t-(c_0[\boldsymbol{M}]-c_1[\boldsymbol{C}])\{\boldsymbol{U}\}_{t-\Delta t}$；

　求解 $t+\Delta t$ 时刻的位移：

　$[\boldsymbol{L}][\boldsymbol{D}][\boldsymbol{L}]^{\mathrm{T}}\{\boldsymbol{U}\}_{t+\Delta t}=\{\hat{\boldsymbol{F}}\}_t$；

　如果需要，计算 t 时刻的加速度与速度：

　$\{\ddot{\boldsymbol{U}}\}_t=c_0(\{\boldsymbol{U}\}_{t+\Delta t}-2\{\boldsymbol{U}\}_t+\{\boldsymbol{U}\}_{t-\Delta t})$

　$\{\dot{\boldsymbol{U}}\}_t=c_1(\{\boldsymbol{U}\}_{t+\Delta t}-\{\boldsymbol{U}\}_{t-\Delta t})$；

end

5.4.2 Newmark 方法

Newmark 方法是另一种最常用的动力学方程时程积分方法，其采用线性加速度假设，即假设 t 时刻的节点位移、速度和加速度均已知，且假设 $t+\Delta t$ 时刻的速度和位移满足下列假设：

$$[\dot{\boldsymbol{U}}]_{t+\Delta t}=[\dot{\boldsymbol{U}}]_t+\Delta t[(1-\gamma)[\ddot{\boldsymbol{U}}]_t+\gamma[\ddot{\boldsymbol{U}}]_{t+\Delta t}] \tag{5-79}$$

$$[\boldsymbol{U}]_{t+\Delta t}=[\boldsymbol{U}]_t+\Delta t[\dot{\boldsymbol{U}}]_t+\Delta t^2\left[\left(\frac{1}{2}-\beta\right)[\ddot{\boldsymbol{U}}]_t+\beta[\ddot{\boldsymbol{U}}]_{t+\Delta t}\right] \tag{5-80}$$

式中，γ 和 β 称为 Newmark 参数。由式(5-79)和式(5-80)可得

$$[\ddot{\boldsymbol{U}}]_{t+\Delta t}=\frac{1}{\beta\Delta t^2}([\boldsymbol{U}]_{t+\Delta t}-[\boldsymbol{U}]_t)-\frac{1}{\beta\Delta t}[\dot{\boldsymbol{U}}]_t-\left(\frac{1}{2\beta}-1\right)[\ddot{\boldsymbol{U}}]_t \tag{5-81}$$

$$[\dot{\boldsymbol{U}}]_{t+\Delta t}=\frac{\gamma}{\beta\Delta t}([\boldsymbol{U}]_{t+\Delta t}-[\boldsymbol{U}]_t)+\left(1-\frac{\gamma}{\beta}\right)[\dot{\boldsymbol{U}}]_t+\left(1-\frac{\gamma}{2\beta}\right)\Delta t[\ddot{\boldsymbol{U}}]_t \tag{5-82}$$

将式(5-81)和式(5-82)代入 $t+\Delta t$ 时刻的动力学方程，并且将所有已知量移到等号右端即可得到从 t 到 $t+\Delta t$ 步的递推公式为

$$[\hat{\boldsymbol{K}}][\boldsymbol{U}]_{t+\Delta t}=\{\hat{\boldsymbol{F}}\}_{t+\Delta t} \tag{5-83}$$

其中

$$\begin{aligned}
&[\hat{\boldsymbol{K}}]=[\boldsymbol{K}]+\frac{1}{\beta\Delta t^2}[\boldsymbol{M}]+\frac{\gamma}{\beta\Delta t}[\boldsymbol{C}]\\
&\{\hat{\boldsymbol{F}}\}_{t+\Delta t}=\{\boldsymbol{F}\}_{t+\Delta t}+[\boldsymbol{M}]\left(\frac{1}{\beta\Delta t^2}[\boldsymbol{U}]_t+\frac{1}{\beta\Delta t}[\dot{\boldsymbol{U}}]_t+\left(\frac{1}{2\beta}-1\right)[\ddot{\boldsymbol{U}}]_t\right)\\
&\qquad+[\boldsymbol{C}]\left(\frac{\gamma}{\beta\Delta t}[\boldsymbol{U}]_t+\left(\frac{\gamma}{\beta}-1\right)[\dot{\boldsymbol{U}}]_t+\left(\frac{\gamma}{2\beta}-1\right)\Delta t[\ddot{\boldsymbol{U}}]_t\right)
\end{aligned} \tag{5-84}$$

由式(5-84)求出 $t+\Delta t$ 时刻的位移 $\boldsymbol{U}_{t+\Delta t}$ 后，回代可以求出 $t+\Delta t$ 时刻的加速度，求得加速度后便可求出 $t+\Delta t$ 时刻的速度和位移。Newmark 方法的流程如表 5-4 所示。

事实上，也可将式(5-79)和式(5-80)直接代入 $t+\Delta t$ 时刻的运动方程，并取 $\beta=0$ 和 $\gamma=\dfrac{1}{2}$，可得中心差分法的两步递推公式，即

$$[\hat{\boldsymbol{K}}][\ddot{\boldsymbol{U}}]_{t+\Delta t}=\{\hat{\boldsymbol{F}}\}_{t+\Delta t} \tag{5-85}$$

其中

$$\begin{aligned}
&[\hat{\boldsymbol{K}}]=[\boldsymbol{M}]+\frac{1}{2}\Delta t[\boldsymbol{C}]\\
&\{\hat{\boldsymbol{F}}\}_{t+\Delta t}=\{\boldsymbol{F}\}_{t+\Delta t}-[\boldsymbol{K}]\left([\boldsymbol{U}]_t+\Delta t[\dot{\boldsymbol{U}}]_t+\frac{1}{2}\Delta t^2[\ddot{\boldsymbol{U}}]_t\right)-[\boldsymbol{C}]\left([\dot{\boldsymbol{U}}]_t+\frac{1}{2}\Delta t[\ddot{\boldsymbol{U}}]_t\right)
\end{aligned} \tag{5-86}$$

由式(5-85)求出 $[\ddot{\boldsymbol{U}}]_{t+\Delta t}$ 后，可进一步计算：

$$
\begin{aligned}
[\dot{\boldsymbol{U}}]_{t+\Delta t} &= [\dot{\boldsymbol{U}}]_t + \frac{1}{2}\Delta t([\ddot{\boldsymbol{U}}]_t + [\ddot{\boldsymbol{U}}]_{t+\Delta t}) \\
[\boldsymbol{U}]_{t+\Delta t} &= [\boldsymbol{U}]_t + \Delta t[\dot{\boldsymbol{U}}]_t + \frac{1}{2}\Delta t^2[\ddot{\boldsymbol{U}}]_t
\end{aligned}
\tag{5-87}
$$

$$
[\boldsymbol{M}][\ddot{\boldsymbol{U}}]_{t+\Delta t} + \frac{1}{2}\Delta t[\boldsymbol{C}][\ddot{\boldsymbol{U}}]_{t+\Delta t} + [\boldsymbol{C}]\left([\dot{\boldsymbol{U}}]_t + \frac{1}{2}\Delta t[\ddot{\boldsymbol{U}}]_t\right) + [\boldsymbol{K}]\left([\boldsymbol{U}]_t + \Delta t[\dot{\boldsymbol{U}}]_t + \frac{1}{2}\Delta t^2[\ddot{\boldsymbol{U}}]_t\right) = \{\boldsymbol{F}\}
\tag{5-88}
$$

表 5-4　Newmark 方法的流程

算法：Newmark 方法

已知：$[\boldsymbol{K}]$、$[\boldsymbol{M}]$、$[\boldsymbol{C}]$、$\{\boldsymbol{F}\}$、$\{\boldsymbol{U}\}_0$、$\{\dot{\boldsymbol{U}}\}_0$、$\beta$、$\gamma$ 和 Δt

求：$\{\boldsymbol{U}\}$、$\{\dot{\boldsymbol{U}}\}$ 和 $\{\ddot{\boldsymbol{U}}\}$

1　计算初始加速度 $\{\ddot{\boldsymbol{U}}\}_0 = [\boldsymbol{M}]^{-1}[\{\boldsymbol{F}\}_0 - [\boldsymbol{C}]\{\dot{\boldsymbol{U}}\}_0 - [\boldsymbol{K}]\{\boldsymbol{U}\}_0]$；

2　计算下列积分常数：

$c_0 = \dfrac{1}{\beta\Delta t^2}$、$c_1 = \dfrac{\gamma}{\beta\Delta t}$、$c_2 = \dfrac{1}{\beta\Delta t}$、$c_3 = \dfrac{1}{2\beta} - 1$、$c_4 = \dfrac{\gamma}{\beta} - 1$、$c_5 = \Delta t\left(\dfrac{\gamma}{2\beta} - 1\right)$

$c_6 = \Delta t(1-\gamma)$、$c_7 = \gamma\Delta t$；

3　计算有效刚度矩阵：$[\hat{\boldsymbol{K}}] = [\boldsymbol{K}] + c_0[\boldsymbol{M}] + c_1[\boldsymbol{C}]$；

4　对 $[\hat{\boldsymbol{K}}]$ 进行三角分解：$[\hat{\boldsymbol{K}}] = [\boldsymbol{L}][\boldsymbol{D}][\boldsymbol{L}]^{\mathrm{T}}$；

5　for $n < n_{\text{total}}$ do

6　计算 $t+\Delta t$ 时刻的等效力：

$\{\hat{\boldsymbol{F}}\}_{t+\Delta t} = \{\boldsymbol{F}\}_{t+\Delta t} + [\boldsymbol{M}](c_0[\boldsymbol{U}]_t + c_2[\dot{\boldsymbol{U}}]_t + c_3[\ddot{\boldsymbol{U}}]_t) + [\boldsymbol{C}](c_1[\boldsymbol{U}]_t + c_4[\dot{\boldsymbol{U}}]_t + c_5\Delta t[\ddot{\boldsymbol{U}}]_t)$；

7　计算 $t+\Delta t$ 时刻的位移：

$[\hat{\boldsymbol{K}}][\boldsymbol{U}]_{t+\Delta t} = \{\hat{\boldsymbol{F}}\}_{t+\Delta t}$；

8　计算 $t+\Delta t$ 时刻的速度和加速度：

$[\ddot{\boldsymbol{U}}]_{t+\Delta t} = c_0([\boldsymbol{U}]_{t+\Delta t} - [\boldsymbol{U}]_t) - c_2[\dot{\boldsymbol{U}}]_t - c_3[\ddot{\boldsymbol{U}}]_t$

$[\dot{\boldsymbol{U}}]_{t+\Delta t} = [\dot{\boldsymbol{U}}]_t + c_6[\ddot{\boldsymbol{U}}]_t + c_7[\ddot{\boldsymbol{U}}]_{t+\Delta t}$；

9　end

此外，显式和隐式求解方法各自的特点及适用范围汇总于表 5-5。实际应用中，显式和

表 5-5　显式和隐式求解方法的对比

	显式求解方法	隐式求解方法
方法特点	有条件稳定，时间增量大小受限，且与网格质量、单元尺寸等高度相关	无条件稳定，时间增量大小不受限，且通常相对显式算法大得多(但仍需考虑精度和收敛性的要求)
	无须形成切线刚度矩阵，可以避免对非对称刚度矩阵进行求逆运算，不需要迭代	需要形成切线刚度矩阵，采用迭代方式求解
	每个增量步的计算量相对较小，占用内存少，并行计算提升效率非常明显	每个增量步的计算量相对较大，对内存要求高，并行效率不如显式算法高
方法特点	通常不存在计算收敛问题	可能不收敛，收敛速度和稳定性根据选择迭代方法的不同而不同
	存在误差累积，计算精度相对隐式算法低	计算精度高
适用范围	大变形、不连续、高度非线性的问题(如碰撞、爆炸、断裂等)；大规模有限元问题	轻度非线性和连续平滑的非线性问题；屈曲问题

隐式求解方法的选择并没有明确的分界线，且两者求解问题的效率理论上也无法比较。虽然应用显式方法时通常需要设置并求解更多的增量步，但应用隐式方法时单步占用的计算资源也是相当可观的，尤其是对于大规模有限元问题。此外，应用隐式方法时如何排查不收敛的原因、改善其收敛性也需要引入一系列的技术手段，这更增加了问题求解的复杂度。

5.5 缩聚自由度方法

模态分析中涉及特征值方程的求解，其计算量通常都比较大，因此需要采用更高效的方法进行求解。缩聚自由度方法是一类常用的提高大规模问题求解能力和计算效率的方法，这类方法是将整体结构划分为多个子结构，取子结构之间公共的自由度及各个子结构中的关键自由度作为主自由度(或称出口自由度)，通过在各子结构内满足子结构的静力或动力方程，从而可将子结构内部非主自由度用主自由度来表征以及将结构总体规模由总体自由度数降为所有子结构的主自由度数，最终达到降低求解规模以及提高计算效率的目的。本节主要介绍基于静凝聚和动凝聚思想的几种典型的缩聚自由度方法。

5.5.1 静凝聚方法

静凝聚子结构方法又称静态凝聚或 Guyan 凝聚方法，其主要步骤包括：①划分子结构。一般应按照实际的装配部件来划分子结构，此外还应尽量保持划分后的多个子结构具有相同的几何形状和边界条件，并根据各个子结构的关联关系及子结构中自由度的重要程度设置主自由度和从自由度(又称内部自由度)。②子结构分析。根据子结构的静力平衡方程获得主从自由度之间的转换关系，并计算缩聚刚度矩阵和质量矩阵。③组集整体系统。即把缩聚后的各个子结构的刚度矩阵和质量矩阵分别组集成缩聚后的整体刚度矩阵和质量矩阵。④求解低阶广义特征值问题。对缩聚后的整体刚度矩阵和质量矩阵所代表的低阶系统进行特征值分析，可以采用如前面介绍的 Lanczos 法、子空间迭代法等算法进行求解。

下面具体介绍静凝聚方法的主要思想及实际应用。

将整体结构划分为多个子结构，考虑第 n 个子结构的静力平衡方程：

$$[{}^{n}\boldsymbol{K}]\{{}^{n}\boldsymbol{U}\}=\{{}^{n}\boldsymbol{F}\} \tag{5-89}$$

式中，$[{}^{n}\boldsymbol{K}]$、$\{{}^{n}\boldsymbol{U}\}$ 和 $\{{}^{n}\boldsymbol{F}\}$ 分别为第 n 个子结构对应的刚度矩阵、位移向量和外载向量。将子结构与其他子结构相交(共用)的节点自由度以及各个子结构中的关键自由度称为出口自由度(即 ${}^{n}\boldsymbol{U}_{\mathrm{o}}$)，处于子结构内部的其他自由度称为从内部自由度(即 ${}^{n}\boldsymbol{U}_{\mathrm{i}}$)。式(5-89)可用分块矩阵描述如下：

$$\begin{bmatrix} {}^{n}\boldsymbol{K}_{\mathrm{ii}} & {}^{n}\boldsymbol{K}_{\mathrm{io}} \\ {}^{n}\boldsymbol{K}_{\mathrm{oi}} & {}^{n}\boldsymbol{K}_{\mathrm{oo}} \end{bmatrix}+\begin{Bmatrix} {}^{n}\boldsymbol{U}_{\mathrm{i}} \\ {}^{n}\boldsymbol{U}_{\mathrm{o}} \end{Bmatrix}=\begin{Bmatrix} \boldsymbol{0} \\ {}^{n}\boldsymbol{F}_{\mathrm{o}} \end{Bmatrix} \tag{5-90}$$

式(5-90)中保留了子结构之间相互作用的内力向量 $\{{}^{n}\boldsymbol{F}_{\mathrm{o}}\}$，忽略了作用在子结构上的其他外载向量(在特征值问题中无须考虑外载作用)。静凝聚方法通过有限元网格之间的连接关系，将某些不与子结构交互部分相连的自由度，通过高斯消去法从有限元整体矩阵中消除，以达到减少矩阵量以及矩阵带宽的目的。由式(5-90)第一行可求出 $\{{}^{n}\boldsymbol{U}_{\mathrm{i}}\}$ 为

$$\{{}^{n}\boldsymbol{U}_{\mathrm{i}}\}=[{}^{n}\tilde{\boldsymbol{T}}]\{{}^{n}\boldsymbol{U}_{\mathrm{o}}\} \tag{5-91}$$

式中，$[{}^{n}\tilde{\boldsymbol{T}}]$ 为主、从自由度之间的转换矩阵，具体表达式如下：

$$[{}^{n}\tilde{\boldsymbol{T}}]=-[{}^{n}\boldsymbol{K}_{\mathrm{ii}}]^{-1}[{}^{n}\boldsymbol{K}_{\mathrm{io}}] \tag{5-92}$$

进一步可得第 n 个子结构的自由度向量与出口自由度向量之间的关系为

$$\begin{Bmatrix}{}^{n}\boldsymbol{U}_{\mathrm{i}}\\{}^{n}\boldsymbol{U}_{\mathrm{o}}\end{Bmatrix}=\begin{bmatrix}{}^{n}\tilde{\boldsymbol{T}}\\\boldsymbol{I}\end{bmatrix}\{{}^{n}\boldsymbol{U}_{\mathrm{o}}\}=[{}^{n}\boldsymbol{T}]\{{}^{n}\boldsymbol{U}_{\mathrm{o}}\} \tag{5-93}$$

式中，$[{}^{n}\boldsymbol{T}]$ 为子结构整体自由度与主自由度之间的转换矩阵。则原方程可转化为

$$[{}^{n}\boldsymbol{K}][{}^{n}\boldsymbol{T}]\{{}^{n}\boldsymbol{U}_{\mathrm{o}}\}=\{{}^{n}\boldsymbol{F}\} \tag{5-94}$$

两边左乘 $[{}^{n}\boldsymbol{T}]^{\mathrm{T}}$，经整理可得

$$[{}^{n}\boldsymbol{K}_{\mathrm{oo}}^{*}]\{{}^{n}\boldsymbol{U}_{\mathrm{o}}\}=\{{}^{n}\boldsymbol{F}_{\mathrm{o}}\} \tag{5-95}$$

式中，$[{}^{n}\boldsymbol{K}_{\mathrm{oo}}^{*}]$ 为静凝聚后的刚度矩阵，其具体表达式为

$$[{}^{n}\boldsymbol{K}_{\mathrm{oo}}^{*}]=[{}^{n}\boldsymbol{T}]^{\mathrm{T}}[{}^{n}\boldsymbol{K}][{}^{n}\boldsymbol{T}]=[{}^{n}\boldsymbol{K}_{\mathrm{oo}}]-[{}^{n}\boldsymbol{K}_{\mathrm{oi}}][{}^{n}\boldsymbol{K}_{\mathrm{ii}}]^{-1}[{}^{n}\boldsymbol{K}_{\mathrm{io}}] \tag{5-96}$$

对于广义特征值问题，将整体结构划分为多个子结构后，第 n 个子结构的动力方程可写作如下分块形式：

$$\begin{bmatrix}{}^{n}\boldsymbol{K}_{\mathrm{ii}} & {}^{n}\boldsymbol{K}_{\mathrm{io}}\\{}^{n}\boldsymbol{K}_{\mathrm{oi}} & {}^{n}\boldsymbol{K}_{\mathrm{oo}}\end{bmatrix}\begin{Bmatrix}{}^{n}\boldsymbol{A}_{\mathrm{i}}\\{}^{n}\boldsymbol{A}_{\mathrm{o}}\end{Bmatrix}=\lambda\begin{bmatrix}{}^{n}\boldsymbol{M}_{\mathrm{ii}} & {}^{n}\boldsymbol{M}_{\mathrm{io}}\\{}^{n}\boldsymbol{M}_{\mathrm{oi}} & {}^{n}\boldsymbol{M}_{\mathrm{oo}}\end{bmatrix}\begin{Bmatrix}{}^{n}\boldsymbol{A}_{\mathrm{i}}\\{}^{n}\boldsymbol{A}_{\mathrm{o}}\end{Bmatrix} \tag{5-97}$$

采用静凝聚的思想，可得

$$\begin{Bmatrix}{}^{n}\boldsymbol{A}_{\mathrm{i}}\\{}^{n}\boldsymbol{A}_{\mathrm{o}}\end{Bmatrix}=[{}^{n}\boldsymbol{T}]\{{}^{n}\boldsymbol{A}_{\mathrm{o}}\} \tag{5-98}$$

将式(5-98)代入式(5-97)，并在方程两边左乘 $[{}^{n}\boldsymbol{T}]^{\mathrm{T}}$，经整理可得

$$[{}^{n}\boldsymbol{K}_{\mathrm{oo}}^{*}]\{{}^{n}\boldsymbol{A}_{\mathrm{o}}\}=\lambda[{}^{n}\boldsymbol{M}_{\mathrm{oo}}^{*}]\{{}^{n}\boldsymbol{A}_{\mathrm{o}}\} \tag{5-99}$$

式中，$[{}^{n}\boldsymbol{M}_{\mathrm{oo}}^{*}]$ 为静凝聚后的质量矩阵，其具体表达式为

$$[{}^{n}\boldsymbol{M}_{\mathrm{oo}}^{*}]=[{}^{n}\boldsymbol{T}]^{\mathrm{T}}[{}^{n}\boldsymbol{M}][{}^{n}\boldsymbol{T}] \tag{5-100}$$

通过将各个子结构的凝聚刚度矩阵和质量矩阵组集在一起，形成整体凝聚刚度矩阵和质量矩阵。进一步求解对应的特征值问题，则可获得原系统的近似特征值。

例 5-4　采用静凝聚方法求解例 5-1 所示质量弹簧系统的固有频率，选取第 1 号和第 3 号自由度为出口自由度。

$$[\boldsymbol{M}]=\begin{bmatrix}1&0&0\\0&1&0\\0&0&1\end{bmatrix},\quad[\boldsymbol{K}]=\begin{bmatrix}2&-1&0\\-1&2&-1\\0&-1&1\end{bmatrix}$$

解：将整体结构看作一个子结构，且选取第 1 号和第 3 号自由度为出口自由度，则刚度矩阵和质量矩阵写作分块矩阵如下：

$$[\boldsymbol{M}]=\begin{bmatrix}1&0&0\\0&1&0\\0&0&1\end{bmatrix},\quad [\boldsymbol{K}]=\begin{bmatrix}2&-1&-1\\-1&2&0\\-1&0&1\end{bmatrix} \tag{5-101}$$

主、从自由度转换矩阵为

$$[\tilde{\boldsymbol{T}}]=-[2]^{-1}[-1\quad -1]=\begin{bmatrix}\frac{1}{2}&\frac{1}{2}\end{bmatrix} \tag{5-102}$$

进一步可得结构自由度向量与出口自由度向量之间的关系为

$$[\boldsymbol{T}]=\begin{bmatrix}\tilde{\boldsymbol{T}}\\ \boldsymbol{I}\end{bmatrix}=\begin{bmatrix}\frac{1}{2}&\frac{1}{2}\\1&0\\0&1\end{bmatrix} \tag{5-103}$$

则缩聚的质量矩阵和刚度矩阵为

$$[\boldsymbol{K}_{\rm oo}^{*}]=[\boldsymbol{T}]^{\rm T}[\boldsymbol{K}][\boldsymbol{T}]=\begin{bmatrix}\frac{3}{2}&-\frac{1}{2}\\-\frac{1}{2}&\frac{1}{2}\end{bmatrix},\quad [\boldsymbol{M}_{\rm oo}^{*}]=[\boldsymbol{T}]^{\rm T}[\boldsymbol{M}][\boldsymbol{T}]=\begin{bmatrix}\frac{5}{4}&\frac{1}{4}\\\frac{1}{4}&\frac{5}{4}\end{bmatrix} \tag{5-104}$$

求解$[\boldsymbol{K}_{\rm oo}^{*}]\{\boldsymbol{A}_{\rm o}\}=\omega^2[\boldsymbol{M}_{\rm oo}^{*}]\{\boldsymbol{A}_{\rm o}\}$可得

$$\begin{aligned}\omega_1&=0.452\\ \omega_2&=1.276\end{aligned} \tag{5-105}$$

与例 5-1 计算的结果进行对比，前两阶自振频率的误差分别约为 1.6%和 2.3%，可以看出采用静凝聚计算的结果与精确解非常接近。即使仅取第 3 个自由度为出口自由度，采用静凝聚获得的最低阶自振频率为 0.463，误差也仅约为 2.4%。

例 5-5　考虑如图 5-2 所示的质量弹簧系统，从第三个质量块将整体结构分成左、右两个子结构，每个子结构均选取第 1 号和第 3 号自由度为出口自由度，采用静凝聚方法求解系统的最低阶自振频率。

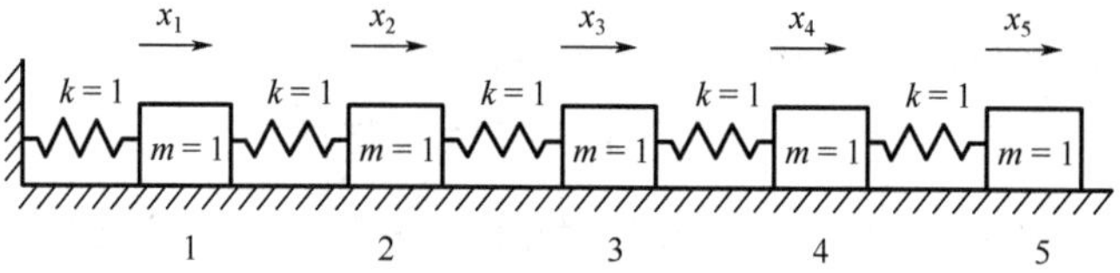

图 5-2　五自由度质量弹簧系统

解：由图 5-2 可知，两个子结构的质量矩阵和刚度矩阵分别为

$$\begin{aligned}&[{}^1\boldsymbol{M}]=\begin{bmatrix}1&0&0\\0&1&0\\0&0&0.5\end{bmatrix},\quad [{}^1\boldsymbol{K}]=\begin{bmatrix}2&-1&0\\-1&2&-1\\0&-1&1\end{bmatrix}\\ &[{}^2\boldsymbol{M}]=\begin{bmatrix}0.5&0&0\\0&1&0\\0&0&1\end{bmatrix},\quad [{}^2\boldsymbol{K}]=\begin{bmatrix}1&-1&0\\-1&2&-1\\0&-1&1\end{bmatrix}\end{aligned} \tag{5-106}$$

选取第 1 号和第 3 号自由度为出口自由度，则刚度矩阵和质量矩阵写作分块矩阵如下：

$$[{}^{1}\boldsymbol{M}]=\begin{bmatrix}1&0&0\\0&1&0\\0&0&0.5\end{bmatrix},\quad [{}^{1}\boldsymbol{K}]=\begin{bmatrix}2&-1&-1\\-1&2&0\\-1&0&1\end{bmatrix}$$
$$[{}^{2}\boldsymbol{M}]=\begin{bmatrix}1&0&0\\0&0.5&0\\0&0&1\end{bmatrix},\quad [{}^{2}\boldsymbol{K}]=\begin{bmatrix}2&-1&-1\\-1&1&0\\-1&0&1\end{bmatrix} \tag{5-107}$$

主、从自由度转换矩阵为

$$[{}^{1}\tilde{\boldsymbol{T}}]=[{}^{2}\tilde{\boldsymbol{T}}]=-[2]^{-1}[-1\quad -1]=\begin{bmatrix}\frac{1}{2}&\frac{1}{2}\end{bmatrix} \tag{5-108}$$

进一步可得结构自由度向量与出口自由度向量之间的关系为

$$[{}^{1}\boldsymbol{T}]=[{}^{2}\boldsymbol{T}]=\begin{bmatrix}{}^{1}\tilde{\boldsymbol{T}}\\ \boldsymbol{I}\end{bmatrix}=\begin{bmatrix}\frac{1}{2}&\frac{1}{2}\\1&0\\0&1\end{bmatrix} \tag{5-109}$$

则各个子结构缩聚的质量矩阵和刚度矩阵为

$$[{}^{1}\boldsymbol{K}_{\mathrm{oo}}^{*}]=[{}^{1}\boldsymbol{T}]^{\mathrm{T}}[{}^{1}\boldsymbol{K}][{}^{1}\boldsymbol{T}]=\begin{bmatrix}\frac{3}{2}&-\frac{1}{2}\\-\frac{1}{2}&\frac{1}{2}\end{bmatrix},\quad [{}^{1}\boldsymbol{M}_{\mathrm{oo}}^{*}]=[{}^{1}\boldsymbol{T}]^{\mathrm{T}}[{}^{1}\boldsymbol{M}][{}^{1}\boldsymbol{T}]=\begin{bmatrix}\frac{5}{4}&\frac{1}{4}\\\frac{1}{4}&\frac{3}{4}\end{bmatrix}$$
$$[{}^{2}\boldsymbol{K}_{\mathrm{oo}}^{*}]=[{}^{2}\boldsymbol{T}]^{\mathrm{T}}[{}^{2}\boldsymbol{K}][{}^{2}\boldsymbol{T}]=\begin{bmatrix}\frac{1}{2}&-\frac{1}{2}\\-\frac{1}{2}&\frac{1}{2}\end{bmatrix},\quad [{}^{2}\boldsymbol{M}_{\mathrm{oo}}^{*}]=[{}^{2}\boldsymbol{T}]^{\mathrm{T}}[{}^{2}\boldsymbol{M}][{}^{2}\boldsymbol{T}]=\begin{bmatrix}\frac{9}{8}&\frac{1}{8}\\\frac{1}{8}&\frac{9}{8}\end{bmatrix} \tag{5-110}$$

累计形成整体缩聚的质量矩阵和刚度矩阵如下：

$$[\boldsymbol{K}_{\mathrm{oo}}^{*}]=\begin{bmatrix}\frac{3}{2}&-\frac{1}{2}&0\\-\frac{1}{2}&1&-\frac{1}{2}\\0&-\frac{1}{2}&\frac{1}{2}\end{bmatrix},\quad [\boldsymbol{M}_{\mathrm{oo}}^{*}]=[{}^{1}\boldsymbol{T}]^{\mathrm{T}}[{}^{1}\boldsymbol{M}][{}^{1}\boldsymbol{T}]=\begin{bmatrix}\frac{5}{4}&\frac{1}{4}&0\\\frac{1}{4}&\frac{15}{8}&\frac{1}{8}\\0&\frac{1}{8}&\frac{9}{8}\end{bmatrix} \tag{5-111}$$

求解 $[\boldsymbol{K}_{\mathrm{oo}}^{*}]\{\boldsymbol{A}_{\mathrm{o}}\}=\omega^{2}[\boldsymbol{M}_{\mathrm{oo}}^{*}]\{\boldsymbol{A}_{\mathrm{o}}\}$ 可得

$$\omega_1=0.292 \tag{5-112}$$

若直接对原五自由度系统进行模态分析，可得其最低阶频率为 0.285，误差约为 2.5%。

5.5.2　动凝聚方法

静凝聚方法中子结构主、从自由度之间的联系是通过静力平衡方程推导获得的，而动凝聚方法则对子结构进行动态分析，保留子结构的主要模态信息，从而提高计算精度。动凝聚方法的一般步骤包括：①划分子结构。此步骤与静凝聚基本一致；此外，若有实验模态，则划分子结构时还需考虑理论模态与实验模态的对接。②子结构分析，做第一次坐标变换。此步主要是求出子结构模态，然后以这些模态为 Ritz(里茨) 向量基，进一步用模态坐标来表示物理坐标。一般情况下，所选取的模态坐标自由度数远小于子结构的物理坐标自由度数，因此可以达到模型降阶的目的。这是本方法中十分关键的一步，若向量基取得合适就可以用较少的模态自由度来获得较好的近似；此外，采用不同的子结构模态作为 Ritz 向量基可构成不同类型的模态综合法。③做第二次坐标变换，完成子结构装配。此步主要利用相邻子结构的界面位移必须满足协调条件来实现，即由于界面位移必须相互协调，因此所有子结构的模态坐标并不是独立的，进而可通过位移协调条件来消去非独立的模态坐标，最终完成子结构的装配。此外，有时还可以进一步根据界面力的协调条件，消去更多的非独立模态坐标，即双协调装配。④求解低阶广义特征值问题。此部分和静凝聚方法类似，即对经过动凝聚后形成的系统进行特征值分析，可以采用前面介绍的 Lanczos 法、子空间迭代法等算法进行求解。⑤子结构物理坐标恢复。通过求解减缩系统的特征值问题可以获得原系统特征值问题的近似解，由于是以模态坐标来表示的特征向量或位移，如果要获得原系统的模态或位移，就需要对子结构物理坐标进行恢复，其具体实施过程可看作前两次坐标变换的逆过程。下面具体介绍两类动凝聚方法的主要思想。

1．固定界面模态综合法

固定界面模态综合法又称 Craig-Bampton 法，其主要步骤如下。

1) 子结构分析，做第一次坐标变换

设所研究的整体结构做无阻尼自由振动，则子结构的运动方程可写为

$$[\boldsymbol{M}]\{\ddot{\boldsymbol{U}}\}+[\boldsymbol{K}]\{\boldsymbol{U}\}=\{\boldsymbol{F}\} \tag{5-113}$$

把子结构的自由度 $\{\boldsymbol{U}\}$ 按界面自由度 $\{\boldsymbol{U}_{\mathrm{o}}\}$（即主自由度）与非界面自由度 $\{\boldsymbol{U}_{\mathrm{i}}\}$（或称从自由度）进行分块，则式(5-113)又可写为

$$\begin{bmatrix}\boldsymbol{M}_{\mathrm{ii}} & \boldsymbol{M}_{\mathrm{io}}\\ \boldsymbol{M}_{\mathrm{oi}} & \boldsymbol{M}_{\mathrm{oo}}\end{bmatrix}\begin{Bmatrix}\ddot{\boldsymbol{U}}_{\mathrm{i}}\\ \ddot{\boldsymbol{U}}_{\mathrm{o}}\end{Bmatrix}+\begin{bmatrix}\boldsymbol{K}_{\mathrm{ii}} & \boldsymbol{K}_{\mathrm{io}}\\ \boldsymbol{K}_{\mathrm{oi}} & \boldsymbol{K}_{\mathrm{oo}}\end{bmatrix}\begin{Bmatrix}\boldsymbol{U}_{\mathrm{i}}\\ \boldsymbol{U}_{\mathrm{o}}\end{Bmatrix}=\begin{Bmatrix}\boldsymbol{0}\\ \boldsymbol{F}_{\mathrm{o}}\end{Bmatrix} \tag{5-114}$$

进一步将式(5-114)转换到以子结构模态为基向量(即模态坐标)的空间，其中子结构模态在固定界面模态综合法中包含以下两部分。

(1) 固定界面主模态，即在完全固定交界面上的自由度(即令 $\{\boldsymbol{U}_{\mathrm{o}}\}=\boldsymbol{0}$)条件下子结构的特征向量，也就是求解下面的特征值问题：

$$([\boldsymbol{K}_{\mathrm{ii}}]-\omega^2[\boldsymbol{M}_{\mathrm{ii}}])\{\boldsymbol{\Phi}\}=\boldsymbol{0} \tag{5-115}$$

可得到 N_{i} 个(非界面自由度数)特征向量，进一步可将其组装成模态矩阵 $[\boldsymbol{\Phi}_{\mathrm{i}}]$，通常情况下，一般采用正则化的模态矩阵，即

$$[\boldsymbol{\Phi}_{\mathrm{i}}]^{\mathrm{T}}[\boldsymbol{M}_{\mathrm{ii}}][\boldsymbol{\Phi}_{\mathrm{i}}]=[\boldsymbol{I}_{\mathrm{i}}],\quad [\boldsymbol{\Phi}_{\mathrm{i}}]^{\mathrm{T}}[\boldsymbol{K}_{\mathrm{ii}}][\boldsymbol{\Phi}_{\mathrm{i}}]=[\boldsymbol{\Omega}_{\mathrm{i}}] \tag{5-116}$$

式中，$[\boldsymbol{\Omega}_{\mathrm{i}}]$ 为全部特征值形成的对角矩阵。

需要指出的是，仅由固定界面主模态直接进行模态综合时，其计算结果精度通常不高。

这主要是由于所有的 Ritz 基向量在子结构交界面上的位移全为 0，于是组装获得的整体结构在这些交界面处的位移也为 0，导致其可能成为与实际并不相符的不可振动的“节线”或“节面”。为了进一步提高计算精度，通常还需要在 Ritz 基向量中引入约束模态。

(2)约束模态，即在保持其他界面位移固定的情况下，依次释放界面上的每个自由度(即$\{\boldsymbol{U}_\text{o}\}$的每个元素)，并令它取单位位移，所得到的静态位移向量便为约束模态$\{\boldsymbol{\psi}\}$。它可以从式(5-114)的静力形式中求得

$$\begin{bmatrix}\boldsymbol{K}_\text{ii} & \boldsymbol{K}_\text{io}\\ \boldsymbol{K}_\text{oi} & \boldsymbol{K}_\text{oo}\end{bmatrix}\begin{Bmatrix}\boldsymbol{U}_\text{i}\\ \boldsymbol{U}_\text{o}\end{Bmatrix}=\begin{Bmatrix}\boldsymbol{0}\\ \boldsymbol{F}_\text{o}\end{Bmatrix} \tag{5-117}$$

从式(5-117)的第一式可得

$$\{\boldsymbol{U}_\text{i}\}=-[\boldsymbol{K}_\text{ii}]^{-1}[\boldsymbol{K}_\text{io}]\{\boldsymbol{U}_\text{o}\} \tag{5-118}$$

令$\{\boldsymbol{U}_\text{o}\}$中的所有元素依次取 1，其余为零，即取$\{\boldsymbol{U}_\text{o}\}$为单位矩阵$[\boldsymbol{I}_\text{o}]$，得到的矩阵便为与界面自由度个数相同的$N_\text{o}$个约束模态组成的矩阵$[\boldsymbol{\psi}_\text{o}]$，其表达式为

$$[\boldsymbol{\psi}_\text{o}]=-[\boldsymbol{K}_\text{ii}]^{-1}[\boldsymbol{K}_\text{io}][\boldsymbol{I}_\text{o}]=-[\boldsymbol{K}_\text{ii}]^{-1}[\boldsymbol{K}_\text{io}] \tag{5-119}$$

在得到固定界面主模态$[\boldsymbol{\Phi}_\text{i}]$和约束模态$[\boldsymbol{\psi}_\text{o}]$后，便可将其作为 Ritz 基向量，进而可用相同数量的模态坐标将$(N_\text{i}+N_\text{o})$个物理坐标表示为

$$\begin{Bmatrix}\boldsymbol{U}_\text{i}\\ \boldsymbol{U}_\text{o}\end{Bmatrix}=\begin{bmatrix}\boldsymbol{\Phi}_\text{i} & \boldsymbol{\psi}_\text{o}\\ \boldsymbol{0} & \boldsymbol{I}_\text{o}\end{bmatrix}\begin{Bmatrix}\boldsymbol{p}\\ \boldsymbol{U}_\text{o}\end{Bmatrix} \tag{5-120}$$

式中，$\boldsymbol{p}$为广义自由度，其与固定界面主模态$[\boldsymbol{\Phi}_\text{i}]$相关联。

需要指出，虽然式(5-120)代表的变换是精确的，但其没有达到模型降阶目的。为缩减自由度数，可将$[\boldsymbol{\Phi}_\text{i}]$中的高阶主模态略去，只保留$k$阶($k \ll N_\text{i}$)低阶主模态$[\boldsymbol{\Phi}_k]$。于是式(5-120)可近似为

$$\begin{Bmatrix}\boldsymbol{U}_\text{i}\\ \boldsymbol{U}_\text{o}\end{Bmatrix}=\begin{bmatrix}\boldsymbol{\Phi}_k & \boldsymbol{\psi}_\text{o}\\ \boldsymbol{0} & \boldsymbol{I}_\text{o}\end{bmatrix}\begin{Bmatrix}\boldsymbol{p}\\ \boldsymbol{U}_\text{o}\end{Bmatrix}=[\boldsymbol{T}]\begin{Bmatrix}\boldsymbol{p}\\ \boldsymbol{U}_\text{o}\end{Bmatrix} \tag{5-121}$$

利用式(5-121)便可将运动方程转换到减缩的模态空间。将式(5-121)代入式(5-120)，并在方程两端左乘$[\boldsymbol{T}]^\text{T}$，可得

$$[\tilde{\boldsymbol{M}}]\begin{Bmatrix}\ddot{\boldsymbol{p}}\\ \ddot{\boldsymbol{U}}_\text{o}\end{Bmatrix}+[\tilde{\boldsymbol{K}}]\begin{Bmatrix}\boldsymbol{p}\\ \boldsymbol{U}_\text{o}\end{Bmatrix}=\begin{Bmatrix}\boldsymbol{0}\\ \boldsymbol{F}_\text{o}\end{Bmatrix} \tag{5-122}$$

其中

$$[\tilde{\boldsymbol{M}}]=[\boldsymbol{T}]^\text{T}[\boldsymbol{M}][\boldsymbol{T}]=\begin{bmatrix}\tilde{\boldsymbol{M}}_{kk} & \tilde{\boldsymbol{M}}_{k\text{o}}\\ \tilde{\boldsymbol{M}}_{\text{o}k} & \tilde{\boldsymbol{M}}_\text{oo}\end{bmatrix} \tag{5-123}$$

$$[\tilde{\boldsymbol{K}}]=[\boldsymbol{T}]^\text{T}[\boldsymbol{K}][\boldsymbol{T}]=\begin{bmatrix}\tilde{\boldsymbol{K}}_{kk} & \tilde{\boldsymbol{K}}_{k\text{o}}\\ \tilde{\boldsymbol{K}}_{\text{o}k} & \tilde{\boldsymbol{K}}_\text{oo}\end{bmatrix} \tag{5-124}$$

式(5-123)中$[\tilde{\boldsymbol{M}}]$的各子块为

$$[\tilde{\boldsymbol{M}}_{kk}]=[\boldsymbol{\Phi}_k]^\text{T}[\boldsymbol{M}_\text{ii}][\boldsymbol{\Phi}_k]=[\boldsymbol{I}_k] \tag{5-125}$$

$$[\tilde{\boldsymbol{M}}_{\mathrm{oo}}]=[\boldsymbol{M}_{\mathrm{oo}}]+[\boldsymbol{\psi}_{\mathrm{o}}]^{\mathrm{T}}[\boldsymbol{M}_{\mathrm{io}}]+[\boldsymbol{M}_{\mathrm{oi}}][\boldsymbol{\psi}_{\mathrm{o}}]+[\boldsymbol{\psi}_{\mathrm{o}}]^{\mathrm{T}}[\boldsymbol{M}_{\mathrm{ii}}][\boldsymbol{\psi}_{\mathrm{o}}] \tag{5-126}$$

$$[\tilde{\boldsymbol{M}}_{k\mathrm{o}}]=[\tilde{\boldsymbol{M}}_{\mathrm{o}k}]^{\mathrm{T}}=[\boldsymbol{\Phi}_k]^{\mathrm{T}}[\boldsymbol{M}_{\mathrm{io}}]+[\boldsymbol{\Phi}_k]^{\mathrm{T}}[\boldsymbol{M}_{\mathrm{ii}}][\boldsymbol{\psi}_{\mathrm{o}}] \tag{5-127}$$

当$[\boldsymbol{M}]$为集中质量矩阵时，有$[\boldsymbol{M}_{\mathrm{io}}]=\boldsymbol{0}$和$[\boldsymbol{M}_{\mathrm{oi}}]=\boldsymbol{0}$，故有

$$[\tilde{\boldsymbol{M}}_{\mathrm{oo}}]=[\boldsymbol{M}_{\mathrm{oo}}]+[\boldsymbol{\psi}_{\mathrm{o}}]^{\mathrm{T}}[\boldsymbol{M}_{\mathrm{ii}}][\boldsymbol{\psi}_{\mathrm{o}}] \tag{5-128}$$

$$[\tilde{\boldsymbol{M}}_{k\mathrm{o}}]=[\tilde{\boldsymbol{M}}_{\mathrm{o}k}]^{\mathrm{T}}=[\boldsymbol{\Phi}_k]^{\mathrm{T}}[\boldsymbol{M}_{\mathrm{ii}}][\boldsymbol{\psi}_{\mathrm{o}}] \tag{5-129}$$

式(5-124)中$[\tilde{\boldsymbol{K}}]$的各子块为

$$[\tilde{\boldsymbol{K}}_{kk}]=[\boldsymbol{\Phi}_k]^{\mathrm{T}}[\boldsymbol{K}_{\mathrm{ii}}][\boldsymbol{\Phi}_k]=[\boldsymbol{\Omega}_{kk}] \tag{5-130}$$

$$[\tilde{\boldsymbol{K}}_{\mathrm{oo}}]=[\boldsymbol{K}_{\mathrm{oo}}]+[\boldsymbol{\psi}_{\mathrm{o}}]^{\mathrm{T}}[\boldsymbol{K}_{\mathrm{io}}]+[\boldsymbol{K}_{\mathrm{oi}}][\boldsymbol{\psi}_{\mathrm{o}}]+[\boldsymbol{\psi}_{\mathrm{o}}]^{\mathrm{T}}[\boldsymbol{K}_{\mathrm{ii}}][\boldsymbol{\psi}_{\mathrm{o}}]=[\boldsymbol{K}_{\mathrm{oo}}]+[\boldsymbol{K}_{\mathrm{oi}}][\boldsymbol{\psi}_{\mathrm{o}}] \tag{5-131}$$

$$[\tilde{\boldsymbol{K}}_{k\mathrm{o}}]=[\tilde{\boldsymbol{K}}_{\mathrm{o}k}]^{\mathrm{T}}=[\boldsymbol{\Phi}_k]^{\mathrm{T}}([\boldsymbol{K}_{\mathrm{io}}]+[\boldsymbol{K}_{\mathrm{ii}}][\boldsymbol{\psi}_{\mathrm{o}}])=\boldsymbol{0} \tag{5-132}$$

将以上表达式代入式(5-122)，可得模态坐标空间的子结构振动方程的最终表达式为

$$\begin{bmatrix}\boldsymbol{I}_k & \tilde{\boldsymbol{M}}_{k\mathrm{o}}\\ \tilde{\boldsymbol{M}}_{\mathrm{o}k} & \tilde{\boldsymbol{M}}_{\mathrm{oo}}\end{bmatrix}\begin{Bmatrix}\ddot{\boldsymbol{p}}\\ \ddot{\boldsymbol{U}}_{\mathrm{o}}\end{Bmatrix}+\begin{bmatrix}\boldsymbol{\Omega}_{kk} & \boldsymbol{0}\\ \boldsymbol{0} & \tilde{\boldsymbol{K}}_{\mathrm{oo}}\end{bmatrix}\begin{Bmatrix}\boldsymbol{p}\\ \boldsymbol{U}_{\mathrm{o}}\end{Bmatrix}=\begin{Bmatrix}\boldsymbol{0}\\ \boldsymbol{F}_{\mathrm{o}}\end{Bmatrix} \tag{5-133}$$

2)根据协调条件，做第二次坐标变换集成各子结构的振动方程得到整个结构系统的运动方程

以两个子结构α和β为例，每个子结构都能得到形如式(5-133)的运动方程为

$$\begin{bmatrix}\boldsymbol{I}_k^{\alpha} & \tilde{\boldsymbol{M}}_{k\mathrm{o}}^{\alpha}\\ \tilde{\boldsymbol{M}}_{\mathrm{o}k}^{\alpha} & \tilde{\boldsymbol{M}}_{\mathrm{oo}}^{\alpha}\end{bmatrix}\begin{Bmatrix}\ddot{\boldsymbol{p}}_{\alpha}\\ \ddot{\boldsymbol{U}}_{\mathrm{o}\alpha}\end{Bmatrix}+\begin{bmatrix}\boldsymbol{\Omega}_{kk}^{\alpha} & \boldsymbol{0}\\ \boldsymbol{0} & \tilde{\boldsymbol{K}}_{\mathrm{oo}}^{\alpha}\end{bmatrix}\begin{Bmatrix}\boldsymbol{p}_{\alpha}\\ \boldsymbol{U}_{\mathrm{o}\alpha}\end{Bmatrix}=\begin{Bmatrix}\boldsymbol{0}\\ \boldsymbol{F}_{\mathrm{o}\alpha}\end{Bmatrix} \tag{5-134}$$

$$\begin{bmatrix}\boldsymbol{I}_k^{\beta} & \tilde{\boldsymbol{M}}_{k\mathrm{o}}^{\beta}\\ \tilde{\boldsymbol{M}}_{\mathrm{o}k}^{\beta} & \tilde{\boldsymbol{M}}_{\mathrm{oo}}^{\beta}\end{bmatrix}\begin{Bmatrix}\ddot{\boldsymbol{p}}_{\beta}\\ \ddot{\boldsymbol{U}}_{\mathrm{o}\beta}\end{Bmatrix}+\begin{bmatrix}\boldsymbol{\Omega}_{kk}^{\beta} & \boldsymbol{0}\\ \boldsymbol{0} & \tilde{\boldsymbol{K}}_{\mathrm{oo}}^{\beta}\end{bmatrix}\begin{Bmatrix}\boldsymbol{p}_{\beta}\\ \boldsymbol{U}_{\mathrm{o}\beta}\end{Bmatrix}=\begin{Bmatrix}\boldsymbol{0}\\ \boldsymbol{F}_{\mathrm{o}\beta}\end{Bmatrix} \tag{5-135}$$

其界面位移协调条件可写作：

$$\{\boldsymbol{U}_{\mathrm{o}\beta}\}=[\boldsymbol{L}_{\beta,\alpha}]\{\boldsymbol{U}_{\mathrm{o}\beta}\} \tag{5-136}$$

由于α和β子结构所选取的坐标系不同，因此其界面位移协调条件实际上表示了一个坐标变换关系，其中$[\boldsymbol{L}_{\beta,\alpha}]$是对应的坐标变换矩阵。这种坐标变换类似于有限元方法中由单元位移集成系统总体位移时，由单元局部坐标变换到系统整体坐标时所做的变换。如果两个子结构所选取的坐标系相同，则$[\boldsymbol{L}_{\beta,\alpha}]$退化为单位矩阵。

可取系统独立的广义坐标为$\{\boldsymbol{q}\}=[\boldsymbol{p}_{\alpha}\quad \boldsymbol{p}_{\beta}\quad \boldsymbol{U}_{\mathrm{o}\alpha}]^{\mathrm{T}}$，则

$$\begin{Bmatrix}\boldsymbol{p}_{\alpha}\\ \boldsymbol{U}_{\mathrm{o}\alpha}\\ \boldsymbol{p}_{\beta}\\ \boldsymbol{U}_{\mathrm{o}\beta}\end{Bmatrix}=\begin{bmatrix}\boldsymbol{I} & \boldsymbol{0} & \boldsymbol{0}\\ \boldsymbol{0} & \boldsymbol{0} & \boldsymbol{I}\\ \boldsymbol{0} & \boldsymbol{I} & \boldsymbol{0}\\ \boldsymbol{0} & \boldsymbol{0} & \boldsymbol{L}_{\beta,\alpha}\end{bmatrix}\begin{Bmatrix}\boldsymbol{p}_{\alpha}\\ \boldsymbol{p}_{\beta}\\ \boldsymbol{U}_{\mathrm{o}\alpha}\end{Bmatrix}=[\boldsymbol{B}]\{\boldsymbol{q}\} \tag{5-137}$$

将式(5-134)和式(5-135)合并成一个方程，将式(5-137)代入并左乘$[\boldsymbol{B}]^{\mathrm{T}}$，得

$$[\boldsymbol{M}^{*}]\{\ddot{\boldsymbol{q}}\}+[\boldsymbol{K}^{*}]\{\boldsymbol{q}\}=\boldsymbol{0} \tag{5-138}$$

其中

$$[\boldsymbol{M}^*]=\begin{bmatrix}\boldsymbol{I}_k^{\alpha} & \boldsymbol{0} & \tilde{\boldsymbol{M}}_{k\mathrm{o}}^{\alpha}\\ \boldsymbol{0} & \boldsymbol{I}_k^{\beta} & \tilde{\boldsymbol{M}}_{k\mathrm{o}}^{\beta}\boldsymbol{L}_{\beta,\alpha}\\ \tilde{\boldsymbol{M}}_{\mathrm{o}k}^{\alpha} & \boldsymbol{L}_{\beta,\alpha}^{\mathrm{T}}\tilde{\boldsymbol{M}}_{\mathrm{o}k}^{\beta} & \tilde{\boldsymbol{M}}_{\mathrm{oo}}^{\alpha}+\boldsymbol{L}_{\beta,\alpha}^{\mathrm{T}}\tilde{\boldsymbol{M}}_{\mathrm{oo}}^{\beta}\boldsymbol{L}_{\beta,\alpha}\end{bmatrix} \tag{5-139}$$

$$[\boldsymbol{K}^*]=\begin{bmatrix}\boldsymbol{\Omega}_{kk}^{\alpha} & \boldsymbol{0} & \boldsymbol{0}\\ \boldsymbol{0} & \boldsymbol{\Omega}_{kk}^{\beta} & \boldsymbol{0}\\ \boldsymbol{0} & \boldsymbol{0} & \tilde{\boldsymbol{K}}_{\mathrm{oo}}^{\alpha}+\boldsymbol{L}_{\beta,\alpha}^{\mathrm{T}}\tilde{\boldsymbol{K}}_{\mathrm{oo}}^{\beta}\boldsymbol{L}_{\beta,\alpha}\end{bmatrix} \tag{5-140}$$

与有限元方法中由相关单元矩阵组装整体矩阵类似，实际计算过程中子结构缩减矩阵 $[\boldsymbol{M}^*]$ 和 $[\boldsymbol{K}^*]$ 的集成并不是直接利用上述矩阵乘法(即第二次坐标变换)来完成的，这种写法只是为了从理论上表达得更清楚。实际计算时，在获得各个子结构的 $[\tilde{\boldsymbol{M}}_{k\mathrm{o}}]$、$[\tilde{\boldsymbol{M}}_{\mathrm{oo}}]$、$[\tilde{\boldsymbol{K}}_{\mathrm{oo}}]$ 和各个普通单元的质量矩阵和刚度矩阵后，只需按照子结构或普通单元的节点自由度编码，“对号入座”地叠加到结构质量或刚度矩阵的相应位置即可实现；此外，结构载荷向量也可按类似方式处理。

不难证明式(5-138)的右端项为零，即

$$\{\boldsymbol{F}^*\}=[\boldsymbol{B}]^{\mathrm{T}}\{\boldsymbol{F}\}=\begin{bmatrix}\boldsymbol{I} & \boldsymbol{0} & \boldsymbol{0} & \boldsymbol{0}\\ \boldsymbol{0} & \boldsymbol{0} & \boldsymbol{I} & \boldsymbol{0}\\ \boldsymbol{0} & \boldsymbol{I} & \boldsymbol{0} & \boldsymbol{L}_{\beta,\alpha}^{\mathrm{T}}\end{bmatrix}\begin{Bmatrix}\boldsymbol{0}\\ \boldsymbol{F}_{\mathrm{o}\alpha}\\ \boldsymbol{0}\\ \boldsymbol{F}_{\mathrm{o}\beta}\end{Bmatrix}=\begin{Bmatrix}\boldsymbol{0}\\ \boldsymbol{0}\\ \boldsymbol{F}_{\mathrm{o}\alpha}+\boldsymbol{L}_{\beta,\alpha}^{\mathrm{T}}\boldsymbol{F}_{\mathrm{o}\beta}\end{Bmatrix}=\boldsymbol{0} \tag{5-141}$$

式中，$[\boldsymbol{F}_{\mathrm{o}\alpha}]+[\boldsymbol{L}_{\beta,\alpha}]^{\mathrm{T}}[\boldsymbol{F}_{\mathrm{o}\beta}]=\boldsymbol{0}$ 表明子结构界面上的力需满足平衡条件。由此可知，在满足界面位移协调条件的同时，固定界面模态综合法隐式地包含了界面力的协调条件。

3) 求解减缩系统运动方程，恢复子结构物理坐标

通过求解式(5-138)，可直接获得原结构低阶特征值的近似值。然而，由于特征向量是在模态坐标下表示的，因此需要通过式(5-137)和式(5-121)所示的两次坐标变换来恢复各子结构的物理坐标。

4) 固定界面模态综合法的优缺点分析

如前所述，由于各子结构向系统矩阵进行组装时与其他子结构无关，故不需要做第二次坐标变换，可直接像有限元组装时那样采用“对号叠加”的方式来进行集成。此外，约束模态代表了截断高阶主模态的拟静力效应，故精度较高。但这种方法也有其缺点，如最终减缩方程中保留了界面自由度，因此当界面自由度数目比较大时，系统总体方程的阶数也会很高。

2. 自由界面模态综合法

本节所介绍的自由界面模态综合法是 Craig-Chang 改进的自由界面模态综合法。

1) 子结构分析，做第一次坐标变换

同固定界面模态综合法类似，仍设子结构无阻尼运动方程为

$$[\boldsymbol{M}]\{\ddot{\boldsymbol{U}}\}+[\boldsymbol{K}]\{\boldsymbol{U}\}=\{\boldsymbol{F}\} \tag{5-142}$$

写作分块矩阵如下：

$$\begin{bmatrix} \boldsymbol{M}_{\mathrm{ii}} & \boldsymbol{M}_{\mathrm{io}} \\ \boldsymbol{M}_{\mathrm{oi}} & \boldsymbol{M}_{\mathrm{oo}} \end{bmatrix} \begin{Bmatrix} \ddot{\boldsymbol{U}}_{\mathrm{i}} \\ \ddot{\boldsymbol{U}}_{\mathrm{o}} \end{Bmatrix} + \begin{bmatrix} \boldsymbol{K}_{\mathrm{ii}} & \boldsymbol{K}_{\mathrm{io}} \\ \boldsymbol{K}_{\mathrm{oi}} & \boldsymbol{K}_{\mathrm{oo}} \end{bmatrix} \begin{Bmatrix} \boldsymbol{U}_{\mathrm{i}} \\ \boldsymbol{U}_{\mathrm{o}} \end{Bmatrix} = \begin{Bmatrix} \boldsymbol{0} \\ \boldsymbol{F}_{\mathrm{o}} \end{Bmatrix} \tag{5-143}$$

自由界面模态综合法与固定界面模态综合法类似，需进一步将式(5-143)转换到以子结构模态为基向量的空间，其中子结构模态包含以下两部分。

(1) 自由界面主模态。本步的相关分析与固定界面模态综合法是类似的，即进行特征值分析。两者的主要区别在于，在固定界面模态综合法中子结构界面是完全固定的，而在自由界面模态综合法中则令子结构界面完全自由，即对应的特征值问题为

$$([\boldsymbol{K}] - \omega^2[\boldsymbol{M}])\{\boldsymbol{\Phi}\} = \boldsymbol{0} \tag{5-144}$$

对上述特征值方程进行求解，可得到 N 个(子结构自由度数)特征向量。进一步将其可组装成特征矩阵 $[\boldsymbol{\Phi}_N]$ (通常取质量归一化特征矩阵，与固定界面模态综合法类似)。

类似地，为了达到缩减自由度的目的，通常只取前 k 阶保留主模态($k \ll N$)组成保留主模态矩阵 $[\boldsymbol{\Phi}_k]$。由于只保留了自由界面主模态，完全忽略了高阶自由主模态的影响，这种方式的模态综合计算精度不高。为了提高计算精度，通常还要在子结构 Ritz 基向量中加入剩余附着模态。

(2) 剩余附着模态。剩余附着模态代表截断高阶自由主模态的拟静力效应，由 MacNeal 提出，其为附着模态的子集。附着模态是指依次在不附加任何界面约束的子结构的界面自由度上施加单位力，同时保持其他自由度上外力为零，由此得到子结构静态位移向量。由这一系列静态位移可构成子结构对其界面坐标的附着模态矩阵 $[\boldsymbol{\varphi}_{\mathrm{a}}]$。

由上述定义可知，附着模态矩阵 $[\boldsymbol{\varphi}_{\mathrm{a}}]$ 可由式(5-145)确定：

$$\begin{bmatrix} \boldsymbol{K}_{\mathrm{ii}} & \boldsymbol{K}_{\mathrm{io}} \\ \boldsymbol{K}_{\mathrm{oi}} & \boldsymbol{K}_{\mathrm{oo}} \end{bmatrix} \begin{Bmatrix} \boldsymbol{\varphi}_{\mathrm{ia}} \\ \boldsymbol{\varphi}_{\mathrm{oa}} \end{Bmatrix} = \begin{Bmatrix} \boldsymbol{0} \\ \boldsymbol{I}_{\mathrm{o}} \end{Bmatrix} \tag{5-145}$$

即

$$\begin{Bmatrix} \boldsymbol{\varphi}_{\mathrm{ia}} \\ \boldsymbol{\varphi}_{\mathrm{oa}} \end{Bmatrix} = [\boldsymbol{K}]^{-1} \begin{Bmatrix} \boldsymbol{0} \\ \boldsymbol{I}_{\mathrm{o}} \end{Bmatrix} = [\boldsymbol{G}] \begin{Bmatrix} \boldsymbol{0} \\ \boldsymbol{I}_{\mathrm{o}} \end{Bmatrix} \tag{5-146}$$

于是可得附着模态为

$$\{\boldsymbol{\varphi}_{\mathrm{a}}\} = \begin{Bmatrix} \boldsymbol{\varphi}_{\mathrm{ia}} \\ \boldsymbol{\varphi}_{\mathrm{oa}} \end{Bmatrix} = \begin{bmatrix} \boldsymbol{G}_{\mathrm{ii}} & \boldsymbol{G}_{\mathrm{io}} \\ \boldsymbol{G}_{\mathrm{oi}} & \boldsymbol{G}_{\mathrm{oo}} \end{bmatrix} \begin{Bmatrix} \boldsymbol{0} \\ \boldsymbol{I}_{\mathrm{o}} \end{Bmatrix} = \begin{bmatrix} \boldsymbol{G}_{\mathrm{io}} \\ \boldsymbol{G}_{\mathrm{oo}} \end{bmatrix} \tag{5-147}$$

式中，$[\boldsymbol{G}] = [\boldsymbol{K}]^{-1}$。

Rayleigh-Ritz 法采用线性无关的 Ritz 基向量，若用子结构的主模态和附着模态构成假设模态集，将会出现模态基向量线性相关问题。为了消除这一问题，可从附着模态中减去低阶保留主模态的成分，进而可以获得近似的高阶主模态，即“剩余附着模态”。

将子结构的全部主模态分为低阶保留主模态 $[\boldsymbol{\Phi}_k]$ 和高阶截断主模态 $[\boldsymbol{\Phi}_{\mathrm{d}}]$，即

$$[\boldsymbol{\Phi}_N] = [\boldsymbol{\Phi}_k \quad \boldsymbol{\Phi}_{\mathrm{d}}] \tag{5-148}$$

由模态矩阵关于质量归一化可知：

$$[\boldsymbol{\Phi}_N]^{\mathrm{T}}[\boldsymbol{K}][\boldsymbol{\Phi}_N] = [\boldsymbol{\Omega}] \tag{5-149}$$

子结构柔度矩阵为

$$[\boldsymbol{G}]=[\boldsymbol{K}]^{-1}=[\boldsymbol{\Phi}_N][\boldsymbol{\Omega}]^{-1}[\boldsymbol{\Phi}_N]^{\mathrm{T}}=[\boldsymbol{\Phi}_k][\boldsymbol{\Omega}_k]^{-1}[\boldsymbol{\Phi}_k]^{\mathrm{T}}+[\boldsymbol{\Phi}_{\mathrm{d}}][\boldsymbol{\Omega}_{\mathrm{d}}]^{-1}[\boldsymbol{\Phi}_{\mathrm{d}}]^{\mathrm{T}} \tag{5-150}$$

式(5-150)用到了$[\boldsymbol{\Phi}_k]$和$[\boldsymbol{\Phi}_{\mathrm{d}}]$的正交性，定义剩余柔度矩阵为

$$[\boldsymbol{G}_{\mathrm{d}}]=[\boldsymbol{\Phi}_{\mathrm{d}}][\boldsymbol{\Omega}_{\mathrm{d}}]^{-1}[\boldsymbol{\Phi}_{\mathrm{d}}]^{\mathrm{T}}=[\boldsymbol{G}]-[\boldsymbol{\Phi}_k][\boldsymbol{\Omega}_k]^{-1}[\boldsymbol{\Phi}_k]^{\mathrm{T}} \tag{5-151}$$

仿照式(5-147)的定义，将$[\boldsymbol{G}]$换成$[\boldsymbol{G}_{\mathrm{d}}]$可得剩余附着模态矩阵，其表达式为

$$\{\boldsymbol{\Psi}_{\mathrm{a}}\}=[\boldsymbol{G}_{\mathrm{d}}]\begin{Bmatrix}\boldsymbol{0}\\ \boldsymbol{I}_{\mathrm{o}}\end{Bmatrix} \tag{5-152}$$

下面讨论子结构剩余附着模态的物理意义。由

$$[\boldsymbol{\Psi}_{\mathrm{a}}]=[\boldsymbol{\Phi}_{\mathrm{d}}][\boldsymbol{\Omega}_{\mathrm{d}}]^{-1}[\boldsymbol{\Phi}_{\mathrm{d}}]^{\mathrm{T}}\begin{Bmatrix}\boldsymbol{0}\\ \boldsymbol{I}_{\mathrm{o}}\end{Bmatrix} \tag{5-153}$$

同时

$$[\boldsymbol{\Phi}_{\mathrm{d}}]^{\mathrm{T}}\begin{Bmatrix}\boldsymbol{0}\\ \boldsymbol{I}_{\mathrm{o}}\end{Bmatrix}=[\boldsymbol{\Phi}_{\mathrm{id}}^{\mathrm{T}}\quad \boldsymbol{\Phi}_{\mathrm{od}}^{\mathrm{T}}]\begin{Bmatrix}\boldsymbol{0}\\ \boldsymbol{I}_{\mathrm{o}}\end{Bmatrix}=[\boldsymbol{\Phi}_{\mathrm{od}}]^{\mathrm{T}} \tag{5-154}$$

由此，剩余附着模态$[\boldsymbol{\Psi}_{\mathrm{a}}]$可写作：

$$[\boldsymbol{\Psi}_{\mathrm{a}}]=[\boldsymbol{\Phi}_{\mathrm{d}}][\boldsymbol{\Omega}_{\mathrm{d}}]^{-1}[\boldsymbol{\Phi}_{\mathrm{od}}]^{\mathrm{T}} \tag{5-155}$$

由式(5-155)可知，$[\boldsymbol{\Psi}_{\mathrm{a}}]$与$[\boldsymbol{\Phi}_{\mathrm{d}}]$是线性相关的，其表明剩余附着模态实际是在主模态截断时略去的高阶模态的一种线性组合，即其为保留主模态集的一个合理补集。由于$[\boldsymbol{\Phi}_{\mathrm{d}}]$与保留主模态$[\boldsymbol{\Phi}_k]$都具有正交性，因此$[\boldsymbol{\Psi}_{\mathrm{a}}]$与$[\boldsymbol{\Phi}_k]$也是关于质量矩阵$[\boldsymbol{M}]$和刚度矩阵$[\boldsymbol{K}]$正交的。

求出自由界面低阶主模态$[\boldsymbol{\Phi}_k]$和剩余附着模态$[\boldsymbol{\Psi}_{\mathrm{a}}]$后，就可以进一步利用它们作为子结构的 Ritz 基向量进行坐标变换，即

$$\{\boldsymbol{U}\}=[\boldsymbol{\Phi}_k\quad \boldsymbol{\Psi}_{\mathrm{a}}]\begin{Bmatrix}\boldsymbol{p}\\ \boldsymbol{q}\end{Bmatrix}=[\boldsymbol{T}]\begin{Bmatrix}\boldsymbol{p}\\ \boldsymbol{q}\end{Bmatrix} \tag{5-156}$$

可以证明，关于剩余附着模态的广义坐标是子结构界面力，于是式(5-156)中关于剩余附着模态$[\boldsymbol{\Psi}_{\mathrm{a}}]$的广义坐标可用子结构界面力$\{\boldsymbol{q}\}$来表示。

把式(5-156)代入式(5-142)，并左乘$[\boldsymbol{T}]^{\mathrm{T}}$，进一步可得在模态坐标空间中表示的子结构振动方程为

$$[\tilde{\boldsymbol{M}}]\begin{Bmatrix}\ddot{\boldsymbol{p}}\\ \ddot{\boldsymbol{q}}\end{Bmatrix}+[\tilde{\boldsymbol{K}}]\begin{Bmatrix}\boldsymbol{p}\\ \boldsymbol{q}\end{Bmatrix}=\begin{Bmatrix}\boldsymbol{0}\\ \tilde{\boldsymbol{F}}_{\mathrm{o}}\end{Bmatrix} \tag{5-157}$$

式中

$$[\tilde{\boldsymbol{M}}]=[\boldsymbol{T}]^{\mathrm{T}}[\boldsymbol{M}][\boldsymbol{T}]=\begin{bmatrix}\tilde{\boldsymbol{M}}_{kk} & \tilde{\boldsymbol{M}}_{k\mathrm{o}}\\ \tilde{\boldsymbol{M}}_{\mathrm{o}k} & \tilde{\boldsymbol{M}}_{\mathrm{oo}}\end{bmatrix} \tag{5-158}$$

$$[\tilde{\boldsymbol{K}}]=[\boldsymbol{T}]^{\mathrm{T}}[\boldsymbol{K}][\boldsymbol{T}]=\begin{bmatrix}\tilde{\boldsymbol{K}}_{kk} & \tilde{\boldsymbol{K}}_{k\mathrm{o}}\\ \tilde{\boldsymbol{K}}_{\mathrm{o}k} & \tilde{\boldsymbol{K}}_{\mathrm{oo}}\end{bmatrix} \tag{5-159}$$

其中

$$[\tilde{\boldsymbol{M}}_{kk}]=[\boldsymbol{\Psi}_k]^{\mathrm{T}}[\boldsymbol{M}_{\mathrm{ii}}][\boldsymbol{\Phi}_k]=[\boldsymbol{I}_k] \tag{5-160}$$

$$[\tilde{\boldsymbol{M}}_{\mathrm{oo}}]=[\boldsymbol{\Psi}_{\mathrm{a}}]^{\mathrm{T}}[\boldsymbol{M}][\boldsymbol{\Psi}_{\mathrm{a}}] \tag{5-161}$$

$$[\tilde{\boldsymbol{M}}_{k\mathrm{o}}]=[\tilde{\boldsymbol{M}}_{\mathrm{o}k}]^{\mathrm{T}}=\mathbf{0} \tag{5-162}$$

$$[\tilde{\boldsymbol{K}}_{kk}]=[\boldsymbol{\Phi}_{k}]^{\mathrm{T}}[\boldsymbol{K}_{\mathrm{ii}}][\boldsymbol{\Phi}_{k}]=[\boldsymbol{\Omega}_{kk}] \tag{5-163}$$

$$\begin{aligned}[\tilde{\boldsymbol{K}}_{\mathrm{oo}}]&=[\boldsymbol{\Psi}_{\mathrm{a}}]^{\mathrm{T}}[\boldsymbol{K}][\boldsymbol{\Psi}_{\mathrm{a}}]\\&=[\boldsymbol{\Phi}_{\mathrm{od}}][\boldsymbol{\Omega}_{\mathrm{d}}]^{-1}[\boldsymbol{\Phi}_{\mathrm{d}}]^{\mathrm{T}}[\boldsymbol{K}][\boldsymbol{\Phi}_{\mathrm{d}}][\boldsymbol{\Omega}_{\mathrm{d}}]^{-1}[\boldsymbol{\Phi}_{\mathrm{od}}]^{\mathrm{T}}\\&=[\boldsymbol{\Phi}_{\mathrm{od}}][\boldsymbol{\Omega}_{\mathrm{d}}]^{-1}([\boldsymbol{\Phi}_{\mathrm{d}}]^{\mathrm{T}}[\boldsymbol{K}][\boldsymbol{\Phi}_{\mathrm{d}}])[\boldsymbol{\Omega}_{\mathrm{d}}]^{-1}[\boldsymbol{\Phi}_{\mathrm{od}}]^{\mathrm{T}}\\&=[\boldsymbol{\Phi}_{\mathrm{od}}][\boldsymbol{\Omega}_{\mathrm{d}}]^{-1}[\boldsymbol{\Phi}_{\mathrm{od}}]^{\mathrm{T}}\\&=[\boldsymbol{\Psi}_{\mathrm{oa}}]\end{aligned} \tag{5-164}$$

$$[\tilde{\boldsymbol{K}}_{k\mathrm{o}}]=[\tilde{\boldsymbol{K}}_{\mathrm{o}k}]^{\mathrm{T}}=\mathbf{0} \tag{5-165}$$

式中，$[\tilde{\boldsymbol{M}}_{k\mathrm{o}}]$、$[\tilde{\boldsymbol{M}}_{\mathrm{o}k}]$、$[\tilde{\boldsymbol{K}}_{k\mathrm{o}}]$和$[\tilde{\boldsymbol{K}}_{\mathrm{o}k}]$的计算中用到了低阶主模态$[\boldsymbol{\Phi}_{\mathrm{o}}]$和剩余附着模态$[\boldsymbol{\Psi}_{\mathrm{a}}]$的正交性。

将上述结果代入式(5-142)，最终可得在模态坐标空间中的子结构振动方程为

$$\begin{bmatrix}\boldsymbol{I}_k & \mathbf{0}\\ \mathbf{0} & \tilde{\boldsymbol{M}}_{\mathrm{oo}}\end{bmatrix}\begin{Bmatrix}\ddot{\boldsymbol{p}}\\ \ddot{\boldsymbol{q}}\end{Bmatrix}+\begin{bmatrix}\boldsymbol{\Omega}_{kk} & \mathbf{0}\\ \mathbf{0} & \tilde{\boldsymbol{K}}_{\mathrm{oo}}\end{bmatrix}\begin{Bmatrix}\boldsymbol{p}\\ \boldsymbol{q}\end{Bmatrix}=\begin{Bmatrix}\mathbf{0}\\ \tilde{\boldsymbol{F}}_{\mathrm{o}}\end{Bmatrix} \tag{5-166}$$

2)做第二次坐标变换，即根据协调条件集成获得整体结构的运动方程

假设两个子结构α和β，它们的模态坐标空间的运动方程分别为

$$\begin{bmatrix}\boldsymbol{I}_k^{\alpha} & \mathbf{0}\\ \mathbf{0} & \tilde{\boldsymbol{M}}_{\mathrm{oo}}^{\alpha}\end{bmatrix}\begin{Bmatrix}\ddot{\boldsymbol{p}}_{\alpha}\\ \ddot{\boldsymbol{q}}_{\alpha}\end{Bmatrix}+\begin{bmatrix}\boldsymbol{\Omega}_{kk}^{\alpha} & \mathbf{0}\\ \mathbf{0} & \tilde{\boldsymbol{K}}_{\mathrm{oo}}^{\alpha}\end{bmatrix}\begin{Bmatrix}\boldsymbol{p}_{\alpha}\\ \boldsymbol{q}_{\alpha}\end{Bmatrix}=\begin{Bmatrix}\mathbf{0}\\ \tilde{\boldsymbol{F}}_{\mathrm{o}\alpha}\end{Bmatrix} \tag{5-167}$$

$$\begin{bmatrix}\boldsymbol{I}_k^{\beta} & \mathbf{0}\\ \mathbf{0} & \tilde{\boldsymbol{M}}_{\mathrm{oo}}^{\beta}\end{bmatrix}\begin{Bmatrix}\ddot{\boldsymbol{p}}_{\beta}\\ \ddot{\boldsymbol{q}}_{\beta}\end{Bmatrix}+\begin{bmatrix}\boldsymbol{\Omega}_{kk}^{\beta} & \mathbf{0}\\ \mathbf{0} & \tilde{\boldsymbol{K}}_{\mathrm{oo}}^{\beta}\end{bmatrix}\begin{Bmatrix}\boldsymbol{p}_{\beta}\\ \boldsymbol{q}_{\beta}\end{Bmatrix}=\begin{Bmatrix}\mathbf{0}\\ \tilde{\boldsymbol{F}}_{\mathrm{o}\beta}\end{Bmatrix} \tag{5-168}$$

将它们的运动方程排列在一起得到系统的运动方程为

$$\begin{bmatrix}\boldsymbol{I}_k^{\alpha} & \mathbf{0} & \mathbf{0} & \mathbf{0}\\ \mathbf{0} & \tilde{\boldsymbol{M}}_{\mathrm{oo}}^{\alpha} & \mathbf{0} & \mathbf{0}\\ \mathbf{0} & \mathbf{0} & \boldsymbol{I}_k^{\beta} & \mathbf{0}\\ \mathbf{0} & \mathbf{0} & \mathbf{0} & \tilde{\boldsymbol{M}}_{\mathrm{oo}}^{\beta}\end{bmatrix}\begin{Bmatrix}\ddot{\boldsymbol{p}}_{\alpha}\\ \ddot{\boldsymbol{q}}_{\alpha}\\ \ddot{\boldsymbol{p}}_{\beta}\\ \ddot{\boldsymbol{q}}_{\beta}\end{Bmatrix}+\begin{bmatrix}\boldsymbol{\Omega}_{kk}^{\alpha} & \mathbf{0} & \mathbf{0} & \mathbf{0}\\ \mathbf{0} & \tilde{\boldsymbol{K}}_{\mathrm{oo}}^{\alpha} & \mathbf{0} & \mathbf{0}\\ \mathbf{0} & \mathbf{0} & \boldsymbol{\Omega}_{kk}^{\beta} & \mathbf{0}\\ \mathbf{0} & \mathbf{0} & \mathbf{0} & \tilde{\boldsymbol{K}}_{\mathrm{oo}}^{\beta}\end{bmatrix}\begin{Bmatrix}\boldsymbol{p}_{\alpha}\\ \boldsymbol{q}_{\alpha}\\ \boldsymbol{p}_{\beta}\\ \boldsymbol{q}_{\beta}\end{Bmatrix}=\begin{Bmatrix}\mathbf{0}\\ \tilde{\boldsymbol{F}}_{\mathrm{o}\alpha}\\ \mathbf{0}\\ \tilde{\boldsymbol{F}}_{\mathrm{o}\beta}\end{Bmatrix} \tag{5-169}$$

由式(5-156)可得两个子结构的界面位移坐标分别为

$$\{\boldsymbol{U}_{\mathrm{o}}^{\alpha}\}=[\boldsymbol{\Phi}_{\mathrm{o}k}^{\alpha}\quad \boldsymbol{\Psi}_{\mathrm{oa}}^{\alpha}]\begin{Bmatrix}\boldsymbol{p}_{\alpha}\\ \boldsymbol{q}_{\alpha}\end{Bmatrix},\quad \{\boldsymbol{U}_{\mathrm{o}}^{\beta}\}=[\boldsymbol{\Phi}_{\mathrm{o}k}^{\beta}\quad \boldsymbol{\Psi}_{\mathrm{oa}}^{\beta}]\begin{Bmatrix}\boldsymbol{p}_{\beta}\\ \boldsymbol{q}_{\beta}\end{Bmatrix} \tag{5-170}$$

进一步由$\{\boldsymbol{U}_{\mathrm{o}}^{\alpha}\}=\{\boldsymbol{U}_{\mathrm{o}}^{\beta}\}$，且$\{\boldsymbol{q}_{\alpha}\}=-\{\boldsymbol{q}_{\beta}\}$，可得

$$\begin{aligned}\{\boldsymbol{q}_{\alpha}\}=-\{\boldsymbol{q}_{\beta}\}&=([\boldsymbol{\Psi}_{\mathrm{oa}}^{\alpha}]+[\boldsymbol{\Psi}_{\mathrm{oa}}^{\beta}])^{-1}(-[\boldsymbol{\Phi}_{\mathrm{o}k}^{\alpha}]\{\boldsymbol{p}_{\alpha}\}+[\boldsymbol{\Phi}_{\mathrm{o}k}^{\beta}]\{\boldsymbol{p}_{\beta}\})\\&=([\boldsymbol{\Psi}_{\mathrm{oa}}^{\alpha}]+[\boldsymbol{\Psi}_{\mathrm{oa}}^{\beta}])^{-1}[-\boldsymbol{\Phi}_{\mathrm{o}k}^{\alpha}\quad \boldsymbol{\Phi}_{\mathrm{o}k}^{\beta}]\begin{Bmatrix}\boldsymbol{p}_{\alpha}\\ \boldsymbol{p}_{\beta}\end{Bmatrix}\end{aligned} \tag{5-171}$$

则

$$\begin{Bmatrix} \boldsymbol{p}_\alpha \\ \boldsymbol{q}_\alpha \\ \boldsymbol{p}_\beta \\ \boldsymbol{q}_\beta \end{Bmatrix} = \begin{bmatrix} \boldsymbol{I} & \boldsymbol{0} \\ -([\boldsymbol{\Psi}_{\text{oa}}^{\alpha}])+([\boldsymbol{\Psi}_{\text{oa}}^{\beta}])^{-1}[\boldsymbol{\Phi}_{\text{o}k}^{\alpha}] & ([\boldsymbol{\Psi}_{\text{oa}}^{\alpha}])+([\boldsymbol{\Psi}_{\text{oa}}^{\beta}])^{-1}[\boldsymbol{\Phi}_{\text{o}k}^{\alpha}] \\ \boldsymbol{0} & \boldsymbol{I} \\ ([\boldsymbol{\Psi}_{\text{oa}}^{\alpha}])+([\boldsymbol{\Psi}_{\text{oa}}^{\beta}])^{-1}[\boldsymbol{\Phi}_{\text{o}k}^{\alpha}] & -([\boldsymbol{\Psi}_{\text{oa}}^{\alpha}])+([\boldsymbol{\Psi}_{\text{oa}}^{\beta}])^{-1}[\boldsymbol{\Phi}_{\text{o}k}^{\alpha}] \end{bmatrix} \begin{Bmatrix} \boldsymbol{p}_\alpha \\ \boldsymbol{p}_\beta \end{Bmatrix}$$

$$= [\boldsymbol{B}]\{\boldsymbol{P}\} \tag{5-172}$$

将式(5-172)代入式(5-169)并左乘$[\boldsymbol{B}]^{\mathrm{T}}$，整理得

$$[\boldsymbol{M}^*]\{\ddot{\boldsymbol{P}}\}+[\boldsymbol{K}^*]\{\boldsymbol{P}\}=\boldsymbol{0} \tag{5-173}$$

其中

$$[\boldsymbol{M}^*]=[\boldsymbol{B}]^{\mathrm{T}}\begin{bmatrix} \boldsymbol{I}_k^{\alpha} & \boldsymbol{0} & \boldsymbol{0} & \boldsymbol{0} \\ \boldsymbol{0} & \tilde{\boldsymbol{M}}_{\text{oo}}^{\alpha} & \boldsymbol{0} & \boldsymbol{0} \\ \boldsymbol{0} & \boldsymbol{0} & \boldsymbol{I}_k^{\beta} & \boldsymbol{0} \\ \boldsymbol{0} & \boldsymbol{0} & \boldsymbol{0} & \tilde{\boldsymbol{M}}_{\text{oo}}^{\beta} \end{bmatrix}[\boldsymbol{B}] \tag{5-174}$$

$$[\boldsymbol{K}^*]=[\boldsymbol{B}]^{\mathrm{T}}\begin{bmatrix} \boldsymbol{\Omega}_{kk}^{\alpha} & \boldsymbol{0} & \boldsymbol{0} & \boldsymbol{0} \\ & \tilde{\boldsymbol{K}}_{\text{oo}}^{\alpha} & \boldsymbol{0} & \boldsymbol{0} \\ & \text{对称} & \boldsymbol{\Omega}_{kk}^{\beta} & \boldsymbol{0} \\ & & & \tilde{\boldsymbol{K}}_{\text{oo}}^{\beta} \end{bmatrix}[\boldsymbol{B}] \tag{5-175}$$

由上述方程可以看出，与附着模态相对应的广义坐标被凝聚掉了，即向子结构 Ritz 基向量中加入的附着模态并没有增加最终的系统方程自由度数，因此不会增加计算规模；同时，由于考虑了高阶截断主模态的影响，因此计算结果更为准确。

3) 求解减缩系统运动方程，恢复子结构物理坐标

与固定界面模态综合法类似，通过式(5-173)求得的是原结构的近似低阶特征值，还需要通过式(5-172)和式(5-156)所示的两次坐标变换来恢复各子结构的物理坐标。

从上面介绍的系统总体减缩矩阵的组集可以看出，与固定界面模态综合法不同的是，与自由界面模态综合法中剩余附着模态相对应的广义坐标为子结构界面力。广义坐标和自身及与自身相邻的子结构的保留主模态广义坐标相关，甚至还与不相邻的子结构的保留主模态广义坐标相关。因此，自由界面模态综合法组集系统总体减缩矩阵时必须进行第二次坐标变换，组集过程相对较为复杂。

5.5.3 多重多级子结构 Lanczos 法

对于大型广义特征值问题，还可以进一步利用上述子结构方法来构造多重多级子结构 Lanczos 法进行求解。如前所述，大型广义特征值问题对应的方程可写作：

$$[\boldsymbol{K}]\{\boldsymbol{X}\}=\lambda[\boldsymbol{M}]\{\boldsymbol{X}\} \tag{5-176}$$

式(5-176)中的右端项可以看作广义外向力$\{\boldsymbol{F}\}$。对于$k \geqslant 1$，5.5.2 节中所介绍的 Lanczos 迭代可以按照如下方程式进行：

$$[\boldsymbol{K}]\{\bar{\boldsymbol{X}}\}^{k+1}=\{\boldsymbol{F}\}^{k+1} \tag{5-177}$$

式中

$$\{\boldsymbol{F}\}^{k+1}=[\boldsymbol{M}]\{\boldsymbol{X}\}^{k} \tag{5-178}$$

利用多重多级子结构静力分析很容易求得式(5-177)的位移向量$\{\bar{\boldsymbol{X}}\}^{k+1}$。设整体结构划分为$N_{\text{comp}}$个子结构，对第$s$个子结构利用式(5-178)形成广义外向力向量$\{\boldsymbol{F}^{s}\}^{k+1}$，并将式(5-177)改写为如下形式：

$$\begin{bmatrix}\boldsymbol{K}_{\text{oo}}^{s} & \boldsymbol{K}_{\text{oi}}^{s}\\ \boldsymbol{K}_{\text{io}}^{s} & \boldsymbol{K}_{\text{ii}}^{s}\end{bmatrix}\begin{Bmatrix}\bar{\boldsymbol{X}}_{\text{o}}^{s}\\ \bar{\boldsymbol{X}}_{\text{i}}^{s}\end{Bmatrix}^{k+1}=\begin{Bmatrix}\bar{\boldsymbol{F}}_{\text{o}}^{s}\\ \bar{\boldsymbol{F}}_{\text{i}}^{s}\end{Bmatrix}^{k+1} \tag{5-179}$$

式中，下标o和i分别表示出口自由度和内部自由度对应的变量。

利用高斯消元凝聚方程(5-179)的内部位移$\{\bar{\boldsymbol{X}}_{\text{i}}^{s}\}^{k+1}$，得到外部位移$\{\bar{\boldsymbol{X}}_{\text{o}}^{s}\}^{k+1}$的静力方程为

$$[\boldsymbol{K}_{\text{oo}}^{s*}]\{\bar{\boldsymbol{X}}_{\text{o}}^{s}\}^{k+1}=\{\bar{\boldsymbol{F}}_{\text{o}}^{s*}\}^{k+1} \tag{5-180}$$

式中

$$[\boldsymbol{K}_{\text{oo}}^{s*}]=[\boldsymbol{K}_{\text{oo}}^{s}]-[\boldsymbol{K}_{\text{oi}}^{s}][\boldsymbol{K}_{\text{ii}}^{s}]^{-1}[\boldsymbol{K}_{\text{io}}^{s}] \tag{5-181}$$

$$\{\bar{\boldsymbol{F}}_{\text{o}}^{s*}\}^{k+1}=\{\bar{\boldsymbol{F}}_{\text{o}}^{s}\}^{k+1}-[\boldsymbol{K}_{\text{oi}}^{s}][\boldsymbol{K}_{\text{ii}}^{s}]^{-1}\{\bar{\boldsymbol{F}}_{\text{i}}^{s}\}^{k+1} \tag{5-182}$$

利用式(5-181)和式(5-182)形成各子结构的出口刚度矩阵以及广义外力向量，然后利用子结构周游组装得到顶层子结构的广义外力向量以及刚度矩阵，求解顶层子结构静力方程为

$$[\boldsymbol{K}_{\text{oo}}^{*}]\{\bar{\boldsymbol{X}}_{\text{o}}\}^{k+1}=\{\bar{\boldsymbol{F}}_{\text{o}}^{*}\}^{k+1} \tag{5-183}$$

通过子结构前序周游回代求解下层每个子结构的内部位移向量为

$$\{\bar{\boldsymbol{X}}_{\text{i}}^{s}\}^{k+1}=[\boldsymbol{K}_{\text{ii}}^{s}]^{-1}(\{\bar{\boldsymbol{F}}_{\text{i}}^{s}\}^{k+1}-[\boldsymbol{K}_{\text{io}}^{s}]\{\bar{\boldsymbol{X}}_{\text{o}}^{s}\}^{k+1}) \tag{5-184}$$

所有子结构的位移自由度全部求出，此时可完成式(5-177)中的反迭代。Lanczos算法正交化由式(5-185)进行：

$$\{\tilde{\boldsymbol{X}}\}^{k+1}=\{\bar{\boldsymbol{X}}\}^{k+1}-\beta_{k-1}\{\boldsymbol{X}\}^{k-1}-\alpha_{k}\{\boldsymbol{X}\}^{k} \tag{5-185}$$

式中，α_k和β_{k-1}是正交化系数，由式(5-186)确定：

$$\begin{cases}\alpha_{k}=(\{\bar{\boldsymbol{X}}\}^{k+1})^{\text{T}}[\boldsymbol{M}]\{\boldsymbol{X}\}^{k}\\ \beta_{k-1}=(\{\bar{\boldsymbol{X}}\}^{k+1})^{\text{T}}[\boldsymbol{M}]\{\boldsymbol{X}\}^{k-1}\end{cases} \tag{5-186}$$

式(5-185)中的位移向量为整体结构下的位移向量，为全体子结构位移向量的组合，可以转化为对每个子结构的正交化：

$$\{\tilde{\boldsymbol{X}}^{s}\}^{k+1}=\{\bar{\boldsymbol{X}}^{s}\}^{k+1}-\beta_{k-1}\{\boldsymbol{X}^{s}\}^{k-1}-\alpha_{k}\{\boldsymbol{X}^{s}\}^{k} \tag{5-187}$$

若$[\boldsymbol{M}^{s}]$采用集中质量矩阵，则可得

$$\begin{cases}\alpha_{k}=\displaystyle\sum_{s=1}^{N_{\text{comp}}}(\{\bar{X}^{s}\}^{k+1})^{\text{T}}[\boldsymbol{M}^{s}]\{\boldsymbol{X}^{s}\}^{k}=\sum_{s=1}^{N_{\text{comp}}}\alpha_{k}^{s}\\ \beta_{k-1}=\displaystyle\sum_{s=1}^{N_{\text{comp}}}(\{\bar{X}^{s}\}^{k+1})^{\text{T}}[\boldsymbol{M}^{s}]\{\boldsymbol{X}^{s}\}^{k-1}=\sum_{s=1}^{N_{\text{comp}}}\beta_{k-1}^{s}\end{cases} \tag{5-188}$$

由式(5-188)可知，叠加每个子结构的正交化系数α_k^s和β_{k-1}^s即得到全局的正交化系数α_k和β_{k-1}，然后可利用式(5-187)对所有子结构进行正交化。实际计算过程中，为避免正交化不彻底，往往需要加入重正交步骤，利用步骤重复可以完成重正交化，即

$$\{\hat{\boldsymbol{X}}^s\}^{k+1} = \{\tilde{\boldsymbol{X}}^s\}^{k+1} - \sum_{j=1}^{k} \lambda_j \{\boldsymbol{X}^s\}^j \tag{5-189}$$

式中

$$\lambda_j = (\{\tilde{\boldsymbol{X}}^s\}^{k+1})^{\mathrm{T}} [\boldsymbol{M}^s] \{\boldsymbol{X}^s\}^j \tag{5-190}$$

Lanczos 向量的归一化也可以利用类似的步骤完成，即

$$\{\boldsymbol{X}\}^{k+1} = \frac{\{\hat{\boldsymbol{X}}\}^{k+1}}{\beta_k} \tag{5-191}$$

式中

$$\beta_k = ((\{\hat{\boldsymbol{X}}\}^{k+1})^{\mathrm{T}} [\boldsymbol{M}] \{\hat{\boldsymbol{X}}\}^{k+1})^{\frac{1}{2}} \tag{5-192}$$

与前面正交化系数类似，分别计算每个子结构的位移向量的归一化系数 β_k^s，并累加得到

$$\beta_k = \left(\sum_{s=1}^{N_{\mathrm{comp}}} (\{\hat{\boldsymbol{X}}^s\}^{k+1})^{\mathrm{T}} [\boldsymbol{M}^s] \{\hat{\boldsymbol{X}}^s\}^{k+1} \right)^{\frac{1}{2}} = \left(\sum_{s=1}^{N_{\mathrm{comp}}} (\beta_k^s)^2 \right)^{\frac{1}{2}} \tag{5-193}$$

分别对每个子结构进行归一化：

$$\{\boldsymbol{X}^s\}^{k+1} = \frac{\{\hat{\boldsymbol{X}}^s\}^{k+1}}{\beta_k^s} \tag{5-194}$$

对每个子结构进行归一化即可完成对整体结构的归一化处理。事实上，上述正交化和归一化处理过程中子结构所有位移自由度都参与了计算，这与整体结构参加计算完全相同，计算精度不受子结构划分的影响，计算量大大降低。进行正交化与归一化后即可参照 Lanczos 法进行求解计算，此处不过多赘述。

习　　题

5-1　采用 Gram-Schmidt 正交化方法求解例 5-2 所考虑系统的第二阶固有频率及振型。

5-2　采用行列式展开法和静凝聚方法求解具有以下质量矩阵和刚度矩阵的系统的特征值和特征向量。

$$[\boldsymbol{M}] = \begin{bmatrix} 1 & 0 & 0 \\ 0 & 1 & 0 \\ 0 & 0 & 1 \end{bmatrix}, \quad [\boldsymbol{K}] = \begin{bmatrix} 2 & -1 & 0 \\ -1 & 2 & -1 \\ 0 & -1 & 2 \end{bmatrix}$$

5-3　已知

$$\begin{Bmatrix} \ddot{x}_1 \\ \ddot{x}_2 \\ \ddot{x}_3 \end{Bmatrix}_{t=0} = \begin{Bmatrix} x_1 \\ x_2 \\ x_3 \end{Bmatrix}_{t=0} = \begin{Bmatrix} 0 \\ 0 \\ 6 \end{Bmatrix}$$

采用中心差分法求解如下动力学方程：

$$\begin{bmatrix} 1 & 0 & 0 \\ 0 & 3 & 0 \\ 0 & 0 & 1 \end{bmatrix} \begin{Bmatrix} \ddot{x}_1 \\ \ddot{x}_2 \\ \ddot{x}_3 \end{Bmatrix} + \begin{bmatrix} 2 & -1 & 0 \\ -1 & 2 & -1 \\ 0 & -1 & 2 \end{bmatrix} \begin{Bmatrix} x_1 \\ x_2 \\ x_3 \end{Bmatrix} = \begin{Bmatrix} 0 \\ 0 \\ 6 \end{Bmatrix}$$

第 6 章　材料非线性问题分析

6.1　引　　言

如 2.2 节和 5.2 节所述，线弹性静力学或动力学问题中的应力和应变关系是线性的，同时应变和位移关系也是线性的，此外边界上指定的外力和位移是独立的或与变形状态是线性关联的，因此平衡方程是线性方程。事实上，实际工程问题中常常会遇到一个或多个上述平衡方程或条件不再满足线性关系的情形，这时需求解的问题就变为非线性问题，需要采用非线性的方法进行求解。考虑物理方程、几何方程以及边界条件的特点，可将非线性问题分为三类，即材料非线性问题、几何非线性问题和接触非线性问题。

本章将主要介绍材料非线性问题的有限元列式，首先介绍非线性方程的迭代求解算法，然后介绍塑性本构方程的基本知识，此后介绍弹塑性增量分析的有限元列式，最后介绍常用的应力更新算法。

6.2　非线性方程的迭代求解算法

由 3.3 节内容可知，需求解的与时间无关的方程通常可以表示成 $[\boldsymbol{K}]\{\boldsymbol{U}\}=\{\boldsymbol{F}\}$ 的形式，其中系数矩阵 $[\boldsymbol{K}]$ 与变形无关，为一常数矩阵；此外，$\{\boldsymbol{F}\}$ 通常也是常数向量。因此该方程组是一个线性代数方程组，可采用 LDLT 分解、LU 分解、高斯消去法等方法进行求解。然而，对于本章以及接下来的几章内容，经过有限元离散后的控制方程通常是一组非线性方程，即系数矩阵 $[\boldsymbol{K}]$ 是与未知量 $\{\boldsymbol{U}\}$ 相关的，如结构有限元分析中的刚度矩阵会随着变形而发生改变，此外右端向量 $\{\boldsymbol{F}\}$ 也可能与未知量相关，因此只有采用合适的方法才能进行准确高效的求解。非线性代数方程组一般可以表示为

$$\{\boldsymbol{\psi}(\boldsymbol{U})\}=\{\boldsymbol{K}(\boldsymbol{U})\}-\{\boldsymbol{F}\}=\boldsymbol{0} \tag{6-1}$$

此处假设 $\{\boldsymbol{F}\}$ 是与未知量无关的已知向量。对于右端向量与未知量相关的情形不在此处讨论，感兴趣的读者可以查阅相关资料。

对于式(6-1)所给出的非线性方程组，可采用直接迭代法、Newton-Raphson 方法、改进的 Newton-Raphson 方法、增量法等。本节介绍最为常用的 Newton-Raphson 方法和增量法。

6.2.1　Newton-Raphson 方法

Newton-Raphson 方法(简称 N-R 方法)是一种最常用的求解非线性方程的迭代算法。在非线性迭代求解过程中，通常假定已经获得了第 n 次迭代后的未知量近似值 $\{\boldsymbol{U}^{(n)}\}$，然而该近似值通常并不能使得非线性方程 $\{\boldsymbol{\psi}(\boldsymbol{U}^{(n)})\}=\{\boldsymbol{K}(\boldsymbol{U}^{(n)})\}-\{\boldsymbol{F}\}=\boldsymbol{0}$ 获得精确满足，因此需要进一步迭代更新未知量的近似值，直到满足一定的收敛条件。Newton-Raphson 方法的迭代格式

可由非线性方程的一阶 Taylor 展开式获得，即将 $\{\boldsymbol{\psi}(\boldsymbol{U}^{(n+1)})\}$ 在 $\{\boldsymbol{U}^{(n)}\}$ 处进行展开并令其等于零，表达式如下：

$$\{\boldsymbol{\psi}(\boldsymbol{U}^{(n+1)})\}=\{\boldsymbol{\psi}(\boldsymbol{U}^{(n)})\}+\left.\frac{\mathrm{d}\{\boldsymbol{\psi U}\}}{\mathrm{d}\{\boldsymbol{U}\}}\right|_{\{\boldsymbol{U}\}=\{\boldsymbol{U}^{(n)}\}}\{\Delta\boldsymbol{U}^{(n)}\}=\boldsymbol{0} \tag{6-2}$$

由式(6-2)可得

$$[\boldsymbol{K}_{\mathrm{T}}^{(n)}]\{\Delta\boldsymbol{U}^{(n)}\}=-\{\boldsymbol{\psi}(\boldsymbol{U}^{(n)})\}=\{\boldsymbol{F}\}-\{\boldsymbol{K}(\boldsymbol{U}^{(n)})\}\overset{\text{def}}{=\!=}\{\Delta\boldsymbol{F}^{(n)}\} \tag{6-3}$$

$$\{\boldsymbol{U}^{(n+1)}\}=\{\boldsymbol{U}^{(n)}\}+\{\Delta\boldsymbol{U}^{(n)}\} \tag{6-4}$$

式中

$$[\boldsymbol{K}_{\mathrm{T}}^{(n)}]=\left.\frac{\mathrm{d}\{\boldsymbol{\psi U}\}}{\mathrm{d}\{\boldsymbol{U}\}}\right|_{\{\boldsymbol{U}\}=\{\boldsymbol{U}^{(n)}\}}=\left.\frac{\mathrm{d}\{\boldsymbol{K}(\boldsymbol{U})\}}{\mathrm{d}\{\boldsymbol{U}\}}\right|_{\{\boldsymbol{U}\}=\{\boldsymbol{U}^{(n)}\}} \tag{6-5}$$

称为切线矩阵。根据以上推导，Newton-Raphson 方法的流程如表 6-1 所示。

表 6-1　Newton-Raphson 方法的流程

算法：非线性问题的 Newton-Raphson 方法流程
已知：原非线性方程组的表达形式，右端向量为 $\{\boldsymbol{F}\}$
令：$n=0$，取初始猜测值 $\{\boldsymbol{U}^{(0)}\}$
1　for $n\leqslant n_{\max}$ do（其中 $n_{\max}$ 为最大迭代步数）
2　计算切线矩阵： $[\boldsymbol{K}_{\mathrm{T}}^{(n)}]=\left.\frac{\mathrm{d}\{\boldsymbol{K}(\boldsymbol{U})\}}{\mathrm{d}\{\boldsymbol{U}\}}\right\|_{\{\boldsymbol{U}\}=\{\boldsymbol{U}^{(n)}\}}$
3　计算残差向量： $\{\Delta\boldsymbol{F}^{(n)}\}=-\{\boldsymbol{\psi}(\boldsymbol{U}^{(n)})\}=\{\boldsymbol{F}\}-\{\boldsymbol{K}(\boldsymbol{U}^{(n)})\}$
4　求解增量方程，获得第 n 次迭代时的未知数增量： $[\boldsymbol{K}_{\mathrm{T}}^{(n)}]\{\Delta\boldsymbol{U}^{(n)}\}=-\{\boldsymbol{\psi}(\boldsymbol{U}^{(n)})\}$
5　更新未知数： $\{\boldsymbol{U}^{(n+1)}\}=\{\boldsymbol{U}^{(n)}\}+\{\Delta\boldsymbol{U}^{(n)}\}$
6　检查迭代收敛情况，若满足如下收敛条件： $\|\Delta\boldsymbol{U}^{(n)}\|\leqslant\epsilon_U$ 则停止迭代，此处 ϵ_U 为一给定的容差；若不满足收敛条件，令 $n=n+1$，继续迭代；若超过允许的最大迭代步 $n_{\max}$ 时还未收敛，可停止计算或减小增量步进行重新计算
7　end

例 6-1　采用 Newton-Raphson 方法求解下面的非线性方程。

$$\psi(x)=K(x)-F=0\quad(x>0) \tag{6-6}$$

其中

$$K(x)=x^2+2x$$
$$F=8$$

解： 根据式(6-5)，可得切线矩阵为

$$K_{\mathrm{T}}^{(n)}=\left.\frac{\mathrm{d}K(x)}{\mathrm{d}x}\right|_{x=x^{(n)}}=(2x+2)\big|_{x=x^{(n)}} \tag{6-7}$$

取初始猜测值为 $x^{(0)}=0$，则迭代过程如下。

$n=1$ 时，有

$$
\begin{aligned}
&K_{\mathrm{T}}^{(0)}=2\\
&\Delta x^{(0)}=(K_{\mathrm{T}}^{(0)})^{-1}(F-K(x^{(0)}))=4\\
&x^{(1)}=x^{(0)}+\Delta x^{(0)}=4
\end{aligned}
\tag{6-8}
$$

$n=2$ 时，有

$$
\begin{aligned}
&K_{\mathrm{T}}^{(1)}=10\\
&\Delta x^{(1)}=(K_{\mathrm{T}}^{(1)})^{-1}(F-K(x^{(1)}))=-1.6\\
&x^{(2)}=x^{(1)}+\Delta x^{(1)}=2.4
\end{aligned}
$$

…

$n=6$ 时，有

$$
\begin{aligned}
&K_{\mathrm{T}}^{(5)}=6\\
&\Delta x^{(5)}=(K_{\mathrm{T}}^{(5)})^{-1}(F-K(x^{(5)}))=-1.4\times10^{-9}\\
&x^{(6)}=x^{(5)}+\Delta x^{(5)}=2.0
\end{aligned}
$$

原问题的理论解为 $x=2$，可知采用 Newton-Raphson 方法只需迭代 6 次即可获得非常精确的结果。上述迭代求解过程如图 6-1 所示。

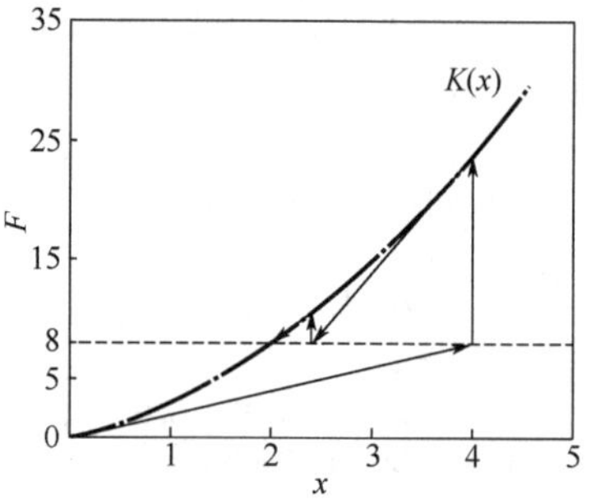

图 6-1 Newton-Raphson 方法迭代求解过程

Newton-Raphson 方法通常具有二次收敛特征。在 Newton-Raphson 方法迭代过程中，若未采用真实的切线矩阵，其将影响收敛速度；而一旦迭代收敛，即代表了内力和外力在容差允许的范围内是满足平衡条件的。同时，Newton-Raphson 方法中的初始猜测值的选取也将对收敛有一定的影响。在材料非线性有限元分析中，若取初始猜测值为零，初始切线矩阵即为弹性刚度矩阵。此外，在上述迭代过程中不难发现，每次迭代都需要重新计算切线矩阵，并采用其对增量方程进行求解，这往往会带来较大的计算量。为加快计算效率，通常可以选取切线矩阵为迭代初始时刻对应的切线矩阵，在迭代过程中不再更新，这样切线矩阵只用形成和分解一次，这种方法称为修正的 Newton-Raphson 方法(简称 mN-R 方法)。需要指出的是，随着迭代的持续进行，该修正方法所采用的初始切线矩阵与当前时刻的切线矩阵的差距可能越来越大，收敛速度会变慢。在此基础上，还可以形成一种加速算法，即迭代若干次后更新一次切线矩阵。

6.2.2 增量法

采用 6.2.1 节所介绍的 Newton-Raphson 方法求解非线性问题时，右端项是一次性全部加上，然后进行迭代求解，从而只获得最终载荷对应的未知量值。事实上对于非线性问题，其响应可能是与加载历史相关的。同时实际计算中可能不仅仅只关注最终时刻的响应，而是关心整个时间段或加载历史上的结构响应。因此需要求解整个时间历程上的结构响应，并采用增量的方式对非线性问题进行求解。增量法求解时通常将外载荷分成若干个小的载荷，然后采用逐步施加的方式加在结构上，并且在每一个小载荷步中进一步再采用合适的方法求得其对应的未知数增量，从而最终获得原问题的解。

增量法假定在第 m 步的增量载荷施加后的结构响应是已知的，求解第 $m+1$ 个增量载荷施加后的结构响应。事实上，在此增量步的未知数增量可以采用 Newton-Raphson 方法及其修正方法进行求解。参考式(6-2)，第 $m+1$ 个增量步的第 n 次迭代对应的 Taylor 展开式为

$$\{\boldsymbol{\psi}(\boldsymbol{U}_{m+1}^{(n+1)})\} = \{\boldsymbol{\psi}(\boldsymbol{U}_{m+1}^{(n)})\} + \left.\frac{\mathrm{d}\{\boldsymbol{\psi U}\}}{\mathrm{d}\{\boldsymbol{U}\}}\right|_{\{\boldsymbol{U}\}=\{\boldsymbol{U}_{m+1}^{(n)}\}} \{\Delta \boldsymbol{U}_{m+1}^{(n)}\} = \boldsymbol{0} \tag{6-9}$$

由式(6-9)可得

$$[\boldsymbol{K}_{\mathrm{T},m+1}^{(n)}]\{\Delta \boldsymbol{U}_{m+1}^{(n)}\} = \{\Delta \boldsymbol{F}_{m+1}^{(n)}\} = \{\boldsymbol{F}_{m+1}\} - \{\boldsymbol{K}(\boldsymbol{U}_{m+1}^{(n)})\} \tag{6-10}$$

$$\{\boldsymbol{U}_{m+1}^{(n+1)}\} = \{\boldsymbol{U}_{m+1}^{(n)}\} + \{\Delta \boldsymbol{U}_{m+1}^{(n)}\} \tag{6-11}$$

式中

$$[\boldsymbol{K}_{\mathrm{T},m+1}^{(n)}] = \left.\frac{\mathrm{d}\{\boldsymbol{\psi U}\}}{\mathrm{d}\{\boldsymbol{U}\}}\right|_{\{\boldsymbol{U}\}=\{\boldsymbol{U}_{m+1}^{(n)}\}} \tag{6-12}$$

在每个增量步中，其迭代求解流程仍然如表 6-1 所示。

例 6-2　采用结合 Newton-Raphson 方法的增量法求解例 6-1 中的非线性方程，其中右端项 $F=8$ 分成 2 次均匀施加。

解：根据题意，可知两个增量步对应的右端项分别为 $F_1=4$ 和 $F_2=8$ 。进一步根据式 (6-12)，可得切线矩阵为

$$K_{\mathrm{T},m+1}^{(n)} = \left.\frac{\mathrm{d}\psi x}{\mathrm{d}x}\right|_{x=x_{m+1}^{(n)}} = (2x+2)\big|_{x=x_{m+1}^{(n)}} \tag{6-13}$$

取初始猜测值为 $x_0^{(0)}=0$ ，则迭代过程如下。

当 $m=1$，$n=1$ 时，有

$$K_{\mathrm{T},1}^{(0)} = 2$$
$$\Delta x_1^{(0)} = (K_{\mathrm{T},1}^{(0)})^{-1}(F_1 - K(x_1^{(0)})) = 2$$
$$x_1^{(1)} = x_1^{(0)} + \Delta x_1^{(0)} = 2$$

当 $m=1$，$n=2$ 时，有

$$K_{\mathrm{T},1}^{(1)} = 6$$
$$\Delta x_1^{(1)} = (K_{\mathrm{T},1}^{(1)})^{-1}(F_1 - K(x_1^{(1)})) = -0.6667$$
$$x_1^{(2)} = x_1^{(1)} + \Delta x_1^{(1)} = 1.3333$$

…

当 $m=1$，$n=5$ 时，有

$$\begin{aligned} &K_{\mathrm{T},1}^{(4)} = 4.4721 \\ &\Delta x_1^{(4)} = (K_{\mathrm{T},1}^{(4)})^{-1}(F_1 - K(x_1^{(4)})) = -9.1814\times 10^{-7} \\ &x_1^{(5)} = x_1^{(4)} + \Delta x_1^{(4)} = 1.2361 \end{aligned} \tag{6-14}$$

当 $m=2$，$n=1$ 时，有

$$K_{\mathrm{T},2}^{(0)} = 4.4721$$
$$\Delta x_2^{(0)} = (K_{\mathrm{T},2}^{(0)})^{-1}(F_2 - K(x_2^{(0)})) = 0.8944$$
$$x_2^{(1)} = x_2^{(0)} + \Delta x_2^{(0)} = 2.1305$$

…

当 $m = 2$，$n = 5$ 时，有

$$K_{\mathrm{T},2}^{(4)} = 6$$
$$\Delta x_2^{(4)} = (K_{\mathrm{T},2}^{(4)})^{-1}(F_2 - K(x_2^{(4)})) = -2.5313 \times 10^{-13}$$
$$x_2^{(5)} = x_2^{(4)} + \Delta x_2^{(4)} = 2$$

原问题的理论解为 $x_1 = \sqrt{5} - 1$ 和 $x_2 = 2$，由此可知采用结合 Newton-Raphson 方法的增量法给出的两个增量步的计算结果与理论解非常吻合。

6.3 塑性本构方程

材料的弹塑性性质可以通过材料的性能实验曲线获得，而一般的材料性能实验曲线(应力-应变曲线)是通过标准试样的单向拉伸和压缩得到的。图 6-2 展示了一典型的材料性能实验曲线，其主要包含弹性阶段和塑性阶段两部分，其中塑性阶段可进一步分为屈服阶段、强化阶段和颈缩阶段等。塑性阶段的主要特征为，应力和应变不再满足线性关系，且卸去载荷后的材料中存在着不可恢复的永久塑性变形，且应力和应变之间不再存在唯一的对应关系，即由于处于不同的加卸载阶段，多个应变状态对应的应力可能是相同的，亦或多个应力状态对应同一个应变状态。

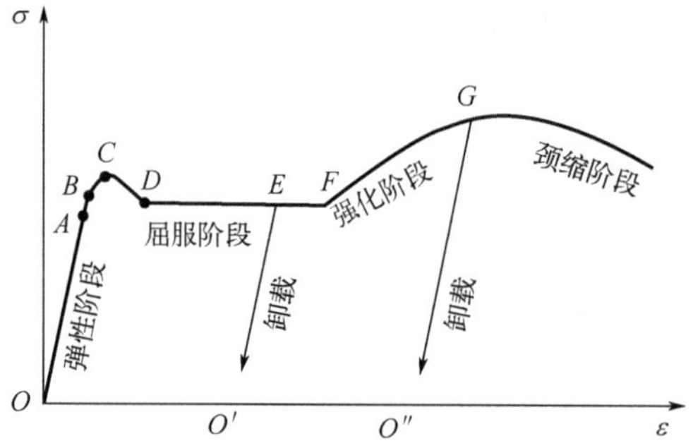

图 6-2 低碳钢拉伸应力-应变曲线

确定弹塑性材料处于弹性阶段还是塑性阶段主要是通过判断其应力是否超过某一临界值 σ_{s}，即屈服应力。当材料中的应力低于屈服应力时，材料保持弹性状态，但是在应力到达屈服应力之后，材料进入塑性变形状态。如果继续加载并卸载，材料中会保留永久的塑性变形。如果应力到达屈服应力之后，应力不变而应变继续增加，则该材料称为理想弹塑性材料；相反，如果应力到达屈服应力之后继续增加应变，应力也随之增加，则该材料称为应变硬化材料，如图 6-3 所示。

应变硬化材料在一个方向加载进入塑性之后，在 $\sigma_{\mathrm{s}} = \sigma_{\mathrm{r1}}$ 时卸载，并反方向加载直至达到塑性，新的屈服应力 σ_{s1} 数值通常不等于材料的初始屈服应力 σ_{s0}，也不等于卸载时的应力

σ_{r1}。如果$|\sigma_{s1}| = \sigma_{r1}$，则为各向同性硬化材料；如果$\sigma_{r1} - \sigma_{s1} = 2\sigma_{s0}$，则为运动(随动)硬化材料；如果介于二者之间，即$|\sigma_{s1}| < \sigma_{r1}$且$\sigma_{r1} - \sigma_{s1} > \sigma_{s0}$，则为混合硬化材料。几种塑性硬化的特征如图 6-4 所示。

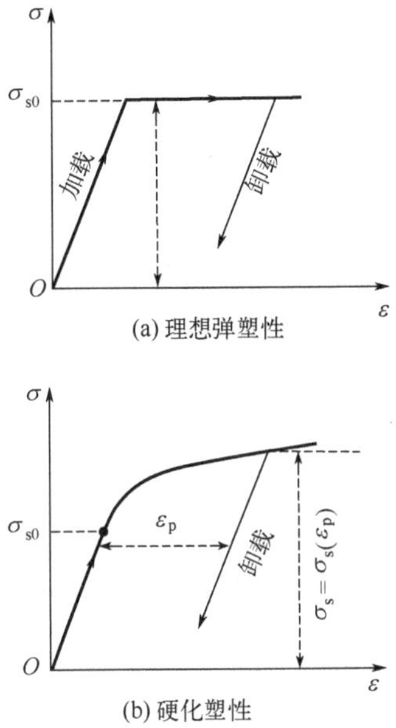

图 6-3　两种材料的加、卸载曲线

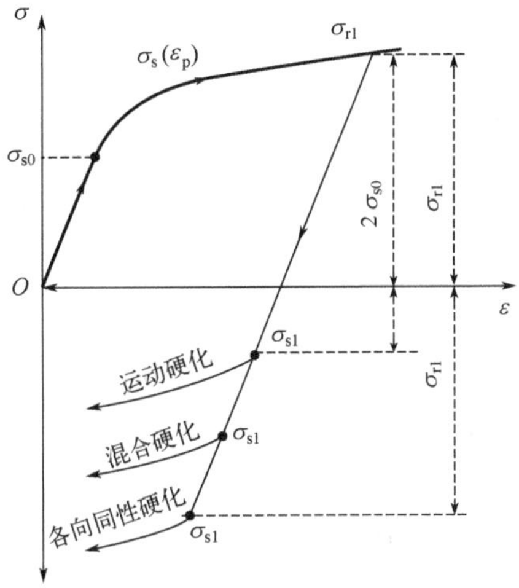

图 6-4　几种塑性硬化的特征

在实际情况中，材料中每一处的受力状态各不相同，要想通过材料的应力-应变曲线获得在复杂应力状态下的真实弹塑性行为，就需要确定材料何时会开始进入塑性变形阶段、进入塑性变形后不可恢复的塑性应变的大小、塑性变形过程中何时会产生新的塑性变形以及塑性变形过程中是处于塑性继续加载还是弹性卸载，即需要定义初始屈服准则、流动法则、硬化法则和加卸载准则等。

6.3.1　初始屈服函数

初始屈服准则是用于确定材料何时会从弹性阶段首次进入塑性变形阶段的条件，其通常用材料开始进入塑性变形时的临界应力状态的函数进行表示，称为初始屈服函数。对于各向同性的材料，初始屈服函数 F 的一般表达形式如下：

$$F(\boldsymbol{\sigma}, k_0) = 0 \tag{6-15}$$

式中，$\boldsymbol{\sigma}$ 为应力张量；k_0 为给定的材料参数，屈服函数 F 和材料参数 k_0 通常可由材料的拉伸曲线确定。需要说明的是，为方便推导，本章中弹塑性基本理论推导部分的公式符号采用张量及其指标记法，有限元离散格式推导部分采用矩阵记法。从几何的角度看，式(6-15)给出的屈服函数表示应力空间中的一个超曲面，称为屈服面。对于金属材料而言，用于确定屈服函数的常用屈服条件有 von Mises 屈服条件和 Tresca 屈服条件等。

1) von Mises 屈服条件

von Mises 屈服条件定义为当材料的等效应力 $\bar{\sigma}$ 等于初始屈服应力时，材料则进入塑性变形，对应的屈服函数可表示为

$$F(\boldsymbol{\sigma},\sigma_{s0})=\frac{1}{2}\boldsymbol{s}:\boldsymbol{s}-\frac{1}{3}\sigma_{s0}^2=0 \tag{6-16}$$

式中，σ_{s0}为初始屈服应力。此外，有

$$\begin{aligned}\sigma_s&=\sqrt{\frac{3}{2}\boldsymbol{s}:\boldsymbol{s}}\\ \boldsymbol{s}&=\boldsymbol{\sigma}-\sigma_m\boldsymbol{I}\\ \sigma_m&=\frac{1}{3}\mathrm{Tr}(\boldsymbol{\sigma})\end{aligned} \tag{6-17}$$

式中，$\boldsymbol{s}$为偏应力张量；σ_s为等效应力；$\boldsymbol{I}$为二阶单位张量；σ_m为平均应力；$\mathrm{Tr}(\cdot)$表示求张量的迹。

在三维主应力空间内，von Mises 屈服条件即式(6-16)也可以表示为

$$F(\boldsymbol{\sigma},\sigma_{s0})=\frac{1}{6}[(\sigma_1-\sigma_2)^2+(\sigma_2-\sigma_3)^2+(\sigma_1-\sigma_3)^2]-\frac{1}{3}\sigma_{s0}^2=0 \tag{6-18}$$

式中，σ_1、σ_2和σ_3表示三个主应力。

von Mises 屈服条件的几何意义为在σ_1、σ_2和σ_3构成的三维主应力空间中，屈服函数F所表示的屈服面是以$\sigma_1=\sigma_2=\sigma_3$为轴线的圆柱面，该圆柱面在$\pi$平面(即过原点并垂直于直线$\sigma_1=\sigma_2=\sigma_3$的平面)上的投影为一圆周曲线，半径为$\sigma_{s0}$，如图 6-5 所示。

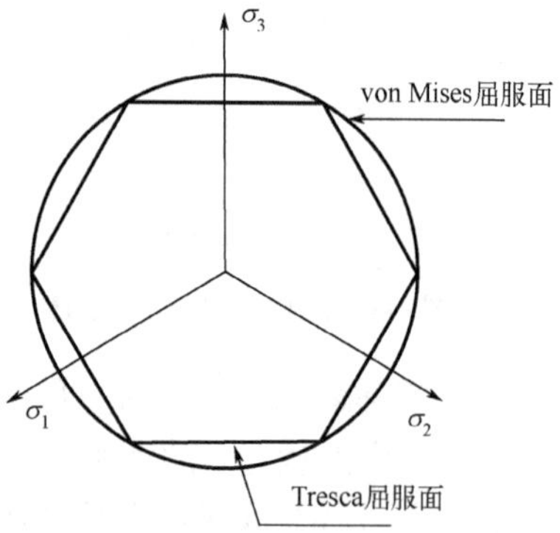

图 6-5 π平面上的屈服面示意图

2) Tresca 屈服条件

Tresca 屈服条件的定义为当最大剪应力等于材料的初始剪切屈服应力τ_{s0}时，材料开始进入塑性变形，对应的屈服函数可写作：

$$F(\boldsymbol{\sigma},\tau_{s0})=(\tau_{12}^2-\tau_{s0}^2)(\tau_{23}^2-\tau_{s0}^2)(\tau_{13}^2-\tau_{s0}^2)=0 \tag{6-19}$$

其中

$$\tau_{12}=\frac{1}{2}(\sigma_1-\sigma_2),\quad \tau_{23}=\frac{1}{2}(\sigma_2-\sigma_3),\quad \tau_{13}=\frac{1}{2}(\sigma_1-\sigma_3) \tag{6-20}$$

式中，τ_{12}、τ_{23}和τ_{13}为剪应力；τ_{s0}为初始剪切屈服应力。

Tresca 屈服条件的几何意义为：在σ_1、σ_2和σ_3构成的三维主应力空间中，Tresca 屈服面是内接于 von Mises 屈服面的一个正六棱柱面，其同样以$\sigma_1=\sigma_2=\sigma_3$为轴线；该屈服面在$\pi$平面上的投影为内接 von Mises 圆的一个正六边形，如图 6-5 所示。

显然，与 von Mises 屈服条件相比，Tresca 屈服条件偏于保守，但是总体上两种屈服条件相差不大。此外，由于 von Mises 屈服面的外法线方向为圆柱面的径向方向，易于确定；而 Tresca 屈服面为正六棱柱面，在棱边处的外法向方向不易确定。由于法向导数决定了塑性变形的方向，因此在实际计算中通常采用 von Mises 屈服条件。

6.3.2 流动法则

流动法则是用于确定材料进入塑性变形后的塑性应变增量的条件，其通常表述为塑性应

变增量的分量与应力及应力增量的分量之间的关系。von Mises 流动法则是一种被广泛采用的流动法则，其表达式为

$$\mathrm{d}\varepsilon_{ij}^{\mathrm{p}} = \mathrm{d}\lambda \frac{\partial Q}{\partial \boldsymbol{\sigma}} \tag{6-21}$$

式中，$\mathrm{d}\boldsymbol{\varepsilon}^{\mathrm{p}}$ 为塑性应变增量的分量；$\mathrm{d}\lambda$ 为正的待定量(由材料硬化法则确定)；Q 为由应力状态和塑性应变表达的塑性势函数。若塑性势函数 Q 和后继屈服函数 F 具有相同的形式，则称 Q 为关联塑性势函数；若不同，则称 Q 为非关联塑性势函数。对于许多金属材料，采用关联塑性势函数就可以很好地描述材料的塑性变形行为。对于关联塑性势函数情形，流动法则可写作：

$$\mathrm{d}\boldsymbol{\varepsilon}^{\mathrm{p}} = \mathrm{d}\lambda \frac{\partial F}{\partial \boldsymbol{\sigma}} \tag{6-22}$$

即塑性应变增量沿应力空间中后继屈服面的法线方向。

6.3.3　硬化法则

硬化法则是用于规定材料进入塑性变形后的后继屈服面在应力空间中的变化规则，其对应的后继屈服函数的一般形式可写作：

$$F(\boldsymbol{\sigma}, k) = 0 \tag{6-23}$$

式中，k 是依赖于变形历史的硬化参数，通常可表示为等效塑性应变 $\bar{\varepsilon}_{\mathrm{p}}$ 的函数，其中等效塑性应变定义为

$$\bar{\varepsilon}_{\mathrm{p}} = \int \left(\frac{2}{3} \mathrm{d}\boldsymbol{\varepsilon}^{\mathrm{p}} : \mathrm{d}\boldsymbol{\varepsilon}^{\mathrm{p}} \right)^{\frac{1}{2}} \tag{6-24}$$

需要指出的是，在未发生任何塑性变形时后继屈服函数应可退化为初始屈服函数，因此两种屈服函数均用符号 F 表示。

对于理想塑性材料，后继屈服函数和初始屈服函数相同，即

$$F(\boldsymbol{\sigma}, k) = F(\boldsymbol{\sigma}, k_0) = 0 \tag{6-25}$$

但是对于硬化材料，后继屈服面与初始屈服面不同，需要采用合适的硬化法则及后继屈服函数来定义后继屈服面。常用的硬化法则有三种：各向同性硬化法则、运动硬化法则和混合硬化法则。

1)各向同性硬化法则

各向同性硬化法则认为当材料进入塑性变形后，屈服面沿各方向发生均匀扩张，其形状和中心在应力空间中均保持不变。图 6-6 给出了当 $\sigma_3 = 0$ 且采用各向同性硬化法则描述时的初始和后继屈服轨迹的示意图。对于 von Mises 屈服条件，各向同性硬化法则所规定的后继屈服函数可以表示为

$$F(\boldsymbol{\sigma}, k) = \frac{1}{2} \boldsymbol{s} : \boldsymbol{s} - \frac{1}{3} \sigma_{\mathrm{s}}^2 (\bar{\varepsilon}_{\mathrm{p}}) \tag{6-26}$$

式中，当前屈服应力 σ_{s} 是等效塑性应变 $\bar{\varepsilon}_{\mathrm{p}}$ 的函数。$\sigma_{\mathrm{s}}(\bar{\varepsilon}_{\mathrm{p}})$ 可从材料的单轴拉伸实验的应力-应变曲线获得。材料的塑性模量 E_{p}，又称硬化系数，其定义如下：

$$E_{\mathrm{p}}=\frac{\mathrm{d}\sigma_{\mathrm{s}}(\bar{\varepsilon}_{\mathrm{p}})}{\mathrm{d}\bar{\varepsilon}_{\mathrm{p}}}=\frac{EE_{\mathrm{t}}}{E-E_{\mathrm{t}}} \tag{6-27}$$

式中，$E_{\mathrm{t}}=\mathrm{d}\sigma/\mathrm{d}\varepsilon$ 为切向模量。各向同性硬化法则主要适用于单调加载，如果在卸载情况下，只适用于反向屈服应力 σ_{s} 的数值等于应力反转点 σ_{r1} 的材料，而这种材料并不常见，所以需要采用其他形式的硬化法则。

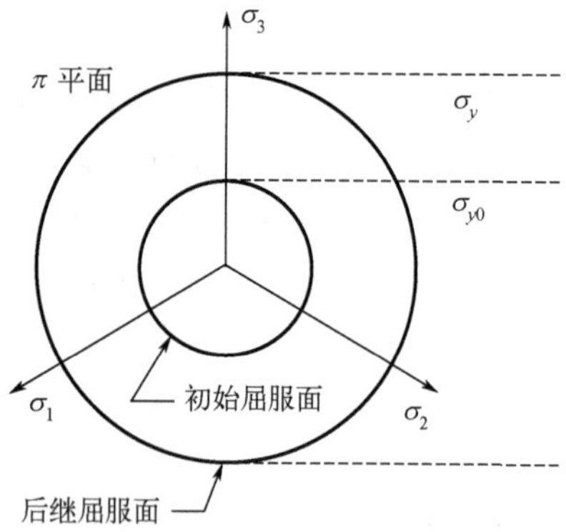

图 6-6　各向同性硬化法则示意图

2)运动硬化法则

运动硬化法则表示当材料进入塑性变形后，屈服面在应力空间中做刚体移动，但是屈服面的形状和大小均保持不变。运动硬化材料的后继屈服函数可以表示为

$$F(\boldsymbol{\sigma},\boldsymbol{\alpha},k_0)=0 \tag{6-28}$$

式中，$\boldsymbol{\alpha}$ 为屈服面中心在应力空间内的移动张量，其与材料特性和变形历史有关；k_0 为初始屈服函数中的材料参数。根据 $\boldsymbol{\alpha}$ 选取方式的不同，运动硬化法则可以分为 Prager 运动硬化法则和 Zeigler 运动硬化法则。

(1) Prager 运动硬化法则。

Prager 运动硬化法则规定屈服面中心的移动是沿着表征当前状态的应力点的法线方向，如图 6-7 所示。对于 von Mises 屈服条件，其后继屈服函数可以表示为

$$F(\boldsymbol{\sigma},\boldsymbol{\alpha},k_0)=\frac{1}{2}(\boldsymbol{s}-\boldsymbol{\alpha}):(\boldsymbol{s}-\boldsymbol{\alpha})-\frac{1}{3}\sigma_{\mathrm{s0}}^2 \tag{6-29}$$

因为 $\boldsymbol{\alpha}$ 沿着当前应力点的法线方向，即与 $\mathrm{d}\varepsilon_{ij}^{\mathrm{p}}$ 方向相同，所以可改写为

$$\mathrm{d}\boldsymbol{\alpha}=c\mathrm{d}\boldsymbol{\varepsilon}^{\mathrm{p}}=c\mathrm{d}\lambda\frac{\partial F}{\partial\boldsymbol{\sigma}}=c\mathrm{d}\lambda(\boldsymbol{s}-\boldsymbol{\alpha}) \tag{6-30}$$

由于应力点在移动后的屈服面上，因此存在下面的等式条件：

$$\frac{\partial F}{\partial\boldsymbol{\sigma}}(\mathrm{d}\boldsymbol{\sigma}-\mathrm{d}\boldsymbol{\alpha})=0 \tag{6-31}$$

在初始加载时，运动硬化法则和各向同性硬化法则等效，因此可得

$$c=\frac{2}{3}\frac{\mathrm{d}\sigma_{\mathrm{s}}(\bar{\varepsilon}_{\mathrm{p}})}{\mathrm{d}\bar{\varepsilon}_{\mathrm{p}}}=\frac{2}{3}E_{\mathrm{p}} \tag{6-32}$$

将式(6-32)代入式(6-30)可得

$$\mathrm{d}\boldsymbol{\alpha}=\frac{2}{3}E_{\mathrm{p}}\mathrm{d}\lambda(\boldsymbol{s}-\boldsymbol{\alpha}) \tag{6-33}$$

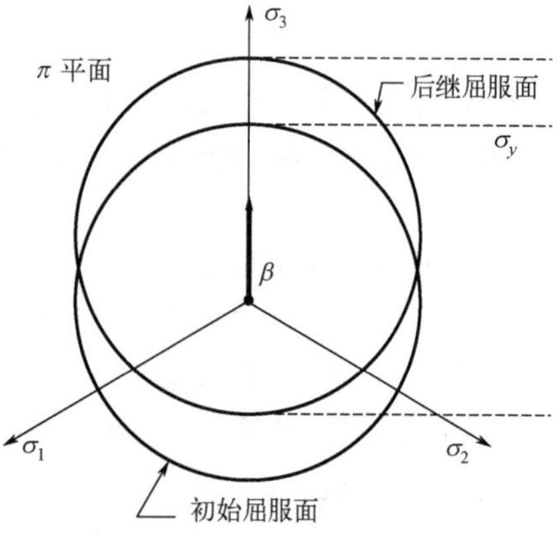

图 6-7　Prager 运动硬化法则示意图

则 $\boldsymbol{\alpha}=\int\mathrm{d}\boldsymbol{\alpha}$，且初始时 $\boldsymbol{\alpha}=\boldsymbol{0}$。

在完全的 9 维应力空间中的初始屈服面和后继屈服面保持着形式上的一致性，因此

Prager 运动硬化法则适用。但当考虑子应力空间时，如平面应力情形，两个屈服面一般并不具有这种一致性，此时 Prager 运动硬化法则应用起来较为困难。

(2) Zeigler 运动硬化法则。

Zeigler 运动硬化法则规定屈服面沿着连接其中心和当前应力点的方向移动，如图 6-8 所示，其后继屈服函数可表示为

$$F(\boldsymbol{\sigma},\boldsymbol{\alpha},k_0)=\frac{1}{2}(\boldsymbol{s}-\boldsymbol{\alpha}^{\mathrm{d}}):(\boldsymbol{s}-\boldsymbol{\alpha}^{\mathrm{d}})-\frac{1}{3}\sigma_{\mathrm{s0}}^2 \tag{6-34}$$

式中，$\boldsymbol{\alpha}^{\mathrm{d}}$ 为移动张量的偏斜分量，即

$$\boldsymbol{\alpha}^{\mathrm{d}}=\boldsymbol{\alpha}-\alpha_{\mathrm{m}}\boldsymbol{I} \tag{6-35}$$

其中

$$\begin{aligned}\alpha_{\mathrm{m}}&=\mathrm{Tr}(\boldsymbol{\alpha})\\ \mathrm{d}\boldsymbol{\alpha}&=\mathrm{d}\mu(\boldsymbol{\sigma}-\boldsymbol{\alpha}^{\mathrm{d}})\end{aligned} \tag{6-36}$$

式中，$\mathrm{d}\mu$ 为待定常数，参考式(6-32)，可得

$$\mathrm{d}\mu=\frac{2}{3}E_{\mathrm{p}}\mathrm{d}\lambda \tag{6-37}$$

代入式(6-36)可得

$$\mathrm{d}\boldsymbol{\alpha}=\frac{2}{3}E_{\mathrm{p}}\mathrm{d}\lambda(\boldsymbol{\sigma}-\boldsymbol{\alpha}^{\mathrm{d}}) \tag{6-38}$$

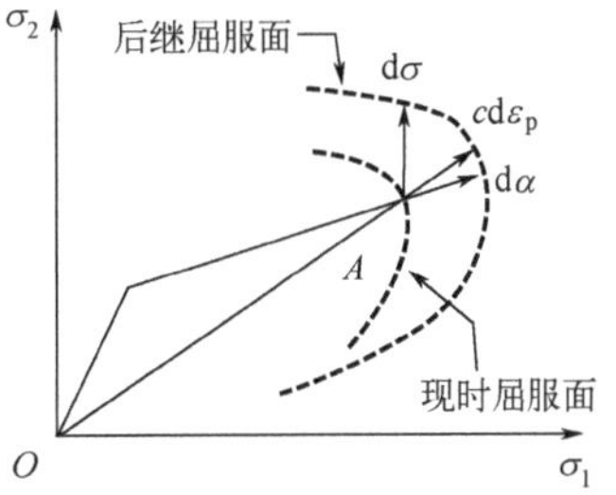

图 6-8　Zeigler 运动硬化法则示意图

由两种运动硬化法则的规定不难发现两者的区别只在于加载曲面移动的方向，即 Prager 运动硬化法则中屈服面沿当前应力点的法线方向移动，Zeigler 运动硬化法则中屈服面沿其中心和当前应力点的连线方向移动。此外，在子应力空间内，如果其包括三个正应力或不包括任何正应力，这两种法则完全相同。在单向加载的情况下，运动硬化法则和各向同性硬化法则是等价的。

3) 混合硬化法则

对于更为一般的材料，其屈服面大小、形状和中心等都可能随着加载而发生变化，此时可以采用混合硬化法则来确定后继屈服函数，即同时考虑各向同性硬化和运动硬化。此时，可将塑性应变增量分为成比例的两部分，即

$$\mathrm{d}\boldsymbol{\varepsilon}^{\mathrm{p}}=\mathrm{d}\boldsymbol{\varepsilon}^{\mathrm{p(iso)}}+\mathrm{d}\boldsymbol{\varepsilon}^{\mathrm{p(kin)}} \tag{6-39}$$

式中，$\mathrm{d}\boldsymbol{\varepsilon}^{\mathrm{p(iso)}}$ 表示与各向同性硬化法则相关联的塑性应变增量，其与屈服面的大小相关；$\mathrm{d}\boldsymbol{\varepsilon}^{\mathrm{p(kin)}}$ 则表示与运动硬化法则相对应的塑性应变增量，其与屈服面的中心和形状相关。由于两者成比例，因此可定义混合硬化参数 M 来表征各向同性硬化特性在全部硬化特性中所占的比例，则有

$$\mathrm{d}\boldsymbol{\varepsilon}^{\mathrm{p(iso)}}=M\mathrm{d}\boldsymbol{\varepsilon}^{\mathrm{p}},\quad \mathrm{d}\boldsymbol{\varepsilon}^{\mathrm{p(kin)}}=(1-M)\mathrm{d}\boldsymbol{\varepsilon}^{\mathrm{p}} \tag{6-40}$$

式中，混合硬化参数的取值范围为 $[-1,1]$，当 $M<0$ 时表示材料出现了软化。

采用混合硬化法则时，后继屈服函数可以统一表示为

$$F(\boldsymbol{\sigma},\bar{\boldsymbol{a}},k)=\frac{1}{2}(\boldsymbol{s}-\boldsymbol{\alpha}^{\mathrm{d}}):(\boldsymbol{s}-\boldsymbol{\alpha}^{\mathrm{d}})-\frac{1}{3}\sigma_{\mathrm{s}}^{2}(\bar{\varepsilon}_{\mathrm{p}},M) \tag{6-41}$$

式中，σ_{s} 通常可表示为如下形式：

$$\sigma_{\mathrm{s}}(\bar{\varepsilon}_{\mathrm{p}},M)=\sigma_{\mathrm{s0}}+\int M\mathrm{d}\sigma_{\mathrm{s}}(\bar{\varepsilon}_{\mathrm{p}}) \tag{6-42}$$

而移动张量 $\boldsymbol{\alpha}$ 的计算可根据实际选用的运动硬化法则来确定，即 $\mathrm{d}\boldsymbol{\alpha}$ 由式(6-33)或式(6-38)乘比例系数$(1-M)$获得。混合硬化法则主要用于反向加载和循环载荷的情况，值得注意的是，混合硬化参数不一定保持为常数，由屈服面的大小确定。

6.3.4　加卸载准则

加卸载准则是用于判断从某塑性状态出发，材料是处于继续塑性加载还是弹性卸载状态，其将决定计算过程中是采用弹塑性本构关系还是弹性本构关系。加卸载准则如下。

(1)若 $F=0$ 且 $\dfrac{\partial F}{\partial \boldsymbol{\sigma}}:\mathrm{d}\boldsymbol{\sigma}>0$，则为塑性加载，需采用弹塑性本构关系进行计算。

(2)若 $F=0$ 且 $\dfrac{\partial F}{\partial \boldsymbol{\sigma}}:\mathrm{d}\boldsymbol{\sigma}<0$，则为弹性卸载，需采用弹性本构关系进行计算。

(3)若 $F=0$ 且 $\dfrac{\partial F}{\partial \boldsymbol{\sigma}}:\mathrm{d}\boldsymbol{\sigma}=0$，则对于理想弹塑性材料为塑性加载，对于硬化材料为中性变载，即不发生新的塑性流动但保持塑性状态。

由前面给出的硬化法则可知，塑性流动方向可由屈服函数的导数 $\dfrac{\partial F}{\partial \boldsymbol{\sigma}}$ 确定。对于理想塑性材料和各向同性硬化材料有

$$\frac{\partial F}{\partial \boldsymbol{\sigma}}=\boldsymbol{s} \tag{6-43}$$

对于运动硬化法则和混合硬化法则有

$$\frac{\partial F}{\partial \boldsymbol{\sigma}}=\boldsymbol{s}-\boldsymbol{\alpha} \tag{6-44}$$

基于本节所述的几种法则，可以得到几种常用的描述材料弹塑性行为的模型(模型示意图见图 6-9)：

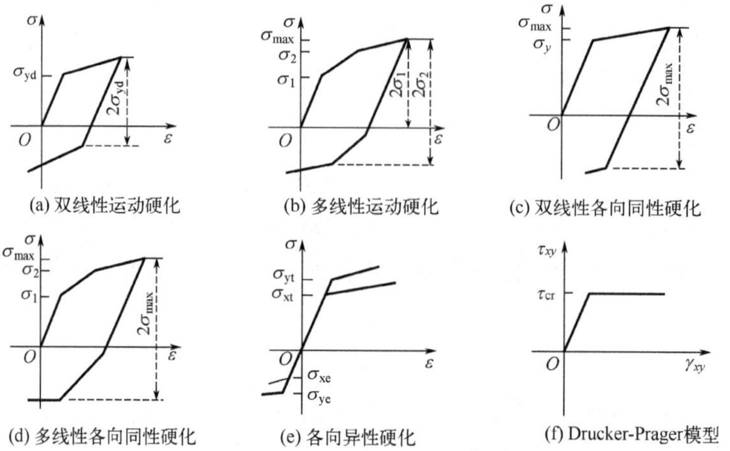

图 6-9　几种常用的弹塑性材料模型

① 双线性运动硬化；
② 多线性运动硬化；
③ 双线性各向同性硬化；
④ 多线性各向同性硬化；
⑤ 各向异性硬化；
⑥ Drucker-Prager 模型。

6.4　有限元列式

研究弹塑性问题的关键在于对应力-应变关系的处理，其中弹塑性矩阵和离散控制方程最为重要。本节将主要介绍弹塑性矩阵的总体表达形式以及材料非线性有限元列式推导。

6.4.1　弹塑性矩阵

当物质点的应力已经处于屈服面上并继续加载时，需要应用弹塑性增量的应力-应变关系进行分析。一般可以通过一致性条件、流动法则和弹性应力-应变关系三个基本原则来建立弹塑性增量应力-应变关系。一致性条件是指在弹塑性加载时，新的应力点$(\boldsymbol{\sigma}+\mathrm{d}\boldsymbol{\sigma})$应该仍然保持在屈服面上。流动法则规定了新的弹塑性应变增量$\mathrm{d}\boldsymbol{\varepsilon}^{\mathrm{p}}$应在屈服面上原应力点处的外法线方向。弹性应力-应变关系是指在小应变的情形下，应变增量$\mathrm{d}\boldsymbol{\varepsilon}$可分解为弹性部分$\mathrm{d}\boldsymbol{\varepsilon}^{\mathrm{e}}$和塑性部分$\mathrm{d}\boldsymbol{\varepsilon}^{\mathrm{p}}$，其中弹性应变增量$\mathrm{d}\boldsymbol{\varepsilon}^{\mathrm{e}}$和应力增量$\mathrm{d}\boldsymbol{\sigma}$仍然遵循弹性力学的广义胡克定律。

基于以上三个原则，各向同性硬化材料的增量应力-应变关系可由如下过程推导获得。

1) 一致性条件

一致性条件表明新的应力点仍然在新的屈服面上，因此屈服函数(6-26)的全微分应等于零，即

$$\mathrm{d}F=\frac{\partial F}{\partial \boldsymbol{\sigma}}:\mathrm{d}\boldsymbol{\sigma}+\frac{\partial F}{\partial \sigma_{\mathrm{s}}}\frac{\partial \sigma_{\mathrm{s}}}{\partial \bar{\varepsilon}_{\mathrm{p}}}\mathrm{d}\bar{\varepsilon}_{\mathrm{p}}=\frac{\partial F}{\partial \boldsymbol{\sigma}}:\mathrm{d}\boldsymbol{\sigma}-\frac{2}{3}\sigma_{\mathrm{s}}E_{\mathrm{p}}\mathrm{d}\bar{\varepsilon}_{\mathrm{p}}=0 \tag{6-45}$$

2) 流动法则

流动法则由式(6-22)给出，即

$$\mathrm{d}\boldsymbol{\varepsilon}^{\mathrm{p}}=\mathrm{d}\lambda\frac{\partial F}{\partial \boldsymbol{\sigma}} \tag{6-46}$$

由式(6-46)及式(6-17)进一步可得等效塑性应变增量为

$$\mathrm{d}\bar{\varepsilon}_{\mathrm{p}}=\left(\frac{2}{3}\mathrm{d}\boldsymbol{\varepsilon}^{\mathrm{p}}:\mathrm{d}\boldsymbol{\varepsilon}^{\mathrm{p}}\right)^{\frac{1}{2}}=\left(\frac{2}{3}\mathrm{d}\lambda^{2}\frac{\partial F}{\partial \boldsymbol{\sigma}}:\frac{\partial F}{\partial \boldsymbol{\sigma}}\right)^{\frac{1}{2}}=\frac{2}{3}\mathrm{d}\lambda\sigma_{\mathrm{s}} \tag{6-47}$$

3) 弹性应力-应变关系

在小应变的情形下，应变增量$\mathrm{d}\boldsymbol{\varepsilon}$可分解为弹性部分$\mathrm{d}\boldsymbol{\varepsilon}^{\mathrm{e}}$和塑性部分$\mathrm{d}\boldsymbol{\varepsilon}^{\mathrm{p}}$，且$\mathrm{d}\boldsymbol{\varepsilon}^{\mathrm{e}}$和应力增量$\mathrm{d}\boldsymbol{\sigma}$仍然遵循弹性力学的广义胡克定律，即

$$\mathrm{d}\boldsymbol{\varepsilon}=\mathrm{d}\boldsymbol{\varepsilon}^{\mathrm{e}}+\mathrm{d}\boldsymbol{\varepsilon}^{\mathrm{p}} \tag{6-48}$$

$$\mathrm{d}\boldsymbol{\sigma} = \boldsymbol{D}^{\mathrm{e}}\mathrm{d}\boldsymbol{\varepsilon}^{\mathrm{e}} \tag{6-49}$$

式中，$\boldsymbol{D}^{\mathrm{e}}$ 为弹性张量。

将式(6-46)和式(6-48)代入式(6-49)，可得

$$\mathrm{d}\boldsymbol{\sigma} = \boldsymbol{D}^{\mathrm{e}} : (\mathrm{d}\boldsymbol{\varepsilon} - \mathrm{d}\boldsymbol{\varepsilon}^{\mathrm{p}}) = \boldsymbol{D}^{\mathrm{e}} : \left(\mathrm{d}\boldsymbol{\varepsilon} - \mathrm{d}\lambda \frac{\partial F}{\partial \boldsymbol{\sigma}}\right) \tag{6-50}$$

进一步将式(6-50)及式(6-47)代入式(6-45)，可得

$$\frac{\partial F}{\partial \boldsymbol{\sigma}} : \boldsymbol{D}^{\mathrm{e}} : \mathrm{d}\boldsymbol{\varepsilon} - \mathrm{d}\lambda \left(\frac{\partial F}{\partial \boldsymbol{\sigma}} : \boldsymbol{D}^{\mathrm{e}} : \frac{\partial F}{\partial \boldsymbol{\sigma}} + \frac{4}{9}\sigma_{\mathrm{s}}^2 E_{\mathrm{p}}\right) = 0 \tag{6-51}$$

求解式(6-51)，则有

$$\mathrm{d}\lambda = \frac{\dfrac{\partial F}{\partial \boldsymbol{\sigma}} : \boldsymbol{D}^{\mathrm{e}} : \mathrm{d}\boldsymbol{\varepsilon}}{\dfrac{\partial F}{\partial \boldsymbol{\sigma}} : \boldsymbol{D}^{\mathrm{e}} : \dfrac{\partial F}{\partial \boldsymbol{\sigma}} + \dfrac{4}{9}\sigma_{\mathrm{s}}^2 E_{\mathrm{p}}} \tag{6-52}$$

式中，分子分母上的重复指标分别按照 Einstein 约定进行求和。

将式(6-52)回代入式(6-50)，可得

$$\mathrm{d}\boldsymbol{\sigma} = \boldsymbol{D}^{\mathrm{e}}\left(\mathrm{d}\boldsymbol{\varepsilon} - \frac{\dfrac{\partial F}{\partial \boldsymbol{\sigma}} : \boldsymbol{D}^{\mathrm{e}} : \mathrm{d}\boldsymbol{\varepsilon}}{\dfrac{\partial F}{\partial \boldsymbol{\sigma}} : \boldsymbol{D}^{\mathrm{e}} : \dfrac{\partial F}{\partial \boldsymbol{\sigma}} + \dfrac{4}{9}E_{\mathrm{p}}\sigma_{\mathrm{s}}^2}\frac{\partial F}{\partial \boldsymbol{\sigma}}\right) = \boldsymbol{D}^{\mathrm{ep}} : \mathrm{d}\boldsymbol{\varepsilon} \tag{6-53}$$

式中，$\boldsymbol{D}^{\mathrm{p}}$ 为塑性张量，$\boldsymbol{D}^{\mathrm{ep}} = \boldsymbol{D}^{\mathrm{e}} - \boldsymbol{D}^{\mathrm{p}}$ 为弹塑性本构张量，且

$$\boldsymbol{D}^{\mathrm{p}} = \frac{\boldsymbol{D}^{\mathrm{e}} : \dfrac{\partial F}{\partial \boldsymbol{\sigma}} : \dfrac{\partial F}{\partial \boldsymbol{\sigma}} : \boldsymbol{D}^{\mathrm{e}}}{\dfrac{\partial F}{\partial \boldsymbol{\sigma}} : \boldsymbol{D}^{\mathrm{e}} : \dfrac{\partial F}{\partial \boldsymbol{\sigma}} + \dfrac{4}{9}E_{\mathrm{p}}\sigma_{\mathrm{s}}^2} \tag{6-54}$$

为方便推导矩阵形式的有限元方程，可将 $\mathrm{d}\lambda$ 和 $[\boldsymbol{D}_{\mathrm{p}}]$ 改写为矩阵形式为

$$\mathrm{d}\lambda = \frac{\left\{\dfrac{\partial F}{\partial \boldsymbol{\sigma}}\right\}^{\mathrm{T}} [\boldsymbol{D}_{\mathrm{e}}]\{\mathrm{d}\boldsymbol{\varepsilon}\}}{\left\{\dfrac{\partial F}{\partial \boldsymbol{\sigma}}\right\}^{\mathrm{T}} [\boldsymbol{D}_{\mathrm{e}}]\left\{\dfrac{\partial F}{\partial \boldsymbol{\sigma}}\right\} + \dfrac{4}{9}\sigma_{\mathrm{s}}^2 E_{\mathrm{p}}} \tag{6-55}$$

$$[\boldsymbol{D}_{\mathrm{p}}] = \frac{[\boldsymbol{D}_{\mathrm{e}}]\left\{\dfrac{\partial F}{\partial \boldsymbol{\sigma}}\right\}\left\{\dfrac{\partial F}{\partial \boldsymbol{\sigma}}\right\}^{\mathrm{T}} [\boldsymbol{D}_{\mathrm{e}}]}{\left\{\dfrac{\partial F}{\partial \boldsymbol{\sigma}}\right\}^{\mathrm{T}} [\boldsymbol{D}_{\mathrm{e}}]\left\{\dfrac{\partial F}{\partial \boldsymbol{\sigma}}\right\} + \dfrac{4}{9}E_{\mathrm{p}}\sigma_{\mathrm{s}}^2} \tag{6-56}$$

式中，$[\boldsymbol{D}_{\mathrm{e}}]$ 和 $[\boldsymbol{D}_{\mathrm{p}}]$ 分别为四阶张量 $\boldsymbol{D}_{\mathrm{e}}$ 和 $\boldsymbol{D}_{\mathrm{p}}$ 的 Voigt 形式矩阵；$\{\mathrm{d}\varepsilon\}$ 和 $\left\{\dfrac{\partial F}{\partial \boldsymbol{\sigma}}\right\}$ 分别为二阶张

量为 dε 和 $\dfrac{\partial F}{\partial \boldsymbol{\sigma}}$ 的向量形式，三维情形下的具体形式可参见例 6-3。

对于理想弹塑性材料，由其屈服条件可知并结合上述过程可得增量应力-应变关系中的待定参数和塑性矩阵分别为

$$\mathrm{d}\lambda = \frac{\left\{\dfrac{\partial F}{\partial \boldsymbol{\sigma}}\right\}^{\mathrm{T}}[\boldsymbol{D}_{\mathrm{e}}]\{\mathrm{d}\boldsymbol{\varepsilon}\}}{\left\{\dfrac{\partial F}{\partial \boldsymbol{\sigma}}\right\}^{\mathrm{T}}[\boldsymbol{D}_{\mathrm{e}}]\left\{\dfrac{\partial F}{\partial \boldsymbol{\sigma}}\right\}} \tag{6-57}$$

$$[\boldsymbol{D}_{\mathrm{p}}] = \frac{[\boldsymbol{D}_{\mathrm{e}}]\left\{\dfrac{\partial F}{\partial \boldsymbol{\sigma}}\right\}\left\{\dfrac{\partial F}{\partial \boldsymbol{\sigma}}\right\}^{\mathrm{T}}[\boldsymbol{D}_{\mathrm{e}}]}{\left\{\dfrac{\partial F}{\partial \boldsymbol{\sigma}}\right\}^{\mathrm{T}}[\boldsymbol{D}_{\mathrm{e}}]\left\{\dfrac{\partial F}{\partial \boldsymbol{\sigma}}\right\}} \tag{6-58}$$

式中，$\left\{\dfrac{\partial F}{\partial \boldsymbol{\sigma}}\right\} = \{\boldsymbol{s}\}$。

对于运动硬化材料，其增量应力-应变关系中的待定参数和塑性矩阵分别与式(6-57)和式 (6-58)形式上一致，其中$\left\{\dfrac{\partial F}{\partial \boldsymbol{\sigma}}\right\} = \{\boldsymbol{s} - \boldsymbol{\alpha}\}$。

对于混合硬化材料，其增量应力-应变关系中的待定参数和塑性矩阵分别与式(6-55)和式 (6-56)形式上一致，其中$\left\{\dfrac{\partial F}{\partial \boldsymbol{\sigma}}\right\} = \{\boldsymbol{s} - \boldsymbol{\alpha}^{\mathrm{d}}\}$。

例 6-3　给出三维空间问题中各向同性硬化材料的弹塑性本构矩阵的具体形式。

解：对于三维空间问题，应变、应力和偏应力向量分别为

$$\{\boldsymbol{\varepsilon}\} = \{\varepsilon_x \quad \varepsilon_y \quad \varepsilon_z \quad \gamma_{xy} \quad \gamma_{yz} \quad \gamma_{xz}\}^{\mathrm{T}} \tag{6-59}$$

$$\{\boldsymbol{\sigma}\} = \{\sigma_x \quad \sigma_y \quad \sigma_z \quad \tau_{xy} \quad \tau_{yz} \quad \tau_{xz}\}^{\mathrm{T}} \tag{6-60}$$

$$\{\boldsymbol{s}\} = \{s_x \quad s_y \quad s_z \quad \tau_{xy} \quad \tau_{yz} \quad \tau_{xz}\}^{\mathrm{T}} \tag{6-61}$$

式中，偏应力分量 $s_i (i = x, y, z)$ 为

$$s_i = \sigma_i - \frac{1}{3}(\sigma_x + \sigma_y + \sigma_z) \tag{6-62}$$

将式(6-61)代入式(6-26)，可得屈服函数的具体表达式为

$$F = \frac{1}{2}(s_x^2 + s_y^2 + s_z^2 + 2\tau_{xy}^2 + 2\tau_{yz}^2 + 2\tau_{xz}^2) - \frac{1}{3}\sigma_{\mathrm{s}}^2 \tag{6-63}$$

进一步可得流动方向如下：

$$\left\{\frac{\partial F}{\partial \boldsymbol{\sigma}}\right\} = \{s_x \quad s_y \quad s_z \quad 2\tau_{xy} \quad 2\tau_{yz} \quad 2\tau_{xz}\}^{\mathrm{T}} \tag{6-64}$$

各向同性材料的弹性矩阵具有如下表达形式：

$$[\boldsymbol{D}_{\mathrm{e}}]=\frac{E}{1+\mu}\begin{bmatrix}\frac{1-\mu}{1-2\mu} & \frac{\mu}{1-2\mu} & \frac{\mu}{1-2\mu} & 0 & 0 & 0\\ \frac{\mu}{1-2\mu} & \frac{1-\mu}{1-2\mu} & \frac{\mu}{1-2\mu} & 0 & 0 & 0\\ \frac{\mu}{1-2\mu} & \frac{\mu}{1-2\mu} & \frac{1-\mu}{1-2\mu} & 0 & 0 & 0\\ 0 & 0 & 0 & \frac{1}{2} & 0 & 0\\ 0 & 0 & 0 & 0 & \frac{1}{2} & 0\\ 0 & 0 & 0 & 0 & 0 & \frac{1}{2}\end{bmatrix} \tag{6-65}$$

式中，E 为杨氏模量；μ 为泊松比。

将式(6-61)、式(6-64)和式(6-65)代入式(6-55)和式(6-56)，可得

$$\left\{\frac{\partial F}{\partial \boldsymbol{\sigma}}\right\}^{\mathrm{T}}[\boldsymbol{D}_{\mathrm{e}}]=\left\{\begin{matrix}\frac{E}{(1+\mu)(2\mu-1)}[(2\mu-1)s_x-(s_x+s_y+s_z)\mu]\\ \frac{E}{(1+\mu)(2\mu-1)}[(2\mu-1)s_y-(s_x+s_y+s_z)\mu]\\ \frac{E}{(1+\mu)(2\mu-1)}[(2\mu-1)s_z-(s_x+s_y+s_z)\mu]\\ \frac{E}{1+\mu}\tau_{xy}\\ \frac{E}{1+\mu}\tau_{yz}\\ \frac{E}{1+\mu}\tau_{xz}\end{matrix}\right\}=2G\{\boldsymbol{s}\}^{\mathrm{T}} \tag{6-66}$$

$$\begin{aligned}\left\{\frac{\partial F}{\partial \boldsymbol{\sigma}}\right\}^{\mathrm{T}}[\boldsymbol{D}_{\mathrm{e}}]\left\{\frac{\partial F}{\partial \boldsymbol{\sigma}}\right\}&=\frac{E}{(1+\mu)(2\mu-1)}[(2\mu-1)(x_x^2+s_y^2+s_z^2+2\tau_{xy}^2+2\tau_{yz}^2+2\tau_{xz}^2)-\mu(s_x+s_y+s_z)^2]\\&=\frac{E}{1+\mu}(s_x^2+s_y^2+s_z^2+2\tau_{xy}^2+2\tau_{yz}^2+2\tau_{xz}^2)=\frac{4}{3}G\sigma_{\mathrm{s}}^2\end{aligned} \tag{6-67}$$

$$\mathrm{d}\lambda=\frac{\left\{\frac{\partial F}{\partial \boldsymbol{\sigma}}\right\}^{\mathrm{T}}[\boldsymbol{D}_{\mathrm{e}}]\{\mathrm{d}\boldsymbol{\varepsilon}\}}{\left\{\frac{\partial F}{\partial \boldsymbol{\sigma}}\right\}^{\mathrm{T}}[\boldsymbol{D}_{\mathrm{e}}]\left\{\frac{\partial F}{\partial \boldsymbol{\sigma}}\right\}+\frac{4}{9}\sigma_{\mathrm{s}}^2E_{\mathrm{p}}}=\frac{2G\{\boldsymbol{s}\}^{\mathrm{T}}\{\mathrm{d}\boldsymbol{\varepsilon}\}}{\frac{4}{3}G\sigma_{\mathrm{s}}^2+\frac{4}{9}E_{\mathrm{p}}\sigma_{\mathrm{s}}^2}=\frac{9G\{\boldsymbol{s}\}^{\mathrm{T}}\{\mathrm{d}\boldsymbol{\varepsilon}\}}{2(3G+E_{\mathrm{p}})\sigma_{\mathrm{s}}^2} \tag{6-68}$$

$$[\boldsymbol{D}_{\mathrm{p}}]=\frac{[\boldsymbol{D}_{\mathrm{e}}]\left\{\frac{\partial F}{\partial \boldsymbol{\sigma}}\right\}\left\{\frac{\partial F}{\partial \boldsymbol{\sigma}}\right\}^{\mathrm{T}}[\boldsymbol{D}_{\mathrm{e}}]}{\left\{\frac{\partial F}{\partial \boldsymbol{\sigma}}\right\}^{\mathrm{T}}[\boldsymbol{D}_{\mathrm{e}}]\left\{\frac{\partial F}{\partial \boldsymbol{\sigma}}\right\}+\frac{4}{9}\sigma_{\mathrm{s}}^2E_{\mathrm{p}}}=\frac{9G^2\{\boldsymbol{s}\}\{\boldsymbol{s}\}^{\mathrm{T}}}{2(3G+E_{\mathrm{p}})\sigma_{\mathrm{s}}^2} \tag{6-69}$$

式中，$G=\dfrac{E}{2(1+\mu)}$为剪切模量。进一步可得到各向同性硬化材料的三维弹塑性矩阵$[\boldsymbol{D}_{\text{ep}}]$为

$$[\boldsymbol{D}_{\text{ep}}]=[\boldsymbol{D}_{\text{e}}]-[\boldsymbol{D}_{\text{p}}] \tag{6-70}$$

6.4.2　离散控制方程

对于小变形弹塑性问题，其几何方程与弹性分析时的方程一致，不同之处是单元的应力-应变关系可能是线性的，也可能是非线性的，具体是哪种关系取决于加载历史，即材料和结构的弹塑性行为与加载及变形历史相关，因此组集单元得到的总刚度矩阵是与应力相关的非线性方程组。求解弹塑性问题一般采用荷载增量法，即通常将载荷分成若干个增量进行逐步施加，然后对于每一载荷增量，通过线性化方式将弹塑性非线性分析转化为一系列线性问题进行求解。当进入塑性后，应适当减小荷载增量以保证非线性方程的求解能够收敛。

1) 弹塑性问题的增量方程

对于所考察的物体，假设t时刻处于平衡状态，并且物体内任意一点的位移、体力、应力和应变以及边界Γ_u上的面力等均为已知量，可分别用矩阵形式表示为$\{\boldsymbol{u}_t\}=\{u_x^t\quad u_y^t\quad u_z^t\}^{\text{T}}$、$\{\bar{\boldsymbol{t}}_t\}=\{\bar{t}_x^t\quad \bar{t}_y^t\quad \bar{t}_z^t\}^{\text{T}}$、$\{\boldsymbol{\sigma}_t\}=\{\sigma_x^t\quad \sigma_y^t\quad \sigma_z^t\quad \tau_{xy}^t\quad \tau_{yz}^t\quad \tau_{xz}^t\}^{\text{T}}$、$\{\boldsymbol{\varepsilon}_t\}=\{\varepsilon_x^t\quad \varepsilon_y^t\quad \varepsilon_z^t\quad \gamma_{xy}^t\quad \gamma_{yz}^t\quad \gamma_{xz}^t\}^{\text{T}}$和$\{\boldsymbol{b}_t\}=\{b_x^t\quad b_y^t\quad b_z^t\}^{\text{T}}$。经过$\Delta t$时间到达$t+\Delta t$时刻，此时已知体力向量为$\{\boldsymbol{b}_{t+\Delta t}\}=\{b_x^{t+\Delta t}\quad b_y^{t+\Delta t}\quad b_z^{t+\Delta t}\}^{\text{T}}$，面力向量为$\{\bar{\boldsymbol{t}}_{t+\Delta t}\}=\{\bar{t}_x^{t+\Delta t}\quad \bar{t}_y^{t+\Delta t}\quad \bar{t}_z^{t+\Delta t}\}^{\text{T}}$，边界$\Gamma_u$上给定的位移向量为$\{\bar{\boldsymbol{u}}_{t+\Delta t}\}=\{\bar{u}_x^{t+\Delta t}\quad \bar{u}_y^{t+\Delta t}\quad \bar{u}_z^{t+\Delta t}\}^{\text{T}}$。假设此时间段内的增量位移、应力和应变等分别为$\{\Delta\boldsymbol{u}\}$、$\{\Delta\boldsymbol{\sigma}\}$和$\{\Delta\boldsymbol{\varepsilon}\}$，其分量形式与$t$时刻对应的变量类似，此处不再给出。系统在$t+\Delta t$时刻仍然保持平衡，其控制方程可写作如下形式。

平衡方程：
$$[\boldsymbol{L}]^{\text{T}}\{\boldsymbol{\sigma}_t\}+[\boldsymbol{L}]^{\text{T}}\{\Delta\boldsymbol{\sigma}\}-\{\boldsymbol{b}_{t+\Delta t}\}=\boldsymbol{0}\quad(\text{在}\Omega\text{内}) \tag{6-71}$$

几何方程：
$$\{\boldsymbol{\varepsilon}_t\}+\{\Delta\boldsymbol{\varepsilon}\}=[\boldsymbol{L}]\{\boldsymbol{u}_t\}+[\boldsymbol{L}]\{\Delta\boldsymbol{u}\} \tag{6-72}$$

物理方程：
$$\{\Delta\boldsymbol{\sigma}\}=[\boldsymbol{D}_{\text{ep}}^{\tau}]\{\Delta\boldsymbol{\varepsilon}\} \tag{6-73}$$

边界条件：
$$\begin{aligned}&\{\boldsymbol{u}_t\}+\{\Delta\boldsymbol{u}\}=\{\bar{\boldsymbol{u}}_{t+\Delta t}\}\quad(\text{在}\Gamma_u\text{上})\\&[\boldsymbol{n}](\{\boldsymbol{\sigma}_t\}+\{\Delta\boldsymbol{\sigma}\})=\{\bar{\boldsymbol{t}}_{t+\Delta t}\}\quad(\text{在}\Gamma_t\text{上})\end{aligned} \tag{6-74}$$

式中，$[\boldsymbol{D}_{\text{ep}}^{\tau}]$为$t$到$t+\Delta t$时间段中$\tau$时刻的弹塑性矩阵；$[\boldsymbol{L}]$为微分算子矩阵，$[\boldsymbol{n}]$为外法线单位方向矢量矩阵，其分别为

$$[\boldsymbol{L}]=\begin{bmatrix}\dfrac{\partial}{\partial x}&0&0\\0&\dfrac{\partial}{\partial y}&0\\0&0&\dfrac{\partial}{\partial z}\\\dfrac{\partial}{\partial y}&\dfrac{\partial}{\partial x}&0\\0&\dfrac{\partial}{\partial z}&\dfrac{\partial}{\partial y}\\\dfrac{\partial}{\partial z}&0&\dfrac{\partial}{\partial x}\end{bmatrix} \tag{6-75}$$

$$[\boldsymbol{n}]=\begin{bmatrix} n_x & 0 & 0 & n_y & 0 & n_z \\ 0 & n_y & 0 & n_x & n_z & 0 \\ 0 & 0 & n_z & 0 & n_y & n_x \end{bmatrix} \tag{6-76}$$

其中，$n_i(i=x,y,z)$ 为 Γ_t 上外法线单位方向矢量的分量。

弹塑性矩阵$[\boldsymbol{D}_{\text{ep}}^{\tau}]$可由 6.4.1 节中所介绍的方法获得。在实际计算中，$[\boldsymbol{D}_{\text{ep}}^{\tau}]$可取为 t 时刻的弹塑性张量$[\boldsymbol{D}_{\text{ep}}^{t}]$，这时在弹塑性有限元分析中称为初始切线刚度法。事实上，增量应力应由下面的本构积分求得

$$\{\Delta\boldsymbol{\sigma}\}=\int_t^{t+\Delta t}[\boldsymbol{D}_{\text{ep}}]\{\mathrm{d}\boldsymbol{\varepsilon}\} \tag{6-77}$$

2）弹塑性问题的增量有限元格式

由 $t+\Delta t$ 时刻系统仍然保持平衡，可利用虚功原理建立其有限元列式。$t+\Delta t$ 时刻的内力虚功和外力虚功分别可写作如下形式：

$$\delta U=\iiint_{\Omega}\delta\{\boldsymbol{\varepsilon}_t\}+\{\Delta\boldsymbol{\varepsilon}\}^{\mathrm{T}}(\{\boldsymbol{\sigma}_t\}+\{\Delta\boldsymbol{\sigma}\})\mathrm{d}\Omega=\iiint_{\Omega}\{\delta\Delta\boldsymbol{\varepsilon}\}^{\mathrm{T}}(\{\boldsymbol{\sigma}_t\}+\{\Delta\boldsymbol{\sigma}\})\mathrm{d}\Omega \tag{6-78}$$

$$\begin{aligned}\delta W&=\iiint_{\Omega}\delta(\{\boldsymbol{u}_t\}+\{\Delta\boldsymbol{u}\})^{\mathrm{T}}\{\boldsymbol{b}_{t+\Delta t}\}\mathrm{d}\Omega+\iint_{\Gamma_t}\delta\{\boldsymbol{u}_t\}+\{\Delta\boldsymbol{u}\}^{\mathrm{T}}\{\overline{\boldsymbol{t}}_{t+\Delta t}\}\mathrm{d}\Gamma+\delta(\{\boldsymbol{u}_t\}+\{\Delta\boldsymbol{u}\})^{\mathrm{T}}\{\boldsymbol{P}\}\\&=\iiint_{\Omega}\{\delta\Delta\boldsymbol{u}\}^{\mathrm{T}}\{\boldsymbol{b}_{t+\Delta t}\}\mathrm{d}\Omega+\iint_{\Gamma_t}\{\delta\Delta\boldsymbol{u}\}^{\mathrm{T}}\{\overline{\boldsymbol{t}}_{t+\Delta t}\}\mathrm{d}\Gamma+\{\delta\Delta\boldsymbol{u}\}^{\mathrm{T}}\{\boldsymbol{P}\}\end{aligned} \tag{6-79}$$

式中，$\{\boldsymbol{P}\}$ 为作用在物体上的集中力。

由虚功原理 $\delta U=\delta W$，将式(6-73)、式(6-78)和式(6-79)代入可得

$$\begin{aligned}&\iiint_{\Omega}(\{\delta\Delta\boldsymbol{\varepsilon}\}^{\mathrm{T}}\{\boldsymbol{\sigma}_t\}+\{\delta\Delta\boldsymbol{\varepsilon}\}^{\mathrm{T}}[\boldsymbol{D}_{\text{ep}}^{\tau}]\{\Delta\boldsymbol{\varepsilon}\})\mathrm{d}\Omega\\&=\iiint_{\Omega}\{\delta\Delta\boldsymbol{u}\}^{\mathrm{T}}\{\boldsymbol{b}_{t+\Delta t}\}\mathrm{d}\Omega+\iint_{\Gamma_t}\{\delta\Delta\boldsymbol{u}\}^{\mathrm{T}}\{\overline{\boldsymbol{t}}_{t+\Delta t}\}\mathrm{d}\Gamma+\{\delta\Delta\boldsymbol{u}\}^{\mathrm{T}}\{\boldsymbol{P}\}\end{aligned} \tag{6-80}$$

将式(6-80)中 $\{\boldsymbol{\sigma}_t\}$ 相关的项移到右端后可得

$$\begin{aligned}&\iiint_{\Omega}\{\delta\Delta\boldsymbol{\varepsilon}\}^{\mathrm{T}}[\boldsymbol{D}_{\text{ep}}^{\tau}]\{\Delta\boldsymbol{\varepsilon}\}\mathrm{d}\Omega\\&=-\iiint_{\Omega}\{\delta\Delta\boldsymbol{\varepsilon}\}^{\mathrm{T}}\{\boldsymbol{\sigma}_t\}\mathrm{d}\Omega+\iiint_{\Omega}\{\delta\Delta\boldsymbol{u}\}^{\mathrm{T}}\{\boldsymbol{b}_{t+\Delta t}\}\mathrm{d}\Omega+\iint_{\Gamma_t}\{\delta\Delta\boldsymbol{u}\}^{\mathrm{T}}\{\overline{\boldsymbol{t}}_{t+\Delta t}\}\mathrm{d}\Gamma+\{\delta\Delta\boldsymbol{u}\}^{\mathrm{T}}\{\boldsymbol{P}\}\end{aligned} \tag{6-81}$$

将所考虑的物体选用合适的单元离散为 N_e 个单元，并采用如下插值格式建立单元内任意一点的增量位移 $\{\Delta\boldsymbol{u}\}$ 和虚位移 $\{\delta\Delta\boldsymbol{u}\}$ 与节点增量位移向量 $\{\Delta\boldsymbol{u}_e\}$ 和虚位移向量 $\{\delta\Delta\boldsymbol{u}_e\}$ 之间的联系：

$$\begin{aligned}\{\Delta\boldsymbol{u}\}&=[\boldsymbol{N}]\{\Delta\boldsymbol{u}_e\}\\\{\delta\Delta\boldsymbol{u}\}&=[\boldsymbol{N}]\{\delta\Delta\boldsymbol{u}_e\}\end{aligned} \tag{6-82}$$

式中，形函数矩阵$[\boldsymbol{N}]$、节点增量位移向量$\{\Delta\boldsymbol{u}_e\}$和虚位移向量$\{\delta\Delta\boldsymbol{u}_e\}$分别为

$$
[\boldsymbol{N}]=\begin{bmatrix} N_1 & 0 & 0 & \cdots & N_N & 0 & 0 \\ 0 & N_1 & 0 & \cdots & 0 & N_N & 0 \\ 0 & 0 & N_1 & \cdots & 0 & 0 & N_N \end{bmatrix}
$$

$$
\{\Delta\boldsymbol{u}_e\}=\{\Delta u_{1x}\quad \Delta u_{1y}\quad \Delta u_{1z}\quad \cdots\quad \Delta u_{Nx}\quad \Delta u_{Ny}\quad \Delta u_{Nz}\}^{\mathrm{T}} \tag{6-83}
$$

$$
\{\delta\Delta\boldsymbol{u}_e\}=\{\delta\Delta u_{1x}\quad \delta\Delta u_{1y}\quad \delta\Delta u_{1z}\quad \cdots\quad \delta\Delta u_{Nx}\quad \delta\Delta u_{Ny}\quad \delta\Delta u_{Nz}\}^{\mathrm{T}}
$$

其中，N为单元的节点个数；u_{ix}为第i个节点的x方向位移分量等。增量应变可表示为

$$
\begin{gathered}
\{\Delta\boldsymbol{\varepsilon}\}=[\boldsymbol{L}]\{\Delta\boldsymbol{u}\}=[\boldsymbol{L}][\boldsymbol{N}]\{\Delta\boldsymbol{u}_e\}=[\boldsymbol{B}]\{\Delta\boldsymbol{u}_e\} \\
\{\delta\Delta\boldsymbol{\varepsilon}\}=[\boldsymbol{L}]\{\delta\Delta\boldsymbol{u}\}=[\boldsymbol{B}]\{\delta\Delta\boldsymbol{u}_e\}
\end{gathered} \tag{6-84}
$$

式中，$[\boldsymbol{B}]=[\boldsymbol{L}][\boldsymbol{N}]$为应变矩阵。

将式(6-82)和式(6-84)代入式(6-81)，可得

$$
\begin{aligned}
&\sum_{e=1}^{N_e}\iiint_{\Omega_e}\{\delta\Delta\boldsymbol{u}_e\}^{\mathrm{T}}[\boldsymbol{B}]^{\mathrm{T}}[\boldsymbol{D}_{\mathrm{ep}}^{\tau}][\boldsymbol{B}]\{\Delta\boldsymbol{u}_{\mathrm{e}}\}\mathrm{d}\Omega \\
&=-\sum_{e=1}^{N_e}\iiint_{\Omega_e}\{\delta\Delta\boldsymbol{u}_e\}^{\mathrm{T}}[\boldsymbol{B}]^{\mathrm{T}}\{\boldsymbol{\sigma}_t\}\mathrm{d}\Omega+\sum_{e=1}^{N_e}\iiint_{\Omega_e}\{\delta\Delta\boldsymbol{u}_e\}^{\mathrm{T}}[\boldsymbol{N}]^{\mathrm{T}}\{\boldsymbol{b}_{t+\Delta t}\}\mathrm{d}\Omega \\
&\quad+\sum_{e=1}^{N_e}\iint_{\Gamma_t^e}\{\delta\Delta\boldsymbol{u}_e\}^{\mathrm{T}}[\boldsymbol{N}]^{\mathrm{T}}\{\overline{\boldsymbol{t}}_{t+\Delta t}\}\mathrm{d}\Gamma+\sum_{e=1}^{N_e}\{\delta\Delta\boldsymbol{u}_e\}^{\mathrm{T}}[\boldsymbol{N}]^{\mathrm{T}}\{\boldsymbol{P}\}
\end{aligned} \tag{6-85}
$$

进一步考虑虚位移$\{\delta\Delta\boldsymbol{u}_e\}$的任意性，则有

$$
\begin{aligned}
&\sum_{e=1}^{N_e}\iiint_{\Omega_e}[\boldsymbol{B}]^{\mathrm{T}}[\boldsymbol{D}_{ep}^{\tau}][\boldsymbol{B}]\mathrm{d}\Omega\{\Delta\boldsymbol{u}_e\} \\
&=-\sum_{e=1}^{N_e}\iiint_{\Omega_e}[\boldsymbol{B}]^{\mathrm{T}}\{\boldsymbol{\sigma}_t\}\mathrm{d}\Omega+\sum_{e=1}^{N_e}\iiint_{\Omega_e}[\boldsymbol{N}]^{\mathrm{T}}\{\boldsymbol{b}_{t+\Delta t}\}\mathrm{d}\Omega+\sum_{e=1}^{N_e}\iint_{\Gamma_t^e}[\boldsymbol{N}]^{\mathrm{T}}\{\overline{\boldsymbol{t}}_{t+\Delta t}\}\mathrm{d}\Gamma+\sum_{e=1}^{N_e}[\boldsymbol{N}]^{\mathrm{T}}\{\boldsymbol{P}\}
\end{aligned} \tag{6-86}
$$

将式(6-86)改写为

$$
[\boldsymbol{K}]\{\Delta\boldsymbol{U}\}=\{\boldsymbol{F}^{\mathrm{ext}}\}-\{\boldsymbol{F}^{\mathrm{int}}\} \tag{6-87}
$$

式中，$[\boldsymbol{K}]$为结构的弹塑性刚度矩阵；$\{\Delta\boldsymbol{U}\}$为结构的增量位移向量；$\{\boldsymbol{F}^{\mathrm{ext}}\}$为外载荷向量；$\{\boldsymbol{F}^{\mathrm{int}}\}$为内力向量，其可分别由式(6-88)计算：

$$
[\boldsymbol{K}]=\sum_{e=1}^{N_e}[\boldsymbol{K}_e],\quad \{\Delta\boldsymbol{U}\}=\sum_{e=1}^{N_e}\{\boldsymbol{u}_e\},\{\boldsymbol{F}^{\mathrm{ext}}\}=\sum_{e=1}^{N_e}\{\boldsymbol{F}_e^{\mathrm{ext}}\},\quad \{\boldsymbol{F}^{\mathrm{int}}\}=\sum_{e=1}^{N_e}\{\boldsymbol{F}_e^{\mathrm{int}}\} \tag{6-88}
$$

其中，$\sum_{e=1}^{N_e}$ 为组集符号；单元弹塑性刚度矩阵$[\boldsymbol{K}_e]$、外载荷向量$\{\boldsymbol{F}_e^{\text{ext}}\}$和内力向量$\{\boldsymbol{F}_e^{\text{int}}\}$分别为

$$
\begin{gathered}
[\boldsymbol{K}_e]=\iiint_{\Omega_e}[\boldsymbol{B}]^{\mathrm{T}}[\boldsymbol{D}_{\mathrm{ep}}^{\tau}][\boldsymbol{B}]\mathrm{d}\Omega \\
\{\boldsymbol{F}_e^{\text{ext}}\}=\iiint_{\Omega_e}[\boldsymbol{N}]^{\mathrm{T}}\{\boldsymbol{b}_{t+\Delta t}\}\mathrm{d}\Omega+\iint_{\Gamma_t^e}[\boldsymbol{N}]^{\mathrm{T}}\{\bar{\boldsymbol{t}}_{t+\Delta t}\}\mathrm{d}\Gamma+[\boldsymbol{N}]^{\mathrm{T}}\{\boldsymbol{P}\} \\
\{\boldsymbol{F}_e^{\text{int}}\}=\iiint_{\Omega_e}[\boldsymbol{B}]^{\mathrm{T}}\{\boldsymbol{\sigma}_t\}\mathrm{d}\Omega
\end{gathered}
\tag{6-89}
$$

从式(6-87)求解获得$\{\Delta\boldsymbol{U}\}$以后，利用几何关系式(6-84)可以得到应变增量$\{\Delta\boldsymbol{\varepsilon}\}$，再根据式(6-77)对本构关系进行积分得到应力增量$\{\Delta\boldsymbol{\sigma}\}$，于是可以进一步得到更新后的应力$\{\boldsymbol{\sigma}_{t+\Delta t}\}=\{\boldsymbol{\sigma}_t\}+\{\Delta\boldsymbol{\sigma}\}$。接着将$\{\boldsymbol{\sigma}_{t+\Delta t}\}$代入内力向量表达式(6-89)(即替换其中的$\{\boldsymbol{\sigma}_t\}$)，从而计算出不平衡力向量$\{\Delta\boldsymbol{F}\}$，即

$$
\{\Delta\boldsymbol{F}\}=\{\boldsymbol{F}^{\text{ext}}\}-\{\boldsymbol{F}^{\text{int}}\}=\{\boldsymbol{F}^{\text{ext}}\}-\sum_{e=1}^{N_e}\iiint_{\Omega_e}[\boldsymbol{B}]^{\mathrm{T}}\{\boldsymbol{\sigma}_{t+\Delta t}\}\mathrm{d}\Omega
\tag{6-90}
$$

一般情况下，式(6-90)并不等于 0，即所求得的应力$\{\boldsymbol{\sigma}_{t+\Delta t}\}$对应的内力和施加在结构上的外载不满足平衡关系。此时，需要进一步对式(6-87)进行迭代求解，计算新的$[\Delta\boldsymbol{U}]$、$\{\Delta\boldsymbol{\varepsilon}\}$、$\{\Delta\boldsymbol{\sigma}\}$和$\{\boldsymbol{\sigma}_{t+\Delta t}\}$，直到$\{\Delta\boldsymbol{F}\}$小于某个规定的小量。

3) 弹塑性有限元求解流程

由弹塑性问题的有限元列式推导过程可知，求解这类问题时需要将载荷划分成若干增量逐步施加在结构上，而对每个载荷增量步则需采取如下 3 个步骤进行求解：①获得线性化的弹塑性增量本构关系，并构造增量有限元方程；②求解增量有限元方程，获得增量位移和应变等；③更新应力，检查是否收敛，并根据检查结果确定是否继续迭代。

由 6.2 节所讨论的非线性方程组的一般解法可知，对弹塑性增量有限元方程式(6-87)进行求解时，可以根据具体问题的特点选择不同的求解方法。常用的方法有变刚度迭代法(N-R 迭代法)和常刚度迭代法(mN-R 迭代法)。由于常刚度迭代法为变刚度迭代法的特殊形式，因此本节主要介绍基于变刚度迭代法的弹塑性有限元求解流程。该方法实质上是将式(6-10)所表达的增量方程替换为弹塑性增量有限元列式中的增量方程，同时将式(6-11)所表达的未知量更新策略应用于弹塑性有限元列式中的位移更新。因此，每一增量步中基于变刚度迭代法的步骤如表 6-2 所示。

变刚度迭代法具有良好的收敛性，其允许采用较大的时间步长，但每次迭代都要重新形成和分解新的刚度矩阵。为了减少重新形成和分解新的刚度矩阵所带来的计算量，通常可采用常刚度迭代法，即在变刚度迭代法中将刚度矩阵保持为初始时刻时的弹性刚度矩阵或每个增量步开始时对应的刚度矩阵。由前面所介绍的修正 N-R 迭代法可知，也可在每个增量步中迭代若干次后更新刚度矩阵进行计算，从而加速收敛。

表 6-2　弹塑性有限元增量步迭代计算流程

算法：弹塑性有限元增量步迭代计算流程

已知：$\{\boldsymbol{U}_t\}$、$\{\boldsymbol{\sigma}_t\}$、$\{\boldsymbol{\varepsilon}_t\}$、$\{\overline{\varepsilon}_{\mathrm{p},t}\}$、$\{\boldsymbol{b}_{t+\Delta t}\}$、$\{\overline{\boldsymbol{t}}_{t+\Delta t}\}$ 以及 $\{\overline{\boldsymbol{U}}_{t+\Delta t}\}$ 等

令：$n=0$、$\{\boldsymbol{U}_{t+\Delta t}^{(0)}\}=\{\boldsymbol{U}_t\}$、$\{\boldsymbol{\sigma}_{t+\Delta t}^{(0)}\}=\{\boldsymbol{\sigma}_t\}$、$\{\boldsymbol{\varepsilon}_{t+\Delta t}^{(0)}\}=\{\boldsymbol{\varepsilon}_t\}$ 以及 $\{\overline{\varepsilon}_{\mathrm{p},t+\Delta t}^{(0)}\}=\{\overline{\varepsilon}_{\mathrm{p},t}\}$

1 for $n \leqslant n_{\max}$ do (其中 $n_{\max}$ 为最大迭代步数)

2 由当前应力状态 $\{\boldsymbol{\sigma}_{t+\Delta t}^{(n)}\}$ 计算弹塑性矩阵 $[\boldsymbol{D}_{\mathrm{ep}}^{(n)}]$，进一步计算刚度矩阵和不平衡力向量：

$$[\boldsymbol{K}^{(n)}]=\sum_{e=1}^{N_e}\iiint_{\Omega_e}[\boldsymbol{B}]^{\mathrm{T}}[\boldsymbol{D}_{\mathrm{ep}}^{(n)}][\boldsymbol{B}]\mathrm{d}\Omega$$

$$\{\Delta\boldsymbol{F}^{(n)}\}=\{\boldsymbol{F}^{\mathrm{ext}}\}-\sum_{e=1}^{N_e}\iiint_{\Omega_e}[\boldsymbol{B}]^{\mathrm{T}}\{\boldsymbol{\sigma}_{t+\Delta t}^{(n)}\}\mathrm{d}\Omega$$

3 形成增量有限元方程：

$$[\boldsymbol{K}^{(n)}]\{\Delta\boldsymbol{U}^{(n)}\}=\{\Delta\boldsymbol{F}^{(n)}\}$$

4 求解增量有限元方程，获得第 n 次迭代时的增量位移，并更新位移：

$$\{\Delta\boldsymbol{U}^{(n)}\}=[\boldsymbol{K}^{(n)}]^{-1}\{\Delta\boldsymbol{F}^{(n)}\}$$

$$\{\boldsymbol{U}_{t+\Delta t}^{(n+1)}\}=\{\boldsymbol{U}_{t+\Delta t}^{(n)}\}+\{\Delta\boldsymbol{U}^{(n)}\}$$

5 更新应变和应力：

$$\{\Delta\boldsymbol{\varepsilon}^{(n)}\}=[\boldsymbol{B}]\{\Delta\boldsymbol{u}_e^{(n)}\}$$

$$\{\boldsymbol{\varepsilon}_{t+\Delta t}^{(n+1)}\}=\{\boldsymbol{\varepsilon}_{t+\Delta t}^{(n)}\}+\{\Delta\boldsymbol{\varepsilon}^{(n)}\}$$

式中，$\{\Delta\boldsymbol{u}_e^{(n)}\}$ 为对应于 $\{\Delta\boldsymbol{U}^{(n)}\}$ 的单元增量位移向量。在求得应变增量 $\{\Delta\boldsymbol{\varepsilon}^{(n)}\}$ 后，采用 6.5 节中所介绍的合适的应力更新算法更新应力、塑性应变、等效塑性应变等。

6 检查迭代收敛情况，若满足如下收敛条件：

$$\|\Delta\boldsymbol{U}^{(n)}\|\leqslant\epsilon_U$$

则停止迭代，进入下一个增量步，此处 ϵ_U 为一给定的容差；若不满足收敛条件，则令 $n=n+1$，继续迭代；若超过允许的最大迭代步 $n_{\max}$ 时还未收敛，可停止计算或减小增量步进行重新计算。需要指出的是，此处采用的迭代收敛条件为位移收敛条件，实际上还可以定义其他类型的收敛条件，如不平衡力和能量收敛条件等。

7 end

6.5　应力更新算法

本构模型通常包括率相关本构模型和率无关本构模型，本节主要介绍针对率无关弹塑性本构的应力更新算法。由 6.4 节可知，在材料非线性有限元迭代求解过程中，通常已知当前时间步 $t+\Delta t$（或载荷步）的第 n 个迭代步开始时的应力 $\{\boldsymbol{\sigma}^{(n)}\}$、应变 $\{\boldsymbol{\varepsilon}^{(n)}\}$、塑性应变 $\{\boldsymbol{\varepsilon}_{\mathrm{p}}^{(n)}\}$、内变量 $\{\boldsymbol{q}^{(n)}\}$，以及由增量位移 $\{\Delta\boldsymbol{u}_e^{(n)}\}$ 求得的单元内任意一点的增量应变 $\{\Delta\boldsymbol{\varepsilon}^{(n)}\}=[\boldsymbol{B}]\{\Delta\boldsymbol{u}_e^{(n)}\}$（本节为了书写方便，省略了下标 $t+\Delta t$）。应力更新算法的目的即是通过以上各已知参量，求得满足加卸载条件的本步的应力 $\{\boldsymbol{\sigma}^{(n+1)}\}$、塑性应变 $\{\boldsymbol{\varepsilon}_{\mathrm{p}}^{(n+1)}\}$ 和内变量 $\{\boldsymbol{q}^{(n+1)}\}$（如等效塑性应变等）。

6.5.1　返回映射算法

返回映射算法是目前最常用的应力更新算法，该算法主要包括弹性预测步和塑性修正步，如图 6-10 所示。弹性预测步假设材料仍然处于弹性状态，由应变增量 $\{\Delta\boldsymbol{\varepsilon}^{(n)}\}$ 计算试探应力

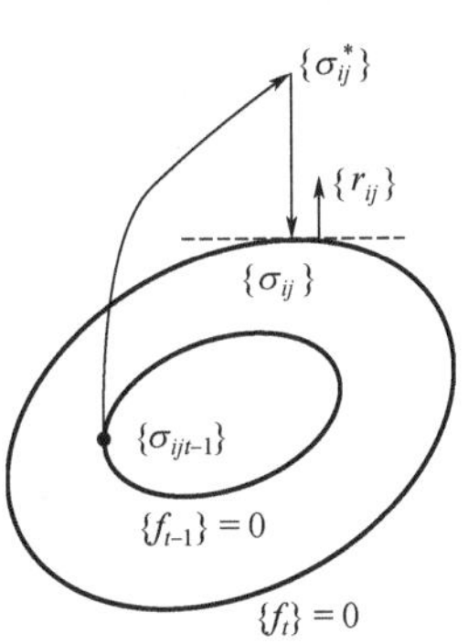

图 6-10　返回映射算法示意图

$\{\tilde{\boldsymbol{\sigma}}^{(n+1)}\}$，此时的应力状态一般会偏离真正的屈服面；塑性修正步则对预测的应力状态进行修正，使其返回对应的真正的屈服面上。

返回映射算法实际上是基于完全隐式的向后 Euler 方法构造的，即在本步结束时计算塑性应变和内变量的增量，同时强化屈服条件。此时塑性应变、内变量和应力的更新方式可表示为

$$\{\boldsymbol{\varepsilon}_{\mathrm{p}}^{(n+1)}\}=\{\boldsymbol{\varepsilon}_{\mathrm{p}}^{(n)}\}+\{\Delta\boldsymbol{\varepsilon}_{\mathrm{p}}^{(n)}\} \tag{6-91}$$

$$\{\boldsymbol{q}^{(n+1)}\}=\{\boldsymbol{q}^{(n)}\}+\{\Delta\boldsymbol{q}^{(n)}\} \tag{6-92}$$

$$\{\boldsymbol{\sigma}^{(n+1)}\}=\{\boldsymbol{\sigma}^{(n)}\}+\{\Delta\boldsymbol{\sigma}^{(n)}\} \tag{6-93}$$

$$F(\{\boldsymbol{\sigma}^{(n+1)}\},\{\boldsymbol{q}^{(n+1)}\})=0 \tag{6-94}$$

塑性应变增量、内变量增量和应力增量可写作：

$$\{\Delta\boldsymbol{\varepsilon}_{\mathrm{p}}^{(n)}\}=\Delta\lambda\{\boldsymbol{r}\} \tag{6-95}$$

$$\{\Delta\boldsymbol{q}^{(n)}\}=\Delta\lambda\{\boldsymbol{h}\} \tag{6-96}$$

$$\{\Delta\boldsymbol{\sigma}^{(n)}\}=[\boldsymbol{D}_{\mathrm{e}}](\{\Delta\boldsymbol{\varepsilon}^{(n)}\}-\{\Delta\boldsymbol{\varepsilon}_{\mathrm{p}}^{(n)}\}) \tag{6-97}$$

式中，$\{\boldsymbol{r}\}=\left\{\dfrac{\partial Q}{\partial\boldsymbol{\sigma}}\right\}$为流动方向，第二式为内变量演化方程，$\{\boldsymbol{h}\}$为演化方向。定义试探应力为

$$\{\tilde{\boldsymbol{\sigma}}^{(n+1)}\}=\{\boldsymbol{\sigma}^{(n)}\}+[\boldsymbol{D}_{\mathrm{e}}]\{\Delta\boldsymbol{\varepsilon}^{(n)}\} \tag{6-98}$$

则由式(6-93)和式(6-97)可得

$$\{\boldsymbol{\sigma}^{(n+1)}\}=\{\tilde{\boldsymbol{\sigma}}^{(n+1)}\}-[\boldsymbol{D}_{\mathrm{e}}]\{\Delta\boldsymbol{\varepsilon}_{\mathrm{p}}^{(n)}\}=\{\tilde{\boldsymbol{\sigma}}^{(n+1)}\}-\mathrm{d}\lambda[\boldsymbol{D}_{\mathrm{e}}]\{\boldsymbol{r}\} \tag{6-99}$$

由式(6-99)可知，应力更新中的未知量为等效塑性应变增量，因此式(6-91)～式(6-94)中有三个方程是独立的，由其构成非线性方程组即可求解。基于这一分析，进一步将式(6-92)和式 (6-94)～式(6-96)改写为

$$\{\boldsymbol{f}_1\}=[\boldsymbol{D}_{\mathrm{e}}]^{-1}(\{\boldsymbol{\sigma}^{(n+1)}\}-\{\tilde{\boldsymbol{\sigma}}^{(n+1)}\})+\Delta\lambda\{\boldsymbol{r}\}=\boldsymbol{0} \tag{6-100}$$

$$\{\boldsymbol{f}_2\}=-\{\boldsymbol{q}^{(n+1)}\}+\{\boldsymbol{q}^{(n)}\}+\Delta\lambda\{\boldsymbol{h}\}=\boldsymbol{0} \tag{6-101}$$

$$F=F(\{\boldsymbol{\sigma}^{(n+1)}\},\{\boldsymbol{q}^{(n+1)}\})=0 \tag{6-102}$$

其中，将式(6-92)改写为式(6-100)的过程中利用了式(6-99)。

对于式(6-100)～式(6-102)构成的非线性方程组，可采用 Newton 法进行求解。设求解上述非线性方程组的迭代过程中，设第 k 次迭代后的各参量均已知，将式(6-100)～式(6-102)关于第 k 次迭代后的已知量作一阶 Taylor 展开，即

$$\{\boldsymbol{f}_1^{(k)}\}+\left([\boldsymbol{D}_{\mathrm{e}}]^{-1}+\Delta\lambda^{(k)}\left\{\frac{\partial\boldsymbol{r}}{\partial\boldsymbol{\sigma}}\right\}^{(k)}\right)\{\delta\boldsymbol{\sigma}^{(k)}\}+\Delta\lambda^{(k)}\left\{\frac{\partial\boldsymbol{r}}{\partial\boldsymbol{q}}\right\}^{(k)}\{\delta\boldsymbol{q}^{(k)}\}+\{\boldsymbol{r}^{(k)}\}\delta\lambda^{(k)}=\boldsymbol{0} \tag{6-103}$$

$$\{\boldsymbol{f}_2^{(k)}\}+\Delta\lambda^{(k)}\left\{\frac{\partial\boldsymbol{h}}{\partial\boldsymbol{\sigma}}\right\}^{(k)}\{\delta\boldsymbol{\sigma}^{(k)}\}+\left(-[\boldsymbol{I}]+\Delta\lambda^{(k)}\left\{\frac{\partial\boldsymbol{h}}{\partial\boldsymbol{q}}\right\}^{(k)}\right)\{\delta\boldsymbol{q}^{(k)}\}+(\boldsymbol{h}^{(k)})\delta\lambda^{(k)}=0 \tag{6-104}$$

$$F^{(k)}+\left\{\frac{\partial F}{\partial\boldsymbol{\sigma}}\right\}^{(k)\mathrm{T}}\{\delta\boldsymbol{\sigma}^{(k)}\}+\left\{\frac{\partial F}{\partial\boldsymbol{q}}\right\}^{(k)\mathrm{T}}\{\delta\boldsymbol{q}^{(k)}\}=0 \tag{6-105}$$

式中，为了书写方便，进一步省略了上标 $(n+1)$ 。需要指出的是，应力更新算法中的迭代是嵌套在有限元分析中当前时间步的迭代中的，即两者构成的双重循环中前者为内循环(其对应的当前迭代步用 $k+1$ 表示)，后者为外循环(其对应的当前迭代步用 $n+1$ 表示)；此外，符号 Δ 和 δ 分别表示有限元分析中当前时间步的迭代增量和应力更新算法中的迭代增量。

将式(6-103)和式(6-104)写作矩阵形式如下：

$$[\boldsymbol{A}^{(k)}]\begin{Bmatrix}\delta\boldsymbol{\sigma}^{(k)}\\ \delta\boldsymbol{q}^{(k)}\end{Bmatrix}=-\{\tilde{\boldsymbol{f}}^{(k)}\}-\delta\lambda^{(k)}\{\tilde{\boldsymbol{r}}^{(k)}\} \tag{6-106}$$

式中

$$[\boldsymbol{A}^{(k)}]=\begin{bmatrix}[\boldsymbol{D}_{\mathrm{e}}]^{-1}+\Delta\lambda^{(k)}\left\{\dfrac{\partial\boldsymbol{r}}{\partial\boldsymbol{\sigma}}\right\}^{(k)} & \Delta\lambda^{(k)}\left\{\dfrac{\partial\boldsymbol{r}}{\partial\boldsymbol{q}}\right\}^{(k)}\\ \Delta\lambda^{(k)}\left\{\dfrac{\partial\boldsymbol{h}}{\partial\boldsymbol{\sigma}}\right\}^{(k)} & -[\boldsymbol{I}]+\Delta\lambda^{(k)}\left\{\dfrac{\partial\boldsymbol{h}}{\partial\boldsymbol{q}}\right\}^{(k)}\end{bmatrix} \tag{6-107}$$

$$\{\tilde{\boldsymbol{f}}^{(k)}\}=\begin{Bmatrix}\boldsymbol{f}_1^{(k)}\\ \boldsymbol{f}_2^{(k)}\end{Bmatrix},\quad \{\tilde{\boldsymbol{r}}^{(k)}\}=\begin{Bmatrix}\boldsymbol{r}^{(k)}\\ \boldsymbol{h}^{(k)}\end{Bmatrix}$$

求解式(6-106)可得

$$\begin{Bmatrix}\delta\boldsymbol{\sigma}^{(k)}\\ \delta\boldsymbol{q}^{(k)}\end{Bmatrix}=-[\boldsymbol{A}^{(k)}]^{-1}\{\tilde{\boldsymbol{f}}^{(k)}\}-\delta\lambda^{(k)}[\boldsymbol{A}^{(k)}]^{-1}\{\tilde{\boldsymbol{r}}^{(k)}\} \tag{6-108}$$

将式(6-108)代入式(6-105)，求解可得 $\delta\lambda^{(k)}$ 为

$$\delta\lambda^{(k)}=\frac{F^{(k)}-\{\tilde{\boldsymbol{F}}^{(k)}\}[\boldsymbol{A}^{(k)}]^{-1}\{\tilde{\boldsymbol{f}}^{(k)}\}}{\{\tilde{\boldsymbol{F}}^{(k)}\}[\boldsymbol{A}^{(k)}]^{-1}\{\tilde{\boldsymbol{r}}^{(k)}\}} \tag{6-109}$$

式中

$$\{\tilde{\boldsymbol{F}}^{(k)}\}^{\mathrm{T}}=\begin{Bmatrix}\dfrac{\partial F}{\partial\boldsymbol{\sigma}}\\ \dfrac{\partial F}{\partial\boldsymbol{q}}\end{Bmatrix}^{(k)} \tag{6-110}$$

由式(6-109)和式(6-108)分别求得 $\delta\lambda^{(k)}$ 、$\{\delta\boldsymbol{q}^{(k)}\}$ 和 $\{\delta\boldsymbol{\sigma}^{(k)}\}$ 后，可得 $k+1$ 步的塑性参量、内变量和应力分别为

$$\Delta\lambda^{(k+1)}=\Delta\lambda^{(k)}+\delta\lambda^{(k)} \tag{6-111}$$

$$\{\boldsymbol{q}^{(k+1)}\}=\{\boldsymbol{q}^{(k)}\}+\{\delta\boldsymbol{q}^{(k)}\} \tag{6-112}$$

$$\{\boldsymbol{\sigma}^{(k+1)}\}=\{\boldsymbol{\sigma}^{(k)}\}+\{\delta\boldsymbol{\sigma}^{(k)}\} \tag{6-113}$$

基于以上推导，图形返回算法流程如表 6-3 所示。

表 6-3　应力更新的隐式 Euler 图形返回算法流程

算法：应力更新的隐式 Euler 图形返回算法流程

令：$k=0$、$\{\boldsymbol{\varepsilon}_{\mathrm{p}}^{(n+1,0)}\}=\{\boldsymbol{\varepsilon}_{\mathrm{p}}^{(n)}\}$、$\{\boldsymbol{q}^{(n+1,0)}\}=\{\boldsymbol{q}^{(n)}\}$、$\Delta\lambda^{(0)}=0$、$\{\boldsymbol{\sigma}^{(n+1,0)}\}=\{\boldsymbol{\sigma}^{(n)}\}+[\boldsymbol{D}_{\mathrm{e}}]\{\Delta\boldsymbol{\varepsilon}^{(n)}\}$（下面迭代中，为书写方便，省略指标 $n+1$）

1 for $k\leqslant k_{\max}$ do（其中 $k_{\max}$ 为允许的最大迭代步数）

2 检查第 k 步的屈服条件和收敛性：
若 $\left|F^{(k)}\right|<\epsilon_1$ 以及 $\left\|\tilde{\boldsymbol{f}}^{(k)}\right\|<\epsilon_2$，则迭代收敛，结束本构积分；否则转到第 3 步。

3 计算塑性参数增量：
$\delta\lambda^{(k)}=\dfrac{F^{(k)}-\{\tilde{\boldsymbol{F}}^{(k)}\}[\boldsymbol{A}^{(k)}]^{-1}\{\tilde{\boldsymbol{f}}^{(k)}\}}{\{\tilde{\boldsymbol{F}}^{(k)}\}\{\boldsymbol{A}^{(k)}\}^{-1}\{\tilde{\boldsymbol{r}}^{(k)}\}}$

4 计算应力和内变量增量：
$\begin{Bmatrix}\delta\boldsymbol{\sigma}^{(k)}\\ \delta\boldsymbol{q}^{(k)}\end{Bmatrix}=-[\boldsymbol{A}^{(k)}]^{-1}\{\tilde{\boldsymbol{f}}^{(k)}\}-\delta\lambda^{(k)}[\boldsymbol{A}^{(k)}]^{-1}\{\tilde{\boldsymbol{r}}^{(k)}\}$

5 更新塑性应变、内变量、塑性参数、应力：
$\{\boldsymbol{\varepsilon}_{\mathrm{p}}^{(k+1)}\}=\{\boldsymbol{\varepsilon}_{\mathrm{p}}^{(k)}\}-[\boldsymbol{D}_{\mathrm{e}}]^{-1}\{\delta\boldsymbol{\sigma}^{(k)}\}$
$\Delta\lambda^{(k+1)}=\Delta\lambda^{(k)}+\delta\lambda^{(k)}$
$\{\boldsymbol{q}^{(k+1)}\}=\{\boldsymbol{q}^{(k)}\}+\{\delta\boldsymbol{q}^{(k)}\}$
$\{\boldsymbol{\sigma}^{(k+1)}\}=\{\boldsymbol{\sigma}^{(k)}\}+\{\delta\boldsymbol{\sigma}^{(k)}\}$

6 更新迭代指标：
$k=k+1$
继续迭代。

7 end

6.5.2　径向返回算法

若考虑 Mises 关联塑性模型，采用上述返回映射算法进行应力更新，易知等效塑性应变为唯一的内标量，即 $q=\bar{\varepsilon}_{\mathrm{p}}$。流动方向可写作：

$$\{\boldsymbol{r}\}=\left\{\frac{\partial F}{\partial\boldsymbol{\sigma}}\right\}=\frac{3}{2\sigma_{\mathrm{s}}}\{\overline{\boldsymbol{s}}\}\tag{6-114}$$

式中，$\{\overline{\boldsymbol{s}}\}$ 为由偏应力张量分量构成的向量，对于三维空间问题中各向同性硬化材料的情形，其表达式如式(6-64)所示。由式(6-114)可知流动方向在迭代计算过程中不会发生改变，为屈服面的外法线方向，因此对于 Mises 关联塑性模型，其本构积分算法由返回映射算法退化为径向返回算法。

进一步由式(6-114)可知塑性流动方向独立于等效塑性应变，故塑性流动方向的梯度分别为

$$\frac{\partial\{\boldsymbol{r}\}}{\partial\{\boldsymbol{\sigma}\}}=\frac{3}{2\sigma_{\mathrm{s}}}[\hat{\boldsymbol{I}}_4],\quad \frac{\partial\{\boldsymbol{r}\}}{\partial q}=\boldsymbol{0}\tag{6-115}$$

式中，$[\hat{\boldsymbol{I}}_4]$ 为四阶投射张量 $\hat{\boldsymbol{I}}_4$ 对应的 Voigt 矩阵形式，$\hat{\boldsymbol{I}}=\boldsymbol{I}^{\mathrm{dev}}-\boldsymbol{n}\otimes\boldsymbol{n}$ 且 $I_{ijkl}^{\mathrm{dev}}=\dfrac{1}{2}\{\delta_{ik}\delta_{jl}+\delta_{il}\delta_{jk}\}-\dfrac{1}{3}\delta_{ij}\delta_{kl}$ 为四阶对称偏张量，$n_{ij}=\sqrt{\dfrac{3}{2}}\dfrac{s_{ij}}{\overline{s}}$ 为偏应力方向的单位矢量。

此外，由 $q=\bar{\varepsilon}_{\mathrm{p}}$ 易知 $\Delta q=\Delta\bar{\varepsilon}_{\mathrm{p}}=\Delta\lambda$，即内变量演化方程中 $h=1$，因此可得

$$\left\{\frac{\partial h}{\partial \boldsymbol{\sigma}}\right\}=\mathbf{0}, \quad \frac{\partial h}{\partial q}=0 \tag{6-116}$$

以及屈服函数对应力和内变量的导数分别为

$$\left\{\frac{\partial F}{\partial \boldsymbol{\sigma}}\right\}=\{\boldsymbol{r}\}, \quad \frac{\partial F}{\partial q}=-E_{\mathrm{p}} \tag{6-117}$$

则式(6-107)和式(6-110)简化为

$$[\boldsymbol{A}^{(k)}]=\begin{bmatrix}[\boldsymbol{D}_{\mathrm{e}}]^{-1}+\dfrac{3\Delta\lambda^{(k)}}{2\sigma_{\mathrm{s}}^{(k)}}[\hat{\boldsymbol{I}}_4] & \mathbf{0}\\ \mathbf{0} & -1\end{bmatrix}, \quad \{\tilde{\boldsymbol{r}}^{(k)}\}=\begin{Bmatrix}\boldsymbol{r}^{(k)}\\ 1\end{Bmatrix}, \quad \{\tilde{\boldsymbol{F}}^{(k)}\}^{\mathrm{T}}=\begin{Bmatrix}\boldsymbol{r}^{(k)}\\ -E_{\mathrm{p}}\end{Bmatrix} \tag{6-118}$$

可得

$$\delta\lambda^{(k)}=\frac{F^{(k)}}{3G+E_{\mathrm{p}}} \tag{6-119}$$

基于上述分析，对应于 Mises 屈服准则的关联塑性模型本构积分图形返回算法退化为径向返回算法，其流程如表 6-4 所示。

表 6-4　应力更新的径向返回算法流程

算法：应力更新的径向返回算法流程

令：$k=0$、$\{\boldsymbol{\varepsilon}_{\mathrm{p}}^{(n+1,0)}\}=\{\boldsymbol{\varepsilon}_{\mathrm{p}}^{(n)}\}$、$\{\boldsymbol{q}^{(n+1,0)}\}=\{\boldsymbol{q}^{(n)}\}$、$\Delta\lambda^{(0)}=0$、$\{\boldsymbol{\sigma}^{(n+1,0)}\}=\{\boldsymbol{\sigma}^{(n)}\}+[\boldsymbol{D}_{\mathrm{e}}]\{\Delta\boldsymbol{\varepsilon}^{(n)}\}$（下面迭代中，为书写方便，省略指标 $n+1$）

1　计算塑性流动方向：

$$\{\hat{\boldsymbol{n}}\}=\sqrt{\frac{3}{2}}\frac{1}{\sigma_{\mathrm{s}}}\{\overline{\boldsymbol{s}}\}$$

$$\{\boldsymbol{r}\}=\frac{3}{2}\frac{1}{\sigma_{\mathrm{s}}}\{\overline{\boldsymbol{s}}\}$$

2　for $k\leqslant k_{\max}$ do（其中 $k_{\max}$ 为允许的最大迭代步数）

3　检查第 k 步的屈服条件和收敛性：

若 $\left|F^{(k)}\right|<\epsilon_1$，则迭代收敛，结束本构积分；否则转到第 3 步。

4　计算塑性参数增量：

$$\delta\lambda^{(k)}=\frac{F^{(k)}}{3G+E_{\mathrm{p}}}$$

5　计算应力和内变量增量：

$$\begin{Bmatrix}\delta\boldsymbol{\sigma}^{(k)}\\ \delta q^{(k)}\end{Bmatrix}=\begin{Bmatrix}-\sqrt{6}G\delta\lambda^{(k)}\hat{\boldsymbol{n}}\\ \delta\lambda^{(k)}\end{Bmatrix}$$

6　更新塑性应变、内变量、塑性参数、应力：

$$\{\boldsymbol{\varepsilon}_{\mathrm{p}}^{(k+1)}\}=\{\boldsymbol{\varepsilon}_{\mathrm{p}}^{(k)}\}+\delta\lambda^{(k)}\{\boldsymbol{r}\}$$

$$\Delta\lambda^{(k+1)}=\Delta\lambda^{(k)}+\delta\lambda^{(k)}$$

$$\overline{\varepsilon}_{\mathrm{p}}^{(k+1)}=\overline{\varepsilon}_{\mathrm{p}}^{(k)}+\delta q^{(k)}$$

$$\{\boldsymbol{\sigma}^{(k+1)}\}=\{\boldsymbol{\sigma}^{(k)}\}+\{\delta\boldsymbol{\sigma}^{(k)}\}$$

7　更新迭代指标：

$k=k+1$

继续迭代。

8　end

习　　题

6-1　采用 Newton-Raphson 方法及其修正方法求解下面的非线性方程。

$$\psi(x) = K(x) - F = 0 \quad (0 \leqslant x \leqslant 2)$$

其中

$$K(x) = -x^2 + 4x$$

$$F = 3$$

6-2　推导各向同性硬化材料对应的平面应变和平面应力问题中的弹塑性本构矩阵的具体形式。

6-3　推导一维问题中的应力更新算法的具体表达形式。

第 7 章　几何非线性问题分析

7.1　引　　言

工程结构的实际变形一般表现为大位移和大转动，如高层建筑在风载下的变形、跳水运动中跳板在运动员跳起后的变形以及橡胶材料在外载荷作用下的变形等，这些结构的变形过程涉及几何非线性问题，其结构变形问题必须采用几何非线性分析方法。在几何非线性分析中，应变表达式中的位移二次项不能省略，同时需要考虑变形前和变形后结构位置和形状变化对平衡方程的影响。在几何非线性问题中，材料可能处于线弹性状态，也可能处于超弹性、塑性等非线弹性状态。在几何非线性有限元分析方法中，通常采用增量分析法求解非线性方程。根据非线性控制方程中应力、应变等基本量参考的构型可以将迭代计算列式分为完全拉格朗日格式(TL 格式)和更新拉格朗日格式(UL 格式)。在求解过程中，刚度矩阵包括线性部分和非线性部分，其中非线性部分对迭代计算的收敛速度有重要影响，并且算法的收敛性是分析过程中的难点之一。了解非线性有限元方法的理论基础和计算流程，对算法不收敛问题的解决和位移解合理性的判断有重要意义。

本章将主要介绍结构几何非线性变形有限元分析方法的基本理论和计算流程，主要包括参考构型的定义、应变和应力的度量、大变形本构方程、几何非线性有限元的基本列式、计算流程及应用。

7.2　初始构型和当前构型

考虑一个未发生变形的连续体 Ω_0，$\boldsymbol{X}$ 为连续体 Ω_0 内任意物质点的位置坐标矢量，通常假定未发生变形的连续体域 Ω_0 为初始构型。在外载荷的作用下，连续体 Ω_0 的位置和形状均发生变化，在 t 时刻变形为一个新的状态 Ω，将此时的连续体域 Ω 称为当前构型，$\boldsymbol{x}$ 为位置和形状变化后连续体 Ω 内对应物质点的位置坐标矢量。初始构型上物质点坐标 $\boldsymbol{X}$ 到当前构型上物质点坐标 $\boldsymbol{x}$ 可以通过一个一对一的映射关系 $\boldsymbol{\varphi}$ 表示为

$$\boldsymbol{x}=\boldsymbol{\varphi}(\boldsymbol{X},t) \tag{7-1}$$

具体的映射过程如图 7-1 所示。

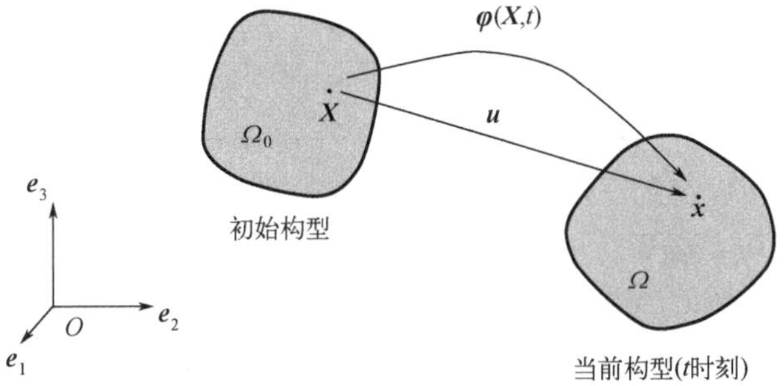

图 7-1　连续体的运动和变形

连续体中任意一物质点从初始构型到当前构型的位移 $\boldsymbol{u}$ 可以表示为

$$\boldsymbol{u}=\boldsymbol{x}-\boldsymbol{X} \tag{7-2}$$

另外，在建立描述连续体变形和运动过程质量、动量和能量等物理量守恒方程的过程中，首先需要选择一个构型，然后各物理量和控制方程均参考此构型建立，该选择的构型通常称为参考构型。

7.3 应变和应力度量

7.3.1 应变度量

连续体从初始构型到当前构型的变形过程中，变形梯度定义为当前构型 Ω 下位置矢量 $\boldsymbol{x}$ 对初始构型 Ω_0 下位置矢量 $\boldsymbol{X}$ 的偏导数，可以表示为

$$\boldsymbol{F}=\frac{\partial \boldsymbol{x}}{\partial \boldsymbol{X}}=\boldsymbol{I}+\frac{\partial \boldsymbol{u}}{\partial \boldsymbol{X}}=\frac{\partial x_i}{\partial X_j}\boldsymbol{e}_i\otimes\boldsymbol{e}_j \quad (i,j=1,2,3) \tag{7-3}$$

式中，$\boldsymbol{I}$ 为单位张量；x_i 为当前构型 Ω 下物质点坐标 $\boldsymbol{x}$ 的第 i 个分量；X_j 为初始构型 Ω_0 下物质点坐标 $\boldsymbol{X}$ 的第 j 个分量(本章中有时也分别采用 x、y 和 z 来表示 x_1、x_2 和 x_3，以及采用 X、Y 和 Z 来表示 X_1、X_2 和 X_3)；$\boldsymbol{e}_i$ 和 $\boldsymbol{e}_j$ 分别为笛卡儿坐标系下的第 i 个和第 j 个方向的单位向量。式(7-3)中用到了爱因斯坦求和约定。对于三维问题来说，其分量形式可以表示为

$$\boldsymbol{F}=\begin{bmatrix}\dfrac{\partial x_1}{\partial X_1} & \dfrac{\partial x_1}{\partial X_2} & \dfrac{\partial x_1}{\partial X_3}\\ \dfrac{\partial x_2}{\partial X_1} & \dfrac{\partial x_2}{\partial X_2} & \dfrac{\partial x_2}{\partial X_3}\\ \dfrac{\partial x_3}{\partial X_1} & \dfrac{\partial x_3}{\partial X_2} & \dfrac{\partial x_3}{\partial X_3}\end{bmatrix} \tag{7-4}$$

对于二维问题和一维问题来说，可以根据具体问题将式(7-4)退化得到对应的变形梯度。

例 7-1 已知三角形的三顶点坐标随时间的变化关系如表 7-1 所示，求三角形转动和拉伸过程中的变形梯度。

表 7-1 三角形的三顶点坐标随时间变化表

顶点编号	$\boldsymbol{e}_1$ 方向坐标	$\boldsymbol{e}_2$ 方向坐标
①	0	0
②	$2(1+at)\cos\dfrac{\pi t}{2}$	$2(1+at)\sin\dfrac{\pi t}{2}$
③	$-(1+bt)\sin\dfrac{\pi t}{2}$	$(1+bt)\cos\dfrac{\pi t}{2}$

解： 由已知条件可以得到三角形随时间的变化如图 7-2 所示。初始构型下，三角形三个顶点的坐标为：①(0,0)，②(2,0)，③(0,1)。

根据有限元分析离散的思想，任意时刻下三角形内任意一点的坐标可以通过三个顶点的坐标插值得到。假定插值系数分别为 ξ_1、ξ_2 和 ξ_3，那么当前构型下三角形内任意一点的坐标可以表示为

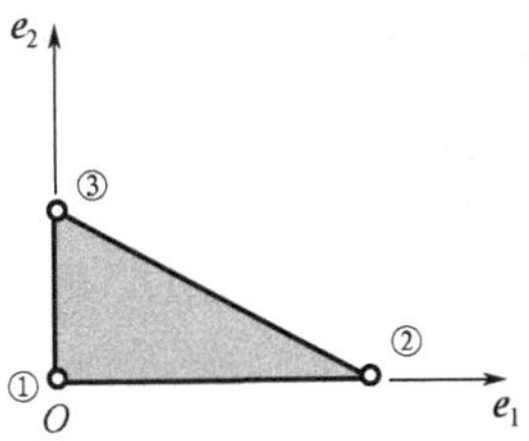

(a) 初始构型

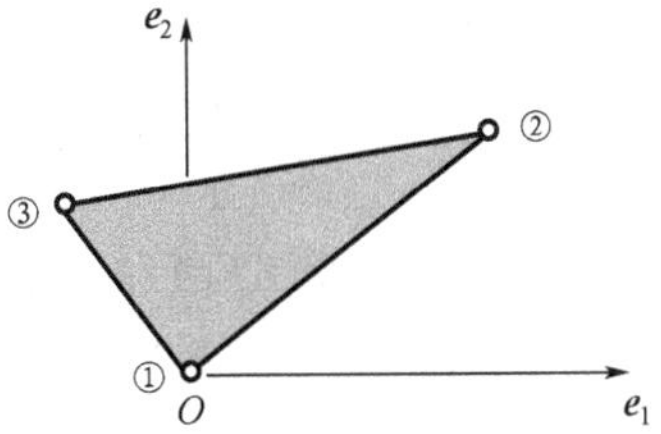

(b) 当前构型

图 7-2　三角形在初始构型和当前构型下的位移和变形示意图

$$
\begin{aligned}
\boldsymbol{x}(t) &= \begin{Bmatrix} x \\ y \end{Bmatrix} = \xi_1 \boldsymbol{x}_{①}(t) + \xi_2 \boldsymbol{x}_{②}(t) + \xi_3 \boldsymbol{x}_{③}(t) \\
&= \xi_1 \begin{Bmatrix} 0 \\ 0 \end{Bmatrix} + \xi_2 \begin{Bmatrix} 2(1+at)\cos\dfrac{\pi t}{2} \\ 2(1+at)\sin\dfrac{\pi t}{2} \end{Bmatrix} + \xi_3 \begin{Bmatrix} -(1+bt)\sin\dfrac{\pi t}{2} \\ (1+bt)\cos\dfrac{\pi t}{2} \end{Bmatrix}
\end{aligned} \tag{7-5}
$$

类似地，初始构型下三角形内任意一点的坐标可以表示为

$$
\boldsymbol{X} = \boldsymbol{x}(0) = \begin{Bmatrix} X \\ Y \end{Bmatrix} = \xi_1 \begin{Bmatrix} 0 \\ 0 \end{Bmatrix} + \xi_2 \begin{Bmatrix} 2 \\ 0 \end{Bmatrix} + \xi_3 \begin{Bmatrix} 0 \\ 1 \end{Bmatrix} \tag{7-6}
$$

由式(7-6)可得

$$
\xi_2 = \frac{1}{2}X, \quad \xi_3 = Y \tag{7-7}
$$

将式(7-7)代入式(7-5)，则当前构型下任意物质点的位置矢量可以表示为

$$
\begin{Bmatrix} x \\ y \end{Bmatrix} = \begin{Bmatrix} X(1+at)\cos\dfrac{\pi t}{2} - Y(1+bt)\sin\dfrac{\pi t}{2} \\ X(1+at)\sin\dfrac{\pi t}{2} + Y(1+bt)\cos\dfrac{\pi t}{2} \end{Bmatrix} \tag{7-8}
$$

根据式(7-4)，此三角形的变形梯度可以表示为

$$
\boldsymbol{F} = \begin{bmatrix} (1+at)\cos\dfrac{\pi t}{2} & -(1+bt)\sin\dfrac{\pi t}{2} \\ (1+at)\sin\dfrac{\pi t}{2} & (1+bt)\cos\dfrac{\pi t}{2} \end{bmatrix} = \begin{bmatrix} \cos\dfrac{\pi t}{2} & -\sin\dfrac{\pi t}{2} \\ \sin\dfrac{\pi t}{2} & \cos\dfrac{\pi t}{2} \end{bmatrix} \begin{bmatrix} 1+at & 0 \\ 0 & 1+bt \end{bmatrix} \tag{7-9}
$$

式(7-9)中最后一项为将变形梯度分解为旋转和伸缩两部分后的结果。可以看出，此三角形绕顶点①发生了旋转，同时其形状也发生了变化。

考虑初始构型中的线元 $\mathrm{d}\boldsymbol{X}$，变形后变为 $\mathrm{d}\boldsymbol{x}$，则线元长度的变化为

$$
\begin{aligned}
\|\mathrm{d}\boldsymbol{x}\|^2 - \|\mathrm{d}\boldsymbol{X}\|^2 &= \mathrm{d}\boldsymbol{x}^{\mathrm{T}} \cdot \mathrm{d}\boldsymbol{x} - \mathrm{d}\boldsymbol{X}^{\mathrm{T}} \cdot \mathrm{d}\boldsymbol{X} = \left(\frac{\partial \boldsymbol{x}}{\partial \boldsymbol{X}} \cdot \mathrm{d}\boldsymbol{X}\right)^{\mathrm{T}} \cdot \left(\frac{\partial \boldsymbol{x}}{\partial \boldsymbol{X}} \cdot \mathrm{d}\boldsymbol{X}\right) - \mathrm{d}\boldsymbol{X}^{\mathrm{T}} \cdot \mathrm{d}\boldsymbol{X} \\
&= \mathrm{d}\boldsymbol{X}^{\mathrm{T}} \cdot \left[\left(\frac{\partial \boldsymbol{x}}{\partial \boldsymbol{X}}\right)^{\mathrm{T}} \cdot \frac{\partial \boldsymbol{x}}{\partial \boldsymbol{X}} - \boldsymbol{I}\right] \cdot \mathrm{d}\boldsymbol{X} = \mathrm{d}\boldsymbol{X}^{\mathrm{T}} \cdot (\boldsymbol{F}^{\mathrm{T}} \cdot \boldsymbol{F} - \boldsymbol{I}) \cdot \mathrm{d}\boldsymbol{X} \overset{\mathrm{def}}{=} \mathrm{d}\boldsymbol{X}^{\mathrm{T}} \cdot 2\boldsymbol{E} \cdot \mathrm{d}\boldsymbol{X}
\end{aligned} \tag{7-10}
$$

其中，$\boldsymbol{E}$ 为定义在初始构型 Ω_0 上的 Green-Lagrange 应变张量(也称 Green 应变张量)，即

$$\boldsymbol{E}=\frac{1}{2}(\boldsymbol{F}^{\mathrm{T}}\cdot\boldsymbol{F}-\boldsymbol{I})=\frac{1}{2}(\boldsymbol{C}-\boldsymbol{I}) \tag{7-11}$$

式中，$\boldsymbol{C}=\boldsymbol{F}^{\mathrm{T}}\cdot\boldsymbol{F}$ 为定义在初始构型 Ω_0 上的右 Cauchy-Green 张量，其表示由初始构型到当前构型的一种对应关系。引入变形梯度与位移之间的关系，则 Green-Lagrange 应变张量 $\boldsymbol{E}$ 可以进一步表示为

$$\boldsymbol{E}=\frac{1}{2}\left[\left(\frac{\partial\boldsymbol{u}}{\partial\boldsymbol{X}}\right)^{\mathrm{T}}+\frac{\partial\boldsymbol{u}}{\partial\boldsymbol{X}}+\left(\frac{\partial\boldsymbol{u}}{\partial\boldsymbol{X}}\right)^{\mathrm{T}}\cdot\frac{\partial\boldsymbol{u}}{\partial\boldsymbol{X}}\right] \tag{7-12}$$

类似地，线元长度变化也可表示为如下形式：

$$\begin{aligned}\|\mathrm{d}\boldsymbol{x}\|^2-\|\mathrm{d}\boldsymbol{X}\|^2&=\mathrm{d}\boldsymbol{x}^{\mathrm{T}}\cdot\mathrm{d}\boldsymbol{x}-\mathrm{d}\boldsymbol{X}^{\mathrm{T}}\cdot\mathrm{d}\boldsymbol{X}=\mathrm{d}\boldsymbol{x}^{\mathrm{T}}\cdot\mathrm{d}\boldsymbol{x}-\left(\frac{\partial\boldsymbol{X}}{\partial\boldsymbol{x}}\cdot\mathrm{d}\boldsymbol{x}\right)^{\mathrm{T}}\cdot\left(\frac{\partial\boldsymbol{X}}{\partial\boldsymbol{x}}\cdot\mathrm{d}\boldsymbol{x}\right)\\&=\mathrm{d}\boldsymbol{x}^{\mathrm{T}}\cdot\left[\boldsymbol{I}-\left(\frac{\partial\boldsymbol{X}}{\partial\boldsymbol{x}}\right)^{\mathrm{T}}\cdot\frac{\partial\boldsymbol{X}}{\partial\boldsymbol{x}}\right]\cdot\mathrm{d}\boldsymbol{x}=\mathrm{d}\boldsymbol{x}^{\mathrm{T}}\cdot(\boldsymbol{I}-\boldsymbol{F}^{-\mathrm{T}}\cdot\boldsymbol{F}^{-1})\cdot\mathrm{d}\boldsymbol{x}\overset{\mathrm{def}}{=}\mathrm{d}\boldsymbol{x}^{\mathrm{T}}\cdot2\boldsymbol{A}\cdot\mathrm{d}\boldsymbol{x}\end{aligned} \tag{7-13}$$

其中，$\boldsymbol{A}$ 为定义在当前构型 Ω 上的 Almansi 应变张量，即

$$\boldsymbol{A}=\frac{1}{2}(\boldsymbol{I}-\boldsymbol{F}^{-\mathrm{T}}\cdot\boldsymbol{F}^{-1})=\frac{1}{2}(\boldsymbol{I}-\boldsymbol{b}^{-1}) \tag{7-14}$$

此处 $\boldsymbol{b}=\boldsymbol{F}\cdot\boldsymbol{F}^{\mathrm{T}}$ 为定义在当前构型上的左 Cauchy-Green 张量。进一步，Almansi 应变张量 $\boldsymbol{A}$ 也可以用位移表示为

$$\boldsymbol{A}=\frac{1}{2}\left[\left(\frac{\partial\boldsymbol{u}}{\partial\boldsymbol{x}}\right)^{\mathrm{T}}+\frac{\partial\boldsymbol{u}}{\partial\boldsymbol{x}}-\left(\frac{\partial\boldsymbol{u}}{\partial\boldsymbol{x}}\right)^{\mathrm{T}}\cdot\frac{\partial\boldsymbol{u}}{\partial\boldsymbol{x}}\right] \tag{7-15}$$

定义在不同构型上的应变张量是可以互相转换的，从式(7-11)和式(7-14)可以得到，Almansi 应变张量 $\boldsymbol{A}$ 和 Green-Lagrange 应变张量 $\boldsymbol{E}$ 之间的转换关系为

$$\boldsymbol{E}=\boldsymbol{F}^{\mathrm{T}}\cdot\boldsymbol{A}\cdot\boldsymbol{F} \tag{7-16}$$

此外，由前面章节的知识可知工程应变张量为

$$\boldsymbol{\varepsilon}=\frac{1}{2}\left[\left(\frac{\partial\boldsymbol{u}}{\partial\boldsymbol{X}}\right)^{\mathrm{T}}+\frac{\partial\boldsymbol{u}}{\partial\boldsymbol{X}}\right] \tag{7-17}$$

对比式(7-12)、式(7-15)和式(7-17)，可知工程应变 $\boldsymbol{\varepsilon}$ 仅包含位移的线性部分，而 Green-Lagrange 应变 $\boldsymbol{E}$ 和 Almansi 应变 $\boldsymbol{A}$ 不仅包含位移的线性部分，同时还包含位移的二次项。若变形很小，则三种应变中的位移线性部分为小量，因此 Green-Lagrange 应变和 Almansi 应变中的二次项远小于一次项，可以忽略。此外，在小变形情况下，初始构型和当前构型之间的差异也可以忽略，则三种应变度量近似等价。

例 7-2　考虑如图 7-3 所示的一维变形问题，初始长度和截面积分别为 L 和 A^2 的杆均匀拉伸后的长度和截面积变为 l 和 a^2。计算工程应变、Green-Lagrange 应变和 Almansi 应变，并进行比较。

解：对于图 7-3 中的一维杆件，取左端部为原点，水平向右为坐标轴正方向。设初始时

刻杆上任意一点的坐标为 X ，其在变形后的坐标为 x 。此外，由于杆为均匀变形，则有 $x=Xl/L$ 。于是该点的位移 u 为

$$u=x-X=\frac{l}{L}X-X=x-x\frac{L}{l} \tag{7-18}$$

则工程应变、Green-Lagrange 应变和 Almansi 应变分别为

$$\varepsilon=\frac{\partial u}{\partial X}=\frac{l-L}{L} \tag{7-19}$$

$$E=\frac{\partial u}{\partial X}+\frac{1}{2}\left(\frac{\partial u}{\partial X}\right)^2=\frac{l^2-L^2}{2L^2} \tag{7-20}$$

$$A=\frac{\partial u}{\partial x}-\frac{1}{2}\left(\frac{\partial u}{\partial x}\right)^2=\frac{l^2-L^2}{2l^2} \tag{7-21}$$

图 7-4 给出了工程应变、Green-Lagrange 应变和 Almansi 应变随伸长比 l/L 的变化曲线图。从图中可以看出，Almansi 应变偏小，Green-Lagrange 应变偏大，工程应变一直介于 Green-Lagrange 应变和 Almansi 应变之间。在小变形情况下，即 $l/L\to 1$，三种应变对应的曲线几乎是重合的。

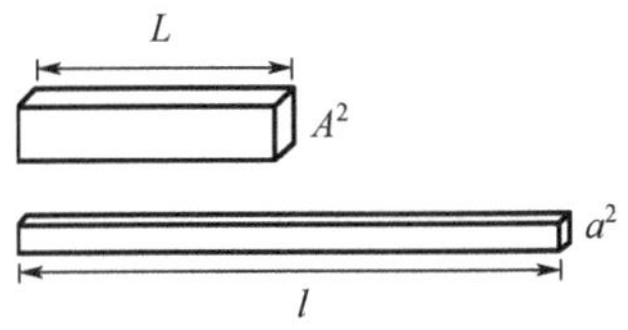

图 7-3　沿长度方向变形长方体的变形示意图

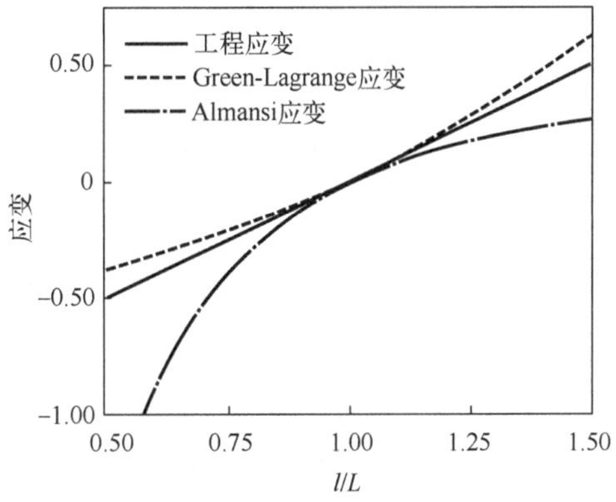

图 7-4　不同应变对比图

7.3.2　应力度量

与应变类似，同样可以在不同构型上定义应力张量，描述物质点的应力状态。常见的应力张量包括 Cauchy 应力 $\boldsymbol{\sigma}$ 、Kirchhoff 应力 $\boldsymbol{\tau}$ 、第一类 Piola-Kirchhoff 应力 $\boldsymbol{P}$ 和第二类 Piola-Kirchhoff 应力 $\boldsymbol{S}$ 。Cauchy 应力 $\boldsymbol{\sigma}$ 为当前构型 Ω 下的真实应力状态，Kirchhoff 应力 $\boldsymbol{\tau}$ 为当前构型 Ω 下的名义应力，第一类 Piola-Kirchhoff 应力 $\boldsymbol{P}$ 为参考初始构型 Ω_0 的名义应力，第二类 Piola-Kirchhoff 应力 $\boldsymbol{S}$ 为当前时刻发生的定义在初始构型 Ω_0 上的名义应力。

如图 7-5 所示，考虑在当前构型 Ω 的面积微元 $\mathrm{d}a$ 上作用有面力 $\boldsymbol{t}$ ，面积微元的单位方向矢量为 $\boldsymbol{n}$ 。假设其可以转化到初始构型上，在初始构型 Ω_0 上对应的面积微元为 $\mathrm{d}A$ ，作用的面力为 $\boldsymbol{T}$ 或 $\boldsymbol{T}'$ ，面积微元的单位方向矢量为 $\boldsymbol{N}$ 。则定义在初始构型 Ω_0 上的第一类 Piola-Kirchhoff 应力 $\boldsymbol{P}$ 、当前构型 Ω 上的 Cauchy 应力 $\boldsymbol{\sigma}$ 以及第二类 Piola-Kirchhoff 应力 $\boldsymbol{S}$ 可以通过式(7-22)分别与面力 $\boldsymbol{T}$ 、 $\boldsymbol{t}$ 与 $\boldsymbol{T}'$ 关联起来：

$$
\begin{aligned}
\boldsymbol{T} &= \boldsymbol{P}\cdot\boldsymbol{N} \\
\boldsymbol{t} &= \boldsymbol{\sigma}\cdot\boldsymbol{n} \\
\boldsymbol{T}' &= \boldsymbol{S}\cdot\boldsymbol{N}
\end{aligned}
\tag{7-22}
$$

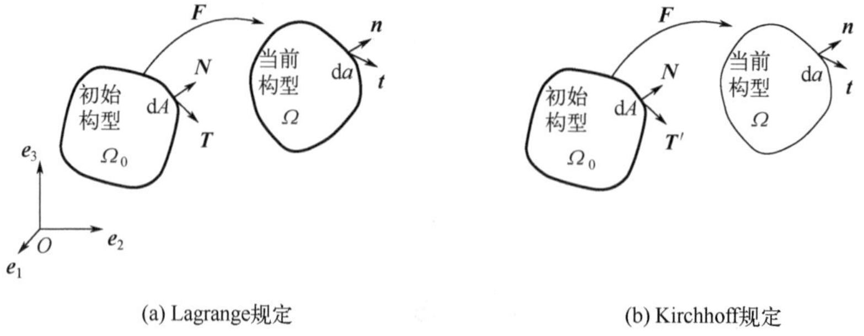

图 7-5　Lagrange 规定和 Kirchhoff 规定示意图

为获得不同应力之间的关系，需要给出不同构型上面力之间的转换关系。常采用的面力转换关系有两种，一种为 Lagrange 规定，即假定转换前后作用在对应微元面积上的力是相等的，其可以表示为

$$
\boldsymbol{T}\mathrm{d}A = \boldsymbol{t}\mathrm{d}a \tag{7-23}
$$

另一种为 Kirchhoff 规定，即假定转换前后作用在对应微元面积上的力可通过类似于坐标变换的方式获得，其可以表示为

$$
\boldsymbol{T}'\mathrm{d}A = \boldsymbol{F}^{-1}\cdot\boldsymbol{t}\mathrm{d}a \tag{7-24}
$$

将式(7-22)代入式(7-23)和式(7-24)，可得

$$
\begin{aligned}
\boldsymbol{P}\cdot\boldsymbol{N}\mathrm{d}A &= \boldsymbol{\sigma}\cdot\boldsymbol{n}\mathrm{d}a \\
\boldsymbol{S}\cdot\boldsymbol{N}\mathrm{d}A &= \boldsymbol{F}^{-1}\cdot\boldsymbol{\sigma}\cdot\boldsymbol{n}\mathrm{d}a
\end{aligned}
\tag{7-25}
$$

通过对比式(7-25)，可得第一类 Piola-Kirchhoff 应力 $\boldsymbol{P}$ 和第二类 Piola-Kirchhoff 应力 $\boldsymbol{S}$ 之间的转换关系为

$$
\boldsymbol{P} = \boldsymbol{F}\cdot\boldsymbol{S} \tag{7-26}
$$

此外，初始构型 Ω_0 上面积微元 $\mathrm{d}A$ 和当前构型 Ω 上面积微元 $\mathrm{d}a$ 之间的关系可由 Nanson 公式获得，即

$$
\boldsymbol{N}\mathrm{d}A = \frac{1}{J}\boldsymbol{F}^{\mathrm{T}}\cdot\boldsymbol{n}\mathrm{d}a \tag{7-27}
$$

式中，J 为变形梯度 $\boldsymbol{F}$ 的行列式。将式(7-27)代入式(7-25)可得

$$
\begin{aligned}
\frac{1}{J}\boldsymbol{P}\cdot\boldsymbol{F}^{\mathrm{T}}\cdot\boldsymbol{n}\mathrm{d}a &= \boldsymbol{\sigma}\cdot\boldsymbol{n}\mathrm{d}a \\
\frac{1}{J}\boldsymbol{S}\cdot\boldsymbol{F}^{\mathrm{T}}\cdot\boldsymbol{n}\mathrm{d}a &= \boldsymbol{F}^{-1}\cdot\boldsymbol{\sigma}\cdot\boldsymbol{n}\mathrm{d}a
\end{aligned}
\tag{7-28}
$$

通过化简可得 Cauchy 应力 $\boldsymbol{\sigma}$ 和第一类 Piola-Kirchhoff 应力 $\boldsymbol{P}$ 与第二类 Piola-Kirchhoff 应力 $\boldsymbol{S}$ 之间的关系如下：

$$\boldsymbol{\sigma}=\frac{1}{J}\boldsymbol{P}\cdot\boldsymbol{F}^{\mathrm{T}}$$
$$\boldsymbol{\sigma}=\frac{1}{J}\boldsymbol{F}\cdot\boldsymbol{S}\cdot\boldsymbol{F}^{\mathrm{T}} \tag{7-29}$$

另外，Cauchy 应力 $\boldsymbol{\sigma}$ 和 Kirchhoff 应力 $\boldsymbol{\tau}$ 之间的关系为

$$\boldsymbol{\tau}=J\boldsymbol{\sigma} \tag{7-30}$$

考虑式(7-29)和式(7-30)，可得 Kirchhoff 应力 $\boldsymbol{\tau}$ 和第一类 Piola-Kirchhoff 应力 $\boldsymbol{P}$ 与第二类 Piola-Kirchhoff 应力 $\boldsymbol{S}$ 之间的关系为

$$\boldsymbol{\tau}=\boldsymbol{P}\cdot\boldsymbol{F}^{\mathrm{T}}$$
$$\boldsymbol{\tau}=\boldsymbol{F}\cdot\boldsymbol{S}\cdot\boldsymbol{F}^{\mathrm{T}} \tag{7-31}$$

由以上推导可知，Cauchy 应力 $\boldsymbol{\sigma}$、Kirchhoff 应力 $\boldsymbol{\tau}$ 和第二类 Piola-Kirchhoff 应力 $\boldsymbol{S}$ 为对称的应力张量，第一类 Piola-Kirchhoff 应力 $\boldsymbol{P}$ 为非对称的应力张量。

例 7-3　如图 7-6 所示的长方体单轴拉伸变形示意图，初始截面面积为 A^2、初始长度为 L 的长方体在力 F 作用下沿长度方向发生变形，变形后长方体的截面面积变为 a^2、长度变为 l，假设横截面在变形过程中均保持为正方形。求此长方体长度方向上的 Cauchy 应力 σ_{L}、Kirchhoff 应力 τ_{L}、第一类 Piola-Kirchhoff 应力 P_{L} 和第二类 Piola-Kirchhoff 应力 S_{L}。

解：由图 7-6 易知长方体的变形梯度为

$$\boldsymbol{F}=\begin{bmatrix}\frac{l}{L} & 0 & 0\\ 0 & \frac{a}{A} & 0\\ 0 & 0 & \frac{a}{A}\end{bmatrix} \tag{7-32}$$

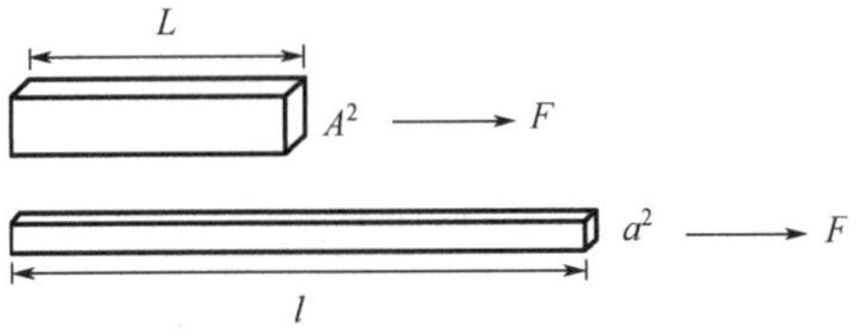

图 7-6　长方体单轴拉伸变形示意图

变形梯度的行列式为

$$J=\frac{l}{L}\frac{a^2}{A^2} \tag{7-33}$$

定义在当前构型上真实的 Cauchy 应力 σ_{L} 可以通过真实外力与变形后截面面积的比值计算得到，即

$$\sigma_{\mathrm{L}}=\frac{F}{a^2} \tag{7-34}$$

根据 Cauchy 应力和 Kirchhoff 应力之间的关系，可得 Kirchhoff 应力 τ_{L} 为

$$\tau_{\mathrm{L}}=J\sigma_{\mathrm{L}}=\frac{l}{L}\frac{F}{A^2} \tag{7-35}$$

定义在初始构型上的第一类 Piola-Kirchhoff 应力 P_{L} 可以通过式(7-29)计算得到，即

$$P_{\mathrm{L}}=J\sigma_{\mathrm{L}}F_{11}^{-1}=\frac{l}{L}\frac{a^2}{A^2}\frac{F}{a^2}\frac{L}{l}=\frac{F}{A^2} \tag{7-36}$$

由式(7-36)中最后一项不难发现，本例中第一类 Piola-Kirchhoff 应力 P_{L} 为真实外力与变形前

截面面积的比值。

进一步根据第一类 Piola-Kirchhoff 应力和第二类 Piola-Kirchhoff 应力之间的转换关系式(7-26)，可得第二类 Piola-Kirchhoff 应力 S_{L} 为

$$S_{\mathrm{L}} = F_{11}^{-1} P_{\mathrm{L}} = \frac{L}{l} \frac{F}{A^2} \tag{7-37}$$

7.4 超弹性材料本构方程

工程材料和结构在较大载荷作用下往往会发生大变形行为，常用的线弹性本构关系已不再适用于描述这些材料和结构，需要建立合适的本构方程，从而建立其应力和应变之间的关系。本节将主要介绍两类适用于橡胶、水凝胶等材料的超弹性本构方程，包括 Neo-Hookean 材料和 Mooney-Rivlin 材料，这类本构关系通常采用应变能密度函数的方式给出，通过推导可获得应力-应变的表达式等。此外，适用于大变形分析的次弹性、弹塑性、蠕变等本构方程可查阅相关资料获得，在本节中不再具体介绍。

7.4.1 Neo-Hookean 材料

可压缩 Neo-Hookean 材料的应变能密度函数可以表示为

$$W_{\mathrm{NH}}(\boldsymbol{C}) = \frac{1}{2}\mu(I_{\boldsymbol{C}} - 3) - \mu \ln(J) + \frac{\lambda}{2}[\ln(J)]^2 \tag{7-38}$$

式中，μ 和 λ 为 Lamé 常数；$J = \sqrt{III_{\boldsymbol{C}}}$，$I_{\boldsymbol{C}}$ 和 $III_{\boldsymbol{C}}$ 分别为右 Cauchy-Green 张量 $\boldsymbol{C}$ 的第一不变量和第三不变量，其具体表达式如下：

$$I_{\boldsymbol{C}} = \mathrm{tr}(\boldsymbol{C}) = C_{11} + C_{22} + C_{33}, \quad III_{\boldsymbol{C}} = \det(\boldsymbol{C}) \tag{7-39}$$

式中，tr( ) 和 det( ) 分别为张量的迹和行列式值；C_{11}、C_{22} 和 C_{33} 为右 Cauchy-Green 张量 $\boldsymbol{C}$ 的分量。

基于此应变能密度函数，参考初始构型的第二类 Piola-Kirchhoff 应力 $\boldsymbol{S}_{\mathrm{NH}}$ 可以表示为

$$\boldsymbol{S}_{\mathrm{NH}} = \frac{\partial W_{\mathrm{NH}}(\boldsymbol{C})}{\partial \boldsymbol{E}} = \mu(\boldsymbol{I} - \boldsymbol{C}^{-1}) + \lambda \ln(J)\boldsymbol{C}^{-1} \tag{7-40}$$

式中，$\boldsymbol{I}$ 为二阶单位张量。

进一步，基于初始构型的一致性切线模量 $\mathbb{D}_{\mathrm{NH}}$ 为

$$\mathbb{D}_{\mathrm{NH}} = \frac{\partial \boldsymbol{S}_{\mathrm{NH}}}{\partial \boldsymbol{E}} = 2[\mu - \lambda \ln(J)]\frac{\partial \boldsymbol{C}^{-1}}{\partial \boldsymbol{C}} + \lambda \boldsymbol{C}^{-1} \otimes \boldsymbol{C}^{-1} \tag{7-41}$$

式中，$\otimes$ 为张量积运算符；$\partial \boldsymbol{C}^{-1} / \partial \boldsymbol{C} = \mathbb{E}_{\boldsymbol{C}^{-1}}$，$\mathbb{E}_{\boldsymbol{C}^{-1}}$ 的计算公式为

$$(\mathbb{E}_{\boldsymbol{C}^{-1}})_{IJKL} = \frac{1}{2}(\boldsymbol{C}_{IK}^{-1}\boldsymbol{C}_{JL}^{-1} + \boldsymbol{C}_{IL}^{-1}\boldsymbol{C}_{JK}^{-1}) \quad (I,J,K,L = 1,2,3) \tag{7-42}$$

一致性切线模量 $\mathbb{D}_{\mathrm{NH}}$ 是一个四阶张量，其在后继的有限元列式推导中具有重要意义。不可压缩 Neo-Hookean 材料的应变能密度函数可由式(7-38)去掉最后两项获得。

7.4.2 Mooney-Rivlin 材料

不可压缩 Mooney-Rivlin 材料的应变能密度函数可以表示为

$$W_{\mathrm{MR}}(\boldsymbol{C}) = c_1(I_{\boldsymbol{C}} - 3) + c_2(II_{\boldsymbol{C}} - 3) \tag{7-43}$$

式中，c_1 和 c_2 为材料参数；$II_{\boldsymbol{C}}$ 为右 Cauchy-Green 张量 $\boldsymbol{C}$ 的第二不变量，其表达式如下：

$$II_{\boldsymbol{C}} = C_{11}C_{22} + C_{22}C_{33} + C_{33}C_{11} - C_{12}^2 - C_{23}^2 - C_{31}^2 \tag{7-44}$$

式中，C_{12}、C_{23} 和 C_{31} 也为右 Cauchy-Green 张量 $\boldsymbol{C}$ 的分量。

同样地，参考初始构型的第二类 Piola-Kirchhoff 应力 $\boldsymbol{S}_{\mathrm{MR}}$ 和一致性切线模量 $\mathbb{D}_{\mathrm{MR}}$ 可以表示为

$$\boldsymbol{S}_{\mathrm{MR}} = 2c_1\mathbf{1} + 4c_2\boldsymbol{C} \tag{7-45}$$

$$\mathbb{D}_{\mathrm{MR}} = 8c_2\mathbb{I} \tag{7-46}$$

式中，$\mathbb{I}$ 为四阶单位张量。

7.5 几何非线性有限元列式

7.5.1 平衡方程及其线性化

不考虑惯性效应，在当前构型 Ω 上连续体的平衡方程、位移边界条件以及力边界条件可以表示为

$$\begin{aligned} &\nabla_{\boldsymbol{x}} \cdot \boldsymbol{\sigma} + \boldsymbol{f} = 0 \quad (\text{在}\,\Omega\,\text{内}) \\ &\boldsymbol{u} = \bar{\boldsymbol{u}} \quad (\text{在}\,\partial\Omega^u\,\text{上}) \\ &\boldsymbol{t} = \boldsymbol{\sigma} \cdot \boldsymbol{n} \quad (\text{在}\,\partial\Omega^\sigma\,\text{上}) \end{aligned} \tag{7-47}$$

式中，$\nabla_{\boldsymbol{x}}$ 和 $\boldsymbol{f}$ 分别为参考当前构型的微分算子和体力；$\partial\Omega^u$ 为施加位移边界条件的区域；$\partial\Omega^\sigma$ 为施加力边界条件的区域。根据加权余量法引入权系数 $\delta\boldsymbol{u}$ 可得式(7-47)的弱形式为

$$\int_\Omega \delta\boldsymbol{u} \cdot (\nabla_{\boldsymbol{x}} \cdot \boldsymbol{\sigma} + \boldsymbol{f})\mathrm{d}V + \int_{\partial\Omega^\sigma} \delta\boldsymbol{u} \cdot (\boldsymbol{t} - \boldsymbol{\sigma} \cdot \boldsymbol{n})\mathrm{d}S = 0 \tag{7-48}$$

式中，$\mathrm{d}V$ 和 $\mathrm{d}S$ 为当前构型上的体积微元和面积微元。经过分部积分并化简，可得虚功方程为

$$\int_\Omega \delta\boldsymbol{e} : \boldsymbol{\sigma}\mathrm{d}V - \int_\Omega \delta\boldsymbol{u} \cdot \boldsymbol{f}\mathrm{d}V - \int_{\partial\Omega^\sigma} \delta\boldsymbol{u} \cdot \boldsymbol{t}\mathrm{d}S = 0 \tag{7-49}$$

其中

$$\delta\boldsymbol{e} = \frac{1}{2}[\nabla_{\boldsymbol{x}}\delta\boldsymbol{u} + (\nabla_{\boldsymbol{x}}\delta\boldsymbol{u})^{\mathrm{T}}] \tag{7-50}$$

式(7-49)给出的虚功方程是在未知构型上表达的，存在着积分困难问题，需要转换到一个已知参考构型上。

对于式(7-49)中的内力虚功，可采用合适的应力-应变度量将其转化到已知的初始构型或中间构型上。由式(7-3)、式(7-11)和式(7-12)可得变形梯度及 Green-Lagrange 应变的变分为

$$\delta\boldsymbol{F}=\frac{\partial\delta\boldsymbol{u}}{\partial\boldsymbol{X}}=\frac{\partial\delta\boldsymbol{u}}{\partial\boldsymbol{x}}\frac{\partial\boldsymbol{x}}{\partial\boldsymbol{X}}=\nabla_x\delta\boldsymbol{u}\cdot\boldsymbol{F}$$
$$\delta\boldsymbol{E}=\frac{1}{2}(\delta\boldsymbol{F}^{\mathrm{T}}\cdot\boldsymbol{F}+\boldsymbol{F}^{\mathrm{T}}\cdot\delta\boldsymbol{F})=\frac{1}{2}[\boldsymbol{F}^{\mathrm{T}}\cdot(\nabla_x\delta\boldsymbol{u})^{\mathrm{T}}\cdot\boldsymbol{F}+\boldsymbol{F}^{\mathrm{T}}\cdot\nabla_x\delta\boldsymbol{u}\cdot\boldsymbol{F}],=\boldsymbol{F}^{\mathrm{T}}\cdot\delta\boldsymbol{e}\cdot\boldsymbol{F} \tag{7-51}$$

由式(7-51)并考虑式(7-29)所示的 Cauchy 应力$\boldsymbol{\sigma}$和第二类 Piola-Kirchhoff 应力$\boldsymbol{S}$之间的关系，可得

$$\int_{\Omega}\delta\boldsymbol{e}:\boldsymbol{\sigma}\mathrm{d}V=\int_{\Omega}(\boldsymbol{F}^{-\mathrm{T}}\cdot\delta\boldsymbol{E}\cdot\boldsymbol{F}^{-1}):\left(\frac{1}{J}\boldsymbol{F}\cdot\boldsymbol{S}\cdot\boldsymbol{F}^{\mathrm{T}}\right)\mathrm{d}V$$
$$=\int_{\Omega}\delta\boldsymbol{E}:\boldsymbol{S}\frac{1}{J}\mathrm{d}V=\int_{\Omega_0}\delta\boldsymbol{E}:\boldsymbol{S}\mathrm{d}V_0 \tag{7-52}$$

式中，$\mathrm{d}V_0$为初始构型上的体积微元。

此外，考虑式(7-29)所示的 Cauchy 应力$\boldsymbol{\sigma}$和第一类 Piola-Kirchhoff 应力$\boldsymbol{P}$之间的关系，可得

$$\int_{\Omega}\delta\boldsymbol{e}:\boldsymbol{\sigma}\mathrm{d}V=\int_{\Omega}\mathrm{tr}[\delta\boldsymbol{e}\cdot\boldsymbol{\sigma}]\mathrm{d}V$$
$$=\int_{\Omega}\mathrm{tr}[\delta\boldsymbol{F}\cdot\boldsymbol{F}^{-1}\cdot\boldsymbol{\sigma}]\mathrm{d}V=\int_{\Omega_0}\delta\boldsymbol{F}:(\boldsymbol{\sigma}\cdot\boldsymbol{F}^{-\mathrm{T}})J\mathrm{d}V_0=\int_{\Omega_0}\delta\boldsymbol{F}:\boldsymbol{P}\mathrm{d}V_0 \tag{7-53}$$

若考虑式(7-31)所示的 Kirchhoff 应力$\boldsymbol{\tau}$ 和第一类 Piola-Kirchhoff 应力$\boldsymbol{P}$之间的关系，可得

$$\int_{\Omega}\delta\boldsymbol{e}:\boldsymbol{\sigma}\mathrm{d}V=\int_{\Omega}\delta\boldsymbol{e}:\boldsymbol{\tau}\frac{1}{J}\mathrm{d}V=\int_{\Omega_0}\delta\boldsymbol{e}:\boldsymbol{\tau}\mathrm{d}V_0 \tag{7-54}$$

将式(7-52)代入式(7-49)，虚功方程可以表示为

$$\int_{\Omega_0}\delta\boldsymbol{E}:\boldsymbol{S}\mathrm{d}V_0-\int_{\Omega}\delta\boldsymbol{u}\cdot\boldsymbol{f}\mathrm{d}V-\int_{\partial\Omega^{\sigma}}\delta\boldsymbol{u}\cdot\boldsymbol{t}\mathrm{d}S=0 \tag{7-55}$$

$t+\Delta t$ 时刻，描述连续体平衡的虚功方程为

$$\int_{\Omega_0}\delta\boldsymbol{E}^{t+\Delta t}:\boldsymbol{S}^{t+\Delta t}\mathrm{d}V_0-\int_{\Omega}\delta\boldsymbol{u}\cdot\boldsymbol{f}\mathrm{d}V-\int_{\partial\Omega^{\sigma}}\delta\boldsymbol{u}\cdot\boldsymbol{t}\mathrm{d}S=0 \tag{7-56}$$

式中，$\delta\boldsymbol{E}^{t+\Delta t}$和$\boldsymbol{S}^{t+\Delta t}$分别为$t+\Delta t$时刻的虚应变和应力。

应变和应力的更新过程为

$$\boldsymbol{E}^{t+\Delta t}=\boldsymbol{E}^{t}+\Delta\boldsymbol{E} \tag{7-57}$$

$$\boldsymbol{S}^{t+\Delta t}=\boldsymbol{S}^{t}+\Delta\boldsymbol{S} \tag{7-58}$$

式中，$\boldsymbol{E}^t$和$\boldsymbol{S}^t$为t时刻的应变和应力，为已知值；$\Delta\boldsymbol{E}$和$\Delta\boldsymbol{S}$为增量应变和增量应力，为待求量。根据式(7-12)，增量应变$\Delta\boldsymbol{E}$的形式为

$$\Delta\boldsymbol{E}=\frac{1}{2}\left[\left(\frac{\partial\Delta\boldsymbol{u}}{\partial\boldsymbol{X}}\right)^{\mathrm{T}}\cdot\frac{\partial\Delta\boldsymbol{u}}{\partial\boldsymbol{X}}+\left(\frac{\partial\Delta\boldsymbol{u}}{\partial\boldsymbol{X}}\right)^{\mathrm{T}}\cdot\boldsymbol{F}+\boldsymbol{F}^{\mathrm{T}}\cdot\frac{\partial\Delta\boldsymbol{u}}{\partial\boldsymbol{X}}\right]=\Delta\boldsymbol{E}_{\mathrm{L}}+\Delta\boldsymbol{E}_{\mathrm{NL}} \tag{7-59}$$

式中，$\boldsymbol{F}$为t时刻的变形梯度，此处为了书写方便省略了上标t。增量应变$\Delta\boldsymbol{E}$中，位移增量的线性项$\Delta\boldsymbol{E}_{\mathrm{L}}$和非线性项$\Delta\boldsymbol{E}_{\mathrm{NL}}$分别为

$$\Delta\boldsymbol{E}_{\mathrm{L}}=\frac{1}{2}\left[\left(\frac{\partial\Delta\boldsymbol{u}}{\partial\boldsymbol{X}}\right)^{\mathrm{T}}\cdot\boldsymbol{F}+\boldsymbol{F}^{\mathrm{T}}\cdot\frac{\partial\Delta\boldsymbol{u}}{\partial\boldsymbol{X}}\right] \tag{7-60}$$

$$\Delta\boldsymbol{E}_{\mathrm{NL}}=\frac{1}{2}\left(\frac{\partial\Delta\boldsymbol{u}}{\partial\boldsymbol{X}}\right)^{\mathrm{T}}\cdot\frac{\partial\Delta\boldsymbol{u}}{\partial\boldsymbol{X}}\tag{7-61}$$

式(7-58)中，增量应力 $\Delta\boldsymbol{S}$ 可以表示为

$$\Delta\boldsymbol{S}=\mathbb{D}:\Delta\boldsymbol{E}\tag{7-62}$$

式中，$\mathbb{D}$ 为基于初始构型 Ω_0 的一致性切线模量。若给出具体的本构模型，则可通过求导获得一致性切线模量的表达式，如 Neo-Hookean 材料和 Mooney-Rivlin 材料本构对应的一致性切线模量可分别由式(7-41)和式(7-46)给出。此外，需要指出的是，对于一般的几何非线性问题，应该采用满足构架不变性的应力的率形式来获得增量应力，在此不作具体介绍。

另外，从式(7-56)～式(7-58)中可以看出，$t+\Delta t$ 时刻的平衡是基于 t 时刻已知的应变 $\boldsymbol{E}^t$ 和应力 $\boldsymbol{S}^t$ 得到的，并且考虑增量应变 $\Delta\boldsymbol{E}$ 和增量应力 $\Delta\boldsymbol{S}$ 的计算过程，式(7-56)所示的 $t+\Delta t$ 时刻的虚功方程可以进一步表示为

$$\begin{aligned}&\int_{\Omega_0}\delta\Delta\boldsymbol{E}_{\mathrm{L}}:\boldsymbol{S}^t\mathrm{d}V_0+\int_{\Omega_0}\delta\Delta\boldsymbol{E}_{\mathrm{NL}}:\boldsymbol{S}^t\mathrm{d}V_0+\int_{\Omega_0}\delta\Delta\boldsymbol{E}_{\mathrm{L}}:\mathbb{D}:\Delta\boldsymbol{E}_{\mathrm{L}}\mathrm{d}V_0\\&+\int_{\Omega_0}\delta\Delta\boldsymbol{E}_{\mathrm{L}}:\mathbb{D}:\Delta\boldsymbol{E}_{\mathrm{NL}}\mathrm{d}V_0+\int_{\Omega_0}\delta\Delta\boldsymbol{E}_{\mathrm{NL}}:\mathbb{D}:\Delta\boldsymbol{E}_{\mathrm{L}}\mathrm{d}V_0\\&+\int_{\Omega_0}\delta\Delta\boldsymbol{E}_{\mathrm{NL}}:\mathbb{D}:\Delta\boldsymbol{E}_{\mathrm{NL}}\mathrm{d}V_0-\int_{\Omega}\delta\boldsymbol{u}\cdot\boldsymbol{f}\mathrm{d}V-\int_{\partial\Omega^\sigma}\delta\boldsymbol{u}\cdot\boldsymbol{t}\mathrm{d}S=0\end{aligned}\tag{7-63}$$

忽略位移增量的二次项以及二次以上项，式(7-63)可简化为

$$\begin{aligned}&\int_{\Omega_0}\delta\Delta\boldsymbol{E}_{\mathrm{NL}}:\boldsymbol{S}^t\mathrm{d}V_0+\int_{\Omega_0}\delta\Delta\boldsymbol{E}_{\mathrm{L}}:\mathbb{D}:\Delta\boldsymbol{E}_{\mathrm{L}}\mathrm{d}V_0\\&=\int_{\Omega}\delta\boldsymbol{u}\cdot\boldsymbol{f}\mathrm{d}V+\int_{\partial\Omega^\sigma}\delta\boldsymbol{u}\cdot\boldsymbol{t}\mathrm{d}S-\int_{\Omega_0}\delta\Delta\boldsymbol{E}_{\mathrm{L}}:\boldsymbol{S}^t\mathrm{d}V_0\end{aligned}\tag{7-64}$$

此计算格式为完全 Lagrange 格式(即 TL 格式)。

类似地，参考 t 时刻的已知构型，$t+\Delta t$ 时刻描述连续体平衡的虚功方程也可写作：

$$\int_{\Omega_t}\delta\boldsymbol{E}^{t+\Delta t}:\boldsymbol{S}^{t+\Delta t}\mathrm{d}V_t-\int_{\Omega}\delta\boldsymbol{u}\cdot\boldsymbol{f}\mathrm{d}V-\int_{\partial\Omega^\sigma}\delta\boldsymbol{u}\cdot\boldsymbol{t}\mathrm{d}S=0\tag{7-65}$$

式中，$\boldsymbol{E}^{t+\Delta t}$ 为参考 t 时刻构型的 Green-Lagrange 应变，其实际上就等于 t 时刻到 $t+\Delta t$ 时刻的 Green-Lagrange 应变增量 $\Delta\boldsymbol{E}$；此外，$\boldsymbol{S}^{t+\Delta t}$ 为参考 t 时刻构型的第二类 Piola-Kirchhoff 应力，其等于参考 t 时刻构型的第二类 Piola-Kirchhoff 应力 $\boldsymbol{S}^t$ 和第二类 Piola-Kirchhoff 应力增量 $\Delta\boldsymbol{S}$ 之和，即应变和应力的更新过程为

$$\boldsymbol{E}^{t+\Delta t}=\Delta\boldsymbol{E}\tag{7-66}$$

$$\boldsymbol{S}^{t+\Delta t}=\boldsymbol{\sigma}^t+\Delta\boldsymbol{S}\tag{7-67}$$

式中利用了参考 t 时刻构型的第二类 Piola-Kirchhoff 应力 $\boldsymbol{S}^t$ 就是 t 时刻的 Cauchy 应力 $\boldsymbol{\sigma}^t$ 这一关系。式(7-66)中，增量应变 $\Delta\boldsymbol{E}$ 可写作：

$$\Delta\boldsymbol{E}=\frac{1}{2}\left[\left(\frac{\partial\Delta\boldsymbol{u}}{\partial\boldsymbol{x}_t}\right)^{\mathrm{T}}\cdot\frac{\partial\Delta\boldsymbol{u}}{\partial\boldsymbol{x}_t}+\left(\frac{\partial\Delta\boldsymbol{u}}{\partial\boldsymbol{x}_t}\right)^{\mathrm{T}}+\frac{\partial\Delta\boldsymbol{u}}{\partial\boldsymbol{x}_t}\right]=\Delta\boldsymbol{E}_{\mathrm{L}}+\Delta\boldsymbol{E}_{\mathrm{NL}}\tag{7-68}$$

式中，$\boldsymbol{x}_t$ 为 t 时刻的位置矢量；位移增量的线性项 $\Delta\boldsymbol{E}_{\mathrm{L}}$ 和非线性项 $\Delta\boldsymbol{E}_{\mathrm{NL}}$ 分别为

$$\Delta \boldsymbol{E}_{\mathrm{L}} = \frac{1}{2}\left[\left(\frac{\partial \Delta \boldsymbol{u}}{\partial \boldsymbol{x}_t}\right)^{\mathrm{T}} + \frac{\partial \Delta \boldsymbol{u}}{\partial \boldsymbol{x}_t}\right] \tag{7-69}$$

$$\Delta \boldsymbol{E}_{\mathrm{NL}} = \frac{1}{2}\left(\frac{\partial \Delta \boldsymbol{u}}{\partial \boldsymbol{x}_t}\right)^{\mathrm{T}} \cdot \frac{\partial \Delta \boldsymbol{u}}{\partial \boldsymbol{x}_t} \tag{7-70}$$

式(7-67)中，增量应力 $\Delta\boldsymbol{S}$ 可以表示为

$$\Delta \boldsymbol{S} = \mathbb{d} : \Delta \boldsymbol{E} \tag{7-71}$$

式中，$\mathbb{d}$为基于当前构型 Ω 的一致性切线模量，其与参考初始构型的一致性切线模量 $\mathbb{D}$ 的关系可以表示为

$$\mathbb{d}_{ijkl} = \boldsymbol{F}_{iI}\boldsymbol{F}_{jJ}\boldsymbol{F}_{kK}\boldsymbol{F}_{lL}\mathbb{D}_{IJKL} \tag{7-72}$$

类似地，将式(7-66)～式(7-71)代入式(7-65)，虚功方程可以表示为

$$\begin{aligned}&\int_{\Omega_t} \delta\Delta \boldsymbol{E}_{\mathrm{L}} : \boldsymbol{\sigma}^t \mathrm{d}V_t + \int_{\Omega_t} \delta\Delta \boldsymbol{E}_{\mathrm{NL}} : \boldsymbol{\sigma}^t \mathrm{d}V_t + \int_{\Omega_t} \delta\Delta \boldsymbol{E}_{\mathrm{L}} : \mathbb{d} : \Delta \boldsymbol{E}_{\mathrm{L}} \mathrm{d}V_t \\ &+ \int_{\Omega_t} \delta\Delta \boldsymbol{E}_{\mathrm{L}} : \mathbb{d} : \Delta \boldsymbol{E}_{\mathrm{NL}} \mathrm{d}V_t + \int_{\Omega_t} \delta\Delta \boldsymbol{E}_{\mathrm{NL}} : \mathbb{d} : \Delta \boldsymbol{E}_{\mathrm{L}} \mathrm{d}V_t \\ &+ \int_{\Omega_t} \delta\Delta \boldsymbol{E}_{\mathrm{NL}} : \mathbb{d} : \Delta \boldsymbol{E}_{\mathrm{NL}} \mathrm{d}V_t - \int_{\Omega} \delta \boldsymbol{u} \cdot \boldsymbol{f} \mathrm{d}V - \int_{\partial\Omega^\sigma} \delta \boldsymbol{u} \cdot \boldsymbol{t} \mathrm{d}S = 0\end{aligned} \tag{7-73}$$

忽略位移增量的二次项以及二次以上项，式(7-73)可简化为

$$\begin{aligned}&\int_{\Omega_t} \delta\Delta \boldsymbol{E}_{\mathrm{NL}} : \boldsymbol{\sigma}^t \mathrm{d}V_t + \int_{\Omega_t} \delta\Delta \boldsymbol{E}_{\mathrm{L}} : \mathbb{d} : \Delta \boldsymbol{E}_{\mathrm{L}} \mathrm{d}V_t \\ &= \int_{\Omega} \delta \boldsymbol{u} \cdot \boldsymbol{f} \mathrm{d}V + \int_{\partial\Omega^\sigma} \delta \boldsymbol{u} \cdot \boldsymbol{t} \mathrm{d}S - \int_{\Omega_t} \delta\Delta \boldsymbol{E}_{\mathrm{L}} : \boldsymbol{\sigma}^t \mathrm{d}V_t\end{aligned} \tag{7-74}$$

此计算格式为更新 Lagrange 格式(即 UL 格式)。

7.5.2 离散控制方程

在 TL 格式中，将连续体 Ω_0 划分为 N 个单元，即 $\Omega_0 = \sum_{e=1}^{N} \Omega_0^e$。单元内任意一点在初始构型和当前构型下的坐标可以表示为

$$\begin{aligned}\{\boldsymbol{X}\} &= [\boldsymbol{N}]\{\boldsymbol{X}^e\} \\ \{\boldsymbol{x}\} &= [\boldsymbol{N}]\{\boldsymbol{x}^e\}\end{aligned} \tag{7-75}$$

式中，$[\boldsymbol{N}]$ 为形函数矩阵，即前面章节中介绍的形函数矩阵；$\{\boldsymbol{X}^e\}$ 和 $\{\boldsymbol{x}^e\}$ 分别为初始构型和当前构型上单元内所有节点位置坐标组成的向量。类似地，位移、增量位移和虚位移可以表示为

$$\begin{aligned}\{\boldsymbol{u}\} &= [\boldsymbol{N}]\{\boldsymbol{u}^e\} \\ \{\Delta\boldsymbol{u}\} &= [\boldsymbol{N}]\{\Delta\boldsymbol{u}^e\} \\ \{\delta\boldsymbol{u}\} &= [\boldsymbol{N}]\{\delta\boldsymbol{u}^e\}\end{aligned} \tag{7-76}$$

式中，$\{\boldsymbol{u}^e\}$、$\{\Delta\boldsymbol{u}^e\}$ 和 $\{\delta\boldsymbol{u}^e\}$ 分别为单元内的节点位移向量、节点增量位移向量和节点虚位移向量。

将离散形式代入式(7-64)所示的线性化的虚功方程中可得离散控制方程为

$$([\boldsymbol{K}_{\mathrm{L}}]+[\boldsymbol{K}_{\mathrm{NL}}])\{\Delta\boldsymbol{U}\}=\{\boldsymbol{F}_{\mathrm{ext}}\}-\{\boldsymbol{F}_{\mathrm{int}}\} \tag{7-77}$$

式中，$\{\Delta\boldsymbol{U}\}$ 为整体节点增量位移向量；$[\boldsymbol{K}_{\mathrm{L}}]$ 和 $[\boldsymbol{K}_{\mathrm{NL}}]$ 分别为整体刚度矩阵的线性部分和非线性部分；$\{\boldsymbol{F}_{\mathrm{ext}}\}$ 和 $\{\boldsymbol{F}_{\mathrm{int}}\}$ 分别为外力列向量和内力列向量；这些矩阵和向量可通过组装单元刚度矩阵和力向量得到：

$$[\boldsymbol{K}_{\mathrm{L}}]=\sum_{e=1}^{N}[\boldsymbol{K}_{\mathrm{L}}^{e}],\quad [\boldsymbol{K}_{\mathrm{NL}}]=\sum_{e=1}^{N}[\boldsymbol{K}_{\mathrm{NL}}^{e}],\quad \{\boldsymbol{F}_{\mathrm{ext}}\}=\sum_{e=1}^{N}\{\boldsymbol{F}_{\mathrm{ext}}^{e}\},\quad \{\boldsymbol{F}_{\mathrm{int}}\}=\sum_{e=1}^{N}\{\boldsymbol{F}_{\mathrm{int}}^{e}\} \tag{7-78}$$

式中，$\sum_{e=1}^{N}$ 表示矩阵或向量组集操作。

参考动力有限元列式推导过程，可得大变形动力学问题的离散控制方程（忽略阻尼）为

$$[\boldsymbol{M}]\{\Delta\ddot{\boldsymbol{U}}\}+([\boldsymbol{K}_{\mathrm{L}}]+[\boldsymbol{K}_{\mathrm{NL}}])\{\Delta\boldsymbol{U}\}=\{\boldsymbol{F}_{\mathrm{ext}}\}-\{\boldsymbol{F}_{\mathrm{int}}\} \tag{7-79}$$

式中，$[\boldsymbol{M}]$ 为结构的质量矩阵，具体形式见第 5 章。

7.5.3 单元刚度矩阵

在每个单元内，刚度矩阵和力列向量的积分形式为

$$\begin{aligned}
&[\boldsymbol{K}_{\mathrm{L}}^{e}]=\int_{\Omega_0^e}[\boldsymbol{B}_{\mathrm{L}}]^{\mathrm{T}}[\mathbb{D}][\boldsymbol{B}_{\mathrm{L}}]\mathrm{d}V_0,\quad [\boldsymbol{K}_{\mathrm{NL}}^{e}]=\int_{\Omega_0^e}[\boldsymbol{B}_{\mathrm{NL}}]^{\mathrm{T}}[\mathbb{S}^t][\boldsymbol{B}_{\mathrm{NL}}]\mathrm{d}V_0\\
&\{\boldsymbol{F}_{\mathrm{ext}}^{e}\}=\int_{\Omega^e}[\boldsymbol{N}]\{\boldsymbol{f}\}\mathrm{d}V+\int_{\partial\Omega^{e\sigma}}[\boldsymbol{N}]\{\boldsymbol{t}\}\mathrm{d}S,\quad \{\boldsymbol{F}_{\mathrm{int}}^{e}\}=\int_{\Omega_0^e}[\boldsymbol{B}_{\mathrm{L}}]^{\mathrm{T}}\{\boldsymbol{S}^t\}\mathrm{d}V_0
\end{aligned} \tag{7-80}$$

式中，$\{\boldsymbol{F}_{\mathrm{ext}}^{e}\}$ 中的积分项可以转化到初始构型或者计算过程中的最新更新构型上进行计算；$[\boldsymbol{B}_{\mathrm{L}}]$ 和 $[\boldsymbol{B}_{\mathrm{NL}}]$ 分别为线性和非线性的应变矩阵。对于三维问题，线性部分应变矩阵 $[\boldsymbol{B}_{\mathrm{L}}]$ 为 6 行 $3N^e$ 列的矩阵，N^e 为第 e 个单元内总节点个数，那么第 $3i-2$ 到 $3i$ 列（$i=1,2,\cdots,N^e$）的具体形式为

$$[\boldsymbol{B}_{\mathrm{L}}]=\begin{bmatrix}
F_{11}\dfrac{\partial N_i}{\partial X_1} & F_{21}\dfrac{\partial N_i}{\partial X_1} & F_{31}\dfrac{\partial N_i}{\partial X_1}\\
F_{12}\dfrac{\partial N_i}{\partial X_2} & F_{22}\dfrac{\partial N_i}{\partial X_2} & F_{32}\dfrac{\partial N_i}{\partial X_2}\\
F_{13}\dfrac{\partial N_i}{\partial X_3} & F_{23}\dfrac{\partial N_i}{\partial X_3} & F_{33}\dfrac{\partial N_i}{\partial X_3}\\
F_{11}\dfrac{\partial N_i}{\partial X_2}+F_{12}\dfrac{\partial N_i}{\partial X_1} & F_{21}\dfrac{\partial N_i}{\partial X_2}+F_{22}\dfrac{\partial N_i}{\partial X_1} & F_{31}\dfrac{\partial N_i}{\partial X_2}+F_{32}\dfrac{\partial N_i}{\partial X_1}\\
F_{12}\dfrac{\partial N_i}{\partial X_3}+F_{13}\dfrac{\partial N_i}{\partial X_2} & F_{22}\dfrac{\partial N_i}{\partial X_3}+F_{23}\dfrac{\partial N_i}{\partial X_2} & F_{32}\dfrac{\partial N_i}{\partial X_3}+F_{33}\dfrac{\partial N_i}{\partial X_2}\\
F_{11}\dfrac{\partial N_i}{\partial X_3}+F_{13}\dfrac{\partial N_i}{\partial X_1} & F_{21}\dfrac{\partial N_i}{\partial X_3}+F_{23}\dfrac{\partial N_i}{\partial X_1} & F_{31}\dfrac{\partial N_i}{\partial X_3}+F_{33}\dfrac{\partial N_i}{\partial X_1}
\end{bmatrix} \tag{7-81}$$

式中，F_{ij} 为变形梯度在 $\boldsymbol{e}_i\otimes\boldsymbol{e}_j$ 方向上的分量，具体形式如式(7-4)所示，N_i 为单元内第 i 个节点对应的形函数。非线性部分的应变矩阵 $[\boldsymbol{B}_{\mathrm{NL}}]$ 为一个 $3N^e$ 行 9 列的矩阵，那么第 $3i-2$ 到 $3i$ 行（$i=1,2,\cdots,N^e$）的具体形式为

$$[\boldsymbol{B}_{\mathrm{NL}}]=\begin{bmatrix} \frac{\partial N_i}{\partial X_1} & \frac{\partial N_i}{\partial X_2} & \frac{\partial N_i}{\partial X_3} & 0 & 0 & 0 & 0 & 0 & 0 \\ 0 & 0 & 0 & \frac{\partial N_i}{\partial X_1} & \frac{\partial N_i}{\partial X_2} & \frac{\partial N_i}{\partial X_3} & 0 & 0 & 0 \\ 0 & 0 & 0 & 0 & 0 & 0 & \frac{\partial N_i}{\partial X_1} & \frac{\partial N_i}{\partial X_2} & \frac{\partial N_i}{\partial X_3} \end{bmatrix} \tag{7-82}$$

式(7-80)中$[\mathbb{D}]$为一致性切线模量的 Voigt 形式；应力矩阵$[\mathbb{S}^t]$为9×9的矩阵，具体形式为

$$[\mathbb{S}^t]=\begin{bmatrix} S_{11}^t & S_{12}^t & S_{13}^t & 0 & 0 & 0 & 0 & 0 & 0 \\ S_{21}^t & S_{22}^t & S_{23}^t & 0 & 0 & 0 & 0 & 0 & 0 \\ S_{31}^t & S_{32}^t & S_{33}^t & 0 & 0 & 0 & 0 & 0 & 0 \\ 0 & 0 & 0 & S_{11}^t & S_{12}^t & S_{13}^t & 0 & 0 & 0 \\ 0 & 0 & 0 & S_{21}^t & S_{22}^t & S_{23}^t & 0 & 0 & 0 \\ 0 & 0 & 0 & S_{31}^t & S_{32}^t & S_{33}^t & 0 & 0 & 0 \\ 0 & 0 & 0 & 0 & 0 & 0 & S_{11}^t & S_{12}^t & S_{13}^t \\ 0 & 0 & 0 & 0 & 0 & 0 & S_{21}^t & S_{22}^t & S_{23}^t \\ 0 & 0 & 0 & 0 & 0 & 0 & S_{31}^t & S_{32}^t & S_{33}^t \end{bmatrix} \tag{7-83}$$

式中，S_{ij}为用向量形式$\{\boldsymbol{S}^t\}$表示的应力张量$\boldsymbol{S}^t$的分量，具体形式为

$$\{\boldsymbol{S}^t\}=[S_{11}^t \quad S_{22}^t \quad S_{33}^t \quad S_{12}^t \quad S_{23}^t \quad S_{31}^t] \tag{7-84}$$

此外，形函数对空间坐标的导数可以通过雅可比(Jacobian)矩阵和形函数对局部坐标的导数计算得到，即

$$\begin{bmatrix} \frac{\partial N_i}{\partial X_1} \\ \frac{\partial N_i}{\partial X_2} \\ \frac{\partial N_i}{\partial X_3} \end{bmatrix}=[\boldsymbol{J}]^{-1}\begin{bmatrix} \frac{\partial N_i}{\partial \xi_1} \\ \frac{\partial N_i}{\partial \xi_2} \\ \frac{\partial N_i}{\partial \xi_3} \end{bmatrix} \tag{7-85}$$

式中，ξ_i为局部坐标的第i个分量。另外，雅可比矩阵的具体形式为

$$[\boldsymbol{J}]=\begin{bmatrix} \frac{\partial X_1}{\partial \xi_1} & \frac{\partial X_2}{\partial \xi_1} & \frac{\partial X_3}{\partial \xi_1} \\ \frac{\partial X_1}{\partial \xi_2} & \frac{\partial X_2}{\partial \xi_2} & \frac{\partial X_3}{\partial \xi_2} \\ \frac{\partial X_1}{\partial \xi_3} & \frac{\partial X_2}{\partial \xi_3} & \frac{\partial X_3}{\partial \xi_3} \end{bmatrix} \tag{7-86}$$

以上给出 TL 格式的有限元列式，采用类似的推导过程可同样获得 UL 格式的有限元列式。

7.5.4 迭代分析流程

根据以上给出的有限元列式，可归纳总结基于 TL 格式的几何非线性问题分析流程，如表 7-2 所示。

表 7-2　基于 TL 格式的几何非线性问题分析流程

算法：基于 TL 格式的几何非线性问题分析流程
预处理：对模型划分网格，获得节点坐标信息和单元内节点拓扑关系，确定加载步数、最大迭代步数以及收敛准则等基本信息；
for iload < N_{load} do（对载荷步循环，N_{load} 为最大载荷步）
for iter < N_{iter} do（迭代循环，N_{iter} 为允许的最大迭代步）
for $e < N$ do（对单元循环，N 为单元个数）
for $i < N_{\text{GP}}$ do（对高斯点循环，N_{GP} 为高斯点个数）
计算形函数及形函数对局部坐标的导数；
计算雅可比矩阵；
计算形函数对初始坐标的导数；
计算变形梯度以及应变矩阵；
更新应力以及一致性切线模型矩阵；
计算线性和非线性部分的应变矩阵；
计算单元刚度矩阵和内力向量；
累加计算单元刚度矩阵和单元载荷向量；
end
组集总体单元刚度矩阵和总体载荷向量；
end
施加边界条件；
求解当前加载步和迭代步下的增量代数方程组；
更新位移和坐标，并计算增量位移和总位移范数的比值；
判断是否收敛：是——下一个加载步，否——下一个迭代步；
end
end

习　题

7-1　已知一平面 4 节点单元的四个节点初始坐标为 (0,0)、(1,0)、(1,1) 和 (0,1)，变形后为 (0,0)、(1,0)、(1.2,1.2) 和 (0,1)，计算其变形梯度、Green-Lagrange 应变及工程应变。

7-2　已知一维杆原长为 L、横截面是边长为 a 的正方形，被均匀拉伸后长度变为 l、横截面边长变为 b、Cauchy 应力为 σ，计算杆件的变形梯度、第一类和第二类 Piola-Kirchhoff 应力。

7-3　参考 TL 有限元离散方程的建立过程，推导 UL 格式下的单元刚度矩阵。

7-4　根据本章介绍的 TL 有限元列式，编写计算机程序。

第 8 章　接触非线性问题分析

8.1　引　　言

接触问题是实际工程中普遍存在的力学问题，如齿轮啮合、轴承传力、法兰连接、轮轨作用、车辆碰撞、金属冲压成形等均属此类。接触过程中物体在接触界面上的相互作用是一种高度的非线性力学行为，这使得接触问题成为应用数学和力学领域面临的一种极具挑战性的问题。

本章将主要介绍接触非线性问题的有限元求解方法，首先以一个简单的实例引出接触非线性，然后介绍接触界面条件，此后介绍接触问题的求解方案和有限元列式，最后介绍有限元方程的求解流程。

8.2　接触非线性概述

接触非线性也称边界非线性，它是由多个物体(或单个物体的不同部位)之间随时间变化的接触状态所引起的。该类问题的求解思路是：首先将各物体视为独立的求解区域，根据具体问题的不同基于前面章节的内容建立各自的静力学、动力学、材料非线性或者几何非线性的原始控制方程；然后在接触界面上(视为面力边界)，额外添加一些定解(边界)条件，用于描述各物体在接触界面上的相互作用规则；最后将这些定解条件引入约束变分原理，导出接触界面上接触力(面力)的数学表达式，以此建立接触问题的有限元控制方程并进行求解。因此，接触非线性的学习重点是：①需要添加什么样的定解条件；②如何将这些定解条件引入求解过程。下面通过一个简单的引例对接触非线性问题进行直观的展示。

例 8-1　如图 8-1 所示的一维杆件，长度为 $L=1$、截面积为 $A=1$、杨氏模量为 $E=1$，左端固定，右端受一拉力 F 作用，在右半部分距离杆右端为 $d=0.01$ 处有一刚度系数为 $K=1$ 的弹簧，分析杆右端位移与载荷的关系(假定为小变形)

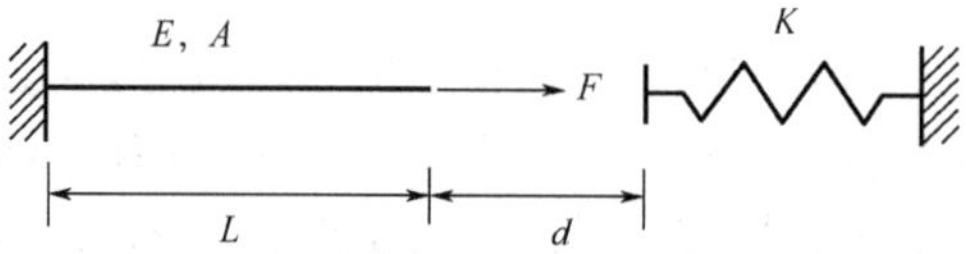

图 8-1　接触非线性引例模型示意图

解：假定杆右端位移为 u_b，弹簧左端位移为 u_s。则杆和弹簧的平衡方程分别为

$$
\begin{gathered}
F+F_s=\sigma A=E\varepsilon A=EA\frac{u_b}{L}\\
F_s=-Ku_s
\end{gathered}
\tag{8-1}
$$

式中，F_s 表示弹簧对杆的作用力(即接触力)。显然，方程(8-1)中含有三个未知量(u_b、u_s 和

F_s)，要对其进行求解，需要额外添加一个定解条件。

(1) 当载荷较小，杆右端位移小于 d 时，杆和弹簧未发生接触。此时两物体之间没有相互作用力，定解条件为

$$F_s = 0 \tag{8-2}$$

则原问题的解为

$$u_b = \frac{FL}{EA}, \quad u_s = 0 \tag{8-3}$$

此时由 $u_b < d$ 可得 $F < EAd / L = 0.01$。

(2) 当载荷较大，即 $F \geqslant 0.01$ 时，杆右端位移大于等于 d，杆和弹簧发生了接触，它们之间存在相互作用力。此时定解条件为位移协调条件：

$$u_b = u_s + d \tag{8-4}$$

联立方程 (8-1) 和方程 (8-4) 可得

$$u_b = \frac{FL + KLd}{EA + KL}, \quad u_s = \frac{FL - EAd}{EA + KL}, \quad F_s = -Ku_s \tag{8-5}$$

则杆右端位移以及弹簧左端位移随外载荷变化的曲线如图 8-2 所示。

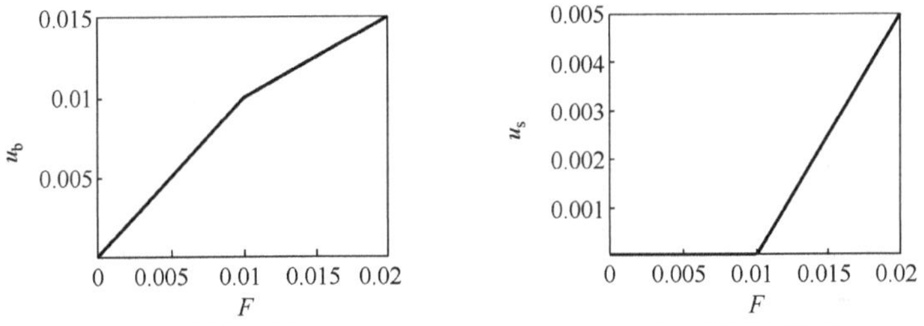

(a) 杆右端位移　(b) 弹簧左端位移

图 8-2　接触问题引例计算结果

由图 8-2 可以看出，接触前后杆和弹簧的位移都呈现出了明显的非线性变化。

引例中所展示的仅仅是单调载荷作用下的单点接触问题，接触位置和接触状态事先已知，且只考虑了水平方向位移。因此只需额外添加一个定解条件，且可以采用全量理论进行求解。实际工程中普遍存在的接触问题则复杂得多，不但求解时所需添加的定解条件数量更多，而且这些定解条件自身也具有高度的非线性，原因有以下方面：

(1) 接触界面的几何形状、相对位置以及相对速度与路径有关，各物体在各时刻的边界条件不能在计算的初始就全部给出，而需要在计算过程中通过反复迭代确定。

(2) 物体在接触界面上的相互作用是不连续的，具体包括：①接触界面发生接触或分离时会导致结构刚度的突然变化；②接触界面发生接触时，接触界面法向的速度是瞬时不连续的；③考虑接触界面之间的摩擦时，接触界面切向的速度可能是不连续的。

接触问题的这些特性为有限元求解带来了明显的困难，通常在求解此类问题时往往需要耗费大量的计算资源。深入了解接触问题的特性、建立合理的有限元模型并选择合适的数值求解方法，对接触问题的有效求解是十分重要的。

对接触问题进行分析，一般采用如下基本假定：①接触界面是光滑连续的几何曲面；② 接触界面上力和位移的边界条件均可采用节点参量进行描述；③接触界面的摩擦作用服从库仑定律(若不考虑摩擦则使用无摩擦模型)。

8.3　接触界面条件

8.3.1　接触符号与定义

由于接触界面的几何形状、相对位置以及相对速度与路径有关，会随时间变化，因此在定义各物理量的符号时，用右上角标来标识对应的时刻。图 8-3 表示两个物体相互接触的情形。通常称其中的一个物体 A 为接触体，另一个物体 B 为目标体或靶体，它们在 t 时刻分别表示为 $V^{t,A}$ 和 $V^{t,B}$ 。称物体 A 的接触面 $S_{\mathrm{c}}^{t,A}$ 为从接触面，物体 B 的接触面 $S_{\mathrm{c}}^{t,B}$ 为主接触面，主、从接触面共同构成了一个接触对，记为 S_{c}^{t} 。如果只有一个接触面(单个表面与其自身相接触)，则称为自接触，如图 8-4 所示。

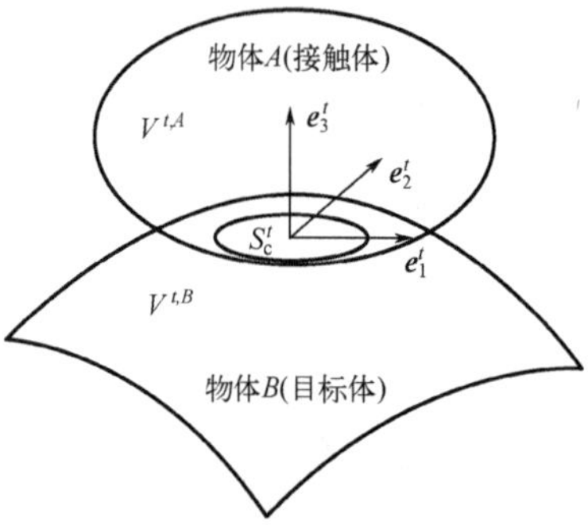

图 8-3　两个物体相互接触

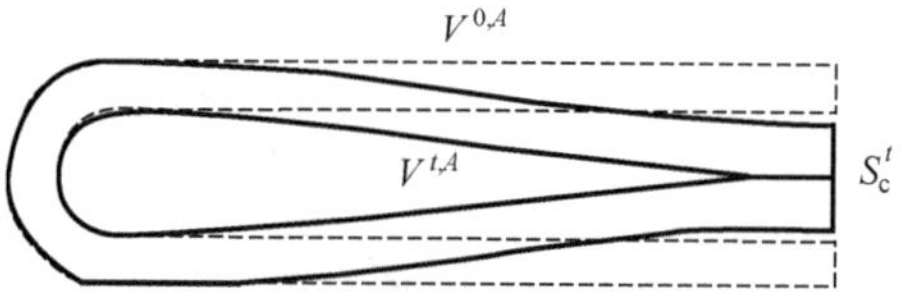

图 8-4　自接触

从接触面 $S_{\mathrm{c}}^{t,A}$ 上的任意一个物质点与主接触面 $S_{\mathrm{c}}^{t,B}$ 上距离其最近的物质点共同构成一组 t 时刻的接触点对，并分别称两个物质点为从接触点和主接触点，它们之间的距离记为 g_{N}^{t} ，如图 8-5 所示。需要注意的是，主、从接触点的对应关系是在各时刻通过搜寻确定的，因此会随时间发生变化。

接触点对之间可能的接触状态包括分离、黏结和滑动(图 8-6)三种情况，其中后两种情况表示接触点对发生了接触，此时它们之间存在相互作用的接触力。对于上述三种接触状态，求解时需要额外添加的定解条件是各不相同的。因此在构造接触界面条件时，需要在每一时刻针对接触对上的每一组接触点对建立局部的笛卡儿坐标系，以便于用局部分量的形式表示各相关矢量。上述局部坐标系通常建立在主接触面 $S_{\mathrm{c}}^{t,B}$ 上，如图 8-3 所示。图中的单位矢量 $\boldsymbol{e}_3^t$ 指向主接触面的外法线方向，单位矢量 $\boldsymbol{e}_1^t$ 和 $\boldsymbol{e}_2^t$ 与主接触面相切，并与 $\boldsymbol{e}_3^t$ 共同构成了一个右手系。

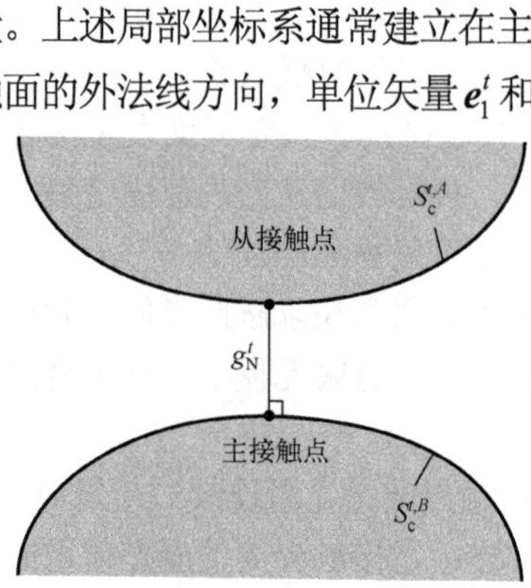

图 8-5　接触点对

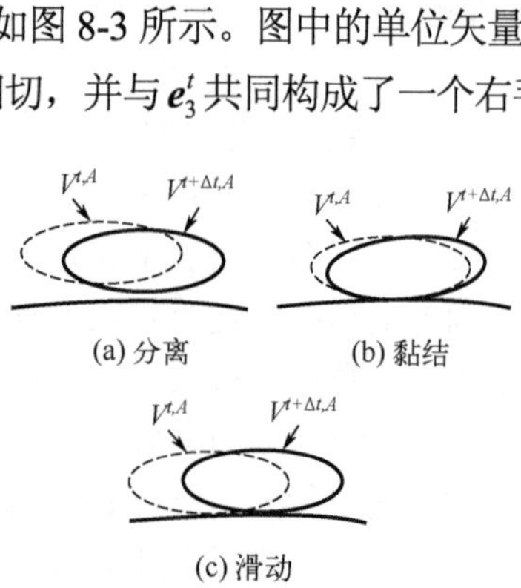

图 8-6　三种接触状态

在上述局部坐标系中，可以将接触点对之间的接触力进行正交分解，即

$$\boldsymbol{F}^{t,r}=\boldsymbol{F}_{\mathrm{N}}^{t,r}+\boldsymbol{F}_{\mathrm{T}}^{t,r}\quad(r=A,B) \tag{8-6}$$

$$\boldsymbol{F}_{\mathrm{N}}^{t,r}=F_{\mathrm{N}}^{t,r}\boldsymbol{e}_3^t,\quad \boldsymbol{F}_{\mathrm{T}}^{t,r}=F_1^{t,r}\boldsymbol{e}_1^t+F_2^{t,r}\boldsymbol{e}_2^t \tag{8-7}$$

式中，右上角标 r 用于标识接触点的主从关系(即接触点所属的物体)；$\boldsymbol{F}_{\mathrm{N}}^{t,r}$ 和 $\boldsymbol{F}_{\mathrm{T}}^{t,r}$ 分别为接触力 $\boldsymbol{F}^{t,r}$ 的法向分量和切向分量；$F_J^{t,r}\,(J=\mathrm{N},1,2)$ 表示分量的大小。

另外，根据牛顿第三定律，接触点对之间的接触力大小相等、方向相反，即

$$\boldsymbol{F}^{t,A}=-\boldsymbol{F}^{t,B} \tag{8-8}$$

同样地，主、从接触点的瞬时速度也可以正交分解为

$$\boldsymbol{v}^{t,r}=\boldsymbol{v}_{\mathrm{N}}^{t,r}+\boldsymbol{v}_{\mathrm{T}}^{t,r}\quad(r=A,B) \tag{8-9}$$

$$\boldsymbol{v}_{\mathrm{N}}^{t,r}=v_{\mathrm{N}}^{t,r}\boldsymbol{e}_3^t,\quad \boldsymbol{v}_{\mathrm{T}}^{t,r}=v_1^{t,r}\boldsymbol{e}_1^t+v_2^{t,r}\boldsymbol{e}_2^t \tag{8-10}$$

8.3.2　法向接触条件

法向接触条件用于判定接触点对是否发生接触以及接触时法向上应遵守的条件，主要包括以下两个方面。

1) 不可贯穿条件

该条件是指两物体在相互作用时不允许相互贯穿(侵入或覆盖)，其数学表述为

$$g_{\mathrm{N}}^t=g_{\mathrm{N}}(\boldsymbol{x}^{t,A})=(\boldsymbol{x}^{t,A}-\boldsymbol{x}^{t,B})\cdot\boldsymbol{e}_3^t\geqslant 0 \tag{8-11}$$

式中，$\boldsymbol{x}^{t,A}$ 和 $\boldsymbol{x}^{t,B}$ 分别表示从、主接触点的坐标。由图 8-5 可知，$\boldsymbol{x}^{t,B}$ 和 $\boldsymbol{e}_3^t$ 都是基于 $\boldsymbol{x}^{t,A}$ 进行搜寻而确定的，因此可以认为 g_{N}^t 仅仅是 $\boldsymbol{x}^{t,A}$ 的函数。当 $g_{\mathrm{N}}^t=0$ 时，接触点对发生接触；当 $g_{\mathrm{N}}^t>0$ 时，接触点对相互分离。

2) 法向接触力条件

该条件是指在不考虑接触界面黏附等情况时，法向接触力只可能是压力，其数学表述为

$$F_{\mathrm{N}}^{t,A}=-F_{\mathrm{N}}^{t,B}\geqslant 0 \tag{8-12}$$

式中，$F_{\mathrm{N}}^{t,A}$ 和 $F_{\mathrm{N}}^{t,B}$ 为方程(8-7)中接触点对之间接触力的法向分量。由方程(8-8)可知两者互为相反数。当 $F_{\mathrm{N}}^{t,A}=0$ 时，接触点对相互分离；当 $F_{\mathrm{N}}^{t,A}>0$ 时，接触点对发生接触。

8.3.3　切向接触条件

切向接触条件用于判定已经发生接触的接触点对的具体接触状态(黏结或滑动)以及接触时切向上应遵守的条件。常用的切向接触模型主要包括以下两种。

1) 无摩擦模型

如果接触面之间的摩擦可以忽略，则可采用无摩擦模型，其数学表述为

$$\boldsymbol{F}_{\mathrm{T}}^{t,A}=\boldsymbol{F}_{\mathrm{T}}^{t,B}\equiv\boldsymbol{0} \tag{8-13}$$

式中，$\boldsymbol{F}_{\mathrm{T}}^{t,A}$ 和 $\boldsymbol{F}_{\mathrm{T}}^{t,B}$ 为方程(8-7)中接触点对之间接触力的切向分量。采用该模型时，接触点对在切向上可以自由相对滑动。此外，当接触点对相互分离时，它们之间在切向上显然也没有接触力的作用。因此接触点对在分离状态下也满足方程(8-13)。

2) 库仑摩擦模型

如果接触点对之间的摩擦不能忽略，则通常假设接触点对之间接触力的切向分量服从库

仑定律，其数学表述为

$$\left\|\boldsymbol{F}_{\mathrm{T}}^{t,A}\right\|=\sqrt{(F_1^{t,A})^2+(F_2^{t,A})^2}\leqslant\mu\left\|\boldsymbol{F}_{\mathrm{N}}^{t,A}\right\| \tag{8-14}$$

$$(\boldsymbol{v}_{\mathrm{T}}^{t,A}-\boldsymbol{v}_{\mathrm{T}}^{t,B})\cdot\boldsymbol{F}_{\mathrm{T}}^{t,A}\leqslant 0 \tag{8-15}$$

方程(8-14)规定了切向接触力(即摩擦力)的数值大小不能超过它的极限值。其中，$\boldsymbol{F}_{\mathrm{T}}^{t,A}$和$\boldsymbol{F}_{\mathrm{N}}^{t,A}$分别表示切向接触力和法向接触力的大小；$\mu$为摩擦系数，为简便起见，这里认为动、静摩擦系数相等。方程(8-15)对于不同的接触状态具有不同的物理意义。

(1) 当$\left\|\boldsymbol{F}_{\mathrm{T}}^{t,A}\right\|=\mu\left\|\boldsymbol{F}_{\mathrm{N}}^{t,A}\right\|$时，接触点对在切向上发生相对滑动，而摩擦力会阻碍这种滑动，此时方程(8-15)取不等号，即

$$(\boldsymbol{v}_{\mathrm{T}}^{t,A}-\boldsymbol{v}_{\mathrm{T}}^{t,B})\cdot\boldsymbol{F}_{\mathrm{T}}^{t,A}<0 \tag{8-16}$$

它表示作用于从接触点的摩擦力方向与接触点对的切向相对滑动速度相反。

(2) 当$\left\|\boldsymbol{F}_{\mathrm{T}}^{t,A}\right\|<\mu\left\|\boldsymbol{F}_{\mathrm{N}}^{t,A}\right\|$时，接触点对相互黏结，即它们在切向上不会发生相对滑动。此时方程(8-15)取等号，并进一步简化为

$$\boldsymbol{v}_{\mathrm{T}}^{t,A}-\boldsymbol{v}_{\mathrm{T}}^{t,B}=\boldsymbol{0} \tag{8-17}$$

除采用库仑摩擦模型外，还可以通过界面本构方程和粗糙-润滑模型等方式定义摩擦，而各类摩擦模型的实际使用界线也是不明显的，一些模型可以具备不止一种切向接触特性。

8.4 接触问题的求解方案

8.4.1 接触问题求解的一般过程

根据接触问题自身的特点以及 8.3 节给出的接触界面条件，接触问题求解方法的构建可以遵循以下要点：

(1) 接触问题具有高度的非线性，通常需要采用增量方法进行求解。因此需要将 8.3 节给出的接触界面条件进一步改写为增量形式。

(2) 接触界面的几何形状和相对位置是事先未知的，因此在每个增量步除了要进行接触点对的搜寻外，还需要通过试探-校核的方式确定各接触点对的接触状态。

(3) 接触界面条件均为单边不等式约束，且这些不等式取等号时对应特定的接触状态。因此可以将等式作为定解条件引入变分原理，并将不等式作为校核条件对事先假定的、各接触点对的接触状态进行验证和修正。

基于上述要点，接触问题的求解可依照图 8-7 中的流程进行。对该流程进行如下几点说明：

(1) 原始控制方程是指未额外添加定解条件的有限元控制方程，它是由各物体的控制方程(可以是静力学、动力学、材料非线性或者几何非线性的有限元控制方程)共同构成的。

(2) 符号t_{f}表示加载末时刻(对于静力学问题)或者积分末时刻(对于动力学问题)。

(3) 接触点对的搜寻是指在更新主、从接触面上所有节点的物理量(位移和接触力)后，通过搜寻找出下次计算的所有接触点对和相应的接触位置，其工作量在整个计算流程中占有很大比例。

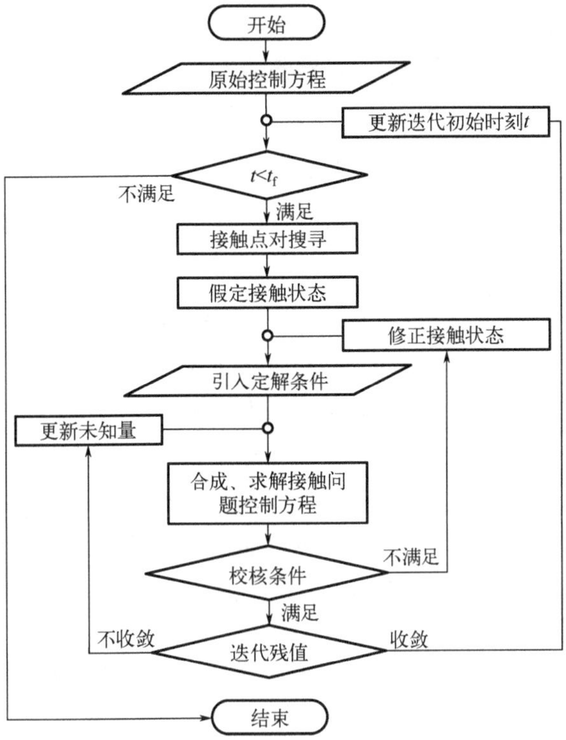

图 8-7　接触问题求解流程

(4) 接触面区域和各接触点对在每个增量步的初始接触状态是基于前一增量步的结果和当前增量步的载荷条件、通过接触界面条件的校核和搜索做出假定的。

(5) 增量形式的接触界面条件，即定解条件和校核条件（含接触状态的修正依据）将会在 8.4.2 节给出。

(6) 接触问题的控制方程是通过将定解条件作为等式约束引入变分原理建立的，具体方法将会在 8.5 节中探讨。

(7) 满足校核条件表示接触界面上每一组接触点对都不违反其假定状态。

(8) 采用显式算法对接触问题进行求解时，由于增量步长较小，可以在满足校核条件后即完成本增量步的求解，无须再进行迭代计算。

8.4.2　定解条件和校核条件

本节将接触界面条件改写为增量形式，并将其拆分为不同接触状态下的定解条件和校核条件。下面的讨论中，切向接触采用了库仑摩擦模型。

假设接触体和目标体在 t 时刻的解已经求得，本增量步需要求解的是 $t+\Delta t$ 时刻的解。将从、主接触点在 t 时刻的位移记为 $\boldsymbol{u}^{t,A}$ 和 $\boldsymbol{u}^{t,B}$，并将它们从 t 时刻至 $t+\Delta t$ 时刻的位移增量记为 $\boldsymbol{u}^{A}$ 和 $\boldsymbol{u}^{B}$，则有

$$\boldsymbol{u}^{r}=\boldsymbol{u}^{t+\Delta t,r}-\boldsymbol{u}^{t,r},\quad \boldsymbol{x}^{t+\Delta t,tr}=\boldsymbol{x}^{t,r}+\boldsymbol{u}^{r}\quad (r=A,B) \tag{8-18}$$

基于以上表达式，即可将 8.3 节中与位移和速度相关的接触界面条件改写为增量形式。具体改写如下。

1) 法向不可贯穿性

根据方程(8-11)，$t+\Delta t$ 时刻的不可贯穿条件为

$$g_{\mathrm{N}}^{t+\Delta t}=(\boldsymbol{x}^{t+\Delta t,A}-\boldsymbol{x}^{t+\Delta t,B})\cdot\boldsymbol{e}_3^{t+\Delta t}\geqslant 0 \tag{8-19}$$

将方程(8-18)的第二式代入式(8-19)，可将其改写为

$$g_{\mathrm{N}}^{t+\Delta t}=(\boldsymbol{u}^{A}-\boldsymbol{u}^{B})\cdot\boldsymbol{e}_3^{t+\Delta t}+(\boldsymbol{x}^{t,A}-\boldsymbol{x}^{t,B})\cdot\boldsymbol{e}_3^{t+\Delta t}=u_{\mathrm{N}}^{A}-u_{\mathrm{N}}^{B}+\overline{g}_{\mathrm{N}}^{t}\geqslant 0 \tag{8-20}$$

式中

$$u_{\mathrm{N}}^{r}=\boldsymbol{u}^{r}\cdot\boldsymbol{e}_3^{t+\Delta t}\quad (r=A,B) \tag{8-21}$$

为从、主接触点的位移增量在 $\boldsymbol{e}_3^{t+\Delta t}$ 方向上的分量；此外

$$\overline{g}_{\mathrm{N}}^{t}=(\boldsymbol{x}^{t,A}-\boldsymbol{x}^{t,B})\cdot\boldsymbol{e}_3^{t+\Delta t} \tag{8-22}$$

为 t 时刻接触点对之间的距离在 $\boldsymbol{e}_3^{t+\Delta t}$ 方向上的投影大小。

理论上说，$t+\Delta t$ 时刻主接触面的外法线方向(即 $\boldsymbol{e}_3^{t+\Delta t}$ 指向的方向)是事先未知的，需要在求解过程中通过迭代加以确定，这无疑会增加问题求解的复杂度。为了简便起见，可以在每次迭代计算中近似地认为 $\boldsymbol{e}_3^{t+\Delta t}$ 为常量，并在迭代求解后根据更新后的位移计算新的 $\boldsymbol{e}_3^{t+\Delta t}$ 代替原有数值，以供下次迭代计算。

另外，对于小位移问题(满足小变形假设)，可以忽略物体位形变化的影响，此时有

$$\boldsymbol{e}_3^{t+\Delta t}=\boldsymbol{e}_3^{t}=\boldsymbol{e}_3^{0} \tag{8-23}$$

并有

$$\overline{g}_{\mathrm{N}}^{t}=g_{\mathrm{N}}^{t} \tag{8-24}$$

2) 切向库仑摩擦模型

在 $t+\Delta t$ 时刻，根据方程(8-18)，方程(8-15)可以改写为

$$(\boldsymbol{u}_{\mathrm{T}}^{A}-\boldsymbol{u}_{\mathrm{T}}^{B})\cdot\boldsymbol{F}_{\mathrm{T}}^{t+\Delta t,A}\leqslant 0 \tag{8-25}$$

式中

$$\boldsymbol{u}_{\mathrm{T}}^{r}=u_1^{r}\,\boldsymbol{e}_1^{t+\Delta t}+u_2^{r}\,\boldsymbol{e}_2^{t+\Delta t}\quad (r=A,B) \tag{8-26}$$

为从、主接触点的位移增量在 $t+\Delta t$ 时刻主接触面切线方向上的分量。式中

$$u_J^{r}=\boldsymbol{u}^{r}\cdot\boldsymbol{e}_J^{t+\Delta t}\quad (J=1,2) \tag{8-27}$$

为从、主接触点的位移增量在 $\boldsymbol{e}_J^{t+\Delta t}$ 方向上的投影。由方程(8-16)和方程(8-17)可知，方程(8-25)在滑动和黏结状态下可以进一步改写为

$$(\boldsymbol{u}_{\mathrm{T}}^{A}-\boldsymbol{u}_{\mathrm{T}}^{B})\cdot\boldsymbol{F}_{\mathrm{T}}^{t+\Delta t,A}<0\quad (\text{滑动}) \tag{8-28}$$

$$\boldsymbol{u}_{\mathrm{T}}^{A}-\boldsymbol{u}_{\mathrm{T}}^{B}=0\quad (\text{黏结}) \tag{8-29}$$

此外，8.3 节中还给出了一些与接触力相关的接触界面条件，即方程(8-12)～方程(8-14)。在所述增量步中对其进行使用时，需要将表达式中的时刻设置为 $t+\Delta t$ 。由于只是简单的时间变量替换，具体形式不再给出。

基于上述讨论，将接触界面条件的增量形式按不同接触状态(参考 8.3 节)进行拆分，并将等式部分作为定解条件，将不等式部分作为校核条件，即可将图 8-7 所示的接触问题求解流程中有关定解、校核和修正接触状态的部分进行细化，如图 8-8 所示。

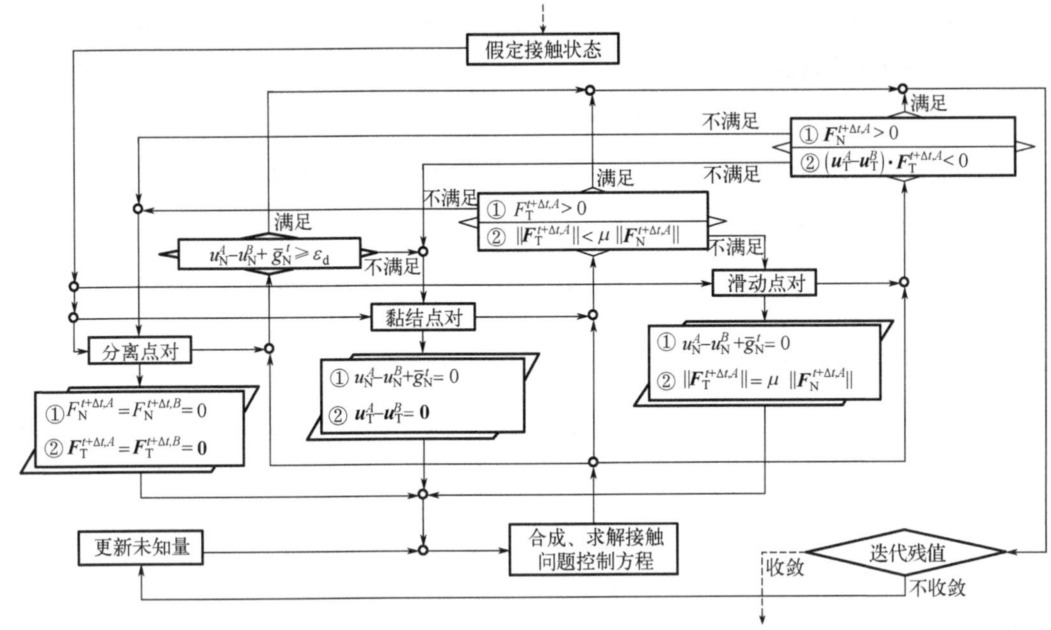

图 8-8　定解条件和校核条件

对图 8-8 所示的定解条件和校核条件，需要注意如下几点。

(1) 图中位于下半部分流程框内的等式为定解条件，位于上半部分流程框内的不等式为校核条件。两类条件从左至右的三个流程框均分别对应分离、黏结和滑动三种接触状态。

(2) 本节给出的定解条件、校核条件以及求解流程是一种简便可行的方案，但并非唯一方案，在方案的构建和实际迭代求解中要尽量避免数值不稳定。

(3) 黏结点对的定解条件②中，切向相对位移 $\boldsymbol{u}_{\mathrm{T}}^{A}-\boldsymbol{u}_{\mathrm{T}}^{B}$ 可考虑从该接触点对开始黏结起计算，以减小积累误差的影响。

(4) 分离点对的校核条件也可使用方程 (8-19) 的形式，即 $g_{\mathrm{N}}^{t+\Delta t}=(\boldsymbol{x}^{t+\Delta t,A}-\boldsymbol{x}^{t+\Delta t,B})\cdot\boldsymbol{e}_{3}^{t+\Delta t}\geqslant\varepsilon_{\mathrm{d}}$。其中，$\varepsilon_{\mathrm{d}}$ 是一个人为规定的小量，用 $\geqslant\varepsilon_{\mathrm{d}}$ 的判定条件代替 >0 可以预判该接触点对在下一次迭代计算中是否转为接触状态，以提高计算效率。

(5) 滑动点对的校核条件②中，可以增加一个辅助条件 $\|\boldsymbol{u}_{\mathrm{T}}^{A}-\boldsymbol{u}_{\mathrm{T}}^{B}\|>\varepsilon_{\mathrm{s}}$，以避免计算机小量误差对接触状态判断的干扰。其中，ε_{s} 也是一个人为规定的小量。

(6) 为了保证迭代求解的稳定性，一般不直接从分离状态过渡到滑动状态，也不将滑动的方向直接修改为反向。

8.5　接触问题的有限元列式

8.5.1　约束变分原理

要建立接触问题的有限元列式，需要将额外添加的定解条件作为等式约束引入变分原理。常见的做法是构造一个包含定解条件附加项的修正泛函，将原问题转化为求修正泛函驻值的问题。这种构造修正泛函的变分原理称为约束变分原理。

约束变分原理所解决的数学问题一般表述为：求解泛函 $\Pi(\boldsymbol{u})$ 的驻值，其中基本未知量 $\boldsymbol{u}$ 需在 Ω 域内满足 n 个等式约束：

$$\varphi_j(\boldsymbol{u})=0 \quad (j=1,2,\cdots,n) \tag{8-30}$$

对于上述问题，通常可采用拉格朗日乘子法和罚函数法来构造相应的修正泛函。

(1)拉格朗日乘子法构造的修正泛函为

$$\Pi_{\mathrm{L}}^{*}(\boldsymbol{u})=\Pi(\boldsymbol{u})+\Pi_{\mathrm{L}}(\boldsymbol{u})=\Pi(\boldsymbol{u})+\int_{\Omega}\sum_{j=1}^{n}\lambda_j\varphi_j(\boldsymbol{u})\mathrm{d}\Omega \tag{8-31}$$

式中，$\lambda_j(j=1,2,\cdots,n)$ 称为拉格朗日乘子。$\Pi_{\mathrm{L}}^{*}(\boldsymbol{u})$ 的驻值条件是它的一次变分等于零，即

$$\delta\Pi^{*}(\boldsymbol{u})=\delta\Pi(\boldsymbol{u})+\int_{\Omega}\sum_{j=1}^{n}\delta\lambda_j\varphi_j(\boldsymbol{u})\mathrm{d}\Omega+\int_{\Omega}\sum_{j=1}^{n}\lambda_j\delta\varphi_j(\boldsymbol{u})\mathrm{d}\Omega=0 \tag{8-32}$$

(2)罚函数法构造的修正泛函为

$$\Pi_{\mathrm{P}}^{*}(\boldsymbol{u})=\Pi(\boldsymbol{u})+\Pi_{\mathrm{P}}(\boldsymbol{u})=\Pi(\boldsymbol{u})+\frac{1}{2}\int_{\Omega}\sum_{j=1}^{n}\alpha_j\varphi_j^2(\boldsymbol{u})\mathrm{d}\Omega \tag{8-33}$$

式中，$\alpha_j(j=1,2,\cdots,n)$ 称为惩罚因子。为了计算简便，经常也可以多个约束共用一个惩罚因子，即将方程(8-33)中的积分项改写为

$$\Pi_{\mathrm{P}}(\boldsymbol{u})=\frac{\alpha}{2}\int_{\Omega}\sum_{j=1}^{n}\varphi_j^2(\boldsymbol{u})\mathrm{d}\Omega \tag{8-34}$$

$\Pi_{\mathrm{P}}^{*}(\boldsymbol{u})$ 的驻值条件是它的一次变分等于零，并取 $\alpha_j\to+\infty$，即

$$\delta\Pi_{\mathrm{P}}^{*}(\boldsymbol{u})=\delta\Pi(\boldsymbol{u})+\lim_{\alpha_j\to+\infty}\int_{\Omega}\sum_{j=1}^{n}\alpha_j\varphi_j(\boldsymbol{u})\delta\varphi_j(\boldsymbol{u})\mathrm{d}\Omega=0 \tag{8-35}$$

实际计算时通常取 α_j 为较大的数。

例 8-2　求二元函数 $f(x,y)=x^2+y^2(x,y\in\mathbb{R})$ 的极小值，要求自变量满足等式约束 $\varphi(x,y)=x-y-2=0$。

解：本例可采用三种方法求解，以下分别进行介绍。

1)代入法

显然，求解该问题最简单的方法是将等式约束 $\varphi(x,y)=0$ 代入原函数 $f(x,y)$，消去一个非独立的自变量，这种方法称为代入法。例如，将约束条件改写为

$$y=x-2 \tag{8-36}$$

并将其代入原函数 $f(x,y)$ 中消去 y，得到一元函数为

$$f(x)=2x^2-4x+4 \tag{8-37}$$

而该函数的驻值可以通过令其一阶导数为零求得，即

$$\frac{\mathrm{d}f(x)}{\mathrm{d}x}=4x-4=0\Rightarrow x=1 \tag{8-38}$$

进而根据方程(8-36)和方程(8-37)得到：

$$y=-1,\quad f(x,y)=2 \tag{8-39}$$

方程(8-38)和方程(8-39)给出了唯一的一组解，因此很容易判断出这组解对应$f(x,y)$的极小值。

对于一般情况，很多时候约束条件并不能改写为某个自变量的显式(如微分关系)，此时就不能利用代入法对问题进行求解了。此外还需注意，并不是所有的条件极值都能通过代入法转化为无条件极值。例如，如果将本例中的约束条件改为

$$\varphi(x,y)=x-y^2-2=0 \tag{8-40}$$

在求解时还需要从约束条件中解出函数的定义域，即引入另一个不等式约束条件：

$$x\geqslant 2 \tag{8-41}$$

如果忽略这一条件而直接将$y^2=x-2$代入原函数，则无法得到正确的解。

2) 拉格朗日乘子法

根据方程(8-31)构造修正函数：

$$f_{\mathrm{L}}^{*}(x,y,\lambda)=x^2+y^2+\lambda(x-y-2) \tag{8-42}$$

其驻值条件为

$$\begin{cases}\dfrac{\partial f_{\mathrm{L}}^{*}(x,y,\lambda)}{\partial x}=2x+\lambda=0\\[2ex]\dfrac{\partial f_{\mathrm{L}}^{*}(x,y,\lambda)}{\partial y}=2y-\lambda=0\\[2ex]\dfrac{\partial f_{\mathrm{L}}^{*}(x,y,\lambda)}{\partial \lambda}=x-y-2=0\end{cases} \tag{8-43}$$

以上三个方程均为线性方程，因此很容易求解出：

$$x=1,\quad y=-1,\quad \lambda=-2 \tag{8-44}$$

这与方程(8-38)和方程(8-39)给出的解相同。

为了揭示拉格朗日乘子法的几何意义，我们将方程(8-43)改写为

$$\begin{cases}\nabla f(x,y)+\lambda\nabla\varphi(x,y)=0\\ \varphi(x,y)=0\end{cases} \tag{8-45}$$

式中，∇表示梯度算子。方程(8-45)的第二式为约束条件，它将解的可行域约束在$\varphi(x,y)$曲线上；而方程(8-45)的第一式则规定了$\varphi(x,y)$在解的位置与$f(x,y)$的等高线相切(即两者的法向量方向相同或相反)，且拉格朗日乘子λ为它们法向量之间的乘数，如图 8-9 所示。显然，对于与约束函数没有交点的原函数等高线(例如，图 8-9 中数值为 1 的等高线)，其上面的点无法满足约束条件；而对于与约束函数相交的原函数等高线(例如，图 8-9 中数值为 3 的等高线)，肯定还存在其他与解的可行域有交点的等高线较之该条等高线的数值更小；只有当原函数等高线与约束函数的曲线相切的时候，才可能取得极值。

对于一般情况，原函数等高线和约束函数可能更为复杂，拉格朗日乘子法找到的切点可能也不止一个(例如，约束函数$\varphi(x,y)=x-y^2+2=0$与原函数等高线有 3 个切点)，此时不能保证拉格朗日乘子法求得的是极值点，还需将所有的解分别代入原函数进行判断。此外，

在某些情况下(例如，原函数或约束函数不可微)，采用拉格朗日乘子法进行求解时还可能出现漏解和错根的情况，感兴趣的读者可以进一步查阅相关文献。

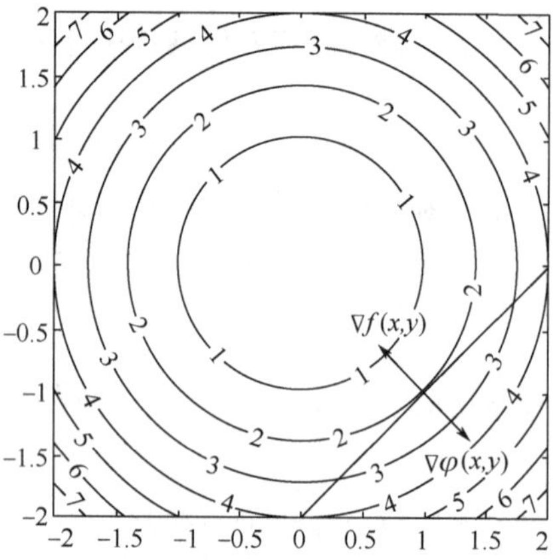

图 8-9　拉格朗日乘子法的几何意义

3) 罚函数法

根据方程(8-33)构造修正函数:

$$f_{\mathrm{P}}^{*}(x,y)=x^{2}+y^{2}+\frac{\alpha}{2}(x-y-2)^{2} \tag{8-46}$$

其驻值条件为

$$\begin{cases}\dfrac{\partial f_{\mathrm{P}}^{*}(x,y)}{\partial x}=2x+\alpha(x-y-2)=0\\ \dfrac{\partial f_{\mathrm{P}}^{*}(x,y)}{\partial y}=2y-\alpha(x-y-2)=0\end{cases} \tag{8-47}$$

通过上式很容易求解出:

$$x=-y=1-\frac{1}{1+\alpha} \tag{8-48}$$

再取 $\alpha\to+\infty$ 即可得到与方程(8-38)和方程(8-39)一样的解。

对于一般情况，含有参数 α 的驻值条件可能很难直接求解。因此在实际使用罚函数法时，通常都是将惩罚因子 α 设置为一个大数，以此得到问题的近似解。理论上说，α 取值越大，所得到的结果就越精确。但是在实际计算中，α 的取值却不宜过大，否则会造成数值上的问题。例如，将方程(8-47)整理为矩阵形式进行求解时，α 取值过大会导致系数矩阵的病态，从而造成更大的计算误差。

罚函数法修正函数中加入的惩罚项是平方(平方和)形式，因此修正函数本质上是原函数的上界函数，即 $f_{\mathrm{P}}^{*}(x,y)\geqslant f(x,y)$，且只有当 $\varphi(x,y)=0$ 时取等号。这就决定了罚函数法只能用于求解函数(泛函)的极小值问题(函数极大值问题可以转化为极小值问题后再进行求解)。惩罚因子 α 的取值很大，这相当于为解的非可行域赋予了一个极大的函数值，一旦 $\varphi(x,y)$ 的值偏离零，惩罚项的数值就会急剧增大(起惩罚作用)，如图 8-10 所示。因此，修正函数 $f_{\mathrm{P}}^{*}(x,y)$ 的极小值只能处于满足 $\varphi(x,y)=0$ 的位置上，且显然可以通过其驻值条件加以求解。这就揭示了罚函数法的几何意义。

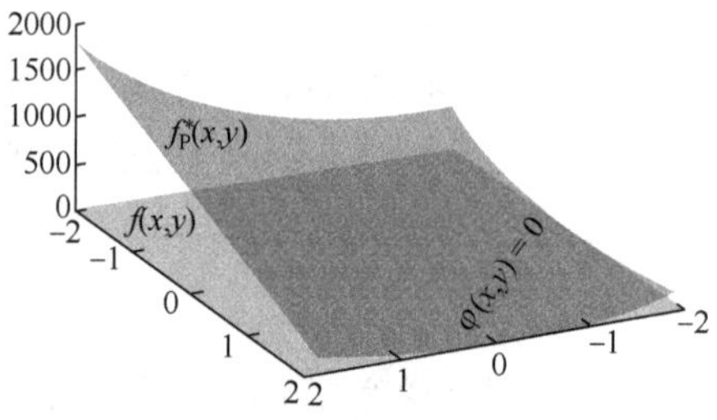

图 8-10　罚函数法的几何意义

8.5.2　接触问题的虚位移原理

本节以 A、B 两物体的接触问题为例，将定解条件引入了约束变分原理，并通过接触问题的虚位移原理揭示拉格朗日乘子和惩罚因子在接触问题中的物理意义。

根据 8.4 节给出的接触问题求解方案，从 t 时刻至 $t+\Delta t$ 时刻的增量步中需要求解的数学问题可以描述为求解泛函 $\Pi(\boldsymbol{u})$（$t+\Delta t$ 时刻各物体未额外添加定解条件的总位能)的驻值，其中位移增量$\boldsymbol{u}$需要在接触对$S_{\mathrm{c}}^{t+\Delta t}$上满足 8.4.2 节给出的定解条件。下面将采用 8.5.1 节介绍的拉格朗日乘子法和罚函数法针对不同的接触状态分别构造修正函数。

1) 拉格朗日乘子法

根据方程(8-31)，拉格朗日乘子法构造的修正泛函可以表示为

$$\Pi_{\mathrm{L}}^{*}(\boldsymbol{u})=\Pi(\boldsymbol{u})+\Pi_{\mathrm{L}}(\boldsymbol{u})=\Pi(\boldsymbol{u})+\int_{S_{\mathrm{c}}^{t+\Delta t}}\sum_{J=1}^{m}\lambda_{J}^{t+\Delta t}\varphi_{J}(\boldsymbol{u})\mathrm{d}S^{t+\Delta t} \tag{8-49}$$

式中，$\mathrm{d}S^{t+\Delta t}$表示$t+\Delta t$时刻的面积微元；$\varphi_{J}(\boldsymbol{u})$表示特定接触状态对应的定解条件；$m$表示该接触状态需要添加的定解条件数量；$\lambda_{J}^{t+\Delta t}$为相应的拉格朗日乘子。

基于拉格朗日乘子法的接触问题控制方程可以通过对方程(8-49)进行变分建立，即

$$\delta\Pi(\boldsymbol{u})+\int_{S_{\mathrm{c}}^{t+\Delta t}}\sum_{J=1}^{m}[\lambda_{J}^{t+\Delta t}\delta\varphi_{J}(\boldsymbol{u})+\varphi_{J}(\boldsymbol{u})\delta\lambda_{J}^{t+\Delta t}]\mathrm{d}S^{t+\Delta t}=0 \tag{8-50}$$

式中，$\delta\Pi(\boldsymbol{u})$等于各物体的内虚功减去外载荷虚功和惯性力虚功(如果考虑惯性力)。如果将各物体视为独立的求解区域，则通过$\delta\Pi(\boldsymbol{u})=0$可以建立它们各自的原始控制方程(图 8-7)。考虑变分项的任意性，方程(8-50)可以拆分为

$$\delta\Pi(\boldsymbol{u})+\delta\Pi_{\mathrm{Lu}}(\boldsymbol{u})=\delta\Pi(\boldsymbol{u})+\int_{t+\Delta tS_{\mathrm{c}}}\sum_{J=1}^{m}\lambda_{J}^{t+\Delta t}\delta\varphi_{J}(\boldsymbol{u})\mathrm{d}S^{t+\Delta t}=0 \tag{8-51}$$

$$\delta\Pi_{\mathrm{L\lambda}}(\boldsymbol{u})=\int_{S_{\mathrm{c}}^{t+\Delta t}}\sum_{J=1}^{m}\varphi_{J}(\boldsymbol{u})\delta\lambda_{J}^{t+\Delta t}\mathrm{d}S^{t+\Delta t}=0 \tag{8-52}$$

从虚位移原理的角度看，方程(8-51)中的$\delta\Pi_{\mathrm{Lu}}(\boldsymbol{u})$显然等于接触对$S_{\mathrm{c}}^{t+\Delta t}$上接触力虚功的负值，由此可以给出它的另一种表达式：

$$\delta\Pi_{\mathrm{Lu}}(\boldsymbol{u})=-W_{\mathrm{c}}^{t+\Delta t}=-\int_{S_{\mathrm{c}}^{t+\Delta t}}\sum_{r=A,B}\sum_{J=\mathrm{N},1,2}F_{J}^{t+\Delta t,r}\delta u_{J}^{r}\mathrm{d}S^{t+\Delta t} \tag{8-53}$$

考虑方程(8-8)，式(8-53)可以进一步改写为

$$\delta\Pi_{\mathrm{Lu}}(\boldsymbol{u})=-\int_{S_{\mathrm{c}}^{t+\Delta t}}\sum_{J=\mathrm{N},1,2}F_{J}^{t+\Delta t,A}(\delta u_{J}^{A}-\delta u_{J}^{B})\mathrm{d}S^{t+\Delta t} \tag{8-54}$$

方程(8-51)和方程(8-54)分别从约束变分原理和虚位移原理的角度给出了$\delta\Pi_{\mathrm{Lu}}(\boldsymbol{u})$的两种表达式，它们应该具有一致性。由此，可以将拉格朗日乘子与接触力联系起来。

为了便于理解，我们首先讨论A、B两物体黏结的情况，此时所有的定解条件均为位移边界条件。根据方程(8-20)、方程(8-29)和方程(8-49)，对应的拉格朗日乘子法的修正泛函为

$$\Pi_{\mathrm{L}}(\boldsymbol{u})=\int_{S_{\mathrm{c}}^{t+\Delta t}}[\lambda_{\mathrm{N}}^{t+\Delta t}(u_{\mathrm{N}}^{A}-u_{\mathrm{N}}^{B}+\overline{g}_{\mathrm{N}}^{t})+\lambda_{1}^{t+\Delta t}(u_{1}^{A}-u_{1}^{B})+\lambda_{2}^{t+\Delta t}{}_{2}(u_{2}^{A}-u_{2}^{B})]\mathrm{d}S^{t+\Delta t} \tag{8-55}$$

对其进行变分，并根据方程(8-51)可得

$$\delta\Pi_{\mathrm{Lu}}(\boldsymbol{u})=\int_{S_{\mathrm{c}}^{t+\Delta t}}\sum_{J=\mathrm{N},1,2}\lambda_{J}^{t+\Delta t}(\delta u_{J}^{A}-\delta u_{J}^{B})\mathrm{d}S^{t+\Delta t} \tag{8-56}$$

对比方程(8-54)和方程(8-56)，显然有

$$\lambda_{J}^{t+\Delta t}=-F_{J}^{t+\Delta t,A}=F_{J}^{t+\Delta t,B}\quad(J=\mathrm{N},1,2) \tag{8-57}$$

即拉格朗日乘子的物理意义为两物体相互作用的接触力在局部坐标系上的分量。依照此物理意义，我们可以进一步给出其他接触状态下拉格朗日乘子法修正项的变分表达式。

对于 A、B 两物体分离的情况，定解条件由方程(8-12)和方程(8-13)给出。它们均为力的边界条件，表示接触力的所有分量均为零。因此有

$$\begin{cases}\lambda_J^{t+\Delta t}=0 \quad (J=\mathrm{N},1,2)\\ \delta\Pi_{\mathrm{Lu}}(\boldsymbol{u})=0\end{cases} \tag{8-58}$$

即两物体在法向和切向上的相对运动都不受约束。

对于 A、B 两物体发生相对滑动的情况，定解条件既有位移边界条件又有力的边界条件。其中，力的边界条件的具体形式又取决于所采用的切向接触模型。

(1)当采用无摩擦模型时，定解条件由方程(8-13)和方程(8-20)给出。此时两物体在法向上受位移边界条件的约束，在切向上的相对运动不受约束(切向接触力为零)。因此有

$$\begin{cases}\lambda_1^{t+\Delta t}=\lambda_2^{t+\Delta t}=0\\ \delta\Pi_{\mathrm{Lu}}(\boldsymbol{u})=\int_{S_c^{t+\Delta t}}\lambda_{\mathrm{N}}^{t+\Delta t}(\delta u_{\mathrm{N}}^A-\delta u_{\mathrm{N}}^B)\mathrm{d}S^{t+\Delta t}\end{cases} \tag{8-59}$$

(2)当采用库仑摩擦模型时，定解条件由方程(8-14)和方程(8-20)给出。此时两物体在法向上受位移边界条件的约束，在切向上受到摩擦力的约束。为了便于应用，将方程(8-14)对应的定解条件(等式部分)改写为

$$F_J^{t+\Delta t,A}=-\mu F_{\mathrm{N}}^{t+\Delta t,A}\frac{\overline{u}_J}{\overline{u}_{\mathrm{T}}} \quad (J=1,2) \tag{8-60}$$

式中

$$\overline{u}_{\mathrm{T}}=\sqrt{\overline{u}_1^2+\overline{u}_2^2},\quad \overline{u}_J=u_J^A-u_J^B \tag{8-61}$$

分别表示接触点对切向相对位移增量及其分量的大小。考虑切向接触力的方向与接触点对的切向相对运动方向相反，方程(8-60)中采用 $\overline{u}_J/\overline{u}_{\mathrm{T}}(J=1,2)$ 计算切向接触力 $\boldsymbol{F}_{\mathrm{T}}^{t+\Delta t,A}$ 与 $\boldsymbol{e}_J^{t+\Delta t}$ 之间夹角的余弦。根据方程(8-20)、方程(8-60)和方程(8-51)，可得

$$\begin{cases}\lambda_J^{t+\Delta t}=-\mu\dfrac{\overline{u}_J}{\overline{u}_{\mathrm{T}}}\lambda_{\mathrm{N}}^{t+\Delta t} \quad (J=1,2)\\ \delta\Pi_{\mathrm{Lu}}(\boldsymbol{u})=\displaystyle\int_{S_c^{t+\Delta t}}\lambda_{\mathrm{N}}^{t+\Delta t}\left[(\delta u_{\mathrm{N}}^A-\delta u_{\mathrm{N}}^B)-\mu\sum_{J=1,2}\frac{\overline{u}_J}{\overline{u}_{\mathrm{T}}}(\delta u_J^A-\delta u_J^B)\right]\mathrm{d}S^{t+\Delta t}\end{cases} \tag{8-62}$$

综上所述，采用拉格朗日乘子法构造修正泛函时，定解条件中的位移边界条件会引入独立的拉格朗日乘子，而力的边界条件则不会引入独立的拉格朗日乘子。因此有以下结论：① 两物体分离时，无须构造修正泛函；两物体黏结时，需要构造三个修正泛函；两物体相对滑动时，仅需要构造一个修正泛函。② 由 $\delta\lambda_J^{t+\Delta t}$ 的任意性可知，方程(8-52)等效于相应接触状态下需要额外添加的位移边界条件。将不同接触状态下 $\delta\Pi_{\mathrm{Lu}}(\boldsymbol{u})$ 的表达式代入方程(8-51)，即得到了接触问题的虚位移原理。再将接触对 $S_c^{t+\Delta t}$ 进行有限元离散并将对应的形函数插值引入上述虚位移原理和位移边界条件即可建立基于拉格朗日乘子法的接触问题有限元控制方程，具体方法将在后续章节中进行探讨。

2) 罚函数法

根据方程(8-33)，罚函数法构造的修正泛函可以表示为

$$\Pi_{\mathrm{P}}^{*}(\boldsymbol{u})=\Pi(\boldsymbol{u})+\Pi_{\mathrm{P}}(\boldsymbol{u})=\Pi(\boldsymbol{u})+\frac{1}{2}\int_{S_{\mathrm{c}}^{t+\Delta t}}\sum_{J=1}^{m}\alpha_J\varphi_J^2(\boldsymbol{u})\mathrm{d}S^{t+\Delta t} \tag{8-63}$$

式中，α_J 表示惩罚因子，其他符号的物理意义与其在方程(8-49)中相同。

基于罚函数法的接触问题有限元控制方程可以通过对方程(8-63)进行变分建立，即

$$\delta\Pi_{\mathrm{P}}^{*}(\boldsymbol{u})=\delta\Pi(\boldsymbol{u})+\delta\Pi_{\mathrm{P}}(\boldsymbol{u})=\delta\Pi(\boldsymbol{u})+\int_{S_{\mathrm{c}}^{t+\Delta t}}\sum_{J=1}^{m}\alpha_J\varphi_J(\boldsymbol{u})\delta\varphi_J(\boldsymbol{u})\mathrm{d}S^{t+\Delta t}=0 \tag{8-64}$$

仍然首先讨论 A、B 两物体黏结的情况。将方程(8-20)和方程(8-29)代入方程(8-64)，得到罚函数法修正项的变分表达式为

$$\delta\Pi_{\mathrm{P}}(\boldsymbol{u})=\int_{S_{\mathrm{c}}^{t+\Delta t}}\left[\alpha_{\mathrm{N}}(u_{\mathrm{N}}^{A}-u_{\mathrm{N}}^{B}+\overline{g}_{\mathrm{N}}^{t})(\delta u_{\mathrm{N}}^{A}-\delta u_{\mathrm{N}}^{B})+\sum_{J=1,2}\alpha_J(u_J^A-u_J^B)(\delta u_J^A-\delta u_J^B)\right]\mathrm{d}S^{t+\Delta t} \tag{8-65}$$

与拉格朗日乘子法相类似，从虚位移原理的角度看，$\delta\Pi_{\mathrm{P}}(\boldsymbol{u})$ 应等于接触力虚功的负值。将方程(8-65)与方程(8-53)中给出的 $W_{\mathrm{c}}^{t+\Delta t}$ 的表达式进行对比，可以得到：

$$\begin{cases}\alpha_{\mathrm{N}}(u_{\mathrm{N}}^{A}-u_{\mathrm{N}}^{B}+\overline{g}_{\mathrm{N}}^{t})=-F_{\mathrm{N}}^{t+\Delta t,A}=F_{\mathrm{N}}^{t+\Delta t,B}\\ \alpha_J(u_J^A-u_J^B)=-F_J^{t+\Delta t,A}=F_J^{t+\Delta t,B}\quad(J=1,2)\end{cases} \tag{8-66}$$

由此可见，惩罚因子的物理意义为两物体在局部坐标系各方向上的接触刚度。由于刚度是双向作用的，因此当选取的惩罚因子数值过大时，接触体和目标体的相对运动可能会发生虚假反向。

对于 A、B 两物体处于其他接触状态的情况，我们可以通过与拉格朗日乘子法相类似的处理手段，得到以下结论。

(1) 分离状态。

$$\delta\Pi_{\mathrm{P}}(\boldsymbol{u})=0 \tag{8-67}$$

(2) 滑动状态—无摩擦模型。

$$\delta\Pi_{\mathrm{P}}(\boldsymbol{u})=\int_{S_{\mathrm{c}}^{t+\Delta t}}\alpha_{\mathrm{N}}(u_{\mathrm{N}}^{A}-u_{\mathrm{N}}^{B}+\overline{g}_{\mathrm{N}}^{t})(\delta u_{\mathrm{N}}^{A}-\delta u_{\mathrm{N}}^{B})\mathrm{d}S^{t+\Delta t} \tag{8-68}$$

(3) 滑动状态—库仑摩擦模型。

$$\delta\Pi_{\mathrm{P}}(\boldsymbol{u})=\int_{S_{\mathrm{c}}^{t+\Delta t}}\alpha_{\mathrm{N}}(u_{\mathrm{N}}^{A}-u_{\mathrm{N}}^{B}+\overline{g}_{\mathrm{N}}^{t})\left[(\delta u_{\mathrm{N}}^{A}-\delta u_{\mathrm{N}}^{B})-\mu\sum_{J=1,2}\frac{\overline{u}_J}{\overline{u}_{\mathrm{T}}}(\delta u_J^A-\delta u_J^B)\right]\mathrm{d}S^{t+\Delta t} \tag{8-69}$$

综上可知，对于不同的接触状态，采用罚函数法构造的修正泛函数量与拉格朗日乘子法相同。基于罚函数法的接触问题有限元控制方程的建立也将在后续章节中进行探讨。

例 8-3　采用本节所介绍的方法求解例 8-1 中的问题。

解：取杆左端为坐标原点，水平向右为正方向，建立水平方向的坐标轴。在不考虑接触的情况下系统势能可写作：

$$\Pi=\int_0^L\frac{1}{2}EA\varepsilon^2\mathrm{d}x+\frac{1}{2}Ku_{\mathrm{s}}^2-Fu_{\mathrm{b}} \tag{8-70}$$

式中，u_b 为杆右端位移；u_s 为弹簧左端位移；ε 为杆中任意位置处的应变。

不可贯穿条件对应的约束方程如下：

$$g_N = d - (u_b - u_s) \geqslant 0 \tag{8-71}$$

将左端杆划分为一个杆单元，并采用等参插值，则杆中任意一点的位移和坐标为

$$\begin{gathered} u = N_1 u_0 + N_2 u_b = N_2 u_b \\ x = N_1 x_0 + N_2 x_b = N_2 x_b \\ N_1 = \frac{1}{2}(1-\xi), \quad N_2 = \frac{1}{2}(1+\xi) \end{gathered} \tag{8-72}$$

式中，u_b 和 x_b 为杆右端位移和坐标；u_0 和 x_0 为杆左端位移和坐标。式(8-72)利用了杆左端位移和坐标均为零的条件。需要指出的是，通常情形下不必预先引入这些预先给定的位移约束条件，可以在建立有限元离散方程后再引入位移约束条件，这样便于写出通用的求解格式。进一步可得杆中任意一点的应变为

$$\varepsilon = \frac{\partial u}{\partial x} = \frac{\partial}{\partial x}(N_1 u_0 + N_2 u_b) = \frac{\partial N_2}{\partial x} u_b = \frac{\partial N_2}{\partial \xi}\left(\frac{\partial x}{\partial \xi}\right)^{-1} u_b = \frac{u_b}{x_b - x_0} = \frac{u_b}{L} \tag{8-73}$$

则系统对应的泛函式(8-70)可写作：

$$\Pi = \int_0^L \frac{1}{2}\frac{EA}{L^2} u_b^2 \mathrm{d}x + \frac{1}{2}K u_s^2 - F u_b = \frac{1}{2}\frac{EA}{L} u_b^2 + \frac{1}{2}K u_s^2 - F u_b \tag{8-74}$$

以下根据载荷大小分两种情况进行讨论。

(1) 当载荷较小，约束方程(8-71)取大于号，即 $u_b - u_s < d$ 时，杆和弹簧未发生接触。此时系统泛函即为式(8-74)，对其取变分并令其等于零，可得

$$\delta\Pi = \frac{EA}{L} u_b \delta u_b + K u_s \delta u_s - F\delta u_b = \{\delta u_b \quad \delta u_s\}\left(\begin{bmatrix} \frac{EA}{L} & 0 \\ 0 & K \end{bmatrix}\begin{Bmatrix} u_b \\ u_s \end{Bmatrix} - \begin{Bmatrix} F \\ 0 \end{Bmatrix}\right) = 0 \tag{8-75}$$

由 δu_s 和 δu_b 的任意性可得

$$\begin{bmatrix} \frac{EA}{L} & 0 \\ 0 & K \end{bmatrix}\begin{Bmatrix} u_b \\ u_s \end{Bmatrix} = \begin{Bmatrix} F \\ 0 \end{Bmatrix} \tag{8-76}$$

进一步求解可得

$$u_b = \frac{FL}{EA}, \quad u_s = 0 \tag{8-77}$$

(2) 当载荷较大，杆右端位移大于等于 d 时，约束方程(8-71)取等于号，杆和弹簧发生接触。此时需引入约束条件 $g_N = d - u_b - u_s = 0$，构造修正的系统泛函。考虑采用拉格朗日乘子法和罚函数法两种方法进行求解。

① 拉格朗日乘子法。

根据式(8-49)，可得修正泛函如下：

$$\Pi_L^*(\boldsymbol{u}) = \Pi(\boldsymbol{u}) + \Pi_L(\boldsymbol{u}) = \Pi(\boldsymbol{u}) + \lambda g_N \tag{8-78}$$

取变分有

$$\begin{aligned}\delta\Pi_{\mathrm{L}}^{*}(\boldsymbol{u})&=\delta\Pi(\boldsymbol{u})+\delta\lambda g_{\mathrm{N}}+\lambda\delta g_{\mathrm{N}}\\&=\frac{EA}{L}u_{\mathrm{b}}\delta u_{\mathrm{b}}+Ku_{\mathrm{s}}\delta u_{\mathrm{s}}-F\delta u_{\mathrm{b}}+\delta\lambda[d-(u_{\mathrm{b}}-u_{\mathrm{s}})]+\lambda(\delta u_{\mathrm{s}}-\delta u_{\mathrm{b}})\\&=\{\delta u_{\mathrm{b}}\quad\delta u_{\mathrm{s}}\quad\delta\lambda\}\left(\begin{bmatrix}\dfrac{EA}{L}&0&-1\\0&K&1\\-1&1&0\end{bmatrix}\begin{Bmatrix}u_{\mathrm{b}}\\u_{\mathrm{s}}\\\lambda\end{Bmatrix}-\begin{Bmatrix}F\\0\\-d\end{Bmatrix}\right)=0\end{aligned}\tag{8-79}$$

由 δu_{s} 和 δu_{b} 的任意性可得

$$\begin{bmatrix}\dfrac{EA}{L}&0&-1\\0&K&1\\-1&1&0\end{bmatrix}\begin{Bmatrix}u_{\mathrm{b}}\\u_{\mathrm{s}}\\\lambda\end{Bmatrix}=\begin{Bmatrix}F\\0\\-d\end{Bmatrix}\tag{8-80}$$

进一步求解可得

$$\begin{gathered}u_{\mathrm{b}}=\frac{FL+KLd}{EA+KL},\quad u_{\mathrm{s}}=\frac{FL-EAd}{EA+KL}\\\lambda=Ku_{\mathrm{s}}=K\frac{FL-EAd}{EA+KL}\end{gathered}\tag{8-81}$$

上述计算结果与例 8-1 中采用直接代入法的结果完全一致。此外，不难发现 λ 即为弹簧力，即是接触力。

② 罚函数法。

根据式(8-63)，可得修正泛函如下：

$$\Pi_{\mathrm{P}}^{*}(\boldsymbol{u})=\Pi(\boldsymbol{u})+\Pi_{\mathrm{P}}(\boldsymbol{u})=\Pi(\boldsymbol{u})+\frac{1}{2}\alpha g_{\mathrm{N}}^{2}\tag{8-82}$$

取变分有

$$\begin{aligned}\delta\Pi_{\mathrm{P}}^{*}(\boldsymbol{u})&=\delta\Pi(\boldsymbol{u})+\alpha g_{\mathrm{N}}\delta g_{\mathrm{N}}\\&=\frac{EA}{L}u_{\mathrm{b}}\delta u_{\mathrm{b}}+Ku_{\mathrm{s}}\delta u_{\mathrm{s}}-F\delta u_{\mathrm{b}}+\alpha[d-(u_{\mathrm{b}}-u_{\mathrm{s}})](\delta u_{\mathrm{s}}-\delta u_{\mathrm{b}})\\&=\{\delta u_{\mathrm{b}}\quad\delta u_{\mathrm{s}}\}\left(\begin{bmatrix}\dfrac{EA}{L}+\alpha&-\alpha\\-\alpha&K+\alpha\end{bmatrix}\begin{Bmatrix}u_{\mathrm{b}}\\u_{\mathrm{s}}\end{Bmatrix}-\begin{Bmatrix}F+\alpha d\\-\alpha d\end{Bmatrix}\right)=0\end{aligned}\tag{8-83}$$

由 δu_{s} 和 δu_{b} 的任意性可得

$$\begin{bmatrix}\dfrac{EA}{L}+\alpha&-\alpha\\-\alpha&K+\alpha\end{bmatrix}\begin{Bmatrix}u_{\mathrm{b}}\\u_{\mathrm{s}}\end{Bmatrix}=\begin{Bmatrix}F+\alpha d\\-\alpha d\end{Bmatrix}\tag{8-84}$$

进一步求解可得

$$u_{\mathrm{b}}=\frac{FKL+\alpha(FL+KLd)}{EAK+\alpha(EA+KL)},\quad u_{\mathrm{s}}=\frac{\alpha(FL-EAd)}{EAK+\alpha(EA+KL)} \tag{8.85}$$

式中，当罚因子$\alpha\to\infty$时，其结果趋于拉格朗日乘子法给出的结果。而当α为有限值时，罚函数法给出的结果为近似解。

8.5.3　接触界面的离散处理

前面关于定解条件和校核条件的讨论都是以接触点对为对象、在 8.3.1 节建立的局部笛卡儿坐标系下进行的。要建立接触问题的有限元控制方程，还需要考虑以下两个方面的问题：①在对接触体和目标体分别进行有限元离散时，通常无法保证两者在接触界面上的节点数量完全一致且位置一一对应，因此需要进行非节点位移的插值运算和非节点载荷向节点的移置；②基本未知量(位移增量)向量和接触力向量都是在全局坐标系下进行描述的，因此需要实现局部坐标系到全局坐标系的转换。此外，接触界面的几何形状及其上节点的相对位置还会随时间发生变化，这就导致了局部坐标系和主、从接触点对应关系的变化。因此需要建立统一的规则，以实现在每个求解增量步都能用全局坐标系下主、从接触面上节点的物理量(坐标、位移、接触力等)来描述局部坐标系下接触点对相应的物理量。

通常的做法是将从接触面上的节点作为接触点对的从接触点，将与之接触的主接触面上的点(一般情况不是节点)作为主接触点，并通过形函数和主接触点所在单元节点的物理量来描述主接触点的物理量。

以图 8-11 所示的情况为例。图中位于上方的部分表示接触体(物体 A)，下方物体表示目标体(物体 B)。为了使图像更加清晰，图中只显示了主接触面$S_{\mathrm{c}}^{t,B}$上的有限元网格，且此处将接触表面采用三节点单元进行离散。图中网格内部的点为某从接触点(即从接触面上的某个节点)，位于网格线上的点(节点Ⅰ～Ⅲ)为与之对应的主接触点所在单元在主接触面上的节点。假设上述主、从接触点构成了第k号接触点对，其相关的物理量在本节中用角标k进行标识。为了便于区分，将t时刻全局坐标系下各点的坐标、位移和接触力分别记为$\{\boldsymbol{x}_r^t\}$、$\{\boldsymbol{u}_r^t\}$和$\{\boldsymbol{F}_r^t\}(r=A,B,\mathrm{I},\mathrm{II},\mathrm{III})$，局部坐标系下相应的物理量记为$\{\boldsymbol{x}^{t,r}\}$、$\{\boldsymbol{u}^{t,r}\}$和$\{\boldsymbol{F}^{t,r}\}$，其中 A 和 B 分别标识从、主接触点。本节及 8.5.4 节中为了便于程序实现，公式符号采用矩阵记法。两个坐标系下的物理量存在如下转换关系：

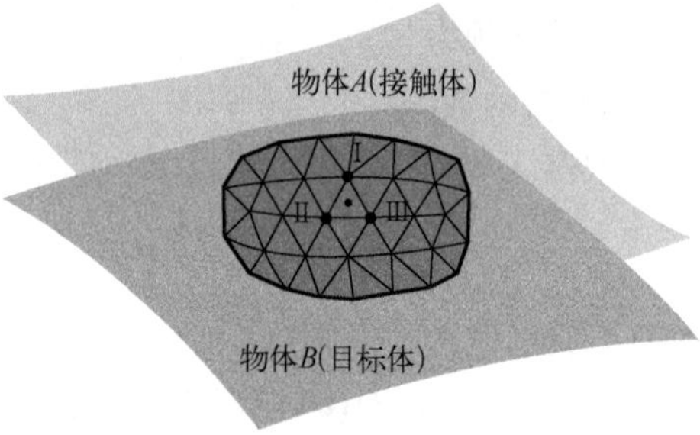

图 8-11　接触界面的离散处理

$$\begin{aligned}\{\boldsymbol{x}^{t,r}\}&=[\boldsymbol{T}_k^t]^{\mathrm{T}}\{\boldsymbol{x}_r^t\}\\ \{\boldsymbol{u}^{t,r}\}&=[\boldsymbol{T}_k^t]^{\mathrm{T}}\{\boldsymbol{u}_r^t\}\\ \{\boldsymbol{F}^{t,r}\}&=[\boldsymbol{T}_k^t]^{\mathrm{T}}\{\boldsymbol{F}_r^t\}\end{aligned} \tag{8-86}$$

式中，矩阵$[\boldsymbol{T}_k^t]$为相应的坐标转换矩阵(系正交矩阵)，其可由局部坐标系的三个单位方向矢量构成，具体形式为$[\boldsymbol{T}_k^t]=[\boldsymbol{e}_1^t\quad \boldsymbol{e}_2^t\quad \boldsymbol{e}_3^t]$。

在局部坐标系下，主接触点的坐标和位移可以通过形函数插值运算得到，即

$$\{\boldsymbol{x}^{t,B}\}=\sum_{r=\mathrm{I}}^{\mathrm{III}}N_r\{\boldsymbol{x}^{t,r}\}=\sum_{r=\mathrm{I}}^{\mathrm{III}}N_r[\boldsymbol{T}_k^t]^{\mathrm{T}}\{\boldsymbol{x}_r^t\} \tag{8-87}$$

$$\{\boldsymbol{u}^{t,B}\}=\sum_{r=\mathrm{I}}^{\mathrm{III}}N_r\{\boldsymbol{u}^{t,r}\}=\sum_{r=\mathrm{I}}^{\mathrm{III}}N_r[\boldsymbol{T}_k^t]^{\mathrm{T}}\{\boldsymbol{u}_r^t\} \tag{8-88}$$

再根据方程(8-18)给出的增量表达式，可得

$$\{\boldsymbol{u}^A\}=[\boldsymbol{T}_k^t]^{\mathrm{T}}(\{\boldsymbol{u}_A^{t+\Delta t}\}-\{\boldsymbol{u}_A^t\})=[\boldsymbol{T}_k^t]^{\mathrm{T}}\{\boldsymbol{u}_A\} \tag{8-89}$$

$$\{\boldsymbol{u}^B\}=\sum_{r=\mathrm{I}}^{\mathrm{III}}N_r[\boldsymbol{T}_k^t]^{\mathrm{T}}(\{\boldsymbol{u}_r^{t+\Delta t}\}-\{\boldsymbol{u}_r^t\})=\sum_{r=\mathrm{I}}^{\mathrm{III}}N_r[\boldsymbol{T}_k^t]^{\mathrm{T}}\{\boldsymbol{u}_r\} \tag{8-90}$$

式中，$\{\boldsymbol{u}_A\}$和$\{\boldsymbol{u}_r\}(r=\mathrm{I},\mathrm{II},\mathrm{III})$分别表示从接触点和主接触面上的节点在全局坐标系下的位移增量。

根据方程(8-89)和方程(8-90)，局部坐标系下第k号接触点对的相对位移增量可以表示为

$$\{\boldsymbol{u}^A\}-\{\boldsymbol{u}^B\}=[\boldsymbol{T}_k^t]^{\mathrm{T}}\left(\{\boldsymbol{u}_A\}-\sum_{r=\mathrm{I}}^{\mathrm{III}}N_r\{\boldsymbol{u}_r\}\right)=[\boldsymbol{T}_k^t]^{\mathrm{T}}[\boldsymbol{N}_{\mathrm{c}k}]\{\boldsymbol{u}_{\mathrm{c}k}\} \tag{8-91}$$

$$[\boldsymbol{N}_{\mathrm{c}k}]=[\boldsymbol{I}\quad -N_{\mathrm{I}}\boldsymbol{I}\quad -N_{\mathrm{II}}\boldsymbol{I}\quad -N_{\mathrm{III}}\boldsymbol{I}];\ \{\boldsymbol{u}_{\mathrm{c}k}\}=\{\boldsymbol{u}_A^{\mathrm{T}}\quad \boldsymbol{u}_{\mathrm{I}}^{\mathrm{T}}\quad \boldsymbol{u}_{\mathrm{II}}^{\mathrm{T}}\quad \boldsymbol{u}_{\mathrm{III}}^{\mathrm{T}}\}^{\mathrm{T}} \tag{8-92}$$

式中，$[\boldsymbol{I}]$表示与$\{\boldsymbol{u}_A\}$同维度的单位矩阵。

在局部坐标系下，作用于主接触点的接触力可以通过形函数向主接触面上的节点移置，即

$$\{\boldsymbol{F}^{t,r}\}=N_r\{\boldsymbol{F}^{t,B}\}=-N_r\{\boldsymbol{F}^{t,A}\}\quad (r=\mathrm{I},\mathrm{II},\mathrm{III}) \tag{8-93}$$

再将其转入全局坐标系，可以得到第k号接触点对的等效节点接触力向量：

$$\{\boldsymbol{F}_{\mathrm{c}k}^t\}=\{\boldsymbol{F}_A^{t,\mathrm{T}}\quad \boldsymbol{F}_{\mathrm{I}}^{t,\mathrm{T}}\quad \boldsymbol{F}_{\mathrm{II}}^{t,\mathrm{T}}\quad \boldsymbol{F}_{\mathrm{III}}^{t,\mathrm{T}}\}^{\mathrm{T}}=[\boldsymbol{N}_{\mathrm{c}k}]^{\mathrm{T}}\{\boldsymbol{F}_A^t\}=[\boldsymbol{N}_{\mathrm{c}k}]^{\mathrm{T}}[\boldsymbol{T}_k^t]\{\boldsymbol{F}^{t,A}\} \tag{8-94}$$

方程(8-91)和方程(8-94)将直接用于建立接触问题的有限元控制方程。

8.5.4　接触问题的离散方程

由 8.5.2 节可知，接触问题虚位移原理的泛函是由原问题泛函和修正泛函共同构成的。因此，接触问题的有限元控制方程是在原始控制方程的基础上添加与修正泛函相关的项来建立的。由于不同方法、不同接触状态对应的修正泛函是不同的，相应的有限元控制方程也具有不同的形式。考虑很多接触问题中结构都会产生大位移、大转角，本节我们将第 7 章中给出的含有惯性项和几何非线性项的 TL 格式有限元方程作为原始控制方程，则接触问题的有限元控制方程可以表示为

$$[\boldsymbol{M}]\{\ddot{\boldsymbol{U}}^{t+\Delta t}\}+([\boldsymbol{K}_{\mathrm{L}}]+[\boldsymbol{K}_{\mathrm{NL}}])\{\Delta\boldsymbol{U}\}-\{\boldsymbol{F}_{\mathrm{c}}^{t+\Delta t}\}=\{\boldsymbol{F}_{\mathrm{ext}}^{t+\Delta t}\}-\{\boldsymbol{F}_{\mathrm{int}}^t\} \tag{8-95}$$

式中

$$\{\boldsymbol{F}_{\mathrm{c}}^{t+\Delta t}\}=\sum_{k=1}^{n_{\mathrm{c}}}\{\boldsymbol{F}_{\mathrm{c}k}^{t+\Delta t}\} \tag{8-96}$$

为结构的等效节点接触力向量，它是通过组集操作$\sum_{k=1}^{n_{\mathrm{c}}}$将全部接触点对的等效节点接触力向

量置于相应的结构自由度上构成的。方程(8-96)中，n_c 表示接触点对的数量。由 8.5.2 节的内容可知，接触力 $\{\boldsymbol{F}^{t,A}\}$ 与拉格朗日乘子或惩罚因子和接触点对相对位移的乘积存在对应关系，将这些对应关系代入方程(8-94)和方程(8-96)，即可得到含有基本未知量(拉格朗日乘子或位移增量)的 $\{\boldsymbol{F}_c^{t+\Delta t}\}$ 的表达式，从而实现对方程(8-95)的整理和求解。下面将针对不同的修正泛函构造方法分别进行探讨。

1) 拉格朗日乘子法

接触力 $\{\boldsymbol{F}^{t,A}\}$ 与拉格朗日乘子的对应关系由方程(8-57)给出。将其代入方程(8-94)和方程(8-96)，可得

$$\{\boldsymbol{F}_c^{t+\Delta t}\} = -[\boldsymbol{K}_{c\lambda}]\{\boldsymbol{\lambda}^{t+\Delta t}\} \tag{8-97}$$

式中

$$[\boldsymbol{K}_{c\lambda}] = \sum_{k=1}^{n_c}[\boldsymbol{N}_{ck}]^{\mathrm{T}}[\boldsymbol{T}_k^{t+\Delta t}]$$
$$\{\boldsymbol{\lambda}^{t+\Delta t}\} = \sum_{k=1}^{n_c}\{\boldsymbol{\lambda}_k^{t+\Delta t}\} \tag{8-98}$$
$$\{\boldsymbol{\lambda}_k^{t+\Delta t}\} = \{\lambda_{1k}^{t+\Delta t} \quad \lambda_{2k}^{t+\Delta t} \quad \lambda_{\mathrm{N}k}^{t+\Delta t}\}^{\mathrm{T}}$$

其中，$\lambda_{Jk}^{t+\Delta t}(J=1,2,\mathrm{N})$ 表示第 k 号接触点对应的三个拉格朗日乘子。需要注意的是，只有当两物体黏结时，上述的三个拉格朗日乘子才是相互独立的，此时方程(8-98)才可以直接使用。而对于其他接触状态，需要根据定解条件中力的边界条件对方程(8-98)做出相应的退化或变换，具体包括以下方面。

(1) 两物体分离时，各接触点对之间不存在接触力的作用。由方程(8-58)可知:

$$\{\boldsymbol{\lambda}^{t+\Delta t}\} = \boldsymbol{0}$$
$$\{\boldsymbol{F}_c^{t+\Delta t}\} = \boldsymbol{0} \tag{8-99}$$

此时方程(8-95)退化为原始控制方程，可以直接采用前面章节介绍的方法进行求解。

(2) 两物体发生相对滑动时，每组接触点对只有一个独立的拉格朗日乘子。当采用无摩擦模型时，根据方程(8-59)，方程(8-98)退化为

$$[\boldsymbol{K}_{c\lambda}] = \sum_{k=1}^{n_c}[\boldsymbol{N}_{ck}]^{\mathrm{T}}[\boldsymbol{T}_{\mathrm{N}k}^{t+\Delta t}]$$
$$\{\boldsymbol{\lambda}^{t+\Delta t}\} = \sum_{k=1}^{n_c}\{\boldsymbol{\lambda}_{\mathrm{N}k}^{t+\Delta t}\} \tag{8-100}$$

式中，$[\boldsymbol{T}_{\mathrm{N}k}^{t+\Delta t}]$ 表示 $[\boldsymbol{T}_k^{t+\Delta t}]$ 中对应法向约束的列。

当采用库仑摩擦模型时，根据方程(8-62)，方程(8-98)变换为

$$[\boldsymbol{K}_{c\lambda}] = \sum_{k=1}^{n_c}[\boldsymbol{N}_{ck}]^{\mathrm{T}}[\boldsymbol{T}_k^{t+\Delta t}]\{\boldsymbol{\mu}_k\}$$
$$\{\boldsymbol{\lambda}^{t+\Delta t}\} = \sum_{k=1}^{n_c}\lambda_{\mathrm{N}k}^{t+\Delta t} \tag{8-101}$$
$$\{\boldsymbol{\mu}_k\} = \left\{-\mu\frac{\overline{u}_{1k}}{\overline{u}_{\mathrm{T}k}} \quad -\mu\frac{\overline{u}_{2k}}{\overline{u}_{\mathrm{T}k}} \quad 1\right\}^{\mathrm{T}}$$

由上述讨论可知，对于两物体分离以外的情况，$\{\boldsymbol{F}_{\mathrm{c}}^{t+\Delta t}\}$ 的表达式中都含有拉格朗日乘子。此时方程(8-95)中待求解的未知量数大于方程数，需要同时引入定解条件中的位移边界条件(其数量等于独立的拉格朗日乘子数量)才能建立接触问题的有限元控制方程。相关定解条件已在 8.5.2 节中给出，使用前还需通过方程(8-91)将全局坐标系下的位移增量转入局部坐标系。下面将根据两物体接触状态的不同分别进行讨论。

① 两物体黏结时，每组接触点对需要补充三个方程。根据方程(8-19)、方程(8-29)和方程(8-91)，可得

$$[\boldsymbol{K}_{\mathrm{cu}}]\{\Delta \boldsymbol{U}\} = -\{\overline{\boldsymbol{g}}^{t}\} \tag{8-102}$$

式中

$$\begin{aligned}
[\boldsymbol{K}_{\mathrm{cu}}] &= \sum_{k=1}^{n_{\mathrm{c}}} [\boldsymbol{T}_{k}^{t+\Delta t}]^{\mathrm{T}} [\boldsymbol{N}_{\mathrm{c}k}] \\
\{\overline{\boldsymbol{g}}^{t}\} &= \sum_{k=1}^{n_{\mathrm{c}}} \{\overline{\boldsymbol{g}}_{k}^{t}\} \\
\{\overline{\boldsymbol{g}}_{k}^{t}\} &= \{0 \quad 0 \quad \overline{g}_{\mathrm{N}k}^{t}\}^{\mathrm{T}}
\end{aligned} \tag{8-103}$$

其中，$\overline{g}_{\mathrm{N}k}^{t}$ 为 t 时刻第 k 号接触点对之间的距离在 $\{\boldsymbol{e}_{3}^{t+\Delta t}\}$ 方向上的投影大小。

② 两物体发生相对滑动时，每组接触点对只需补充一个方程。此时方程(8-103)退化为

$$\begin{aligned}
[\boldsymbol{K}_{cu}] &= \sum_{k=1}^{n_{\mathrm{c}}} [\boldsymbol{T}_{\mathrm{N}k}^{t+\Delta t}]^{\mathrm{T}} [\boldsymbol{N}_{\mathrm{c}k}] \\
\{\overline{\boldsymbol{g}}^{t}\} &= \sum_{k=1}^{n_{\mathrm{c}}} \overline{g}_{\mathrm{N}k}^{t}
\end{aligned} \tag{8-104}$$

综上所述，拉格朗日乘子法的接触问题控制方程可以统一写为如下形式：

$$\begin{bmatrix} \boldsymbol{M} & \boldsymbol{0} \\ \boldsymbol{0} & \boldsymbol{0} \end{bmatrix} \begin{Bmatrix} \ddot{\boldsymbol{U}}^{t+\Delta t} \\ \ddot{\boldsymbol{\lambda}}^{t+\Delta t} \end{Bmatrix} + \begin{bmatrix} \boldsymbol{K}_{\mathrm{L}} + \boldsymbol{K}_{\mathrm{NL}} & \boldsymbol{K}_{\mathrm{c}\lambda} \\ \boldsymbol{K}_{cu} & \boldsymbol{0} \end{bmatrix} \begin{Bmatrix} \Delta \boldsymbol{U} \\ \boldsymbol{\lambda}^{t+\Delta t} \end{Bmatrix} = \begin{Bmatrix} \boldsymbol{F}_{\mathrm{ext}}^{t+\Delta t} - \boldsymbol{F}_{\mathrm{int}}^{t} \\ -\overline{\boldsymbol{g}}^{t} \end{Bmatrix} \tag{8-105}$$

根据两物体接触状态的不同，矩阵 $[\boldsymbol{K}_{\mathrm{c}\lambda}]$ 和 $[\boldsymbol{K}_{\mathrm{cu}}]$ 的表达式汇总于表 8-1。从表中可以看出：①无摩擦模型可以视为库仑摩擦模型 $\mu=0$ 的特例。②对于分离、黏结和无摩擦的滑动状态，有限元控制方程的刚度矩阵是对称的，即 $[\boldsymbol{K}_{\mathrm{cu}}]=[\boldsymbol{K}_{\mathrm{c}\lambda}]^{\mathrm{T}}$ 。而在滑动状态下考虑库仑摩擦时，则会出现不对称的刚度，这不仅会增加控制方程求解的计算量，还可能会导致迭代收敛困难。因此，如果摩擦对分析结果影响不大，可以优先考虑采用无摩擦模型。

表 8-1　矩阵 $[\boldsymbol{K}_{\mathrm{c}\lambda}]$ 和 $[\boldsymbol{K}_{\mathrm{cu}}]$ 的表达式

	分离	黏结	滑动(无摩擦)	滑动(库仑摩擦)
$[\boldsymbol{K}_{\mathrm{c}\lambda}]$	—	$\sum_{k=1}^{n_{\mathrm{c}}}[\boldsymbol{N}_{\mathrm{c}k}]^{\mathrm{T}}[\boldsymbol{T}_{k}^{t+\Delta t}]$	$\sum_{k=1}^{n_{\mathrm{c}}}[\boldsymbol{N}_{\mathrm{c}k}]^{\mathrm{T}}[\boldsymbol{T}_{\mathrm{N}k}^{t+\Delta t}]$	$\sum_{k=1}^{n_{\mathrm{c}}}[\boldsymbol{N}_{\mathrm{c}k}]^{\mathrm{T}}[\boldsymbol{T}_{k}^{t+\Delta t}]\{\boldsymbol{\mu}_{k}\}$
$[\boldsymbol{K}_{\mathrm{cu}}]$	—	$\sum_{k=1}^{n_{\mathrm{c}}}[\boldsymbol{T}_{k}^{t+\Delta t}]^{\mathrm{T}}[\boldsymbol{N}_{\mathrm{c}k}]$	$\sum_{k=1}^{n_{\mathrm{c}}}[\boldsymbol{T}_{\mathrm{N}k}^{t+\Delta t}]^{\mathrm{T}}[\boldsymbol{N}_{\mathrm{c}k}]$	$\sum_{k=1}^{n_{\mathrm{c}}}[\boldsymbol{T}_{\mathrm{N}k}^{t+\Delta t}]^{\mathrm{T}}[\boldsymbol{N}_{\mathrm{c}k}]$

2) 罚函数法

接触力 $\{\boldsymbol{F}^{t,A}\}$ 与惩罚因子的对应关系由方程(8-66)给出。此外，为了计算简便，通常会选择多个约束共用一个惩罚因子，如单个接触点对仅采用一个惩罚因子，即假设 $\alpha_{1k}=\alpha_{2k}=\alpha_{\mathrm{N}k}=\alpha_{k}$

时，则将方程(8-66)代入方程(8-94)可得

$$\{\boldsymbol{F}_{ck}^{t+\Delta t}\}=-\alpha_k[\boldsymbol{N}_{ck}]^{\mathrm{T}}[\boldsymbol{T}_k^{t+\Delta t}](\{\boldsymbol{u}_k^A-\boldsymbol{u}_k^B\}+\{\bar{\boldsymbol{g}}_k^t\})\quad(k=1,2,\cdots,n_c)\tag{8-106}$$

式中，$\{\bar{\boldsymbol{g}}_k^t\}=\{0\quad 0\quad \bar{g}_{\mathrm{N}}^t\}^{\mathrm{T}}$。将方程(8-91)代入式(8-106)，可得

$$\begin{aligned}\{\boldsymbol{F}_{ck}^{t+\Delta t}\}&=-\alpha_k[\boldsymbol{N}_{ck}]^{\mathrm{T}}[\boldsymbol{T}_k^{t+\Delta t}]([\boldsymbol{T}_k^{t+\Delta t}]^{\mathrm{T}}[\boldsymbol{N}_{ck}]\{\boldsymbol{u}_{ck}\}+\{\bar{\boldsymbol{g}}_k^t\})\\&=-\alpha_k[\boldsymbol{N}_{ck}]^{\mathrm{T}}[\boldsymbol{N}_{ck}]\{\boldsymbol{u}_{ck}\}-\alpha_k[\boldsymbol{N}_{ck}]^{\mathrm{T}}[\boldsymbol{T}_{\mathrm{N}k}^{t+\Delta t}]\bar{g}_{\mathrm{N}k}^t\end{aligned}\tag{8-107}$$

再根据方程(8-96)，可得

$$\{\boldsymbol{F}_c^{t+\Delta t}\}=-[\boldsymbol{K}_{c\alpha}]\{\Delta\boldsymbol{U}\}+\{\tilde{\boldsymbol{F}}_c^{t+\Delta t}\}\tag{8-108}$$

式中

$$\begin{aligned}[\boldsymbol{K}_{c\alpha}]&=\sum_{k=1}^{n_c}\alpha_k[\boldsymbol{N}_{ck}]^{\mathrm{T}}[\boldsymbol{N}_{ck}]\\\{\tilde{\boldsymbol{F}}_c^{t+\Delta t}\}&=-\sum_{k=1}^{n_c}\alpha_k[\boldsymbol{N}_{ck}]^{\mathrm{T}}[\boldsymbol{T}_{\mathrm{N}k}^{t+\Delta t}]\bar{g}_{\mathrm{N}k}^t\end{aligned}\tag{8-109}$$

与拉格朗日乘子法相类似，只有当两物体黏结时，方程(8-109)才可以直接使用，而对于其他接触状态，矩阵$[\boldsymbol{K}_{c\alpha}]$和$\{\tilde{\boldsymbol{F}}_c^{t+\Delta t}\}$需根据定解条件中力的边界条件做相应的退化或变换，具体包括以下方面。

(1)两物体分离时方程(8-95)仍然会退化为原始控制方程，这与拉格朗日乘子法相一致。

(2)两物体发生相对滑动且采用无摩擦模型时，根据方程(8-13)和方程(8-66)，方程(8-109)的第一式退化为

$$[\boldsymbol{K}_{c\alpha}]=\sum_{k=1}^{n_c}\alpha_k[\boldsymbol{N}_{ck}]^{\mathrm{T}}[\boldsymbol{T}_{\mathrm{N}k}^{t+\Delta t}][\boldsymbol{T}_{\mathrm{N}k}^{t+\Delta t}]^{\mathrm{T}}[\boldsymbol{N}_{ck}]\tag{8-110}$$

(3)两物体发生相对滑动且采用库仑摩擦模型时，根据方程(8-60)和方程(8-66)，方程(8-109)变换为

$$\begin{aligned}[\boldsymbol{K}_{c\alpha}]&=\sum_{k=1}^{n_c}\alpha_k[\boldsymbol{N}_{ck}]^{\mathrm{T}}[\boldsymbol{T}_k^{t+\Delta t}]\{\boldsymbol{\mu}_k\}[\boldsymbol{T}_{\mathrm{N}k}^{t+\Delta t}]^{\mathrm{T}}[\boldsymbol{N}_{ck}]\\\{\tilde{\boldsymbol{F}}_c^{t+\Delta t}\}&=-\sum_{k=1}^{n_c}\alpha_k[\boldsymbol{N}_{ck}]^{\mathrm{T}}[\boldsymbol{T}_k^{t+\Delta t}]\{\boldsymbol{\mu}_k\}\bar{g}_{\mathrm{N}k}^t\end{aligned}\tag{8-111}$$

将方程(8-108)代入方程(8-95)，即可得到罚函数法的接触问题控制方程的统一形式：

$$[\boldsymbol{M}]\{\ddot{\boldsymbol{U}}^{t+\Delta t}\}+([\boldsymbol{K}_{\mathrm{L}}]+[\boldsymbol{K}_{\mathrm{NL}}]+[\boldsymbol{K}_{c\alpha}])\{\Delta\boldsymbol{U}\}=\{\boldsymbol{F}_{\mathrm{ext}}^{t+\Delta t}\}-\{\boldsymbol{F}_{\mathrm{int}}^t\}+\{\tilde{\boldsymbol{F}}_c^{t+\Delta t}\}\tag{8-112}$$

根据两物体接触状态的不同，矩阵$[\boldsymbol{K}_{c\alpha}]$和向量$\{\tilde{\boldsymbol{F}}_c^{t+\Delta t}\}$的表达式见方程(8-109)～方程(8-111)。与拉格朗日乘子法相类似：①无摩擦模型仍为库仑摩擦模型$\mu=0$的特例。②对于分离、黏结和无摩擦的滑动状态，$[\boldsymbol{K}_{c\alpha}]$为二次型，此时有限元控制方程的刚度矩阵是对称的。而在滑动状态下考虑库仑摩擦时，仍会出现不对称的刚度，如方程(8-111)所示。

根据方程(8-105)和方程(8-112)给出的拉格朗日乘子法和罚函数法的接触问题控制方程的统一形式以及前面的论述，将两种方法的优缺点汇总于表 8-2。从表中可以看到，两种方法的优缺点是互补的。

表 8-2　拉格朗日乘子法和罚函数法的优缺点

	拉格朗日乘子法	罚函数法
优点	可以精确满足约束条件	不增加方程的自由度数； 系数矩阵保持正定
缺点	增加了方程的自由度数； 系数矩阵中包含零对角元素	只能近似满足约束条件； 罚函数过大会导致系数矩阵病态、显式解法时间步长的临界值降低、物体相对运动虚假反向等问题，使求解过程不稳定

8.6　离散方程的求解流程

由 8.4 节和 8.5.4 节可知，接触问题的有限元控制方程与其他类型非线性问题的控制方程相比，具有以下区别：①需要进行接触点对的搜寻；②需要校核各接触点对的接触状态；③需要在方程中添加等效节点接触力向量。只要将上述过程引入第 5 章介绍的显式和隐式求解方法，即可实现接触问题的求解。

如第 5 章所述，采用显式方法对有限元控制方程进行求解时需要对质量矩阵进行求逆。但对于方程(8-105)所示的拉格朗日乘子法控制方程，其质量矩阵包含零对角元素，针对该方程的显式求解需要构造特殊的算法。因此，此处只介绍基于罚函数法的接触问题控制方程的显式求解方法。

以采用中心差分法两步递推公式进行求解为例，其基本假设为

$$
\begin{aligned}
&\{\boldsymbol{U}^{t+\Delta t}\}=\{\boldsymbol{U}^{t}\}+\{\dot{\boldsymbol{U}}^{t}\}\Delta t+\frac{1}{2}\{\ddot{\boldsymbol{U}}^{t}\}\Delta t^{2}\\
&\{\dot{\boldsymbol{U}}^{t+\Delta t}\}=\{\dot{\boldsymbol{U}}^{t}\}+\frac{1}{2}(\{\ddot{\boldsymbol{U}}^{t}\}+\{\ddot{\boldsymbol{U}}^{t+\Delta t}\})\Delta t
\end{aligned}
\tag{8-113}
$$

由方程(8-113)的第一式可知，$t+\Delta t$ 时刻结构的位移场 $\{\boldsymbol{U}^{t+\Delta t}\}$ 可以通过 t 时刻的物理量直接求出，因此相应的位移增量、节点内力向量和接触力向量也可以直接求解，此时方程(8-112)转化为

$$
[\boldsymbol{M}]\{\ddot{\boldsymbol{U}}^{t+\Delta t}\}=\{\boldsymbol{F}_{\text{ext}}^{t+\Delta t}\}-(\{\boldsymbol{F}_{\text{int}}^{t}\}+([\boldsymbol{K}_{\text{L}}]+[\boldsymbol{K}_{\text{NL}}])\{\Delta\boldsymbol{U}\})+\{\tilde{\boldsymbol{F}}_{\text{c}}^{t+\Delta t}\}-[\boldsymbol{K}_{\text{c}\alpha}]\{\Delta\boldsymbol{U}\}\tag{8-114}
$$

由于 $\{\boldsymbol{U}^{t+\Delta t}\}$ 已知，则内力和接触力就不用写作增量形式，即可用 $\{\boldsymbol{F}_{\text{int}}^{t+\Delta t}\}$ 替换 $\{\boldsymbol{F}_{\text{int}}^{t}\}+([\boldsymbol{K}_{\text{L}}]+[\boldsymbol{K}_{\text{NL}}])\{\Delta\boldsymbol{U}\}$ 以及用 $\{\boldsymbol{F}_{\text{c}}^{t+\Delta t}\}$ 替换 $\{\tilde{\boldsymbol{F}}_{\text{c}}^{t+\Delta t}\}-[\boldsymbol{K}_{\text{c}\alpha}]\{\Delta\boldsymbol{U}\}$，且均为已知量，于是式(8-114)可进一步简化为

$$
\begin{aligned}
&[\boldsymbol{M}]\{\ddot{\boldsymbol{U}}^{t+\Delta t}\}=\{\boldsymbol{F}_{\text{ext}}^{t+\Delta t}\}-\{\boldsymbol{F}_{\text{int}}^{t+\Delta t}\}+\{\boldsymbol{F}_{\text{c}}^{t+\Delta t}\}\\
&\{\boldsymbol{F}_{\text{int}}^{t+\Delta t}\}=\sum_{e=1}^{N}\int_{\Omega_0^e}[\boldsymbol{B}_{\text{L}}^{t+\Delta t}]^{\text{T}}\{\boldsymbol{S}^{t+\Delta t}\}\text{d}V_0
\end{aligned}
\tag{8-115}
$$

采用以上显式求解方法对方程(8-115)进行求解的步骤见表 8-3。

此外，如第 5 章所述，采用隐式方法对有限元控制方程进行求解时通常会选择较之显式方法大得多的时间步长，且需要在每个增量步中进行 Newton-Raphson 迭代直至收敛。因此，求解前需要将原方程改写为增量形式，然后采用第 5 章中介绍的隐式算法，如 Newmark 方法进行求解，此处不再赘述。

表 8-3　基于显式算法的接触非线性问题分析流程

算法：基于显式算法的接触非线性问题分析流程

已知：$[\boldsymbol{M}]$、$\{\boldsymbol{F}_{\mathrm{ext}}\}$、$\{\dot{\boldsymbol{U}}^0\}$、$\{\ddot{\boldsymbol{U}}^0\}$、$\alpha$ 和 Δt 等基本参数

求：$\{\boldsymbol{U}\}$、$\{\dot{\boldsymbol{U}}\}$ 和 $\{\ddot{\boldsymbol{U}}\}$

计算 $[\boldsymbol{M}]^{-1}$；

令 $t=0$，计算初始节点加速度 $\{\ddot{\boldsymbol{U}}^0\}=[\boldsymbol{M}]^{-1}(\{\boldsymbol{F}_{\mathrm{ext}}^0\}-\{\boldsymbol{F}_{\mathrm{int}}^0\})$；

for　$t<t_{\mathrm{f}}$　do (对时间步循环，t_{f} 为最终时间)

　　更新节点位移 $\{\boldsymbol{U}^{t+\Delta t}\}$；

　　计算外力 $\{\boldsymbol{F}_{\mathrm{int}}^{t+\Delta t}\}$、应力 $\{\boldsymbol{S}^{t+\Delta t}\}$、内力 $\{\boldsymbol{F}_{\mathrm{int}}^{t+\Delta t}\}$ 和接触力 $\{\boldsymbol{F}^{t+\Delta t,A}\}$；

　　搜寻接触点对，并判断每一个接触点对的接触状态；

　　计算等效节点接触力 $\{\boldsymbol{F}_{\mathrm{c}}^{t+\Delta t}\}$；

　　更新节点加速度 $\{\ddot{\boldsymbol{U}}^{t+\Delta t}\}$ 和节点速度 $\{\dot{\boldsymbol{U}}^{t+\Delta t}\}$；

　　令 $t=t+\Delta t$；

end

习　题

8-1　简述接触非线性问题的求解思路。

8-2　推导 A、B 两物体发生相对滑动且采用库仑摩擦模型时，拉格朗日乘子法和罚函数法的修正泛函变分式(8-62)和式(8-69)。

8-3　推导罚函数法有限元控制方程的隐式迭代求解式。

8-4　分别采用拉格朗日乘子法和罚函数法求二元函数 $f(x,y)=x^2+y^2(x,y\in\mathbb{R})$ 的极小值，要求自变量满足等式约束 $\varphi(x,y)=x-y^2\pm2=0$。

第 9 章　温度场问题分析

9.1　引　　言

热传导问题广泛存在于航天航空、汽车、电子、核能等众多工程领域中，如航空或汽车发动机中燃料燃烧导致的升温现象及结构散热问题、手机或计算机芯片中的散热问题、核压力容器在堆芯熔融情况下导致的熔穿问题等。结构中的温度变化同时也将导致物体体积的膨胀或收缩，若外部约束或内部非协调变形导致膨胀或收缩不能自由发生，结构中还会产生附加的应力，即热应力或温度应力。在变温条件下工作的结构和部件，通常都存在温度应力问题，包括不随时间变化的稳态温度应力和随时间变化的瞬态温度应力。这些温度应力有时会在结构和部件中占有相当大的比重，甚至成为设计和使用中的主要应力来源。因此，针对变温条件下工作的结构和部件的设计、制造和运维，要计算温度应力首先需要确定稳态或瞬态的温度场，然后在考虑温度应力的情况下分析结构的变形及进行进一步的安全性评估等。

本章首先介绍三维、二维、轴对称及一维瞬态和稳态热传导问题的控制方程，然后介绍三维瞬态和稳态热传导问题的有限元列式及瞬态热传导问题求解的直接积分法，最后介绍考虑热应力的结构动力学和静力学有限元分析方法。

9.2　温度场问题控制方程

9.2.1　热传导定律

热量传递主要有三种基本方式：热传导、热对流和热辐射。热传导又称为导热，即当两个物体相接触时，热量会从高温物体向低温物体传播。这种现象的实质是当同一物体内部或不同物体之间存在温度差时就会发生能量传递现象，这种传递行为通常是由物体内部分子、原子和电子的微观振动、位移和相互碰撞来完成的。不同相态的物质通常具有不同的导热机理，如内部分子做不规则热运动是气体内部导热产生的主要原因，通过在晶格结构的平衡位置附近振动从而将热量传递给相邻分子是实现非导电固体导热的主要方式，而自由电子在晶格结构之间的运动则可实现金属固体的导热。通常假设热传导满足傅里叶(Fourier)定律，即在具有非均匀温度场的物体中，各点热流密度的方向与其所在处的温度梯度方向相反，大小与温度梯度成正比，比例系数为导热系数。热传导的傅里叶定律表达式如下：

$$q_x = -k_x \frac{\partial T}{\partial x}, \quad q_y = -k_y \frac{\partial T}{\partial y}, \quad q_z = -k_z \frac{\partial T}{\partial z} \tag{9-1}$$

式中，$q_i (i = x, y, z)$ 为 i 方向上通过单位面积的热流密度；k_i 为 i 方向的导热系数（$\mathrm{W/(m \cdot K)}$）。傅里叶定律是热传导的基础，但其并不是由热力学第一定律导出的，而是基于实验结果进行归纳总结而形成的经验公式。同时，通过傅里叶定律可以定义材料的热导率。傅里叶定律已被广泛应用于气液固等各类物质中。

9.2.2 瞬态热传导控制方程

对于三维瞬态热传导问题，在直角坐标中场变量T应满足如下控制方程：

$$\rho c\frac{\partial T}{\partial t}-\frac{\partial}{\partial x}\left(k_x\frac{\partial T}{\partial x}\right)-\frac{\partial}{\partial y}\left(k_y\frac{\partial T}{\partial y}\right)-\frac{\partial}{\partial z}\left(k_z\frac{\partial T}{\partial z}\right)-\rho Q=0 \quad (\text{在}\,\varOmega\,\text{内}) \tag{9-2}$$

式中，ρ为材料质量密度（$\mathrm{kg/m^3}$）；c为比热容（$\mathrm{J/(kg\cdot K)}$）；Q为内部热源密度（$\mathrm{W/kg}$）。方程(9-2)中$\rho c\partial T/\partial t$表示微元体升温所需的热量，热流密度对空间的导数表示通过传导进入微元体的热量，$-\rho Q$为微元体内部热源产生的热量。方程(9-2)表明微元体升温所需的热量与通过传导进入微元体的热量和微元体内部热源产生的热量相平衡。由方程(9-2)可知，在热传导问题中，场变量是温度，是标量场；而弹性力学问题的场变量是位移，是向量场。

瞬态热传导问题对应的边界条件通常包括三类，即指定温度边界条件(又称第一类边界条件)、指定流量边界条件(又称第二类边界条件)以及对流换热边界条件(又称第三类边界条件)，其中第一类边界条件为强制边界条件，后两类边界条件为自然边界条件。三类边界条件的具体表达式如下。

第一类边界条件：
$$T=\bar{T} \quad (\text{在}\,\varGamma_1\,\text{上}) \tag{9-3}$$

第二类边界条件：
$$k_x\frac{\partial T}{\partial x}n_x+k_y\frac{\partial T}{\partial y}n_y+k_z\frac{\partial T}{\partial z}n_z=\bar{q} \quad (\text{在}\,\varGamma_2\,\text{上}) \tag{9-4}$$

第三类边界条件：
$$k_x\frac{\partial T}{\partial x}n_x+k_y\frac{\partial T}{\partial y}n_y+k_z\frac{\partial T}{\partial z}n_z=h(T_a-T) \quad (\text{在}\,\varGamma_3\,\text{上}) \tag{9-5}$$

式中，$\bar{T}$为边界$\varGamma_1$上的指定温度；$\bar{q}$为边界$\varGamma_2$上的指定热流密度($\bar{q}=0$时表示绝热边界条件)；$\boldsymbol{n}=\{n_x \quad n_y \quad n_z\}^{\mathrm{T}}$为边界$\varGamma_2$或$\varGamma_3$的外法线方向；$h$为对流换热系数（$\mathrm{W/(m^2\cdot K)}$）；$T_a$在自然对流条件下表示环境温度，在强迫对流条件下表示边界层的绝热壁温度。此外，$\varGamma=\varGamma_1\cup\varGamma_2\cup\varGamma_3$为求解域$\varOmega$的边界。

对于二维瞬态热传导问题，即当在一个方向上(如z方向)温度变化为零时，其对应的热传导方程和边界条件可由式(9-2)～式(9-5)中令与z方向相关的项为零退化获得，即

$$\rho c\frac{\partial T}{\partial t}-\frac{\partial}{\partial x}\left(k_x\frac{\partial T}{\partial x}\right)-\frac{\partial}{\partial y}\left(k_y\frac{\partial T}{\partial y}\right)-\rho Q=0 \quad (\text{在}\,\varOmega\,\text{内}) \tag{9-6}$$

第一类边界条件：
$$T=\bar{T} \quad (\text{在}\,\varGamma_1\,\text{上}) \tag{9-7}$$

第二类边界条件：
$$k_x\frac{\partial T}{\partial x}n_x+k_y\frac{\partial T}{\partial y}n_y=\bar{q} \quad (\text{在}\,\varGamma_2\,\text{上}) \tag{9-8}$$

第三类边界条件：
$$k_x\frac{\partial T}{\partial x}n_x+k_y\frac{\partial T}{\partial y}n_y=h(T_a-T) \quad (\text{在}\,\varGamma_3\,\text{上}) \tag{9-9}$$

对于轴对称瞬态热传导问题，其控制方程在柱坐标中给出，即场函数应满足的热传导方程及边界条件为

$$\rho c\frac{\partial T}{\partial t}-\frac{1}{r}\frac{\partial}{\partial r}\left(k_r r\frac{\partial T}{\partial r}\right)-\frac{\partial}{\partial z}\left(k_z\frac{\partial T}{\partial z}\right)-\rho Q=0 \quad (在\,\Omega\,内) \tag{9-10}$$

第一类边界条件：
$$T=\bar{T} \quad (在\,\Gamma_1\,上) \tag{9-11}$$

第二类边界条件：
$$k_r\frac{\partial T}{\partial r}n_r+k_z\frac{\partial T}{\partial z}n_z=\bar{q} \quad (在\,\Gamma_2\,上) \tag{9-12}$$

第三类边界条件：
$$k_r\frac{\partial T}{\partial r}n_r+k_z\frac{\partial T}{\partial z}n_z=h(T_a-T) \quad (在\,\Gamma_3\,上) \tag{9-13}$$

对于一维瞬态热传导问题，即当只在一个方向上(如 x 方向)温度有变化时，其对应的热传导方程和边界条件为

$$\rho c\frac{\partial T}{\partial t}-\frac{\partial}{\partial x}\left(k_x\frac{\partial T}{\partial x}\right)-\rho Q=0 \quad (在\,\Omega\,内) \tag{9-14}$$

第一类边界条件：
$$T=\bar{T} \quad (在\,\Gamma_1\,上) \tag{9-15}$$

第二类边界条件：
$$k_x\frac{\partial T}{\partial x}n_x=\bar{q} \quad (在\,\Gamma_2\,上) \tag{9-16}$$

第三类边界条件：
$$k_x\frac{\partial T}{\partial x}n_x=h(T_a-T) \quad (在\,\Gamma_3\,上) \tag{9-17}$$

对于瞬态热传导问题，除了边界条件外，还需要给出初始条件才能定解，其通常可以写为

初始条件：
$$T(x,y,z,0)=T_0(x,y,z) \quad (在\,\Omega\,内) \tag{9-18}$$

9.2.3　稳态热传导控制方程

在 9.2.2 节中给出了瞬态热传导的控制方程及其边界条件，并且给出了对应的二维、轴对称及一维问题的相关控制方程及边界条件，这些均是在温度变化的情况下进行讨论的。如果温度场不随时间变化，即 $\partial T/\partial t=0$，此时瞬态热传导方程就退化成为稳态热传导方程，三维、二维、轴对称及一维稳态热传导方程可分别写为

三维：
$$\frac{\partial}{\partial x}\left(k_x\frac{\partial T}{\partial x}\right)+\frac{\partial}{\partial y}\left(k_y\frac{\partial T}{\partial y}\right)+\frac{\partial}{\partial z}\left(k_z\frac{\partial T}{\partial z}\right)+\rho Q=0 \quad (在\,\Omega\,内) \tag{9-19}$$

二维：
$$\frac{\partial}{\partial x}\left(k_x\frac{\partial T}{\partial x}\right)+\frac{\partial}{\partial y}\left(k_y\frac{\partial T}{\partial y}\right)+\rho Q=0 \quad (在\,\Omega\,内) \tag{9-20}$$

轴对称：
$$\frac{1}{r}\frac{\partial}{\partial r}\left(k_r r\frac{\partial T}{\partial r}\right)+\frac{\partial}{\partial z}\left(k_z\frac{\partial T}{\partial z}\right)+\rho rQ=0 \quad (在\,\Omega\,内) \tag{9-21}$$

一维：
$$\frac{\partial}{\partial x}\left(k_x\frac{\partial T}{\partial x}\right)+\rho Q=0 \quad (在\,\Omega\,内) \tag{9-22}$$

其边界条件与对应的瞬态热传导问题的边界条件一致。稳态温度场问题中的场变量 T 只是空间坐标的函数，与时间无关。

9.3 有限元列式

9.3.1 瞬态热传导有限元列式

对于三维瞬态热传导问题，其控制方程由式(9-2)给出，对应的边界条件为式(9-3)～式(9-5)，采用加权余量法可得对应的等效积分弱形式如下：

$$
\begin{aligned}
&\int_{\Omega} w_1\left[\rho c\frac{\partial T}{\partial t}-\frac{\partial}{\partial x}\left(k_x\frac{\partial T}{\partial x}\right)-\frac{\partial}{\partial y}\left(k_y\frac{\partial T}{\partial y}\right)-\frac{\partial}{\partial z}\left(k_z\frac{\partial T}{\partial z}\right)-\rho Q\right]\mathrm{d}\Omega\\
&+\int_{\Gamma_1} w_2(T-\bar{T})\mathrm{d}\Gamma\\
&+\int_{\Gamma_2} w_3\left(k_x\frac{\partial T}{\partial x}n_x+k_y\frac{\partial T}{\partial y}n_y+k_z\frac{\partial T}{\partial z}n_z-\bar{q}\right)\mathrm{d}\Gamma\\
&+\int_{\Gamma_3} w_4\left[k_x\frac{\partial T}{\partial x}n_x+k_y\frac{\partial T}{\partial y}n_y+k_z\frac{\partial T}{\partial z}n_z-h(T_a-T)\right]\mathrm{d}\Gamma=0
\end{aligned}
\tag{9-23}
$$

式中，$w_i(i=1,2,3,4)$ 为任意试函数。参考伽辽金法，假定 Γ_1 上的边界条件 $T=\bar{T}$ 已满足，且选取试函数为 $w_1=w_3=w_4=\delta T$ ，则式(9-23)变为

$$
\begin{aligned}
&\int_{\Omega}\delta T\rho c\frac{\partial T}{\partial t}\mathrm{d}\Omega\\
&-\int_{\Omega}\delta T\left[\frac{\partial}{\partial x}\left(k_x\frac{\partial T}{\partial x}\right)+\frac{\partial}{\partial y}\left(k_y\frac{\partial T}{\partial y}\right)+\frac{\partial}{\partial z}\left(k_z\frac{\partial T}{\partial z}\right)\right]\mathrm{d}\Omega-\int_{\Omega}\delta T\rho Q\mathrm{d}\Omega\\
&+\int_{\Gamma_2}\delta T\left(k_x\frac{\partial T}{\partial x}n_x+k_y\frac{\partial T}{\partial y}n_y+k_z\frac{\partial T}{\partial z}n_z-\bar{q}\right)\mathrm{d}\Gamma\\
&+\int_{\Gamma_3}\delta T\left[k_x\frac{\partial T}{\partial x}n_x+k_y\frac{\partial T}{\partial y}n_y+k_z\frac{\partial T}{\partial z}n_z-h(T_a-T)\right]\mathrm{d}\Gamma=0
\end{aligned}
\tag{9-24}
$$

对式(9-24)中第二个积分项采用分部积分并运用高斯积分定理，可得

$$
\begin{aligned}
&\int_{\Omega}\delta T\left[\frac{\partial}{\partial x}\left(k_x\frac{\partial T}{\partial x}\right)+\frac{\partial}{\partial y}\left(k_y\frac{\partial T}{\partial y}\right)+\frac{\partial}{\partial z}\left(k_z\frac{\partial T}{\partial z}\right)\right]\mathrm{d}\Omega\\
&=\int_{\Omega}\left[\frac{\partial}{\partial x}\left(\delta Tk_x\frac{\partial T}{\partial x}\right)+\frac{\partial}{\partial y}\left(\delta Tk_y\frac{\partial T}{\partial y}\right)+\frac{\partial}{\partial z}\left(\delta Tk_z\frac{\partial T}{\partial z}\right)\right]\mathrm{d}\Omega\\
&\quad-\int_{\Omega}\left(k_x\frac{\partial\delta T}{\partial x}\frac{\partial T}{\partial x}+k_y\frac{\partial\delta T}{\partial y}\frac{\partial T}{\partial y}+k_z\frac{\partial\delta T}{\partial z}\frac{\partial T}{\partial z}\right)\mathrm{d}\Omega\\
&=\int_{\Gamma_2\cup\Gamma_3}\delta T\left(k_x\frac{\partial T}{\partial x}n_x+k_y\frac{\partial T}{\partial y}n_y+k_z\frac{\partial T}{\partial z}n_z\right)\mathrm{d}\Omega\\
&\quad-\int_{\Omega}\left(k_x\frac{\partial\delta T}{\partial x}\frac{\partial T}{\partial x}+k_y\frac{\partial\delta T}{\partial y}\frac{\partial T}{\partial y}+k_z\frac{\partial\delta T}{\partial z}\frac{\partial T}{\partial z}\right)\mathrm{d}\Omega
\end{aligned}
\tag{9-25}
$$

代入式(9-24)，整理可得

$$\int_{\Omega}\left[\delta T\rho c\frac{\partial T}{\partial t}+\left(k_x\frac{\partial\delta T}{\partial x}\frac{\partial T}{\partial x}+k_y\frac{\partial\delta T}{\partial y}\frac{\partial T}{\partial y}+k_z\frac{\partial\delta T}{\partial z}\frac{\partial T}{\partial z}\right)-\delta T\rho Q\right]\mathrm{d}\Omega$$
$$-\int_{\Gamma_2}\delta T\overline{q}\mathrm{d}\Gamma-\int_{\Gamma_3}\delta Th(T_a-T)\mathrm{d}\Gamma=0 \tag{9-26}$$

进一步将求解域Ω采用合适的单元进行离散，与动力学问题的有限元离散方程推导过程类似，假设单元内任意一点的温度T和试函数δT可以分别由节点温度T_i和试函数δT_i插值获得，即

$$\begin{cases}T=\sum_{i=1}^{n_e}N_i(x,y,z)T_i\\ \delta T=\sum_{i=1}^{n_e}N_i(x,y,z)\delta T_i\end{cases} \tag{9-27}$$

注意到，式(9-27)中温度T和T_i都是时间的函数，n_e为每一个单元的节点数。N_i为插值函数，其是空间坐标的函数，可取为与弹性力学有限元方法中相同的插值函数，它具有下述性质：

$$N_i(x,y,z)=\begin{cases}0 & (j\neq i)\\ 1 & (j=i)\end{cases} \tag{9-28}$$

且

$$\sum_{i=1}^{n_e}N_i=1 \tag{9-29}$$

由于热传导问题控制方程的积分弱形式中对应的场函数导数最高阶是一阶，因此可采用C0型插值函数。

将式(9-27)代入式(9-26)，并考虑到试函数的任意性，经整理可得到如下有限元离散方程：

$$[\boldsymbol{C}]\{\dot{\boldsymbol{T}}\}+[\boldsymbol{K}]\{\boldsymbol{T}\}=\{\boldsymbol{P}\} \tag{9-30}$$

式中，$[\boldsymbol{C}]$是整体热容矩阵，$[\boldsymbol{K}]$是整体热传导矩阵，两个矩阵都是对称矩阵；$\{\dot{\boldsymbol{T}}\}=\{\dot{T}_1\quad \dot{T}_2\quad\cdots\quad \dot{T}_n\}^{\mathrm{T}}$是整体节点温度对时间的导数向量（$n$为总体节点数）；$\{\boldsymbol{T}\}=\{T_1\quad T_2\quad\cdots\quad T_n\}^{\mathrm{T}}$是整体节点温度向量；$\{\boldsymbol{P}\}=\{P_1\quad P_2\quad\cdots\quad P_n\}^{\mathrm{T}}$是整体节点温度载荷向量。其中，整体热容矩阵、整体热传导矩阵及温度载荷向量由相应的单元矩阵元素集成，即

$$C_{ij}=\sum_e C_{ij}^e \tag{9-31}$$

$$K_{ij}=\sum_e K_{ij}^e+\sum_e H_{ij}^e \tag{9-32}$$

$$P_i=\sum_e P_{Q_i}^e+\sum_e P_{q_i}^e+\sum_e P_{H_i}^e \tag{9-33}$$

式中，C_{ij}^e、K_{ij}^e和H_{ij}^e分别体现了单元热容、单元热传导和单元热交换边界对整体热容矩阵以及整体热传导矩阵的贡献；$P_{Q_i}^e$、$P_{q_i}^e$和$P_{H_i}^e$分别是单元热源、给定热流边界以及对流换热边界对整体温度载荷向量的贡献，其具体表达式如下：

$$C_{ij}^{e}=\int_{\Omega^{e}}\rho c N_{i} N_{j} \mathrm{d} \Omega \tag{9-34}$$

$$K_{ij}^{e}=\int_{\Omega^{e}}\left(k_{x} \frac{\partial N_{i}}{\partial x} \frac{\partial N_{j}}{\partial x}+k_{y} \frac{\partial N_{i}}{\partial y} \frac{\partial N_{j}}{\partial y}+k_{z} \frac{\partial N_{i}}{\partial z} \frac{\partial N_{j}}{\partial z}\right) \mathrm{d} \Omega \tag{9-35}$$

$$H_{ij}^{e}=\int_{\Gamma_{3}^{e}} h N_{i} N_{j} \mathrm{d} \Gamma \tag{9-36}$$

$$P_{Q_{i}}^{e}=\int_{\Omega^{e}} \rho Q N_{i} \mathrm{d} \Omega \tag{9-37}$$

$$P_{q_{i}}^{e}=\int_{\Gamma_{2}^{e}} \bar{q} N_{i} \mathrm{d} \Gamma \tag{9-38}$$

$$P_{H_{i}}^{e}=\int_{\Gamma_{3}^{e}} h T_{a} N_{i} \mathrm{d} \Gamma \tag{9-39}$$

式(9-30)给出了关于温度的一阶常微分方程组，对其进行求解即可获得瞬态热传导温度的解。仿照以上过程，二维、轴对称和一维瞬态热传导问题的有限元方程可类似地写作式(9-30)的形式。

例 9-1 如图 9-1 所示，一维 2 节点杆单元的长度为 l、截面积为 A、质量密度为 ρ、比热容为 c 以及导热系数为 k，不考虑对流换热的影响，求该单元的热容矩阵 $[\boldsymbol{C}]^e$ 和热传导矩阵 $[\boldsymbol{K}]^e$。

解：对于一维 2 节点杆单元，其形函数及导数为

$$\begin{cases} N_1=1-\dfrac{x}{l}, \quad N_2=\dfrac{x}{l} \\ \dfrac{\partial N_1}{\partial x}=-\dfrac{1}{l}, \quad \dfrac{\partial N_2}{\partial x}=\dfrac{1}{l} \end{cases} \tag{9-40}$$

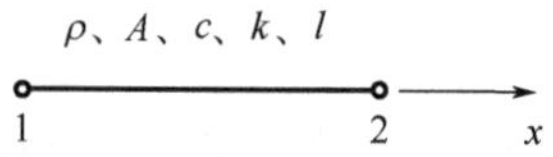

图 9-1 一维 2 节点杆单元

由式(9-34)和式(9-35)，可得

$$[\boldsymbol{C}]^{e}=\int_{0}^{l} \rho c A\begin{bmatrix} N_1 N_1 & N_1 N_2 \\ N_2 N_1 & N_2 N_2 \end{bmatrix} \mathrm{d} x=\frac{\rho c A l}{6}\begin{bmatrix} 2 & 1 \\ 1 & 2 \end{bmatrix} \tag{9-41}$$

$$[\boldsymbol{K}]^{e}=\int_{0}^{l} k A\begin{bmatrix} \dfrac{\partial N_1}{\partial x} \dfrac{\partial N_1}{\partial x} & \dfrac{\partial N_1}{\partial x} \dfrac{\partial N_2}{\partial x} \\ \dfrac{\partial N_2}{\partial x} \dfrac{\partial N_1}{\partial x} & \dfrac{\partial N_2}{\partial x} \dfrac{\partial N_2}{\partial x} \end{bmatrix} \mathrm{d} x=\frac{k A}{l}\begin{bmatrix} 1 & -1 \\ -1 & 1 \end{bmatrix} \tag{9-42}$$

此外，还可以进一步计算采用等参插值形式时的单元热容矩阵和单元热传导矩阵。一维等参插值形函数如下：

$$N_1=\frac{1}{2}(1-\xi), \quad N_2=\frac{1}{2}(1+\xi) \tag{9-43}$$

单元内任意一点的坐标及温度由以下插值格式给出：

$$x=[N_1 \quad N_2]\begin{Bmatrix} x_1 \\ x_2 \end{Bmatrix} \tag{9-44}$$

$$T=[N_1 \quad N_2]\begin{Bmatrix}T_1\\T_2\end{Bmatrix} \tag{9-45}$$

则有

$$\frac{\partial x}{\partial \xi}=\begin{bmatrix}\dfrac{\partial N_1}{\partial \xi} & \dfrac{\partial N_2}{\partial \xi}\end{bmatrix}\begin{Bmatrix}x_1\\x_2\end{Bmatrix}=\begin{bmatrix}-\dfrac{1}{2} & \dfrac{1}{2}\end{bmatrix}\begin{Bmatrix}x_1\\x_2\end{Bmatrix}=\frac{l}{2} \tag{9-46}$$

$$\frac{\partial N_1}{\partial x}=\frac{\partial N_1}{\partial \xi}\frac{\partial \xi}{\partial x}=-\frac{1}{l},\quad \frac{\partial N_2}{\partial x}=\frac{\partial N_2}{\partial \xi}\frac{\partial \xi}{\partial x}=\frac{1}{l} \tag{9-47}$$

进一步可得

$$[\boldsymbol{C}]^e=\int_{-1}^{1}\rho cA\begin{bmatrix}N_1N_1 & N_1N_2\\N_2N_1 & N_2N_2\end{bmatrix}\left|\frac{\partial x}{\partial \xi}\right|\mathrm{d}\xi=\frac{\rho cAl}{6}\begin{bmatrix}2 & 1\\1 & 2\end{bmatrix} \tag{9-48}$$

$$[\boldsymbol{K}]^e=\int_{-1}^{1}kA\begin{bmatrix}\dfrac{\partial N_1}{\partial x}\dfrac{\partial N_1}{\partial x} & \dfrac{\partial N_1}{\partial x}\dfrac{\partial N_2}{\partial x}\\ \dfrac{\partial N_2}{\partial x}\dfrac{\partial N_1}{\partial x} & \dfrac{\partial N_2}{\partial x}\dfrac{\partial N_2}{\partial x}\end{bmatrix}\left|\frac{\partial x}{\partial \xi}\right|\mathrm{d}\xi=\frac{kA}{l}\begin{bmatrix}1 & -1\\-1 & 1\end{bmatrix} \tag{9-49}$$

由上述推导不难发现，采用等参插值形函数和常规插值形函数获得的 2 节点一维单元的单元热容矩阵和单元热传导矩阵是一样的。

例 9-2　如图 9-2 所示，二维 4 节点矩形单元的长和宽分别为 a 和 b、厚度为 t 以及导热系数为 k_x 和 k_y，不考虑对流换热的影响，求该单元的热传导矩阵 $[\boldsymbol{K}]^e$。

解：对于二维 4 节点矩形单元，采用等参插值，其形函数为

$$\begin{aligned}N_1&=\frac{1}{4}(1-\xi)(1-\eta)\\N_2&=\frac{1}{4}(1+\xi)(1-\eta)\\N_3&=\frac{1}{4}(1+\xi)(1+\eta)\\N_4&=\frac{1}{4}(1-\xi)(1+\eta)\end{aligned} \tag{9-50}$$

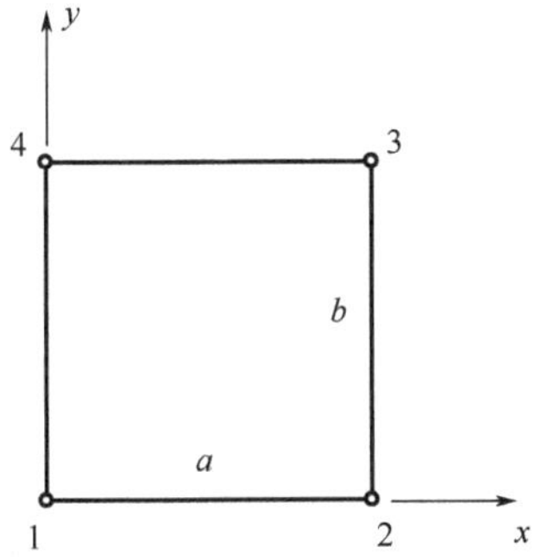

图 9-2　二维 4 节点矩形单元

单元内任意一点的坐标由以下插值格式给出：

$$\begin{Bmatrix}x\\y\end{Bmatrix}=\begin{bmatrix}N_1 & 0 & N_2 & 0 & N_3 & 0 & N_4 & 0\\0 & N_1 & 0 & N_2 & 0 & N_3 & 0 & N_4\end{bmatrix}\begin{Bmatrix}x_1\\y_1\\x_2\\y_2\\x_3\\y_3\\x_4\\y_4\end{Bmatrix} \tag{9-51}$$

由图 9-2 可知，$x_1 = x_4 = y_1 = y_2 = 0$、$x_2 = x_3 = a$ 以及 $y_3 = y_4 = b$，则有

$$\begin{bmatrix} \frac{\partial x}{\partial \xi} & \frac{\partial x}{\partial \eta} \\ \frac{\partial y}{\partial \xi} & \frac{\partial y}{\partial \eta} \end{bmatrix} = \begin{bmatrix} \frac{a}{2} & 0 \\ 0 & \frac{b}{2} \end{bmatrix}$$

$$\begin{bmatrix} \frac{\partial \xi}{\partial x} & \frac{\partial \xi}{\partial y} \\ \frac{\partial \eta}{\partial x} & \frac{\partial \eta}{\partial y} \end{bmatrix} = \begin{bmatrix} \frac{\partial x}{\partial \xi} & \frac{\partial x}{\partial \eta} \\ \frac{\partial y}{\partial \xi} & \frac{\partial y}{\partial \eta} \end{bmatrix}^{-1} = \begin{bmatrix} \frac{2}{a} & 0 \\ 0 & \frac{2}{b} \end{bmatrix} \tag{9-52}$$

$$\begin{cases} \frac{\partial N_1}{\partial x} = \frac{\partial N_1}{\partial \xi}\frac{\partial \xi}{\partial x} + \frac{\partial N_1}{\partial \eta}\frac{\partial \eta}{\partial x} = -\frac{1}{2a}(1-\eta) \\ \frac{\partial N_1}{\partial y} = \frac{\partial N_1}{\partial \xi}\frac{\partial \xi}{\partial y} + \frac{\partial N_1}{\partial \eta}\frac{\partial \eta}{\partial y} = -\frac{1}{2b}(1-\xi) \\ \frac{\partial N_2}{\partial x} = \frac{\partial N_2}{\partial \xi}\frac{\partial \xi}{\partial x} + \frac{\partial N_2}{\partial \eta}\frac{\partial \eta}{\partial x} = \frac{1}{2a}(1-\eta) \\ \frac{\partial N_2}{\partial y} = \frac{\partial N_2}{\partial \xi}\frac{\partial \xi}{\partial y} + \frac{\partial N_2}{\partial \eta}\frac{\partial \eta}{\partial y} = -\frac{1}{2b}(1+\xi) \\ \frac{\partial N_3}{\partial x} = \frac{\partial N_3}{\partial \xi}\frac{\partial \xi}{\partial x} + \frac{\partial N_3}{\partial \eta}\frac{\partial \eta}{\partial x} = \frac{1}{2a}(1+\eta) \\ \frac{\partial N_3}{\partial y} = \frac{\partial N_3}{\partial \xi}\frac{\partial \xi}{\partial y} + \frac{\partial N_3}{\partial \eta}\frac{\partial \eta}{\partial y} = \frac{1}{2b}(1+\xi) \\ \frac{\partial N_4}{\partial x} = \frac{\partial N_4}{\partial \xi}\frac{\partial \xi}{\partial x} + \frac{\partial N_4}{\partial \eta}\frac{\partial \eta}{\partial x} = -\frac{1}{2a}(1+\eta) \\ \frac{\partial N_4}{\partial y} = \frac{\partial N_4}{\partial \xi}\frac{\partial \xi}{\partial y} + \frac{\partial N_4}{\partial \eta}\frac{\partial \eta}{\partial y} = \frac{1}{2b}(1-\xi) \end{cases} \tag{9-53}$$

进一步由

$$K_{ij}^e = \int_{-1}^{1}\int_{-1}^{1} t\left(k_x \frac{\partial N_i}{\partial x}\frac{\partial N_j}{\partial x} + k_y \frac{\partial N_i}{\partial y}\frac{\partial N_j}{\partial y}\right)\begin{vmatrix} \frac{\partial x}{\partial \xi} & \frac{\partial x}{\partial \eta} \\ \frac{\partial y}{\partial \xi} & \frac{\partial y}{\partial \eta} \end{vmatrix} \mathrm{d}\xi \mathrm{d}\eta \tag{9-54}$$

可得

$$[\boldsymbol{K}]^e = tk_x \frac{b}{a}\begin{bmatrix} \frac{1}{3} & -\frac{1}{3} & -\frac{1}{6} & \frac{1}{6} \\ -\frac{1}{3} & \frac{1}{3} & \frac{1}{6} & -\frac{1}{6} \\ -\frac{1}{6} & \frac{1}{6} & \frac{1}{3} & -\frac{1}{3} \\ \frac{1}{6} & -\frac{1}{6} & -\frac{1}{3} & \frac{1}{3} \end{bmatrix} + tk_y \frac{a}{b}\begin{bmatrix} \frac{1}{3} & \frac{1}{6} & -\frac{1}{6} & -\frac{1}{3} \\ \frac{1}{6} & \frac{1}{3} & -\frac{1}{3} & -\frac{1}{6} \\ -\frac{1}{6} & -\frac{1}{3} & \frac{1}{3} & \frac{1}{6} \\ -\frac{1}{3} & -\frac{1}{6} & \frac{1}{6} & \frac{1}{3} \end{bmatrix} \tag{9-55}$$

式(9-30)给出的一阶常微分方程组通常可采用直接积分法进行求解。对于指定温度边界条件，假设在Γ_1上有n_T个节点给定了温度，则方程组(9-30)中需引入的条件为

$$T_i=\overline{T}_i \quad (i=1,2,\cdots,n_T) \tag{9-56}$$

进一步给定时间步长Δt，假定t时刻的温度$\{\boldsymbol{T}\}_t$和$t+\Delta t$时刻的温度$\{\boldsymbol{T}\}_{t+\Delta t}$满足如下关系式：

$$\{\boldsymbol{T}\}_{t+\Delta t}=\{\boldsymbol{T}\}_t+[(1-\theta)\{\dot{\boldsymbol{T}}\}_t+\theta\{\dot{\boldsymbol{T}}\}_{t+\Delta t}]\Delta t \tag{9-57}$$

式中，θ为算法参数。当$\theta=0$时式(9-57)称为向前差分法或者 Euler 法；当$\theta=0.5$时称为中分差分法或者 Grank-Nicolson 格式；当$\theta=2/3$时称为 Galerkin 法；当$\theta=1$时称为向后差分法。

由式(9-30)可得t时刻和$t+\Delta t$时刻的等式如下：

$$[\boldsymbol{C}]\{\dot{\boldsymbol{T}}\}_t+[\boldsymbol{K}]\{\boldsymbol{T}\}_t=\{\boldsymbol{P}\}_t \tag{9-58}$$

$$[\boldsymbol{C}]\{\dot{\boldsymbol{T}}\}_{t+\Delta t}+[\boldsymbol{K}]\{\boldsymbol{T}\}_{t+\Delta t}=\{\boldsymbol{P}\}_{t+\Delta t} \tag{9-59}$$

由式(9-57)求出$\{\dot{\boldsymbol{T}}\}_{t+\Delta t}$以及由式(9-58)求出$\{\dot{\boldsymbol{T}}\}_t$后代入式(9-59)，可得时间域上的积分格式为

$$\left(\frac{1}{\Delta t}[\boldsymbol{C}]+\theta[\boldsymbol{K}]\right)\{\boldsymbol{T}\}_{t+\Delta t}=\left(\frac{1}{\Delta t}[\boldsymbol{C}]-(1-\theta)[\boldsymbol{K}]\right)\{\boldsymbol{T}\}_t+(1-\theta)\{\boldsymbol{P}\}_t+\theta\{\boldsymbol{P}\}_{t+\Delta t} \tag{9-60}$$

由此可知向前差分法为显式算法，而中心差分法、Galerkin 法或向后差分法为隐式算法。对于显式向前差分法，在网格足够密的情况下，采用一致/协调热容矩阵时计算结果更为精确，然而采用集中热容矩阵时计算效率更高。此外，当$[\boldsymbol{K}]$和$[\boldsymbol{C}]$不依赖于温度时，上述直接积分法的临界时间步长为

$$\Delta t_{\mathrm{cr}}=\frac{2}{(1-2\theta)\lambda_{\max}} \tag{9-61}$$

式中，$\lambda_{\max}$为式(9-30)对应的齐次方程的最大特征值。当$\theta=0$时，即采用向前差分法进行时程积分时，所取时间步长Δt必须小于$2/\lambda_{\max}$，这与动力学问题的稳定极限是类似的；而当θ为 0.5 或者更大时，即采用中心差分法、Galerkin 法或向后差分法进行时程积分时，算法是无条件稳定的。上述直接积分法流程如表 9-1 所示。

表 9-1　直接积分法流程

算法：直接积分法
已知：$[\boldsymbol{K}]$、$[\boldsymbol{C}]$、$\{\boldsymbol{P}\}$、$\{\boldsymbol{T}\}_0$、θ和Δt 求：$\{\boldsymbol{T}\}$ 1　计算积分常数：$c_1=\dfrac{1}{\Delta t}$、$c_2=1-\theta$； 2　形成有效刚度矩阵：$[\hat{\boldsymbol{K}}]=c_1[\boldsymbol{C}]+\theta[\boldsymbol{K}]$； 3　对$[\hat{\boldsymbol{K}}]$进行三角分解：$[\hat{\boldsymbol{K}}]=[\boldsymbol{L}][\boldsymbol{D}][\boldsymbol{L}]^{\mathrm{T}}$； 4　for $n<n_{\mathrm{total}}$ do 5　　计算t时刻的有效温度载荷$\{\hat{\boldsymbol{P}}\}_{t+\Delta t}$： 　　$\{\hat{\boldsymbol{P}}\}_{t+\Delta t}=(c_1[\boldsymbol{C}]-c_2[\boldsymbol{K}])\{\boldsymbol{T}\}_t+c_2\{\boldsymbol{P}\}_t+\theta\{\boldsymbol{P}\}_{t+\Delta t}$； 6　　求解$t+\Delta t$时刻的温度： 　　$[\boldsymbol{L}][\boldsymbol{D}][\boldsymbol{L}]^{\mathrm{T}}\{\boldsymbol{T}\}_{t+\Delta t}=\{\hat{\boldsymbol{P}}\}_{t+\Delta t}$； 7　end

9.3.2 稳态热传导有限元列式

对于三维稳态热传导问题，其控制方程及边界条件由式(9-19)和式(9-3)～式(9-5)给出。参考 9.3.1 节瞬态热传导有限元列式的推导过程，基于加权余量法及伽辽金法可得其等效积分弱形式为

$$\int_{\Omega}\left[\left(k_x\frac{\partial\delta T}{\partial x}\frac{\partial T}{\partial x}+k_y\frac{\partial\delta T}{\partial y}\frac{\partial T}{\partial y}+k_z\frac{\partial\delta T}{\partial z}\frac{\partial T}{\partial z}\right)-\delta T\rho Q\right]\mathrm{d}\Omega$$
$$-\int_{\Gamma_2}\delta T\overline{q}\mathrm{d}\Gamma-\int_{\Gamma_3}\delta Th(T_a-T)\mathrm{d}\Gamma=0 \tag{9-62}$$

不难发现，其等价的泛函表达式如下：

$$\Pi(T)=\int_{\Omega}\left[\frac{1}{2}k_x\left(\frac{\partial T}{\partial x}\right)^2+\frac{1}{2}k_y\left(\frac{\partial T}{\partial y}\right)^2+\frac{1}{2}k_z\left(\frac{\partial T}{\partial z}\right)^2-\rho QT\right]\mathrm{d}\Omega$$
$$-\int_{\Gamma_2}\overline{q}T\mathrm{d}\Gamma-\int_{\Gamma_3}h\left(T_a-\frac{1}{2}T\right)T\mathrm{d}\Gamma \tag{9-63}$$

直接基于等效弱形式式(9-62)或对式(9-63)给出的泛函取变分为零，即 $\delta\Pi(T)=0$，可以建立三维稳态热传导问题的有限元列式。即将求解域 Ω 进行离散，采用式(9-27)给出的温度插值格式，则通过上面两式中的任意一式，可得三维稳态热传导问题的有限元求解方程：

$$[\boldsymbol{K}]\{\boldsymbol{T}\}=\{\boldsymbol{P}\} \tag{9-64}$$

其与瞬态热传导有限元离散方程不同，为线性代数方程组，且整体节点温度向量 $\{\boldsymbol{T}\}$ 和整体节点温度载荷向量 $\{\boldsymbol{P}\}$ 均是与时间无关的。整体热传导矩阵 $[\boldsymbol{K}]$ 和整体节点温度载荷向量 $\{\boldsymbol{P}\}$ 元素的具体表达式见式(9-35)～式(9-39)。

采用线性代数方程组的各种解法对由式(9-64)给出的方程组进行求解即可获得三维稳态热传导问题的有限元解。与以上过程类似，可以推导获得二维、轴对称及一维稳态热传导问题的有限元方程。

例 9-3 对于长为 $2l$、截面面积为 A 以及导热系数为 k 的一维杆(图 9-3)，左端和右端的温度分别固定为 0 和100。若将杆均匀划分为两个 2 节点杆单元，计算其温度分布。

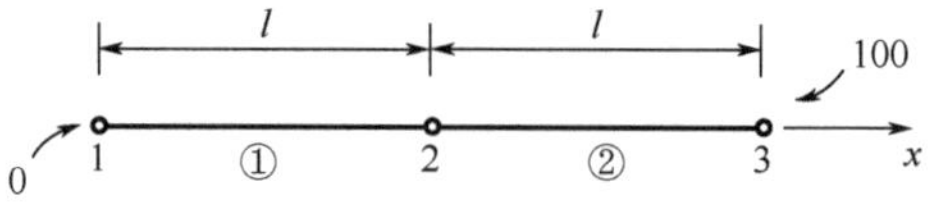

图 9-3 一维杆结构及其有限元离散

解：由例 9-1 可知，一维 2 节点杆单元的热传导矩阵为

$$[\boldsymbol{K}]^e=\frac{kA}{l}\begin{bmatrix}1 & -1\\ -1 & 1\end{bmatrix}=\begin{bmatrix}1 & -1\\ -1 & 1\end{bmatrix} \tag{9-65}$$

则系统的整体热传导矩阵为

$$[\boldsymbol{K}]=\frac{kA}{l}\begin{bmatrix}1 & -1 & 0\\ -1 & 2 & -1\\ 0 & -1 & 1\end{bmatrix} \tag{9-66}$$

此外，系统整体节点温度载荷向量为

$$\{\boldsymbol{P}\}=\begin{Bmatrix}0\\0\\0\end{Bmatrix} \tag{9-67}$$

指定温度边界条件为

$$T_1=0,\quad T_3=100 \tag{9-68}$$

考虑上述边界条件，求解方程$[\boldsymbol{K}]\{\boldsymbol{T}\}=\{\boldsymbol{P}\}$，可得

$$\{\boldsymbol{T}\}=\begin{Bmatrix}0\\50\\100\end{Bmatrix} \tag{9-69}$$

均质杆处于稳态热传导状态时，不难想象杆中温度将呈线性分布。又由网格划分可知，2 号节点正好处于杆的中间，因此该处温度的精确解为50，其与有限元计算结果完全一致。需要指出的是，这是由于有限元中杆单元的温度插值正好是线性的，与问题中的温度分布特征吻合，因此可以求出精确解。对于非线性分布情况，有限元仅能给出近似解。

9.3.3　热应力的计算

当物体内各部分的温度发生变化时，将产生相应的热应变$\alpha\Delta T$，其中α为材料的热膨胀系数(单位：℃$^{-1}$)，$\Delta T=T-T_0$为温度变化。如果物体内各部分的热变形不受任何约束，则物体将自由膨胀或收缩，所产生的变形不会导致物体内出现附加的应力。但是，如果物体在热膨胀或收缩过程中受到约束或者各部分的温度变化不均匀，则会导致物体中产生热应力。此时，物体中任意一点的应力-应变关系可通过式(9-70)计算：

$$\{\boldsymbol{\sigma}\}=[\boldsymbol{D}](\{\boldsymbol{\varepsilon}\}-\{\boldsymbol{\varepsilon}_0\}) \tag{9-70}$$

式中，$\{\boldsymbol{\varepsilon}_0\}$为热变形导致的应变，该应变只包括线应变，而切应变为零。因此，对于三维问题，热应变可表示为

$$\{\boldsymbol{\varepsilon}_0\}=\alpha\Delta T\{1\quad 1\quad 1\quad 0\quad 0\quad 0\}^{\mathrm{T}} \tag{9-71}$$

则系统的势能泛函可写作：

$$\Pi_{\mathrm{P}}=\int_{\Omega}\left(\frac{1}{2}\{\boldsymbol{\varepsilon}\}^{\mathrm{T}}[\boldsymbol{D}]\{\boldsymbol{\varepsilon}\}-\{\boldsymbol{\varepsilon}\}^{\mathrm{T}}[\boldsymbol{D}]\{\boldsymbol{\varepsilon}_0\}-\{\boldsymbol{u}\}^{\mathrm{T}}\{\boldsymbol{b}\}\right)\mathrm{d}\Omega-\int_{\Gamma}\{\boldsymbol{u}\}^{\mathrm{T}}\{\boldsymbol{t}\}\mathrm{d}\Gamma \tag{9-72}$$

式中，$\{\boldsymbol{b}\}$和$\{\boldsymbol{t}\}$分别为体积力和表面力。在求解域上进行离散，由最小势能原理

$$\delta\Pi_{\mathrm{P}}=0 \tag{9-73}$$

可得

$$[\boldsymbol{K}]\{\boldsymbol{U}\}=\{\boldsymbol{F}\} \tag{9-74}$$

与不包含温度应变的求解方程的区别在于载荷向量中包含了温度应变引起的温度载荷：

$$\{\boldsymbol{F}\}=\{\boldsymbol{F}_{\mathrm{b}}\}+\{\boldsymbol{F}_{\mathrm{t}}\}+\{\boldsymbol{F}_{\mathrm{T}}\} \tag{9-75}$$

式中，$\{\boldsymbol{F}_{\mathrm{b}}\}$和$\{\boldsymbol{F}_{\mathrm{t}}\}$分别为体积力和表面力引起的载荷项；$\{\boldsymbol{F}_{\mathrm{T}}\}$为温度引起的载荷项，即

$$\{\boldsymbol{F}_{\mathrm{T}}\}=\sum_{e}\int_{\Omega_e}[\boldsymbol{B}]^{\mathrm{T}}[\boldsymbol{D}]\{\boldsymbol{\varepsilon}_0\}\mathrm{d}\Omega \tag{9-76}$$

除增加了由温度引起的载荷项之外，方程和无热载荷的静力问题求解并无区别。对于动力学问题，热应变同样将导致如式(9-75)所示的附加载荷项，对应的有限元离散控制方程仍然可写作：

$$[\boldsymbol{M}]\{\ddot{\boldsymbol{U}}\}+[\boldsymbol{C}]\{\dot{\boldsymbol{U}}\}+[\boldsymbol{K}]\{\boldsymbol{U}\}=\{\boldsymbol{F}\} \tag{9-77}$$

其求解方法与前面章节中讲到的动力学问题的求解方法一致。

例 9-4　考虑例 9-3 中的杆件，长为 $2l=2$、截面面积为 $A=1$、导热系数为 $k=1$、热膨胀系数为 $\alpha=10^{-6}$ 以及杨氏模量为 $E=10^4$。左端和右端固定位移，假设初始时刻杆上温度为 0，结构中无应力。然后在左右两端分别指定温度为 0 和 100，结构最终处于平衡。同样采用 2 节点杆单元，计算杆中位移。

解：一维 2 节点杆单元的刚度矩阵和温度引起的载荷向量分别为

$$[\boldsymbol{K}]^e=\frac{EA}{l}\begin{bmatrix}1 & -1\\ -1 & 1\end{bmatrix} \tag{9-78}$$

$$\begin{aligned}\{\boldsymbol{F}_{\mathrm{T}}\}^e&=\int_{\Omega_e}[\boldsymbol{B}]^{\mathrm{T}}[\boldsymbol{D}]\{\boldsymbol{\varepsilon}_0\}\mathrm{d}\Omega=\int_0^l\begin{bmatrix}\dfrac{\partial N_1}{\partial x}\\ \dfrac{\partial N_2}{\partial x}\end{bmatrix}E\alpha(N_1\Delta T_1+N_2\Delta T_2)A\mathrm{d}x\\ &=\frac{EA\alpha}{l}\int_0^l\begin{bmatrix}-1\\ 1\end{bmatrix}\left[\left(1-\frac{x}{l}\right)\Delta T_1+\frac{x}{l}\Delta T_2\right]\mathrm{d}x=\frac{EA\alpha}{2l}\begin{Bmatrix}-\Delta T_1-\Delta T_2\\ \Delta T_1+\Delta T_2\end{Bmatrix}\end{aligned} \tag{9-79}$$

式中，ΔT_1 和 ΔT_2 分别为杆单元两节点的温度变化。由例 9-3 可知，结构达到稳态时，各节点的温度变化为

$$\{\Delta\boldsymbol{T}\}=\begin{Bmatrix}0\\ 50\\ 100\end{Bmatrix} \tag{9-80}$$

则系统整体刚度矩阵和温度引起的载荷向量分别为

$$[\boldsymbol{K}]=\frac{EA}{l}\begin{bmatrix}1 & -1 & 0\\ -1 & 2 & -1\\ 0 & -1 & 1\end{bmatrix}=10^4\times\begin{bmatrix}1 & -1 & 0\\ -1 & 2 & -1\\ 0 & -1 & 1\end{bmatrix} \tag{9-81}$$

$$\{\boldsymbol{F}_{\mathrm{T}}\}=\frac{EA\alpha}{2l}\begin{Bmatrix}-\Delta T_1-\Delta T_2\\ \Delta T_1+\Delta T_2-\Delta T_2-\Delta T_3\\ \Delta T_2+\Delta T_3\end{Bmatrix}=5\times10^{-3}\times\begin{Bmatrix}-50\\ -100\\ 150\end{Bmatrix} \tag{9-82}$$

由左右两端固定，即位移边界条件为

$$U_1=0,\quad U_3=0 \tag{9-83}$$

考虑上述边界条件，求解方程 $[\boldsymbol{K}]\{\boldsymbol{U}\}=\{\boldsymbol{F}_{\mathrm{T}}\}$，可得

$$\{\boldsymbol{U}\}=-2.5\times10^{-5}\times\begin{Bmatrix}0\\ 1\\ 0\end{Bmatrix} \tag{9-84}$$

习　　题

9-1　比较稳态温度场有限元方程和弹性静力学有限元方程的相同点和不同点；比较瞬态温度场有限元方程和弹性动力学有限元方程的相同点和不同点。

9-2　瞬态热传导问题和稳态热传导问题的区别何在？比较两类问题的有限元离散方法和离散后的方程的相同点和不同点。

9-3　什么是热应变？什么是热应力？如何对结构的热应力进行有限元分析？具体步骤是什么？

9-4　导出利用 4 节点平面等参温度单元进行稳态温度场分析的求解方程。

9-5　导出利用 3 节点三角形单元对轴对称瞬态热传导问题进行有限元分析的求解方程。

9-6　编制一维瞬态热传导问题(包括三类边界条件)的有限元分析程序。

9-7　编制二维稳态热传导问题(包括三类边界条件)的有限元分析程序。

第 10 章　扩展多尺度有限元方法

10.1　引　　言

有限元方法作为一种经典的数值计算方法，在众多领域中获得了广泛应用。然而针对微观非均质性较强的材料和结构的力学行为分析，由于微观非均质特征尺度和宏观结构整体尺度差异较大、具有很强的多尺度特征，采用前面章节所介绍的有限元方法进行分析时，往往需要划分足够精细的网格才能较好地表征结构的微观非均质性，从而获得比较准确的计算结果，但这将导致计算规模大、计算效率低等问题。为了克服非均质材料和结构力学行为分析所面临的困难，众多学者提出了各种各样的新方法及其改进方法，其中扩展多尺度有限元方法就是新近被提出并不断发展的一类高效方法。

扩展多尺度有限元方法属于多尺度有限元方法的一种。Babuska 等较早地针对多尺度有限元方法开展了研究，Hou 等和 Efendiev 等随后进一步推动了该方法的发展并作出了重要贡献。多尺度有限元方法早期主要被用于标量场问题的分析中，如传热和渗流问题等。针对矢量场问题的分析，张洪武等提出了扩展多尺度有限元方法（EMsFEM）。目前扩展多尺度有限元方法已被成功应用于一系列力学问题的数值分析中，如静力、动力、弹塑性、断裂破坏、热力耦合、液固耦合等问题。

本章围绕扩展多尺度有限元方法，首先介绍其总体思想及数值基函数的构造方法，然后介绍升尺度和降尺度计算方法，最后以两个算例来介绍扩展多尺度有限元方法的典型应用。

10.2　总 体 思 想

扩展多尺度有限元方法的实施主要包括数值基函数构造、升尺度计算和降尺度计算三个方面，总体分析流程如图 10-1 所示。扩展多尺度有限元方法的核心思想是将问题求解域划分

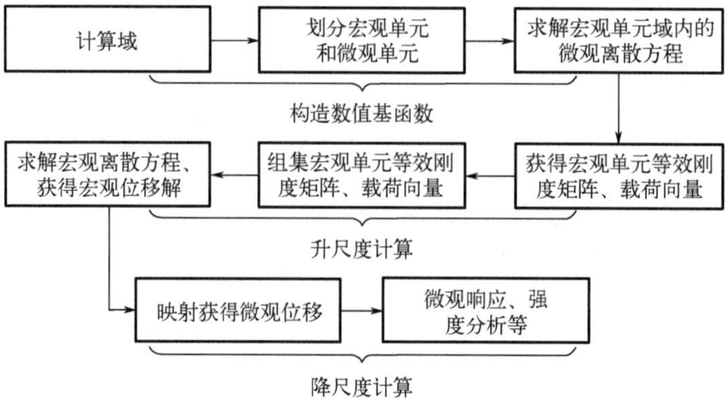

图 10-1　扩展多尺度有限元方法的总体分析流程

为宏观单元与微观单元两套网格，其中微观单元用于表征结构的非均质特性，而宏观单元用于求解整体结构的响应，宏观和微观两套单元之间的信息传递则通过数值基函数(数值插值形函数)来完成。值得注意的是，与前面章节中所介绍的具有显式数学表达式的插值形函数不同，宏观单元的插值形函数是通过在该单元上利用其对应的微观单元求解局部边值问题，进而用数值的方法构造出满足局部特性微分算子的数值基函数，然后可将微观尺度下的问题通过升尺度计算转化为在宏观尺度上求解。最后，运用降尺度技术，通过数值基函数与宏观层面的计算结果便可以求得求解域内微观尺度上的结构响应。

扩展多尺度有限元方法的优势在于，在整个过程中若宏观单元内部的材料属性发生变化，其对应的数值基函数也将产生对应的变化，从而能够很好地反映出结构的宏微观多尺度特征及微观非均质特性对计算结果的影响。数值基函数有效弥补了传统有限元方法中常用的多项式插值形函数的不足，即传统方法通常只能考虑每个单元内部的材料属性为均质的情形。此外，由于各个宏观单元的数值基函数是在其所在的局部域上通过独立求解边值问题而获得的，因此各自的数值基函数相互独立，求解时可方便地采用并行方式进行计算，进一步提高计算效率。

10.3　数值基函数的构造方法

本节主要以弹性静力学问题为例介绍扩展多尺度有限元方法数值基函数的构造方法。弹性静力学问题的控制方程采用矩阵形式可写作如下形式：

$$[\boldsymbol{L}]^{\mathrm{T}}\{\boldsymbol{\sigma}\}+\{\boldsymbol{b}\}=\mathbf{0} \tag{10-1}$$

$$\{\boldsymbol{\sigma}\}=[\boldsymbol{D}]\{\boldsymbol{\varepsilon}\} \tag{10-2}$$

$$\{\boldsymbol{\varepsilon}\}=[\boldsymbol{L}]\{\boldsymbol{u}\} \tag{10-3}$$

式中，$\{\boldsymbol{u}\}$ 为位移场自由度；$\{\boldsymbol{\sigma}\}$ 和 $\{\boldsymbol{\varepsilon}\}$ 分别为应力和应变；$\{\boldsymbol{b}\}$ 为体力载荷；$[\boldsymbol{D}]$ 为弹性矩阵；$[\boldsymbol{L}]$ 为微分算子，其表达式为

$$[\boldsymbol{L}]=\begin{bmatrix} \dfrac{\partial}{\partial x} & 0 & 0 & \dfrac{\partial}{\partial y} & 0 & \dfrac{\partial}{\partial z} \\ 0 & \dfrac{\partial}{\partial y} & 0 & \dfrac{\partial}{\partial x} & \dfrac{\partial}{\partial z} & 0 \\ 0 & 0 & \dfrac{\partial}{\partial z} & 0 & \dfrac{\partial}{\partial y} & \dfrac{\partial}{\partial x} \end{bmatrix}^{\mathrm{T}} \tag{10-4}$$

弹性静力学问题的边界条件包括 Dirichlet 边界条件和 Neumann 边界条件，即指定位移和指定载荷边界条件，可分别表示为如下形式：

$$\{\boldsymbol{u}\}=\{\overline{\boldsymbol{u}}\} \quad (\text{在}\varGamma_u\text{上}) \tag{10-5}$$

$$[\boldsymbol{n}]^{\mathrm{T}}\{\boldsymbol{\sigma}\}=\{\boldsymbol{t}\} \quad (\text{在}\varGamma_t\text{上}) \tag{10-6}$$

式中，$\{\overline{\boldsymbol{u}}\}$ 和 $\{\boldsymbol{t}\}$ 分别为对应边界 $\varGamma_u$ 和 $\varGamma_t$ 上的指定位移以及指定载荷向量；$[\boldsymbol{n}]$ 为与外法线方向相关的矩阵，即

$$[\boldsymbol{n}]=\begin{bmatrix} n_x & 0 & 0 & n_y & 0 & n_z \\ 0 & n_y & 0 & n_x & n_z & 0 \\ 0 & 0 & n_z & 0 & n_y & n_x \end{bmatrix}^{\mathrm{T}} \tag{10-7}$$

式中，(n_x,n_y,n_z) 为边界 $\varGamma_t$ 的外法线单位方向矢量。

对于二维弹性静力学问题，假定求解域为一矩形区域。在宏观层次采用规则的矩形宏观单元或非规则的多节点多边形宏观单元进行划分，分别如图 10-2(a)和(b)所示。对应地，取出其中一个宏观单元 E，在 E 中继续采用传统的二维单元进行网格剖分可得其对应的微观单元。图 10-2 展示了 4 节点/6 节点宏观单元及传统二维 4 节点微观单元离散后的结构图。

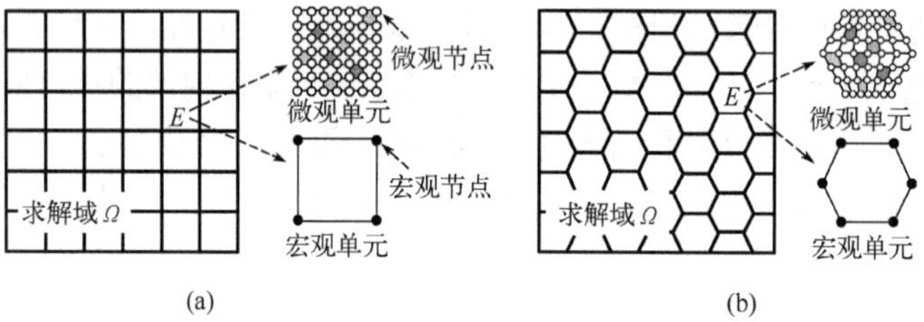

图 10-2　扩展多尺度有限元方法宏观单元和微观单元的示意图

考虑宏观单元 E，其数值基函数为该宏观单元域内对应的微观单元所构成的局部边值问题的解。为构造该单元对应的数值基函数，首先构造宏观单元 E 域内边值问题对应的离散格式。宏观单元 E 域内任意微观单元 e 为常规单元，因此如前面章节所述，其位移场泛函可写作如下形式：

$$\varPi_e=\frac{1}{2}\int_{\varOmega^e}\{\boldsymbol{\varepsilon}\}^{\mathrm{T}}[\boldsymbol{D}]\{\boldsymbol{\varepsilon}\}\mathrm{d}\varOmega-\int_{\varOmega^e}\{\boldsymbol{u}\}^{\mathrm{T}}\{\boldsymbol{b}\}\mathrm{d}\varOmega-\int_{\varGamma_t^e}\{\boldsymbol{u}\}^{\mathrm{T}}\{\boldsymbol{t}\}\mathrm{d}\varGamma \tag{10-8}$$

微观单元 e 内任意一点的位移可按传统有限元方法中的插值方式进行计算，即

$$\{\boldsymbol{u}\}=[\tilde{\boldsymbol{N}}]\{\tilde{\boldsymbol{u}}\}_e \tag{10-9}$$

其中，任意一点的位移 $\{\boldsymbol{u}\}=\{u_x,u_y\}^{\mathrm{T}}$；此外，$\{\tilde{\boldsymbol{u}}\}_e=\{u_{1x},u_{1y},\cdots,u_{ix},u_{iy},\cdots,u_{4x},u_{4y}\}^{\mathrm{T}}$ 为由微观单元 e 的节点位移组成的向量(i 为微观单元局部节点编号)，$[\tilde{\boldsymbol{N}}]$ 为传统有限元方法中的插值形函数矩阵。对于二维 4 节点单元，可采用双线性插值函数获得，即

$$[\tilde{\boldsymbol{N}}]=\begin{bmatrix} N_1 & 0 & N_2 & 0 & N_3 & 0 & N_4 & 0 \\ 0 & N_1 & 0 & N_2 & 0 & N_3 & 0 & N_4 \end{bmatrix} \tag{10-10}$$

式中，$N_i(i=1,2,3,4)$ 为节点 i 的插值形函数，其具有如下形式

$$\begin{cases} N_1=\dfrac{1}{4}(1-\xi)(1-\eta) \\ N_2=\dfrac{1}{4}(1+\xi)(1-\eta) \\ N_3=\dfrac{1}{4}(1+\xi)(1+\eta) \\ N_4=\dfrac{1}{4}(1-\xi)(1+\eta) \end{cases} \tag{10-11}$$

式中，ξ 和 η 分别为 4 节点单元中任意一点的局部坐标。

根据式(10-3)和式(10-9)，则微观单元 e 内任意一点的应变-位移关系可写作：

$$\{\boldsymbol{\varepsilon}\}=[\boldsymbol{B}]\{\tilde{\boldsymbol{u}}\}_e \tag{10-12}$$

式中，$[\boldsymbol{B}]$ 为应变阵。

将式(10-9)和式(10-10)代入式(10-8)，则泛函表达式变为

$$\varPi_e=\frac{1}{2}\int_{\varOmega^e}([\boldsymbol{B}]\{\tilde{\boldsymbol{u}}\}_e)^{\mathrm{T}}[\boldsymbol{D}][\boldsymbol{B}]\{\tilde{\boldsymbol{u}}\}_e\mathrm{d}\varOmega-\int_{\varOmega^e}([\tilde{\boldsymbol{N}}]\{\tilde{\boldsymbol{u}}\}_e)^{\mathrm{T}}\{\boldsymbol{b}\}\mathrm{d}\varOmega-\int_{\varGamma_t^e}([\tilde{\boldsymbol{N}}]\{\tilde{\boldsymbol{u}}\}_e)^{\mathrm{T}}\{\boldsymbol{t}\}\mathrm{d}\varGamma \tag{10-13}$$

由于 $\{\tilde{\boldsymbol{u}}\}_e$ 为微观节点位移，对于每个单元上的积分来说其可看作常数，即可移到积分符号外，因此式(10-13)可简化为

$$\varPi_e=\frac{1}{2}\{\tilde{\boldsymbol{u}}\}_e^{\mathrm{T}}[\tilde{\boldsymbol{K}}]_e\{\tilde{\boldsymbol{u}}\}_e-\{\tilde{\boldsymbol{u}}\}_e^{\mathrm{T}}\{\tilde{\boldsymbol{F}}\}_e \tag{10-14}$$

式中，$[\tilde{\boldsymbol{K}}]_e$ 为微观单元刚度矩阵；$\{\tilde{\boldsymbol{F}}\}_e$ 为微观载荷向量，其分别为

$$[\tilde{\boldsymbol{K}}]_e=\int_{\varOmega^e}[\boldsymbol{B}]^{\mathrm{T}}[\boldsymbol{D}][\boldsymbol{B}]\mathrm{d}\varOmega \tag{10-15}$$

$$\{\tilde{\boldsymbol{F}}\}_e=\int_{\varOmega^e}[\tilde{\boldsymbol{N}}]^{\mathrm{T}}\{\boldsymbol{b}\}\mathrm{d}\varOmega-\int_{\varGamma_t^e}[\tilde{\boldsymbol{N}}]^{\mathrm{T}}\{\boldsymbol{t}\}\mathrm{d}\varGamma \tag{10-16}$$

将宏观单元 E 域内的所有微观单元泛函进行累加后，得到宏观单元域上的总位移泛函，即

$$\varPi_E=\sum_{e=1}^{m_e}\varPi_e \tag{10-17}$$

式中，m_e 为宏观单元 E 内的微观单元个数。

对式(10-17)进行变分，即

$$\delta\varPi_E=0 \tag{10-18}$$

则最终可求得以微观节点位移为自由度的宏观单元 E 上的静力平衡方程：

$$[\tilde{\boldsymbol{K}}]_E\{\tilde{\boldsymbol{u}}\}_E=\{\tilde{\boldsymbol{F}}\}_E \tag{10-19}$$

式中，$\{\tilde{\boldsymbol{u}}\}_E$ 为宏观单元域内所有微观节点的位移向量，宏观单元域内所有微观单元的整体刚度矩阵 $[\tilde{\boldsymbol{K}}]_E$ 与相应的载荷向量 $\{\tilde{\boldsymbol{F}}\}_E$ 分别为

$$[\tilde{\boldsymbol{K}}]_E=\sum_e[\tilde{\boldsymbol{K}}]_e,\quad \{\tilde{\boldsymbol{F}}\}_E=\sum_e\{\tilde{\boldsymbol{F}}\}_e \tag{10-20}$$

即宏观单元 E 上的整体刚度矩阵和载荷向量可由微观单元刚度矩阵和载荷向量组装集而成。

忽略载荷 $\{\tilde{\boldsymbol{F}}\}_E$ 作用并采用适当的边界条件，通过在宏观单元 E 域内的微观单元集上求解如式(10-19)所示的位移边值问题，所求得的 $\{\tilde{\boldsymbol{u}}\}_E$ 即为宏观单元 E 对应的数值基函数矩阵 $[\boldsymbol{N}]_E$。具体而言，以宏观单元 E 中的第 d 个节点为例，其对应的数值基函数由两个 $2n_e\times 1$ 的向量组成(其中，n_e 为宏观单元 E 内的微观节点总数)，可分别写作 $\{\boldsymbol{N}\}_{Edx}$ 和 $\{\boldsymbol{N}\}_{Edy}$。在扩展多尺度有限元方法中，$\{\boldsymbol{N}\}_{Edx}$ 和 $\{\boldsymbol{N}\}_{Edy}$ 需分别满足如下的静力平衡方程和边界条件：

$$\begin{aligned}&[\tilde{\boldsymbol{K}}]_E\{\boldsymbol{N}\}_{Edx}=\boldsymbol{0}\quad(\text{在}\varOmega^E\text{内})\\&\{\boldsymbol{N}\}_{Edx}=\{\xi\}_{Edx}\quad(\text{在}\varGamma^E\text{上})\end{aligned} \tag{10-21}$$

$$
\begin{aligned}
&[\tilde{\boldsymbol{K}}]_E\{\boldsymbol{N}\}_{Edy}=\boldsymbol{0} \quad (\text{在}\Omega^E\text{内}) \\
&\{\boldsymbol{N}\}_{Edy}=\{\boldsymbol{\xi}\}_{Edy} \quad (\text{在}\Gamma^E\text{上})
\end{aligned} \tag{10-22}
$$

式中，$\{\boldsymbol{\xi}\}_{Edx}$ 和 $\{\boldsymbol{\xi}\}_{Edy}$ 为施加在边界上的指定位移。通过求解上述方程可得 $\{\boldsymbol{N}\}_{Edx}$ 和 $\{\boldsymbol{N}\}_{Edy}$，用分量形式表达可写作：

$$
\begin{aligned}
\{\boldsymbol{N}\}_{Edx}&=\{N_{Ed1xx} \quad N_{Ed1yx} \quad N_{Ed2xx} \quad \cdots \quad N_{Edn_exx} \quad N_{Edn_eyx}\}^{\mathrm{T}} \\
\{\boldsymbol{N}\}_{Edy}&=\{N_{Ed1xy} \quad N_{Ed1yy} \quad N_{Ed2xy} \quad \cdots \quad N_{Edn_exy} \quad N_{Edn_eyy}\}^{\mathrm{T}}
\end{aligned} \tag{10-23}
$$

式中，N_{Edixx} 和 N_{Ediyx} 分别为宏观单元 E 节点 d 在 x 方向的单位位移导致的域内微观单元节点 i 在 x 和 y 方向的位移；N_{Edixy} 和 N_{Ediyy} 分别为宏观单元 E 节点 d 在 y 方向的单位位移导致的域内微观单元节点 i 在 x 和 y 方向的位移。

因此，宏观单元 E 对应的数值基函数矩阵 $[\boldsymbol{N}]_E$ 可表示为

$$
[\boldsymbol{N}]_E=\{\boldsymbol{N}_{E1x} \quad \boldsymbol{N}_{E1y} \quad \boldsymbol{N}_{E2x} \quad \cdots \quad \boldsymbol{N}_{En_Ey}\} \tag{10-24}
$$

式中，n_E 为宏观单元 E 的宏观节点个数。不难证明，数值基函数满足归一性条件，即

$$
\begin{aligned}
&\sum_{d=1}^{n_E}N_{Edixx}=1, \quad \sum_{d=1}^{n_E}N_{Ediyx}=0 \\
&\sum_{d=1}^{n_E}N_{Ediyy}=1, \quad \sum_{d=1}^{n_E}N_{Edixy}=0
\end{aligned} \tag{10-25}
$$

此外，若所考虑的宏观单元退化为均质单元，则 N_{Edixx} 和 N_{Ediyy} 与传统双线性插值函数的取值一致。

进一步，微观单元节点位移向量 $\{\tilde{\boldsymbol{u}}\}_E$ 和宏观单元节点位移向量 $\{\boldsymbol{u}\}_E$ 的关系可写作：

$$
\{\tilde{\boldsymbol{u}}\}_E=[\boldsymbol{N}]_E\{\boldsymbol{u}\}_E \tag{10-26}
$$

从式(10-26)和式(10-23)可以看出，与传统解析表达式所给出的位移插值不同的是，数值基函数包含了耦合项 N_{Ediyx} 和 N_{Edixy}，即宏观单元域内微观节点的 x 或 y 方向的位移不仅与其宏观单元节点对应方向上的位移有关，而且与其他方向的位移相关联。需要指出的是，矢量场问题的数值基函数中包含了耦合项，而标量场问题的数值基函数则没有此项。此外，由于扩展多尺度有限元方法中的宏观与微观相互联系的基函数不仅以数值的方式呈现，同时还考虑了耦合项，因此其比具有相同尺寸的传统单元具有更好的局部变形特征表征能力，提高了计算精度。

在扩展多尺度有限元方法中，针对不同问题应采用不同的边界条件来构造相应的数值基函数，以便具有更好的适用性。针对一般非均质材料和结构，可以采用线性边界条件来构造数值基函数；对于周期性结构则可以采用周期性边界条件来构造相应的数值基函数；对于非均质性较强的材料和结构，则可结合超样本技术采用振荡边界条件来构造数值基函数。

10.3.1　线性边界条件

线性边界条件是指为构造数值基函数 $\{\boldsymbol{N}\}_{Edx}$ 或 $\{\boldsymbol{N}\}_{Edy}$，在宏观单元 E 的第 d 个节点所在位置处指定其 x 或 y 方向的位移为单位1，而在其他宏观节点处指定相同方向的位移为0，边

界上相邻宏观节点之间的位移则按线性变化。

考虑如图 10-3 所示的一个典型的 4 节点矩形宏观单元，图中数字 1～4 为宏观节点编号，其域内用矩形微观单元进行离散。在构造数值基函数 $\{\boldsymbol{N}\}_{E1x}$ 时，其对应的线性边界条件如图 10-3(a)所示，即边界 12 和 14 上的 x 方向位移由 1 节点处的单位 1 逐渐减小为 2 和 4 节点处的 0，边界 23 和 34 上的 x 方向位移为 0，四条边上的 y 方向位移均为 0，将此边界条件代入式(10-21)即可获得 $\{\boldsymbol{N}\}_{E1x}$。在构造数值基函数 $\{\boldsymbol{N}\}_{E1y}$ 时，其对应的线性边界条件如图 10-3(b)所示，即边界 12 和 14 上的 y 方向位移由 1 节点处的单位 1 逐渐减小为 2 和 4 节点处的 0，边界 23 和 34 上的 y 方向位移为 0，四条边上的 x 方向位移均为 0，将此边界条件代入式(10-22)即可获得 $\{\boldsymbol{N}\}_{E1y}$。

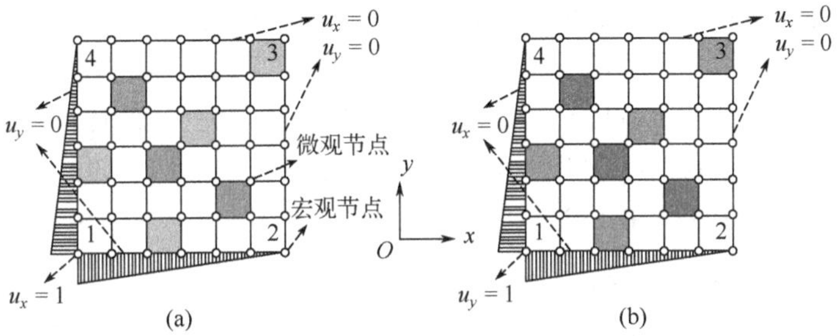

图 10-3　线性边界条件示意图

通过类似的方式，可进一步构造其他节点处的数值形函数 $\{\boldsymbol{N}\}_{E2x}$、$\{\boldsymbol{N}\}_{E2y}$、$\{\boldsymbol{N}\}_{E3x}$、$\{\boldsymbol{N}\}_{E3y}$、$\{\boldsymbol{N}\}_{E4x}$ 及 $\{\boldsymbol{N}\}_{E4y}$，集成即可获得宏观单元的数值形函数矩阵：

$$[\boldsymbol{N}]_E=\{\boldsymbol{N}_{E1x}\quad \boldsymbol{N}_{E1y}\quad \boldsymbol{N}_{E2x}\quad \boldsymbol{N}_{E2y}\quad \boldsymbol{N}_{E3x}\quad \boldsymbol{N}_{E3y}\quad \boldsymbol{N}_{E4x}\quad \boldsymbol{N}_{E4y}\} \tag{10-27}$$

例 10-1　如图 10-4 所示的 4 节点平面宏观单元 E，其宏观节点分别为 1、2、3 和 4。该宏观单元域内采用 2×2 的平面 4 节点等参单元进行离散，对应的微观单元节点分别为①，②，…，⑨，微观单元均为正方形且边长为 1。宏观单元域内的杨氏模量随位置而变化，其中 $E_1=1$、$E_2=0.75$ 和 $E_3=0.5$，泊松比均为 0.3。考虑平面应力问题，厚度为 1。求采用线性边界条件时该宏观单元对应的数值基函数。

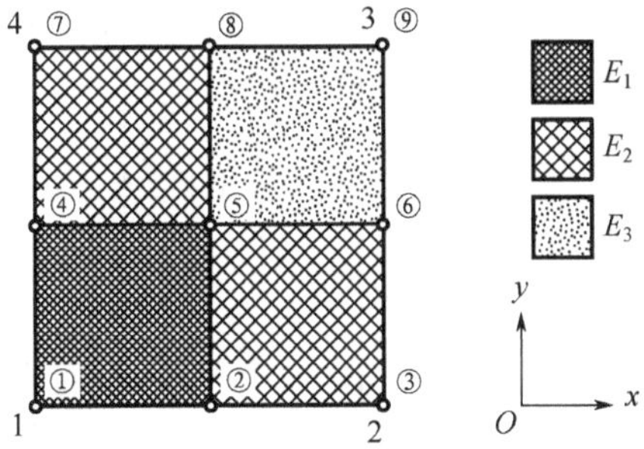

图 10-4　数值基函数构造算例示意图

解: 由图 10-4 可知，微观单元节点中除了第⑤号节点外，其余节点均在宏观单元边界上，因此这些节点具有指定位移。将①～④号和⑥～⑨号微观单元节点的两个方向的位移按 $\{\hat{u}_{①x}\quad \hat{u}_{①y}\quad \hat{u}_{②x}\quad \cdots\quad \hat{u}_{④y}\quad \hat{u}_{⑥x}\quad \cdots\quad \hat{u}_{⑨y}\}^{\mathrm{T}}$ 的形式组成一个列向量且具有给定的位移值，则

该列向量即为$\{\xi\}_{Edx}$或$\{\xi\}_{Edy}$。具体而言，对于数值基函数$\{\boldsymbol{N}\}_{E1x}$和$\{\boldsymbol{N}\}_{E1y}$的求解，可知其对应的边界条件为

$$\begin{aligned}\{\xi\}_{E1x} &= \{1.0 \quad 0 \quad 0.5 \quad 0 \quad 0 \quad 0 \quad 0.5 \quad 0 \quad 0 \quad 0 \quad 0 \quad 0 \quad 0 \quad 0 \quad 0 \quad 0\}^{\mathrm{T}} \\ \{\xi\}_{E1y} &= \{0 \quad 1.0 \quad 0 \quad 0.5 \quad 0 \quad 0 \quad 0 \quad 0.5 \quad 0 \quad 0 \quad 0 \quad 0 \quad 0 \quad 0 \quad 0 \quad 0\}^{\mathrm{T}}\end{aligned} \tag{10-28}$$

第一个微观单元的刚度矩阵为(该微观单元节点局部排序为①②⑤④)

$$[\tilde{\boldsymbol{K}}]_1 = \begin{bmatrix} 0.495 & 0.179 & -0.302 & -0.014 & -0.247 & -0.179 & 0.055 & 0.014 \\ 0.179 & 0.495 & 0.014 & 0.055 & -0.179 & -0.247 & -0.014 & -0.302 \\ -0.302 & 0.014 & 0.495 & -0.179 & 0.055 & -0.014 & -0.247 & 0.179 \\ -0.014 & 0.055 & -0.179 & 0.495 & 0.014 & -0.302 & 0.179 & -0.247 \\ -0.247 & -0.179 & 0.055 & 0.014 & 0.495 & 0.179 & -0.302 & -0.014 \\ -0.179 & -0.247 & -0.014 & -0.302 & 0.179 & 0.495 & 0.014 & 0.055 \\ 0.055 & -0.014 & -0.247 & 0.179 & -0.302 & 0.014 & 0.495 & -0.179 \\ 0.014 & -0.302 & 0.179 & -0.247 & -0.014 & 0.055 & -0.179 & 0.495 \end{bmatrix} \tag{10-29}$$

易知其他微观单元刚度矩阵为$[\tilde{\boldsymbol{K}}]_1$与该单元的杨氏模量的乘积。由四个微观单元刚度矩阵组集可得到宏观单元域内对应的整体刚度矩阵$[\tilde{\boldsymbol{K}}]_E$，进一步将$[\tilde{\boldsymbol{K}}]_E$和式(10-28)中$\{\xi\}_{E1x}$或$\{\xi\}_{E1y}$分别代入式(10-21)和式(10-22)可得

$$\{\boldsymbol{N}\}_{E1x} = \begin{Bmatrix} 1.000 \\ 0 \\ 0.500 \\ 0 \\ 0 \\ 0 \\ 0.500 \\ 0 \\ 0.313 \\ 0.120 \\ 0 \\ 0 \\ 0 \\ 0 \\ 0 \\ 0 \\ 0 \\ 0 \end{Bmatrix}, \quad \{\boldsymbol{N}\}_{E1y} = \begin{Bmatrix} 0 \\ 1.000 \\ 0 \\ 0.500 \\ 0 \\ 0 \\ 0 \\ 0.500 \\ 0.120 \\ 0.313 \\ 0 \\ 0 \\ 0 \\ 0 \\ 0 \\ 0 \\ 0 \\ 0 \end{Bmatrix} \tag{10-30}$$

采用类似的方法，可得$\{\boldsymbol{N}\}_{Edx}$和$\{\boldsymbol{N}\}_{Edy}(d=2,3,4)$。因此，宏观单元的数值基函数为

$$[\boldsymbol{N}]_E=\{\boldsymbol{N}_{E1x}\quad \boldsymbol{N}_{E1y}\quad \boldsymbol{N}_{E2x}\quad \boldsymbol{N}_{E2y}\quad \boldsymbol{N}_{E3x}\quad \boldsymbol{N}_{E3y}\quad \boldsymbol{N}_{E4x}\quad \boldsymbol{N}_{E4y}\}$$

$$=\begin{bmatrix} 1.000 & 0 & 0 & 0 & 0 & 0 & 0 & 0\\ 0 & 1.000 & 0 & 0 & 0 & 0 & 0 & 0\\ 0.500 & 0 & 0.500 & 0 & 0 & 0 & 0 & 0\\ 0 & 0.500 & 0 & 0.500 & 0 & 0 & 0 & 0\\ 0 & 0 & 1.000 & 0 & 0 & 0 & 0 & 0\\ 0 & 0 & 0 & 1.000 & 0 & 0 & 0 & 0\\ 0.500 & 0 & 0 & 0 & 0 & 0 & 0.500 & 0\\ 0 & 0.500 & 0 & 0 & 0 & 0 & 0 & 0.500\\ 0.313 & 0.120 & 0.220 & -0.093 & 0.188 & 0.060 & 0.280 & -0.088\\ 0.120 & 0.313 & -0.088 & 0.280 & 0.060 & 0.188 & -0.093 & 0.220\\ 0 & 0 & 0.500 & 0 & 0.500 & 0 & 0 & 0\\ 0 & 0 & 0 & 0.500 & 0 & 0.500 & 0 & 0\\ 0 & 0 & 0 & 0 & 0 & 0 & 1.000 & 0\\ 0 & 0 & 0 & 0 & 0 & 0 & 0 & 1.000\\ 0 & 0 & 0 & 0 & 0.500 & 0 & 0.500 & 0\\ 0 & 0 & 0 & 0 & 0 & 0.500 & 0 & 0.500\\ 0 & 0 & 0 & 0 & 1.000 & 0 & 0 & 0\\ 0 & 0 & 0 & 0 & 0 & 1.000 & 0 & 0 \end{bmatrix} \tag{10-31}$$

为方便比较，可写出宏观节点 1 对应的常规双线性插值函数在各个微观单元节点处的值为

$$[\boldsymbol{N}]'_E=\{\boldsymbol{N}'_{E1x}\quad \boldsymbol{N}'_{E1y}\quad \boldsymbol{N}'_{E2x}\quad \boldsymbol{N}'_{E2y}\quad \boldsymbol{N}'_{E3x}\quad \boldsymbol{N}'_{E3y}\quad \boldsymbol{N}'_{E4x}\quad \boldsymbol{N}'_{E4y}\}$$

$$=\begin{bmatrix} 1.000 & 0 & 0 & 0 & 0 & 0 & 0 & 0\\ 0 & 1.000 & 0 & 0 & 0 & 0 & 0 & 0\\ 0.500 & 0 & 0.500 & 0 & 0 & 0 & 0 & 0\\ 0 & 0.500 & 0 & 0.500 & 0 & 0 & 0 & 0\\ 0 & 0 & 1.000 & 0 & 0 & 0 & 0 & 0\\ 0 & 0 & 0 & 1.000 & 0 & 0 & 0 & 0\\ 0.500 & 0 & 0 & 0 & 0 & 0 & 0.500 & 0\\ 0 & 0.500 & 0 & 0 & 0 & 0 & 0 & 0.500\\ 0.250 & 0 & 0.250 & 0 & 0.250 & 0 & 0.250 & 0\\ 0 & 0.250 & 0 & 0.250 & 0 & 0.250 & 0 & 0.250\\ 0 & 0 & 0.500 & 0 & 0.500 & 0 & 0 & 0\\ 0 & 0 & 0 & 0.500 & 0 & 0.500 & 0 & 0\\ 0 & 0 & 0 & 0 & 0 & 0 & 1.000 & 0\\ 0 & 0 & 0 & 0 & 0 & 0 & 0 & 1.000\\ 0 & 0 & 0 & 0 & 0.500 & 0 & 0.500 & 0\\ 0 & 0 & 0 & 0 & 0 & 0.500 & 0 & 0.500\\ 0 & 0 & 0 & 0 & 1.000 & 0 & 0 & 0\\ 0 & 0 & 0 & 0 & 0 & 1.000 & 0 & 0 \end{bmatrix} \tag{10-32}$$

图 10-5(a)和(b)分别给出了宏观单元内部数值基函数 N_{E1xx} 和 N_{E1yx} 以及常规双线性插

值函数 N'_{E1xx} 和 N'_{E1yx} 的分布情况。可以看出，数值基函数可以更好地表征非均质特性导致的内部非均匀变形行为，同时也可表征两个方向的耦合变形行为。

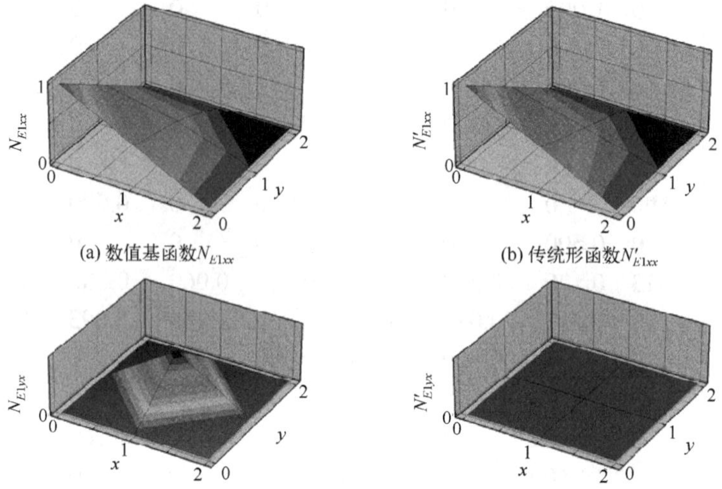

(a) 数值基函数 N_{E1xx}　(b) 传统形函数 N'_{E1xx}

(c) 数值基函数 N_{E1yx}　(d) 传统形函数 N'_{E1yx}

图 10-5　传统形函数与数值基函数的比较

10.3.2　周期性边界条件

对于具有周期性的非均质结构，可将该结构划分为具有周期性的宏观单元。进一步，为了更好地表征材料性质及变形周期性变化的影响，通常可采用周期性边界条件来构造相应的数值基函数。

周期性边界条件的核心思想为在对边上引入相对位移进而构造数值基函数。如图 10-6 所示为一个典型的 4 节点矩形宏观单元，图中数字 1～4 为宏观节点编号，其域内用矩形微观单元进行离散。当构造节点 1 的 x 方向数值基函数 $\{\boldsymbol{N}\}_{E1x}$ 时，其对应的边界条件如图 10-6(a)所示，即边界 14 和 23 上的 x 方向的相对位移为 $\varDelta$，边界 12 和 43 上的 x 方向的相对位移为 $\varDelta$，$\varDelta$ 表示从 1 到 0 的线性变化。另外，节点 3 的 x 和 y 方向位移均为 0，节点 1 和 4 的 x 方向位移差为 1，节点 1 和 2 的 x 方向位移差为 1，边界 14 和 23 上的 y 方向位移相等，边界 12 和 43 上的 y 方向位移相等，将此边界条件代入式(10-21)即可获得 $\{\boldsymbol{N}\}_{E1x}$。当构造节点 1 的 y 方向数值基函数 $\{\boldsymbol{N}\}_{E1y}$ 时，其对应的边界条件如图 10-6(b)所示，即边界 14 和 23 上的 y 方向的相对位移为 $\varDelta$，边界 12 和 43 上的 y 方向的相对位移为 $\varDelta$，并且节点 3 的 x 和 y 方向位移均为 0，节点 1 和 4 的 y 方向位移差为 1，节点 1 和 2 的 y 方向位移差为 1，边界 14 和 23 的 x 方向位移相等，边界 12 和 43 的 x 方向位移相等，将此边界条件代入式(10-22)即可获得 $\{\boldsymbol{N}\}_{E1y}$。

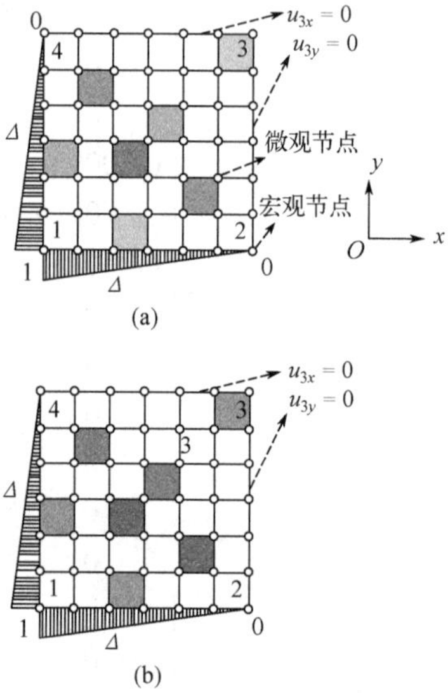

图 10-6　周期性边界条件示意图

采用类似于上面构造的方式，可进一步获得节点 2～4 的数值基函数 $\{\boldsymbol{N}\}_{E2x}$、$\{\boldsymbol{N}\}_{E2y}$、$\{\boldsymbol{N}\}_{E3x}$、$\{\boldsymbol{N}\}_{E3y}$、$\{\boldsymbol{N}\}_{E4x}$ 和 $\{\boldsymbol{N}\}_{E4y}$，集成即可获得宏观单元数值基函数矩阵，其表达式与式(10-27)类似。

例 10-2　求将例 10-1 所示的 4 节点平面宏观单元 E，采用周期性边界条件时该宏观单元对应的数值基函数。

解：对于数值基函数 $\{\boldsymbol{N}\}_{E1x}$ 和 $\{\boldsymbol{N}\}_{E1y}$ 的求解，可知其对应的边界条件分别为

$$
\begin{cases}
u_{①x}-u_{⑦x}=1, & u_{①y}-u_{⑦y}=0\\
u_{②x}-u_{⑧x}=0.5, & u_{②y}-u_{⑧y}=0\\
u_{③x}-u_{⑨x}=0, & u_{③y}-u_{⑨y}=0\\
u_{①x}-u_{③x}=1, & u_{①y}-u_{③y}=0\\
u_{④x}-u_{⑥x}=0.5, & u_{④y}-u_{⑥y}=0\\
u_{⑦x}-u_{⑨x}=0, & u_{⑦y}-u_{⑨y}=0\\
u_{⑨x}=0, & u_{⑨y}=0
\end{cases}
\tag{10-33}
$$

$$
\begin{cases}
u_{①y}-u_{⑦y}=1, & u_{①x}-u_{⑦x}=0\\
u_{②y}-u_{⑧y}=0.5, & u_{②x}-u_{⑧x}=0\\
u_{③y}-u_{⑨y}=0, & u_{③x}-u_{⑨x}=0\\
u_{①y}-u_{③y}=1, & u_{①x}-u_{③x}=0\\
u_{④y}-u_{⑥y}=0.5, & u_{④x}-u_{⑥x}=0\\
u_{⑦y}-u_{⑨y}=0, & u_{⑦x}-u_{⑨x}=0\\
u_{⑨y}=0, & u_{⑨x}=0
\end{cases}
\tag{10-34}
$$

式中，u_x 和 u_y 分别为微观单元节点①的 x 和 y 方向的位移。微观单元对应的刚度矩阵可以通过式(10-29)所示的单元刚度矩阵得到，将式(10-33)和式(10-34)所示的边界条件分别代入式(10-21)和式(10-22)，可得数值基函数为

$$
\{\boldsymbol{N}\}_{E1x}=\begin{Bmatrix}1.000\\0\\0.542\\0.167\\0\\0\\0.542\\0.050\\0.333\\0.217\\0.042\\0.050\\0\\0\\0.042\\0.167\\0\\0\end{Bmatrix},\quad
\{\boldsymbol{N}\}_{E1y}=\begin{Bmatrix}0\\1.000\\0.050\\0.542\\0\\0\\0.167\\0.542\\0.217\\0.333\\0.167\\0.042\\0\\0\\0.050\\0.042\\0\\0\end{Bmatrix}
\tag{10-35}
$$

采用类似的方法，可得$\{\boldsymbol{N}\}_{Edx}$和$\{\boldsymbol{N}\}_{Edy}(d=2,3,4)$。因此，宏观单元的数值基函数为

$$[\boldsymbol{N}]_E=\{\boldsymbol{N}_{E1x}\quad \boldsymbol{N}_{E1y}\quad \boldsymbol{N}_{E2x}\quad \boldsymbol{N}_{E2y}\quad \boldsymbol{N}_{E3x}\quad \boldsymbol{N}_{E3y}\quad \boldsymbol{N}_{E4x}\quad \boldsymbol{N}_{E4y}\}$$

$$=\begin{bmatrix}
1.000 & 0 & 0 & 0 & 0 & 0 & 0 & 0 \\
0 & 1.000 & 0 & 0 & 0 & 0 & 0 & 0 \\
0.542 & 0.050 & 0.458 & -0.025 & -0.042 & 0.025 & 0.042 & -0.050 \\
0.167 & 0.542 & -0.083 & 0.458 & 0.083 & -0.042 & -0.167 & 0.042 \\
0 & 0 & 1.0000 & 0 & 0 & 0 & 0 & 0 \\
0 & 0 & 0 & 1.000 & 0 & 0 & 0 & 0 \\
0.542 & 0.167 & 0.042 & -0.167 & -0.042 & 0.083 & 0.458 & -0.083 \\
0.050 & 0.542 & -0.050 & 0.042 & 0.025 & -0.042 & -0.025 & 0.458 \\
0.333 & 0.217 & 0.250 & -0.192 & 0.167 & 0.108 & 0.250 & -0.133 \\
0.217 & -0.333 & -0.133 & 0.250 & 0.108 & 0.167 & -0.192 & 0.250 \\
0.042 & 0.167 & 0.542 & -0.167 & 0.458 & 0.083 & -0.042 & -0.083 \\
0.050 & 0.042 & -0.050 & 0.542 & 0.025 & 0.458 & -0.025 & -0.042 \\
0 & 0 & 0 & 0 & 0 & 0 & 1.000 & 0 \\
0 & 0 & 0 & 0 & 0 & 0 & 0 & 1.000 \\
0.042 & 0.050 & -0.042 & -0.025 & 0.458 & 0.025 & 0.542 & -0.050 \\
0.167 & 0.042 & -0.083 & -0.042 & 0.083 & 0.458 & -0.167 & 0.542 \\
0 & 0 & 0 & 0 & 1.000 & 0 & 0 & 0 \\
0 & 0 & 0 & 0 & 0 & 1.000 & 0 & 0
\end{bmatrix} \tag{10-36}$$

10.3.3　振荡边界条件

若材料的非均质性较强，为了减少边界层对数值基函数的影响，可以采用振荡边界条件来计算数值基函数。主要的构造步骤为：首先指定超样本区域，然后求解超样本区域在指定边界条件下的位移，并将求得的位移组成临时的数值基函数，再通过临时数值基函数的线性组合得到宏观单元边界上微观单元节点处的振荡边界条件，最后通过式(10-21)和式(10-22)得到振荡边界条件下的数值基函数。

如图 10-7 所示，整体求解域为超样本区域，被划分为 100 个微观单元，中间阴影区域为一个宏观单元所占区域，内部包含 36 个微观单元。另外，微观单元内部的颜色深浅代表着单元的材料属性不同，超样本区域四个角对应的节点编号分别为(1)、(2)、(3)和(4)。

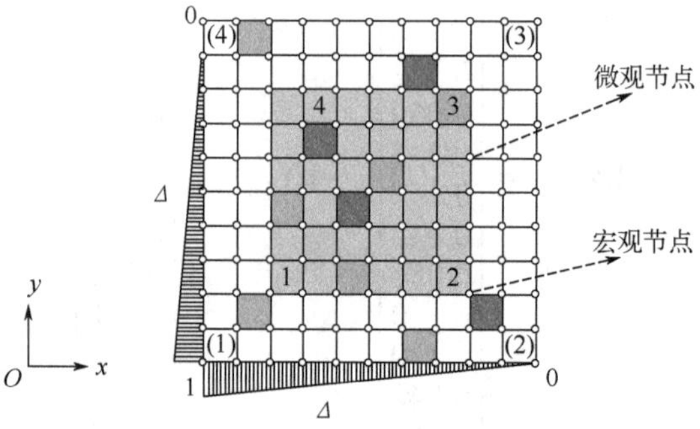

图 10-7　振荡边界条件示意图

当构造超样本区域节点(1)的临时数值基函数$\{\hat{\boldsymbol{N}}\}_{\mathrm{OS}(1)x}$时，对应的边界条件为：超样本区域边界线(1)(2)上节点的x方向位移线性地从1减小到0，其中节点(1)的x方向位移为1、节点(2)的x方向位移为0；边界线(1)(4)上节点的x方向位移同样线性地从1减小到0，其中节点(1)的x方向位移为1、节点(4)的x方向位移为0；所有边界上其余节点的x方向位移均为0，并且超样本区域所有边界上的节点的y方向位移均为0。将此边界条件$\{\hat{\boldsymbol{\xi}}\}_{\mathrm{OS}(1)x}$代入如下方程中：

$$\begin{aligned}&[\hat{\boldsymbol{K}}]_{\mathrm{OS}}\{\hat{\boldsymbol{N}}\}_{\mathrm{OS}(1)x}=\boldsymbol{0}\quad(\text{在}\Omega^{\mathrm{OS}}\text{内})\\&\{\hat{\boldsymbol{N}}\}_{\mathrm{OS}(1)x}=\{\hat{\boldsymbol{\xi}}\}_{\mathrm{OS}(1)x}\quad(\text{在}\Gamma^{\mathrm{OS}}\text{上})\end{aligned}\tag{10-37}$$

可得超样本区域节点(1)对应的临时数值基函数$\{\hat{\boldsymbol{N}}\}_{\mathrm{OS}(1)x}$，其中$[\hat{\boldsymbol{K}}]_{\mathrm{OS}}$为超样本区域内所有微观单元组成的总体刚度矩阵。

对于临时数值基函数$\{\hat{\boldsymbol{N}}\}_{\mathrm{OS}(1)y}$，假定超样本区域边界线(1)(2)上节点的$y$方向位移线性地从1减小到0，其中节点(1)的$y$方向位移为1、节点(2)的$y$方向位移为0；边界线(1)(4)上节点的$y$方向位移同样线性地从1减小到0，其中节点(1)的$y$方向位移为1、节点(4)的$y$方向位移为0；所有边界上其余节点的$y$方向位移均为0，并且超样本区域所有边界上的节点的$x$方向位移均为0。将此边界条件$\{\hat{\boldsymbol{\xi}}\}_{\mathrm{OS}(1)y}$代入如下方程中：

$$\begin{aligned}&[\hat{\boldsymbol{K}}]_{\mathrm{OS}}\{\hat{\boldsymbol{N}}\}_{\mathrm{OS}(1)y}=\boldsymbol{0}\quad(\text{在}\Omega^{\mathrm{OS}}\text{内})\\&\{\hat{\boldsymbol{N}}\}_{\mathrm{OS}(1)y}=\{\hat{\boldsymbol{\xi}}\}_{\mathrm{OS}(1)y}\quad(\text{在}\Gamma^{\mathrm{OS}}\text{上})\end{aligned}\tag{10-38}$$

可得超样本区域节点(1)对应的临时数值基函数$\{\hat{\boldsymbol{N}}\}_{\mathrm{OS}(1)y}$。仿照以上过程，可以进一步获得其他超样本区域节点的临时数值基函数$\{\hat{\boldsymbol{N}}\}_{\mathrm{OS}(2)x}$、$\{\hat{\boldsymbol{N}}\}_{\mathrm{OS}(2)y}$、$\{\hat{\boldsymbol{N}}\}_{\mathrm{OS}(3)x}$、$\{\hat{\boldsymbol{N}}\}_{\mathrm{OS}(3)y}$、$\{\hat{\boldsymbol{N}}\}_{\mathrm{OS}(4)x}$和$\{\hat{\boldsymbol{N}}\}_{\mathrm{OS}(4)y}$。

将上述临时数值基函数进行改写，如$\{\hat{\boldsymbol{N}}\}_{\mathrm{OS}(1)x}$和$\{\hat{\boldsymbol{N}}\}_{\mathrm{OS}(1)y}$可以改写为如下形式：

$$\begin{aligned}&\{\hat{\boldsymbol{N}}\}_{\mathrm{OS}(1)x}=\{\hat{\boldsymbol{N}}_{\mathrm{OS}(1)xx}^{\mathrm{T}}\quad\hat{\boldsymbol{N}}_{\mathrm{OS}(1)xy}^{\mathrm{T}}\}^{\mathrm{T}}\\&\{\hat{\boldsymbol{N}}\}_{\mathrm{OS}(1)y}=\{\hat{\boldsymbol{N}}_{\mathrm{OS}(1)yx}^{\mathrm{T}}\quad\hat{\boldsymbol{N}}_{\mathrm{OS}(1)yy}^{\mathrm{T}}\}^{\mathrm{T}}\end{aligned}\tag{10-39}$$

式中，$\{\hat{\boldsymbol{N}}\}_{\mathrm{OS}(1)xx}$、$\{\hat{\boldsymbol{N}}\}_{\mathrm{OS}(1)xy}$、$\{\hat{\boldsymbol{N}}\}_{\mathrm{OS}(1)yx}$和$\{\hat{\boldsymbol{N}}\}_{\mathrm{OS}(1)yy}$内元素个数均与超样本区域内所有微观单元节点总数一致。然后通过线性组合可以得到超样本区域内所有微观单元对应节点的振荡位移$\{\boldsymbol{N}\}_{\mathrm{OS}(i)xx}$和$\{\boldsymbol{N}\}_{\mathrm{OS}(i)yy}$，即

$$\begin{aligned}&\{\boldsymbol{N}\}_{\mathrm{OS}(i)xx}=\sum_{j=1}^{4}c_{ij}^{x}\{\hat{\boldsymbol{N}}\}_{\mathrm{OS}(j)xx}\\&\{\boldsymbol{N}\}_{\mathrm{OS}(i)yy}=\sum_{j=1}^{4}c_{ij}^{y}\{\hat{\boldsymbol{N}}\}_{\mathrm{OS}(j)yy}\end{aligned}\tag{10-40}$$

根据振荡位移$\{\boldsymbol{N}\}_{\mathrm{OS}(i)xx}$在宏观单元节点$i$处的值为1，然而在宏观单元其余3个节点处的值为0，可以得到系数c_{ij}^{x}的值；同样地，根据振荡位移$\{\boldsymbol{N}\}_{\mathrm{OS}(i)yy}$在宏观单元节点$i$处的值为1，然而在宏观单元其余3个节点处的值为0，可以得到系数c_{ij}^{y}的值。那么当求解宏观单元第d个节点处的数值基函数$\{\boldsymbol{N}\}_{Edx}$和$\{\boldsymbol{N}\}_{Edy}$时，宏观单元边界Γ^{E}上节点的位移约束按

$\{\boldsymbol{N}\}_{\text{OS}(d)xx}$ 和 $\{\boldsymbol{N}\}_{\text{OS}(d)yy}$ 方式指定，然后通过式(10-21)和式(10-22)计算获得。其中边界处的位移约束 $\{\boldsymbol{\xi}\}_{Edx}$ 和 $\{\boldsymbol{\xi}\}_{Edy}$ 分别为

$$\{\boldsymbol{\xi}\}_{Edx}=[\boldsymbol{\xi}_{Edxx}\quad \boldsymbol{0}]=[\boldsymbol{N}_{\text{OS}(d)xx}(\Gamma^{E})\quad \boldsymbol{0}] \tag{10-41}$$

$$\{\boldsymbol{\xi}\}_{Edy}=[\boldsymbol{0}\quad \boldsymbol{\xi}_{Edyy}]=[\boldsymbol{0}\quad \boldsymbol{N}_{\text{OS}(d)yy}(\Gamma^{E})] \tag{10-42}$$

此外，也可以在超样本区域边界处施加 10.3.2 节中介绍的周期性边界条件，得到临时数值基函数 $\{\hat{\boldsymbol{N}}\}_{\text{OS}(1)x}$、$\{\hat{\boldsymbol{N}}\}_{\text{OS}(1)y}$、$\{\hat{\boldsymbol{N}}\}_{\text{OS}(2)x}$、$\{\hat{\boldsymbol{N}}\}_{\text{OS}(2)y}$、$\{\hat{\boldsymbol{N}}\}_{\text{OS}(3)x}$、$\{\hat{\boldsymbol{N}}\}_{\text{OS}(3)y}$、$\{\hat{\boldsymbol{N}}\}_{\text{OS}(4)x}$ 和 $\{\hat{\boldsymbol{N}}\}_{\text{OS}(4)y}$，然后将临时数值基函数通过线性组合得到振荡位移，再按照以上介绍的过程计算得到超样本周期性边界下的数值基函数。

10.4 升降尺度计算

10.4.1 升尺度计算

由式(10-26)易知，宏观单元节点位移向量 $\{\boldsymbol{u}\}_E$ 与其对应的微观单元节点位移向量 $\{\tilde{\boldsymbol{u}}\}_E$ 可通过数值基函数相互进行转换。基于该转换关系，同时结合式(10-14)和式(10-17)，可得宏观单元 E 的总位移泛函为

$$\Pi_E=\sum_{e=1}^{m_e}\Pi_e=\frac{1}{2}\{\boldsymbol{u}\}_E^{\text{T}}[\boldsymbol{K}]_E\{\boldsymbol{u}\}_E-\{\boldsymbol{u}\}_E^{\text{T}}\{\boldsymbol{F}\}_E \tag{10-43}$$

式中，$[\boldsymbol{K}]_E$ 是等效宏观刚度矩阵；$\{\boldsymbol{F}\}_E$ 是等效宏观载荷向量，其具体表达式如下：

$$[\boldsymbol{K}]_E=\sum_{e=1}^{m_e}[\boldsymbol{N}]_E^{\text{T}}[\tilde{\boldsymbol{K}}]_e[\boldsymbol{N}]_E,\quad \{\boldsymbol{F}\}_E=\sum_{e=1}^{m_e}[\boldsymbol{N}]_E^{\text{T}}\{\tilde{\boldsymbol{F}}\}_e \tag{10-44}$$

通过式(10-44)即可完成单元刚度矩阵和载荷向量的升尺度计算。

将所有宏观单元的等效刚度矩阵和等效载荷向量进行组集，进一步可完成平衡方程的升尺度计算，即平衡方程可写作：

$$[\boldsymbol{K}]\{\boldsymbol{U}\}=\{\boldsymbol{F}\} \tag{10-45}$$

式中，$\{\boldsymbol{U}\}$ 为所有宏观单元对应的宏观节点位移 $\{\boldsymbol{u}\}_E$ 组集而成的向量，以及 $[\boldsymbol{K}]$ 和 $\{\boldsymbol{F}\}$ 分别为

$$[\boldsymbol{K}]=\sum_{E=1}^{m_E}[\boldsymbol{K}]_E,\quad \{\boldsymbol{F}\}=\sum_{E=1}^{m_E}\{\boldsymbol{F}\}_E \tag{10-46}$$

此处 m_E 为宏观单元总数。

例 10-3 考虑如图 10-4 所示的 4 节点平面宏观单元 E，假定在微观节点 5 处施加的节点载荷为 $F_x=1$ 和 $F_y=2$。若采用线性边界条件，计算其宏观单元等效刚度矩阵 $\boldsymbol{K}_E$ 及等效载荷向量 $\boldsymbol{F}_E$。

解：由例 10-1 可知线性边界条件下的宏观单元数值基函数为

$$
[\boldsymbol{N}]_E=\begin{bmatrix}
1.000 & 0 & 0 & 0 & 0 & 0 & 0 & 0 \\
0 & 1.000 & 0 & 0 & 0 & 0 & 0 & 0 \\
0.500 & 0 & 0.500 & 0 & 0 & 0 & 0 & 0 \\
0 & 0.500 & 0 & 0.500 & 0 & 0 & 0 & 0 \\
0 & 0 & 1.000 & 0 & 0 & 0 & 0 & 0 \\
0 & 0 & 0 & 1.000 & 0 & 0 & 0 & 0 \\
0.500 & 0 & 0 & 0 & 0 & 0 & 0.500 & 0 \\
0 & 0.500 & 0 & 0 & 0 & 0 & 0 & 0.500 \\
0.313 & 0.120 & 0.220 & -0.093 & 0.188 & 0.060 & 0.280 & -0.088 \\
0.120 & 0.313 & -0.088 & 0.280 & 0.060 & 0.188 & -0.093 & 0.220 \\
0 & 0 & 0.500 & 0 & 0.500 & 0 & 0 & 0 \\
0 & 0 & 0 & 0.500 & 0 & 0.500 & 0 & 0 \\
0 & 0 & 0 & 0 & 0 & 0 & 1.000 & 0 \\
0 & 0 & 0 & 0 & 0 & 0 & 0 & 1.000 \\
0 & 0 & 0 & 0 & 0.500 & 0 & 0.500 & 0 \\
0 & 0 & 0 & 0 & 0 & 0.500 & 0 & 0.500 \\
0 & 0 & 0 & 0 & 1.000 & 0 & 0 & 0 \\
0 & 0 & 0 & 0 & 0 & 1.000 & 0 & 0
\end{bmatrix} \tag{10-47}
$$

同时根据式(10-29)可得四个微观单元组成的总体刚度矩阵如表 10-1 和表 10-2 所示。

表 10-1　四个微观单元组成的总体刚度矩阵的第 1～9 列

	1 列	2 列	3 列	4 列	5 列	6 列	7 列	8 列	9 列
1 行	0.495	0.179	−0.302	−0.014	0.000	0.000	0.055	0.014	0.495
2 行	0.179	0.495	0.014	0.055	0.000	0.000	−0.014	−0.302	0.179
3 行	−0.302	0.014	0.865	−0.045	−0.227	−0.010	−0.247	0.179	−0.302
4 行	−0.014	0.055	−0.045	0.865	0.010	0.041	0.179	−0.247	−0.014
5 行	0.000	0.000	−0.227	0.010	0.371	−0.134	0.000	0.000	0.000
6 行	0.000	0.000	−0.010	0.041	−0.134	0.371	0.000	0.000	0.000
7 行	0.055	−0.014	−0.247	0.179	0.000	0.000	0.865	−0.045	0.055
8 行	0.014	−0.302	0.179	−0.247	0.000	0.000	−0.045	0.865	0.014
9 行	−0.247	−0.179	0.096	0.003	−0.185	0.134	−0.529	−0.003	−0.247
10 行	−0.179	−0.247	−0.003	−0.529	0.134	−0.185	0.003	0.096	−0.179
11 行	0.000	0.000	−0.185	−0.134	0.041	0.010	0.000	0.000	0.000
12 行	0.000	0.000	−0.134	−0.185	−0.010	−0.227	0.000	0.000	0.000
13 行	0.000	0.000	0.000	0.000	0.000	0.000	0.041	−0.010	0.000
14 行	0.000	0.000	0.000	0.000	0.000	0.000	0.010	−0.227	0.000
15 行	0.000	0.000	0.000	0.000	0.000	0.000	−0.185	−0.134	0.000
16 行	0.000	0.000	0.000	0.000	0.000	0.000	−0.134	−0.185	0.000
17 行	0.000	0.000	0.000	0.000	0.000	0.000	0.000	0.000	0.000
18 行	0.000	0.000	0.000	0.000	0.000	0.000	0.000	0.000	0.000

表 10-2　四个微观单元组成的总体刚度矩阵的第 10～18 列

	10 列	11 列	12 列	13 列	14 列	15 列	16 列	17 列	18 列
1 行	−0.179	−0.247	0.000	0.000	0.000	0.000	0.000	0.000	0.000
2 行	0.096	−0.003	−0.185	−0.134	0.000	0.000	0.000	0.000	0.000
3 行	0.003	−0.529	−0.134	−0.185	0.000	0.000	0.000	0.000	0.000
4 行	−0.185	0.134	0.041	−0.010	0.000	0.000	0.000	0.000	0.000
5 行	0.134	−0.185	0.010	−0.227	0.000	0.000	0.000	0.000	0.000
6 行	−0.529	0.003	0.000	0.000	0.041	0.010	−0.185	−0.134	0.000
7 行	−0.003	0.096	0.000	0.000	−0.010	−0.227	−0.134	−0.185	0.000
8 行	1.484	0.000	−0.378	0.003	−0.185	0.134	0.069	−0.003	−0.124
9 行	0.000	1.484	−0.003	0.069	0.134	−0.185	0.003	−0.378	−0.089
10 行	−0.378	−0.003	0.618	0.045	0.000	0.000	−0.124	0.089	0.028
11 行	0.003	0.069	0.045	0.618	0.000	0.000	0.089	−0.124	0.007
12 行	−0.185	0.134	0.000	0.000	0.371	−0.134	−0.227	0.010	0.000
13 行	0.134	−0.185	0.000	0.000	−0.134	0.371	−0.010	0.041	0.000
14 行	0.069	0.003	−0.124	0.089	−0.227	−0.010	0.618	0.045	−0.151
15 行	−0.003	−0.378	0.089	−0.124	0.010	0.041	0.045	0.618	−0.007
16 行	−0.124	−0.089	0.028	0.007	0.000	0.000	−0.151	−0.007	0.247
17 行	−0.089	−0.124	−0.007	−0.151	0.000	0.000	0.007	0.028	0.089
18 行	−0.179	−0.247	0.000	0.000	0.000	0.000	0.000	0.000	0.000

然后根据式(10-44)所示的升尺度计算流程，可得宏观单元的等效刚度矩阵$[\boldsymbol{K}]_E$为

$$[\boldsymbol{K}]_E=\begin{bmatrix} 0.390 & 0.134 & -0.243 & -0.019 & -0.190 & -0.128 & 0.043 & 0.014 \\ 0.134 & 0.390 & 0.014 & 0.043 & -0.128 & -0.190 & -0.019 & -0.243 \\ -0.243 & 0.014 & 0.380 & -0.134 & 0.058 & -0.004 & -0.196 & 0.124 \\ -0.019 & 0.043 & -0.134 & 0.335 & 0.009 & -0.181 & 0.144 & -0.196 \\ -0.190 & -0.128 & 0.058 & 0.009 & 0.313 & 0.123 & -0.181 & -0.004 \\ -0.128 & -0.190 & -0.004 & -0.181 & 0.123 & 0.313 & 0.009 & 0.058 \\ 0.043 & -0.019 & -0.196 & 0.144 & -0.181 & 0.009 & 0.335 & -0.134 \\ 0.014 & -0.243 & 0.124 & -0.196 & -0.004 & 0.058 & -0.134 & 0.380 \end{bmatrix} \tag{10-48}$$

在微观节点 5 处施加了节点载荷为$F_x=1$和$F_y=2$，对应的微观节点载荷向量$\{\tilde{\boldsymbol{F}}\}_E$为

$$\{\tilde{\boldsymbol{F}}\}_E=\{0\quad 0\quad 0\quad 0\quad 0\quad 0\quad 0\quad 0\quad 1\quad 2\quad 0\quad 0\quad 0\quad 0\quad 0\quad 0\quad 0\quad 0\}^{\mathrm{T}} \tag{10-49}$$

对应的宏观单元的等效载荷向量$\{\boldsymbol{F}\}_E$为

$$\{\boldsymbol{F}\}_E=\{0.553\quad 0.745\quad 0.044\quad 0.468\quad 0.308\quad 0.435\quad 0.095\quad 0.352\}^{\mathrm{T}} \tag{10-50}$$

10.4.2　降尺度计算

通过求解式(10-45)可以获得整体宏观节点位移向量$\{\boldsymbol{U}\}$及每个宏观单元的宏观节点位移向量$\{\boldsymbol{u}\}_E$。进一步利用式(10-26)完成位移的降尺度计算，从而获得每个宏观单元对应的所

有微观单元位移向量 $\{\tilde{\boldsymbol{u}}\}_E$ 以及每个微观单元的位移向量 $\{\tilde{\boldsymbol{u}}\}_e$ 。应变和应力等物理量的计算即可参照传统单元的计算方式来完成，从而实现相应物理量的降尺度计算。

10.5　弹性静力分析算例

10.5.1　悬臂梁变形分析

考虑一个悬臂梁在集中载荷作用下的变形算例。悬臂梁的网格划分情况以及边界条件如图 10-8 所示，将模型划分为 10 个 4 节点宏观单元，对应的宏观单元节点个数为 22，并且在每个宏观单元内划分10×10个微观单元，即模型总共划分 1000 个微观单元，且微观单元的节点总数为 1111。悬臂梁的几何尺寸为长$L=100\text{mm}$、高$H=10\text{mm}$，材料属性为杨氏模量为$2\times10^{11}\text{Pa}$、泊松比为 0.3。通过 10.3.2 节给出的周期性边界条件计算宏观单元节点处的数值基函数。

图 10-9 为传统有限元方法(FEM)和扩展多尺度有限元方法(EMsFEM)给出的 y 方向位移的对比图和悬臂梁的 y 方向位移云图,其中传统有限元方法的解为微观单元节点处的位移,扩展多尺度有限元方法的解为宏观单元节点处的位移。从图中可以看出，传统有限元方法的解和扩展多尺度有限元方法的解吻合良好，验证了扩展多尺度有限元方法的正确性。另外，对于扩展多尺度有限元方法来说，刚度矩阵的规模为44×44；然而对于传统有限元方法来说，刚度矩阵的规模为2222×2222，因此验证了扩展多尺度有限元方法的高效性。

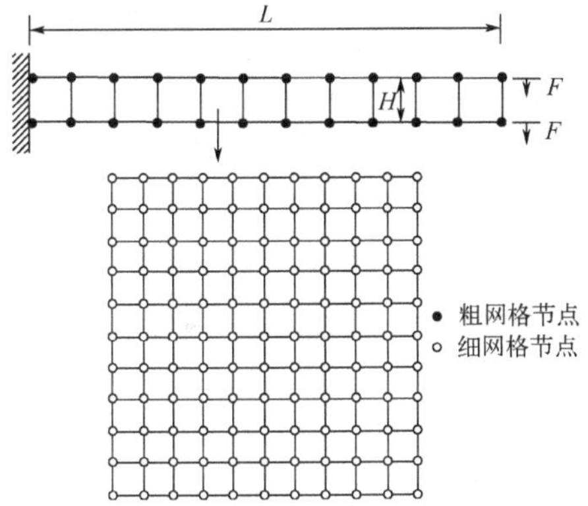

图 10-8　悬臂梁几何模型示意图、宏观单元和微观单元分布情况

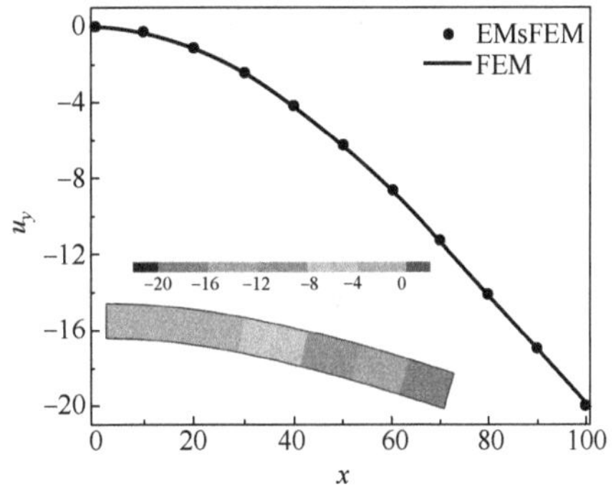

图 10-9　传统有限元方法和扩展多尺度有限元方法计算获得的 y 方向位移对比图及位移云图

10.5.2　稳态热力耦合分析

采用扩展多尺度有限元方法分析如图 10-10 所示的二维平板模型的稳态热力耦合问题。模型的边界条件以及几何尺寸如图 10-10(a)所示，将模型划分为10×10个 4 节点宏观单元，对应的宏观单元的节点个数为 121；并且在每一个宏观单元内继续划分10×10个微观单元，模型共包含 10000 个微观单元，微观单元对应的节点个数为 10201，如图 10-10(b)所示。通过 10.3.1 节所介绍的线性边界条件构造数值基函数。

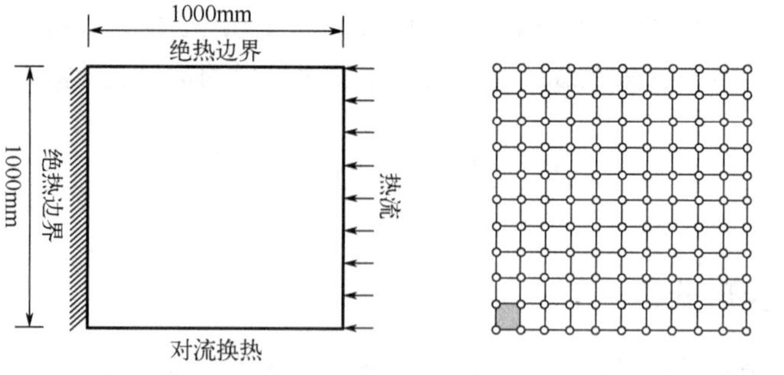

(a) 二维平面板结构　　(b) 四边形宏观单元划分示意图

图 10-10　二维结构模型示意图及宏观单元划分情况

模型右边界施加热流荷载，热流密度 $\overline{q}=10000\text{W}/\text{m}^2$，底面施加对流换热边界条件，对流换热系数 $h=100\text{W}/(\text{m}^2\cdot\text{K})$，环境温度 $T_\infty=20$℃，其余边界为绝热边界。位移场边界条件为左端固定，其余边界自由。材料参数如表 10-3 所示。二维模型的温度场分布云图以及 x、y 方向的位移场云图如图 10-11 所示。

表 10-3　材料属性

热传导系数/(W/(m·K))	杨氏模量/Pa	泊松比	热膨胀系数/(1/K)
60.5	2×10^{11}	0.3	1×10^{-6}

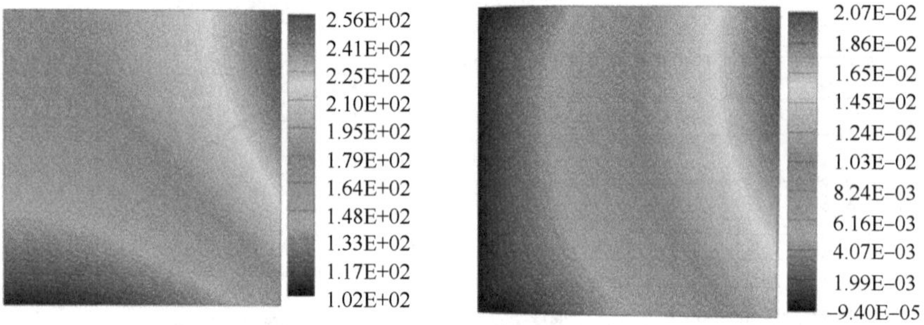

(a) 温度场分布　　(b) x方向位移云图

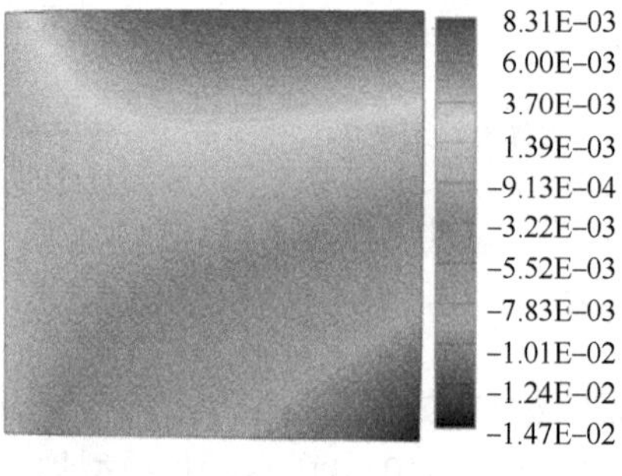

(c) y方向位移云图

图 10-11　二维平板模型的稳态热力耦合分析结果

习　题

10-1　什么是数值基函数？其与传统有限元方法中的插值形函数有何区别与联系？

10-2　数值基函数应该满足哪些基本性质？

10-3　推导平面多节点位移场宏观单元的数值形函数、等效刚度矩阵以及等效载荷向量。

10-4　推导平面 4 节点温度场宏观单元的数值形函数、等效热传导矩阵以及等效温度载荷向量。

10-5　编制二维弹性静力学问题的扩展多尺度有限元分析程序。

参考文献

陈玉震, 2016. 基于动力显式列式的结构振动与控制的快速算法研究[D]. 大连: 大连理工大学.

姜殿恒, 2019. 基于多重多级子结构算法的瞬态响应并行分析及软件实现[D]. 大连: 大连理工大学.

凌道盛, 徐兴, 2004. 非线性有限元及程序[M]. 杭州: 浙江大学出版社.

卢梦凯, 张洪武, 郑勇刚, 2017. 应变局部化分析的嵌入强间断多尺度有限元法[J]. 力学学报, 49(3): 649-658.

王勖成, 2003. 有限单元法[M]. 北京: 清华大学出版社.

尹进, 2017. 基于多重多级子结构算法的层合和带隙复合材料性能研究[D]. 大连: 大连理工大学.

张盛, 白杨, 尹进, 等, 2013. 多重多级子结构方法与模态综合法的对比研究[J]. 应用数学和力学, 34(2): 118-126.

张盛, 方杰, 张洪武, 等, 2012. 基于多重多级动力子结构的 Lanczos 算法[J]. 振动与冲击, 31(6): 23-26, 47.

张盛, 尹进, 陈飙松, 等, 2013. 基于多重多级动力子结构的瞬态分析方法[J]. 计算力学学报, 30(1): 76-80.

张亚辉, 林家浩, 2007. 结构动力学基础[M]. 大连: 大连理工大学出版社.

张昭, 蔡志勤, 2011. 有限元方法与应用[M]. 大连: 大连理工大学出版社.

BABUŠKA I, CALOZ G, OSBORN J E, 1994. Special finite element methods for a class of second order elliptic problems with rough coefficients[J]. SIAM journal on numerical analysis, 31(4): 945-981.

BATHE K J, 1996. Finite element procedures[M].Upper Saddle River: Prentice Hall.

BELYTSCHKO T, LIU W K, MORAN B, et al., 2014. Nonlinear finite elements for continua and structures[M].New York: John Wiley & Sons.

DE BORST R, CRISFIELD M A, REMMERS J J C, et al., 2012. Nonlinear finite element analysis of solids and structures[M]. New York: John Wiley & Sons.

EFENDIEV Y, HOU T Y, 2009. Multiscale finite element methods: theory and applications[M].Berlin: Springer.

HOU T Y, 2005. Multiscale modelling and computation of fluid flow[J].International journal for numerical methods in fluids, 47(8-9): 707-719.

HOU T Y, WU X H, 1997. A multiscale finite element method for elliptic problems in composite materials and porous media[J].Journal of computational physics, 134(1): 169-189.

LI H, ZHANG H W, ZHENG Y G, 2015. A coupling extended multiscale finite element method for dynamic analysis of heterogeneous saturated porous media[J]. International journal for numerical methods in engineering, 104(1): 18-47.

LU M K, ZHANG H W, ZHENG Y G, et al., 2016. A multiscale finite element method with embedded strong discontinuity model for the simulation of cohesive cracks in solids[J]. Computer methods in applied mechanics and engineering, 311: 576-598.

WRIGGERS P, 2008. Nonlinear finite element methods[M].Berlin: Springer.

ZHANG H W, LIU H, WU J K, 2013. A uniform multiscale method for 2D static and dynamic analyses of heterogeneous materials[J]. International journal for numerical methods in engineering, 93(7): 714-746.

ZHANG H W, LIU Y, ZHANG S, et al., 2014. Extended multiscale finite element method: its basis and applications for mechanical analysis of heterogeneous materials[J]. Computational mechanics, 53(4):659-685.

ZHANG H W, LV J, ZHENG Y G, 2010. A new multiscale computational method for mechanical analysis of closed liquid cell materials[J]. CMES: computer modeling in engineering & sciences, 68(1):55-93.

ZHANG H W, WU J K, LÜ J, et al., 2010. Extended multiscale finite element method for mechanical analysis of heterogeneous materials[J]. Acta mechanica sinica, 26(6):899-920.

ZHENG Y G, ZHANG H B, LV J, et al., 2020. An arbitrary multi-node extended multiscale finite element method for thermoelastic problems with polygonal microstructures[J]. International journal of mechanics and materials in design, 16(1): 35-56.

ZIENKIEWICZ O C, TAYLOR R L, 2005. The finite element method for solid and structural mechanics[M]. Amsterdam: Elsevier.

ZIENKIEWICZ O C, TAYLOR R L, ZHU J Z, 2013. Adaptive finite element refinement[M]//The finite element method: its basis and fundamentals. Amsterdam: Elsevier.